Adobe InDesign 2020 经典教程 彩色版

[美] 凯莉·科德斯·安东（Kelly Kordes Anton）蒂娜·德贾得（Tina DeJarld）著
许曙宏 译

人 民 邮 电 出 版 社
北 京

图书在版编目（CIP）数据

Adobe InDesign 2020经典教程 : 彩色版 / (美) 凯莉·科德斯·安东 (Kelly Kordes Anton) , (美) 蒂娜·德贾得 (Tina DeJarld) 著 ; 许曙宏译. -- 北京 : 人民邮电出版社, 2021.9
ISBN 978-7-115-56482-5

Ⅰ. ①A… Ⅱ. ①凯… ②蒂… ③许… Ⅲ. ①电子排版—应用软件—教材 Ⅳ. ①TS803.23

中国版本图书馆CIP数据核字(2021)第081234号

◆ 著　　［美］凯莉·科德斯·安东（Kelly Kordes Anton）
　　　　［美］蒂娜·德贾得（Tina DeJarld）
译　　许曙宏
责任编辑　陈聪聪
责任印制　王　郁　焦志炜

◆ 人民邮电出版社出版发行　　北京市丰台区成寿寺路 11 号
邮编　100164　　电子邮件　315@ptpress.com.cn
网址　https://www.ptpress.com.cn
雅迪云印（天津）科技有限公司印刷

◆ 开本：800×1000　1/16
印张：27.25
字数：606 千字　　2021 年 9 月第 1 版
印数：1 – 2 500 册　　2021 年 9 月天津第 1 次印刷

著作权合同登记号　图字：01-2019-3813 号

定价：149.90 元

读者服务热线：(010)81055410　印装质量热线：(010)81055316
反盗版热线：(010)81055315
广告经营许可证：京东市监广登字 20170147 号

内容提要

本书由 Adobe 公司的专家编写，是 Adobe InDesign 2020 软件的正规学习用书。

全书共 15 课，内容涵盖工作区简介、熟悉 InDesign、设置文档和处理页面、使用对象、排文、编辑文本、排版艺术、处理颜色、使用样式、置入和修改图形、制作表格、处理不透明度、打印及导出、创建包含表单域的 PDF 文件、创建版面固定的 EPUB 等内容。

本书语言通俗易懂，配以大量的图示，特别适合新手阅读，有一定使用经验的用户也可从中学到大量高级功能和 Adobe InDesign 2020 版本的新增功能。本书还适合作为各类培训班学员及广大自学人员的参考用书。

作者简介

凯莉 · 科德斯 · 安东（Kelly Kordes Anton）参与编写和编辑过几十部介绍出版技术和 InDesign 的图书与培训资料，其中包括本书的前几个版本。她现为米勒康胜（MillerCoors）公司的协调沟通专员，该公司坐落在闻名遐迩的库尔斯宴会（Coors Banquet）啤酒产地戈尔登啤酒厂（Golden Brewery）。凯莉现居住在美国科罗拉多州利特尔顿（Littleton）。

蒂娜 · 德贾得（Tina DeJarld）从 InDesign 1.0 推出后，就一直奋战在将计算机屏幕上的设计变成印刷品的前沿阵地。作为印前专家和美工设计师，她处理过数以千计的庞大而复杂的项目，深谙 InDesign 的使用惯例和技巧。蒂娜现任芝加哥广告公司 Prodigious Worldwide 的资深美工。

致谢

倘若没有众多合作者的大力支持，本书不可能付梓。这里要感谢劳拉 · 诺曼（Laura Norman）打造了一个强大的团队；感谢技术编辑卡里 · 詹森（Cari Jansen）确保每句话都准确无误；感谢梅根 · 哈恩（Megan Ahearn）验证了本书介绍的每个操作步骤；感谢文字编辑伊丽莎白 · 韦尔奇（Elizabeth Welch）和校对斯考特 · 费斯塔（Scout Festa）找出并改正了所有的拼写错误；感谢排版工程师丹妮尔 · 福斯特（Danielle Foster）对所有版面进行润色并准备好用于印刷的文件；感谢培生（Pearson）资深制作编辑特蕾西 · 克鲁姆（Tracey Croom）监督整个制作过程，确保每个人都熟悉细节并避免偏离轨道。另外，感谢约翰 · 克鲁斯（John Cruise）所做的宝贵贡献，本书处处都留下了他的烙印。

资源与支持

本书由“数艺设”出品，“数艺设”社区平台（www.shuyishe.com）为您提供后续服务。

配套资源

实例效果源文件：书中所有实例的效果图源文件。

资源获取请扫码

“数艺设”社区平台，为艺术设计从业者提供专业的教育产品。

与我们联系

我们的联系邮箱是 szys@ptpress.com.cn。如果您对本书有任何疑问或建议，请您发邮件给我们，并请在邮件标题中注明本书书名及 ISBN，以便我们更高效地做出反馈。

如果您有兴趣出版图书、录制教学课程，或者参与技术审校等工作，可以发邮件给我们；有意出版图书的作者也可以到“数艺设”社区平台在线投稿（直接访问 www.shuyishe.com 即可）。如果学校、培训机构或企业想批量购买本书或“数艺设”出版的其他图书，也可以发邮件联系我们。

如果您在网上发现针对“数艺设”出品图书的各种形式的盗版行为，包括对图书全部或部分内容的非授权传播，请您将怀疑有侵权行为的链接通过邮件发给我们。您的这一举动是对作者权益的保护，也是我们持续为您提供有价值的内容的动力之源。

关于“数艺设”

人民邮电出版社有限公司旗下品牌“数艺设”，专注于专业艺术设计类图书出版，为艺术设计从业者提供专业的图书、U 书、课程等教育产品。出版领域涉及平面、三维、影视、摄影与后期等数字艺术门类，字体设计、品牌设计、色彩设计等设计理论与应用门类，UI 设计、电商设计、新媒体设计、游戏设计、交互设计、原型设计等互联网设计门类，环艺设计手绘、插画设计手绘、工业设计手绘等设计手绘门类。更多服务请访问“数艺设”社区平台 www.shuyishe.com。我们将提供及时、准确、专业的学习服务。

前　言

欢迎使用 Adobe InDesign 2020。Adobe InDesign 2020 是一个功能强大的版面设计和制作应用程序，它提供了精确的控制工具，并且与其他 Adobe 专业图形软件无缝集成。使用 Adobe InDesign 2020 可制作出专业品质的彩色文档，可供高速彩色印刷机印刷和在各种输出设备（如桌面打印机和高分辨率排印设备）中打印。使用它还可设计出能在各种电子设备（如平板电脑、智能手机和阅读器）上查看的出版物，并能以多种格式（如 PDF、HTML 和 EPUB）导出 InDesign 文档。

作者、美术师、设计人员和出版商能够通过各种媒介同广泛的受众交流，Adobe InDesign 2020 通过与其他 Adobe Creative Cloud 应用程序无缝集成，为此提供了支持。

关于经典教程

本书是在 Adobe 产品专家支持下编写的 Adobe 图形和出版软件官方培训系列丛书之一。您可按照自己的节奏阅读其中的课程。如果您是 Adobe InDesign 新手，将从中学到掌握该程序所需的基本知识；如果您有一定的 Adobe InDesign 使用经验，将发现本书介绍了很多高级功能和惯例，其中包括如何使用 InDesign 最新版本的提示和技巧。

本书中的每一课都提供了完成项目的具体步骤。您可按顺序从头到尾阅读本书，也可根据兴趣和需要选读其中的课程。每课末尾都有练习，让您能够进一步探索该课介绍的功能，另外，每课末尾还有复习题和答案，让您能再次巩固学到的知识。

必须具备的知识

要使用本书，您应能够熟练地使用计算机和操作系统，包括使用鼠标、标准菜单和命令，以及打开、保存和关闭文件等操作。如果需要复习这方面的内容，请参阅您使用的操作系统自带的帮助材料。

对于因操作系统而异的操作，本书先说 Windows 中的操作，再说 macOS 中的操作，并在括号内注明操作系统，如按住 Alt（Windows）或 Option（macOS）键并单击。

安装 Adobe InDesign 2020

使用本书前，应确保系统设置正确并安装了所需的软件和硬件。

本书没有提供 Adobe InDesign 2020 软件，因此您必须单独购买并安装（详情请参阅 Adobe 官网）。除 Adobe InDesign 2020 外，本书有些地方还用到了其他的 Adobe 应用程序，为了完成本书的课程，您必须预先安装它们。

桌面应用程序 Adobe Creative Cloud

除 Adobe InDesign 2020 外，本书还用到了桌面应用程序 Adobe Creative Cloud，这是一个管理中心，让您能够管理数十种 Adobe Creative Cloud 应用程序和服务。您可使用它来完成如下任务：使用 Adobe 账户下载、安装、启动和卸载应用程序；同步和分享文件；管理字体和 CC 库；访问 Adobe Stock 照片库和设计素材；通过 Behance 等网站展示和搜索创意作品。

Adobe Creative Cloud 桌面应用程序会在您下载第一个 Adobe Creative Cloud 产品时自动安装。如果您安装了 Adobe Application Manager，它将自动更新为 Adobe Creative Cloud 桌面应用程序。

如果您还没有安装 Adobe Creative Cloud 桌面应用程序，可前往 Adobe 网站的 Creative Cloud 下载页面或 Adobe Creative Cloud 桌面应用程序页面下载。

本书使用的字体

本书课程所使用的字体大多数是 Adobe InDesign 2020 自带的，有些虽然不是自带的，但可通过 Adobe Fonts 获取。Adobe Fonts 是 Adobe 提供的一项在线服务，让您能够免费访问一个庞大的字体库，以便在桌面应用程序和网站中使用这些字体。

Adobe Fonts 服务集成到了 Adobe InDesign 2020 字体选择功能和 Adobe Creative Cloud 桌面应用程序中，只要订阅了 Adobe Creative Cloud，就订阅了 Adobe Fonts 服务。要访问 Adobe Fonts 服务，需要联网。

保存和恢复文件 InDesign Defaults

文件 InDesign Defaults 存储了程序的首选项和默认设置，如工具设置和默认度量单位。为确保您的 Adobe InDesign 2020 首选项和默认设置与本书使用的相同，在阅读本书的课程前，需要将文件 InDesign Defaults 移到其他文件夹。阅读完本书后，可以将保存的文件 InDesign Defaults 移回到原来的文件夹，这将恢复以前使用的首选项和默认设置。

移动当前的文件 InDesign Defaults

将文件 InDesign Defaults 移走，可让 Adobe InDesign 2020 自动创建一个新的文件 InDesign Defaults，其中所有的首选项和默认设置都为出厂设置。

1. 退出 Adobe InDesign 2020。
2. 找到文件 InDesign Defaults（有关该文件在 Windows 和 macOS 中的位置，请参阅后面的介绍）。
3. 如果您以后需要恢复定制的首选项，就将文件 InDesign Defaults 拖放到另一个文件夹中，否则可直接将其删除。
4. 启动 Adobe InDesign 2020。

> **注意** 如果您找不到文件 InDesign Defaults，可能是因为您尚未启动 Adobe InDesign 2020 或已经移走了该文件。启动 Adobe InDesign 2020 时，将创建文件 InDesign Defaults；在您使用 Adobe InDesign 2020 的过程中，将根据您执行的操作更新这个文件。

在 Windows 操作系统中查找文件 InDesign Defaults

在 Windows 操作系统中，文件 InDesign Defaults 位于如下文件夹中：[启动盘]/Users/[用户名]/AppData/Roaming/Adobe/InDesign/Version 15.0-J/zh_CN。

- 文件夹名称可能因您安装的语言版本而异。
- 在 Windows 10 中，文件夹 AppData 默认被隐藏。要显示这个文件夹，可先在控制面板中找到"开发者选项"，再在"文件资源管理器"中进行相关设置。
- 在"文件资源管理器选项"对话框中，单击"查看"选项卡，在"高级设置"列表中选择单选按钮"显示隐藏的文件、文件夹和驱动器"，单击"确定"按钮。

> **注意** 显示隐藏的文件后，如果还是找不到文件 InDesign Defaults，可使用操作系统提供的文件查找功能查找该文件。

在 macOS 中查找文件 InDesign Defaults

在 macOS 中，文件 InDesign Defaults 位于如下文件夹中：[启动盘]/Users/[用户名]/Library/Preferences/Adobe InDesign/Version 15.0-J/zh_CN。

- 文件夹名称可能因您安装的语言版本而异。
- 要访问文件夹 Library，可选择 Finder 菜单"前往">"前往文件夹"。在"前往文件夹"对话框中，输入"~/Library"，单击"确定"或"前往"按钮。

恢复保存的文件 InDesign Defaults

如果您将定制的文件 InDesign Defaults 移到了其他地方，可采取如下步骤来恢复它。

1. 退出 Adobe InDesign 2020。
2. 将保存的文件 InDesign Defaults 拖曳到原来的文件夹中，并替换当前的文件 InDesign Defaults。

其他资源

本书并不能代替 Adobe InDesign 2020 自带的帮助文档，也不是全面介绍软件功能的参考手册。本书只介绍与课程内容相关的命令和选项，有关 InDesign 功能的详细信息和教程，请参阅以下资源。

> **注意** Adobe 会定期地提供软件更新，您可通过 Adobe Creative Cloud 轻松地获取这些更新。

- Adobe InDesign 学习与支持：在这里可以搜索并浏览 Adobe 网站中的帮助和支持内容。可在 Adobe InDesign 2020 中选择菜单“帮助”>“InDesign 帮助”来访问该网站。
- Adobe 支持社区：在这里可就 Adobe 产品展开讨论以及提出和回答问题。
- Adobe InDesign 主页：这里提供有关新增功能的信息，还提供创建用于打印或在平板电脑和电子图书阅读器中查看的专业版面的直观方式。
- Adobe 增效工具：在这里可查找补充和扩展 Adobe 产品的工具、服务、扩展、示例代码等。
- 教师资源：这里向讲授 Adobe 软件课程的教师提供珍贵的信息。可在这里找到各种级别的教学解决方案（包括使用整合方法介绍 Adobe 软件的免费课程），可用于备考 Adobe 国际认证考试。
- Adobe 授权的培训中心（Adobe Authorised Training Centre，AATC）：这里提供有关 Adobe 产品的课程和培训，由获得 Adobe 认证的教师讲授。

目 录

Are You Interested in Volunteering?

GARDEN
EDUCATION
CENTER

第1课 工作区简介

在本课中，您将学习以下内容：

- 打开文档；
- 在“属性”面板中查看信息；
- 选择和使用工具；
- 使用应用程序栏和控制面板；
- 管理文档窗口；
- 使用面板；
- 定制工作区；
- 修改文档的缩放比例；
- 导览文档；
- 使用上下文菜单和面板菜单；
- 修改界面首选项。

学习本课大约需要 45 分钟。

Adobe InDesign 2020（下文简称 InDesign）的用户界面非常直观，让用户可以很容易地创建出引人注目的排版文件。要想充分利用 InDesign 强大的排版和设计功能，必须熟悉其工作区。工作区由文档窗口、菜单栏、应用程序栏、粘贴板、工具面板和其他面板（如“属性”面板）组成。

1.1 概述

在本课中，您将练习使用工具和面板，并导览一个简单的排版文件。

1. 为确保您的 InDesign 首选项和默认设置与本课使用的一样，请将文件 InDesign Defaults 移到其他文件夹，详情请参阅“前言”中的“保存和恢复文件 InDesign Defaults”。
2. 启动 InDesign，将显示“主页”屏幕（如果没有出现“主页”屏幕，可选择菜单“文件”>“打开”，打开“主页”屏幕）。
3. 单击“打开”按钮，如图 1.1 所示。

图1.1

4. 打开硬盘中文件夹 InDesignCIB\Lessons\Lesson01 中的文件 01_Start.indd。
5. 如果出现一个对话框指出这个文档链接的资源更新了，请单击“更新修改的链接”按钮。
6. 选择菜单“文件”>“存储为”，将文件重命名为 01_Intro.indd，并将其存储到文件夹 Lesson01 中。

> **注意** 在本书的屏幕截图中，显示的界面的颜色都是“中等浅色”的。如果您使用的是默认界面设置，那么在您的屏幕上，诸如面板和对话框等界面元素会暗一些。本课后面将介绍如何修改界面的首选项设置。

7. 如果要以更高的分辨率显示这个文档，请选择菜单“视图”>“显示性能”>“高品质显示”。
8. 向下拖曳文档窗口中的滚动条可以滚动到这个文档的第 2 页，再向上拖曳可以滚动到第 1 页。

1.2 工作区组成

InDesign 工作区包括用户首次打开或创建文档时看到的一切。默认情况下，InDesign 显示的是“基本功能”工作区中的工具和面板，如图 1.2 所示。您可根据工作方式选择其他工作区或定制工作区，例如，可只显示常用的面板、最小化和重新排列面板组、调整窗口的大小等。

图1.2

默认情况下，您将看到以下部分。

- 位于工作区顶部的菜单栏和应用程序栏。
- 停放在工作区左边的工具面板。
- 停放在工作区右边的“属性”面板以及其他常用面板。

> Id **注意** 刚打开文档时，在工作区中，面板旁边会有大量的工具提示，还会显示学习面板。请单击学习面板的“关闭”按钮将该面板隐藏起来。

1.2.1 选择和使用工具

工具面板包含用于创建和修改页面对象、添加文本和图像以及设置格式、处理颜色的工具。默认情况下，工具面板停放在工作区左边。在本节中，您将选择并尝试使用多种工具。

> **提示** InDesign 页面的基本构件是对象，包括框架（用于放置文本和图形）和直线等。

使用选择工具

使用选择工具可移动对象以及调整对象的大小，还可选择对象以设置其格式。这里将通过单击来选择选择工具，后面您还将尝试使用其他方法来选择工具。

1. 找到工作区左边的工具面板。
2. 将鼠标指针指向工具面板中的每个工具，以了解它们的名称。
3. 单击以选择工具面板顶部的选择工具（▶），如图 1.3 所示。

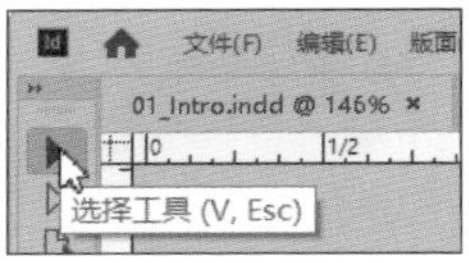

图1.3

> **注意** 如果将鼠标指针指向工具时没有出现工具提示，请检查 InDesign“首选项”对话框中的“工具提示”设置。为此，可选择菜单“编辑”>“首选项”>“界面”（Windows）或“InDesign”>“首选项”>“界面”（macOS），“工具提示”设置位于“光标和手势选项”部分。

4. 单击蝴蝶翅膀以选择包含蝴蝶照片的图形框架。
5. 按住鼠标左键并向右上方拖曳，图形框架会随之移动。

图形框架的位置信息将显示在鼠标指针旁边，还将显示在右边的“属性”面板中，如图 1.4 所示。在“属性”面板中，除可查看信息外，还可调整选定对象的属性。

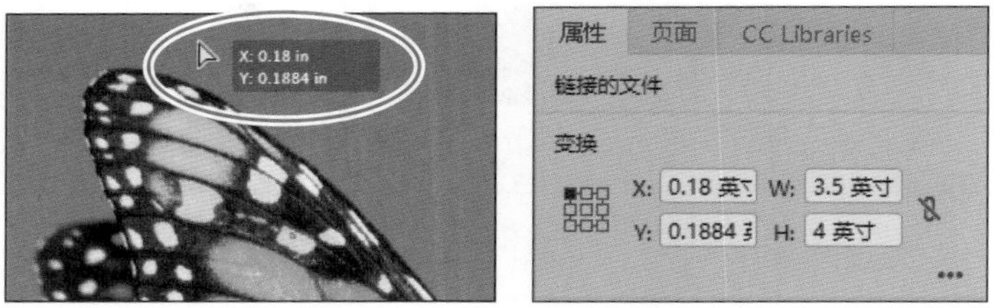

图1.4

6. 松开鼠标后按 Ctrl + Z（Windows）或 Command + Z（macOS）组合键撤销移动操作。
7. 选中选择工具，单击页面中的其他对象，并将它们拖曳到其他地方。在这个页面中，还有另一幅包含图形框架的图像。另外，这个页面还包含一个矩形文本框架和一个椭圆形文本框架。每次移动对象后，请立即撤销所做的操作。

使用文字工具

使用文字工具能够输入和编辑文本，以及设置文本的格式。这里不通过单击来选择它，而是使用键盘快捷键来选择它。

1. 将鼠标指针指向文字工具（T.）以显示其工具提示，括号内的字母是用于选择该工具的快捷键，这里为 T。

Id	**注意** 当插入点位于文本中时，单按字母快捷键不管用。

2. 将鼠标指针指向其他工具，看看它们的快捷键分别是什么。
3. 按 T 键选择文字工具，在明信片右下角单词 backyard 和句点后面单击，如图 1.5 所示。
4. 输入一个空格和几个字符，感受一下文字工具的用法。
5. 按 Ctrl + Z（Windows）或 Command + Z（macOS）组合键撤销对明信片中文本的修改。
6. 选择文字工具，在其他单词中单击并进行修改，每次修改后请立即撤销所做的操作。

Id	**提示** 学习使用 InDesign 和尝试不同的版面时，别忘了可以随时撤销所做的操作。

使用直线工具和抓手工具

使用直线工具能够创建水平线、垂直线和斜线。尝试完直线工具后，按住 H 键可以暂时切换到抓手工具。当您松开 H 键后，InDesign 将切换回之前选择的工具。这个快速切换到其他工具的技巧很有用，例如，您可以使用抓手工具将视图拖曳到页面的另一个区域，再在这个区域中绘制一条直线。

1. 单击直线工具（ ⁄ ）以选择它，如图 1.6 所示。

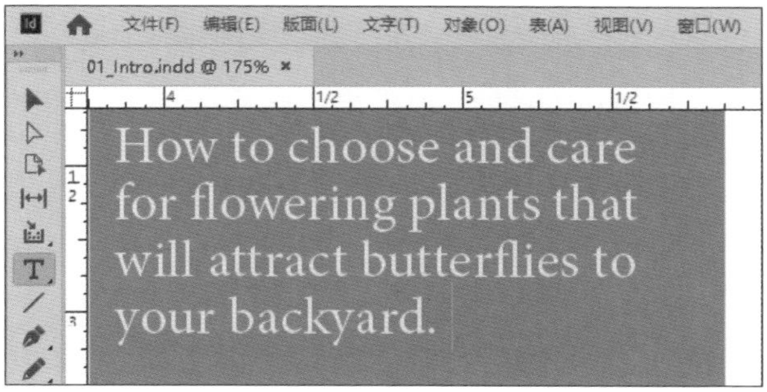

图1.5

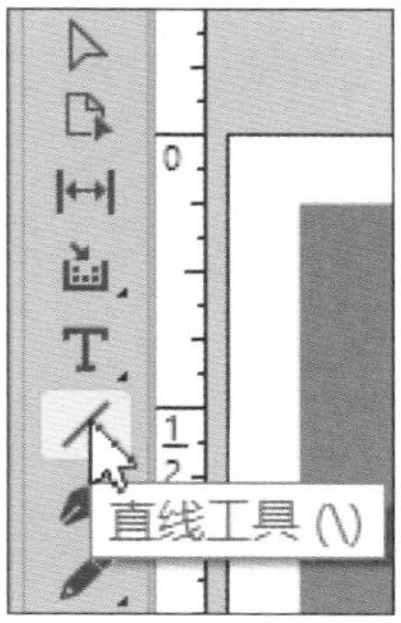

图1.6

2. 在页面的任何地方单击并拖曳，绘制一条直线。
3. 按住 H 键切换到抓手工具（ ✋ ）。
4. 拖曳鼠标以查看页面的其他区域，如图 1.7 所示。当您松开 H 键后，将切换回直线工具。
5. 按 Ctrl + Z（Windows）或 Command + Z（macOS）组合键撤销绘制直线的操作。

图1.7

使用矩形框架工具和椭圆框架工具

至此，您使用了 3 种方式来选择工具面板中显示的工具：单击、按快捷键，以及按住快捷键暂时切换工具。下面来选择没有显示在工具面板中的工具。如果工具图标的右下角有三角形，就说明这个工具组中还隐藏了其他工具，如图 1.8 所示。

下面来选择并使用矩形框架工具和椭圆框架工具。这些工具让您能够创建框架，以放置置入的图形和文本。

1. 选择菜单“视图”>“屏幕模式”>“正常”，以便能够看到包含图形和文本的框架。
2. 按 F 键选择矩形框架工具（ ⊠ ）。
3. 在文档周围的粘贴板中，单击并拖曳，创建一个矩形框架，如图 1.9 所示。

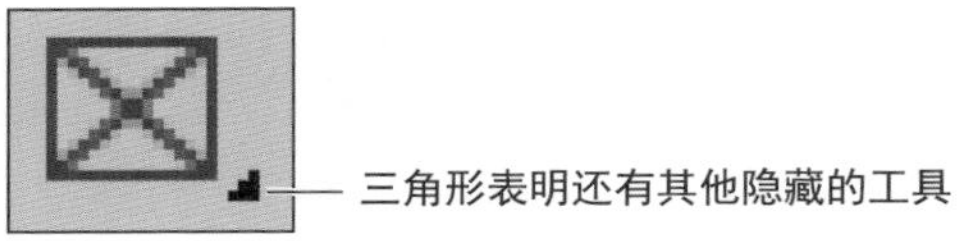

图1.8

图1.9

提示 使用矩形框架工具或椭圆框架工具时，按住 Shift 键并拖曳鼠标可创建正方形或圆形框架。

4. 按 Ctrl + Z（Windows）或 Command + Z（macOS）组合键撤销创建框架的操作。
5. 在矩形框架工具上单击并按住鼠标左键，可以显示这个工具组中的所有工具。
6. 选择椭圆框架工具（ ⊗ ），如图 1.10 所示。此时工具面板中显示的是椭圆框架工具，而不再是矩形框架工具。

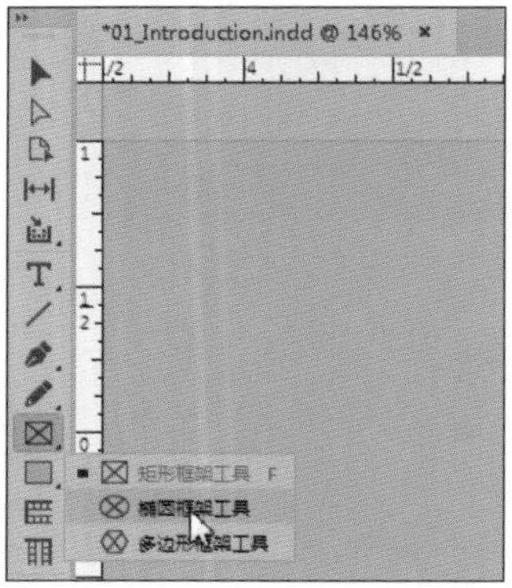

图1.10

提示 按住 Alt（Windows）或 Option（macOS）键并单击工具面板中的工具图标，可以在这个工具组的工具之间切换。

7. 在页面或粘贴板中的任何地方单击并拖曳，创建一个圆形框架。

8. “属性”面板的“变换”部分显示了这个圆形框架的位置信息，如图 1.11 所示。根据需要，按 Ctrl + Z（Windows）或 Command + Z（macOS）组合键多次，撤销所有创建框架的操作。

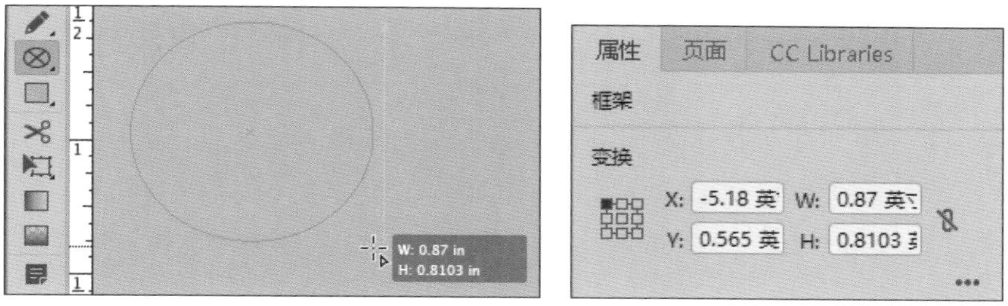

图1.11

> Id **提示** “属性”面板中的其他选项让您能够设置所选对象的格式。

9. 单击椭圆框架工具并按住鼠标左键以显示该工具组中的所有工具，选择矩形框架工具。矩形框架工具是默认显示的工具。

10. 单击每个右下角带三角形的工具并按住鼠标左键，查看该工具组中隐藏的其他工具。隐藏了其他工具的工具组包括文字工具组、钢笔工具组、铅笔工具组、矩形框架工具组、矩形工具组、自由变换工具组、颜色主题工具组、应用颜色工具组、视图选项工具组和屏幕模式工具组。

1.2.2 控制面板

除默认的“基本功能”工作区中的面板外，InDesign 还提供了很多其他的面板。在本节中，您将切换到“高级”工作区以显示控制面板。控制面板位于菜单栏下方，让您能够快速访问与当前选择的对象相关的选项。

与“属性”面板一样，控制面板也是“上下文敏感”的，即显示的设置会随当前选择的对象而改变。另外，控制面板还会根据屏幕尺寸显示更多或更少的设置。

1. 如果有必要，选择菜单“视图”>“屏幕模式”>“正常”，以便能够看到包含图形和文本的框架。

2. 为确保您看到的面板和菜单命令与这里介绍的一致，请选择菜单“窗口”>“工作区”>“[高级]”，再选择菜单“窗口”>“工作区”>“重置‘高级’”。

3. 在工具面板中选择选择工具（▶）。

4. 单击蝴蝶图像，可以看到菜单栏下方的控制面板中有很多选项，可用于控制选择的对象（一个图形框架）的位置、大小和其他属性，如图 1.12 所示。

> Id **提示** 要自定义控制面板中显示的选项，可单击该面板最右端的齿轮图标（⚙），打开“自定义控制面板”对话框进行设置。

5. 在控制面板中，单击 X、Y、W 和 H 旁边的上下箭头，调整选择的框架的位置和大小。

> **提示** 要调整对象的位置和大小，也可在这些文本框中输入数值，还可使用鼠标拖曳对象。

> **提示** 单击上下箭头时按住 Shift 键可增大每次单击的改变量。

6. 根据需要，按 Ctrl + Z（Windows）或 Command + Z（macOS）组合键多次，撤销所有的修改操作。

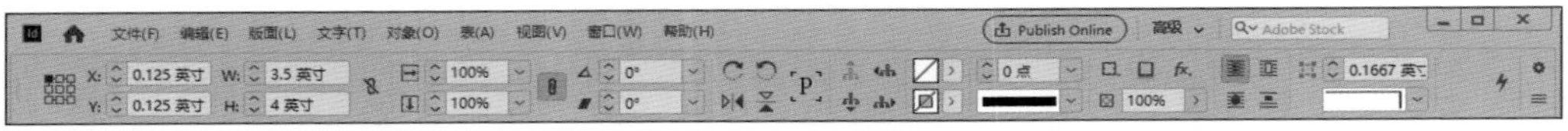

图1.12

7. 在工具面板中选择文字工具（T.）。
8. 单击单词 Butterflies，控制面板将发生变化，其中出现了控制段落和字符格式的选项。
9. 双击选择单词 Butterflies，再单击“字体大小”(tT)后面的下箭头，减小字体大小，如图 1.13 所示。

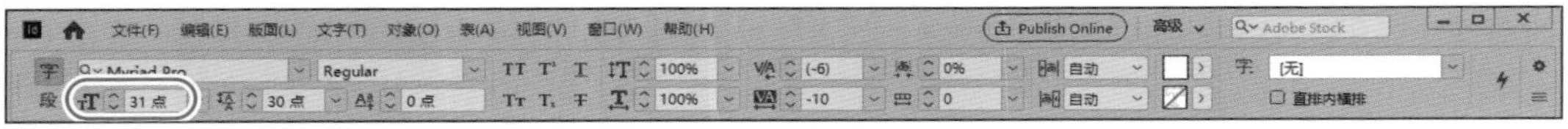

图1.13

10. 按 Ctrl + Z（Windows）或 Command + Z（macOS）组合键撤销所做的修改。
11. 单击粘贴板，取消选择文本。

1.2.3 文档窗口和粘贴板

文档窗口和粘贴板具有如下特征。

- 用于显示文档的不同页面的控件位于文档窗口的左下角。
- 每个页面或跨页周围都有粘贴板。
- 可将粘贴板用作工作区域或存储区域，例如在其中放置还未包含在页面中的设计元素。

> **提示** 要修改粘贴板的大小，可选择菜单“编辑”>“首选项”>“参考线和粘贴板”，再进行设置。

下面来看看粘贴板以及文档窗口提供的功能。

1. 为查看该文档的所有页面及粘贴板，在文档窗口左下角的“缩放级别”下拉列表中选择 50%，如图 1.14 所示。

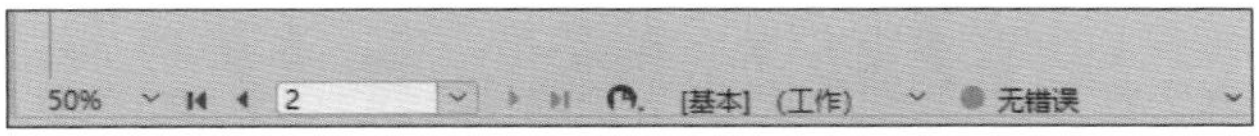

图1.14

在缩放比例为 50% 的情况下，您将看到第 1 页左边的粘贴板中有一个圆形文本框架。

2. 在工具面板中选择选择工具（▶）。

3. 单击包含图 1.15 所示的 free community workshop series 的文本框架，将这个文本框架拖曳到文档页面中。由此可见，粘贴板可用作存储区域。

图1.15

> **注意** 如果您使用的显示器很小，可能无法直接将这个文本框架拖曳到文档页面中。

4. 按 Ctrl + Z（Windows）或 Command + Z（macOS）组合键撤销所做的修改。

5. 选择菜单“视图”>“使跨页适合窗口”。

6. 在文档窗口的左下角，单击页码框右边的下拉图标，打开一个包含文档页面和主页的下拉列表。

7. 在下拉列表中选择 2，如图 1.16 所示，在文档窗口中显示第 2 页。

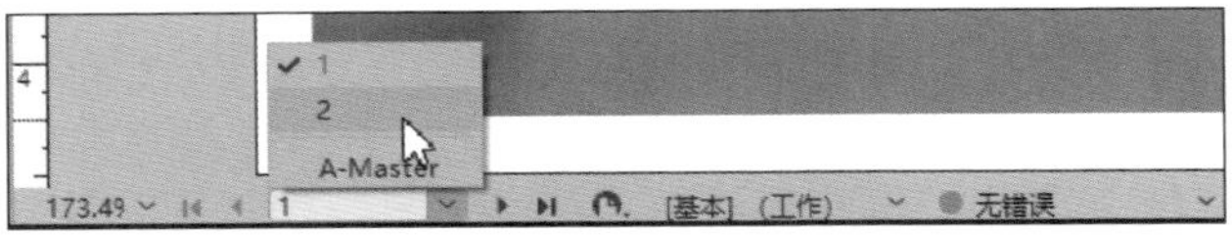

图1.16

8. 单击页码框左边的箭头，重新显示第 1 页。

9. 选择菜单“视图”>“屏幕模式”>“预览”，将框架参考线隐藏起来。

1.2.4 使用多个文档窗口

在 InDesign 中打开多个文档时，每个文档都显示在主文档窗口的独立选项卡中。还可打开单个文档的多个窗口，这样可查看版面的不同部分。下面来打开另一个窗口，以便能够看到对标题的修改将如何影响整个页面。这里使用的文档排列方法适用于同一个文档的不同视图，也适用于多个文档。

1. 选择菜单“窗口”>“排列”>“新建‘01_Intro.indd’窗口”，将出现一个名为 01_Intro.indd:2 的新窗口，而原来的窗口名为 01_Intro.indd:1。
2. 在工具面板中选择缩放显示工具（ ）。
3. 在第 2 个窗口（01_Intro.indd:2）中，快速单击单词 WORKSHOP 3 次以放大它。注意另一个窗口中该单词的缩放比例没变。
4. 按 T 键选择文字工具（ T. ）。
5. 在第 2 个窗口中，在单词 WORKSHOP 后面单击，输入“S”，使其变成复数形式 WORKSHOPS。注意，此时两个窗口中的文本都变了，如图 1.17 所示。

图1.17

6. 按 Ctrl + Z（Windows）或 Command + Z（macOS）组合键恢复为 WORKSHOP。
7. 选择菜单“窗口”>“排列”>“新建‘01_Intro.indd’窗口”，新建一个窗口。
8. 选择菜单“窗口”>“排列”，看看可以用哪些不同的方式排列窗口，如图 1.18 所示。

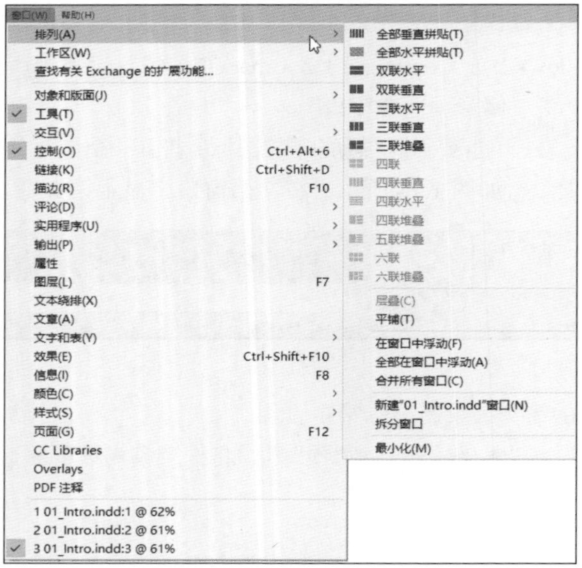

图1.18

9. 选择菜单“窗口”>“排列”>“合并所有窗口”，为每个窗口创建一个选项卡。

10. 单击左上角（控制面板下方）的选项卡可选择要显示哪个文档窗口。
11. 单击选项卡中的“关闭”按钮（ × ）将多余的选项卡关闭，如图 1.19 所示，只留下一个选项卡。

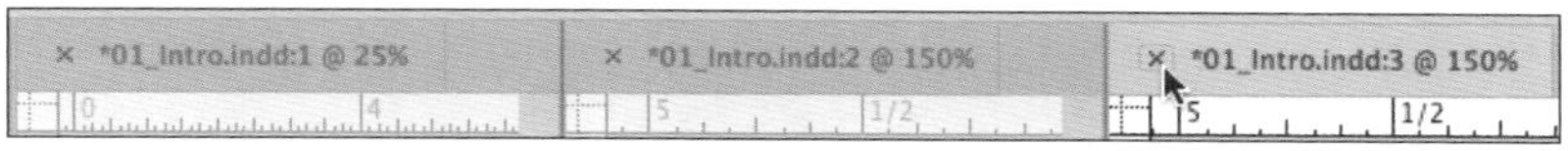

图1.19

Id	**注意** 在您的计算机屏幕上，选项卡的排列顺序可能与这里显示的不同。

12. 如果有必要，选择菜单“视图” > “使跨页适合窗口”。
13. 如果有必要，选择菜单“视图” > “显示性能” > “高品质显示”。

1.3 使用面板

InDesign 提供了很多面板，让您能够迅速地使用常用的工具和功能。默认情况下，面板停放在工作区右边（可将面板停放区视为一组粘贴在一起的面板）。默认显示的面板因当前使用的工作区而异，每个工作区都有其面板配置。

用户可以采取各种方式重新组织面板，下面练习打开、折叠和关闭“高级”工作区中的默认面板。

Id	**提示** 熟悉 InDesign 后，您可以尝试根据需要配置面板和工作区。您很快就会发现，哪些面板您用得最多、喜欢将它们放在什么地方，以及设置什么样的尺寸最合适。

1.3.1 打开和关闭面板

要显示隐藏的面板，可在菜单“窗口”（或其子菜单）中选择相应的面板名；另外，通过菜单“文字”，可打开各种用于设置文本格式的面板。如果面板名前有钩，就说明该面板已打开，且位于所属面板组中其他所有面板的前面。下面来打开、使用并关闭“信息”面板，这个面板提供了在文档窗口中选择的对象的信息。

1. 选择菜单“窗口” > “信息”，打开“信息”面板。
2. 在工具面板中选择选择工具（ ▶ ）。
3. 将鼠标指针指向页面中的各个对象并单击，查看它们的详细信息，如图 1.20 所示。

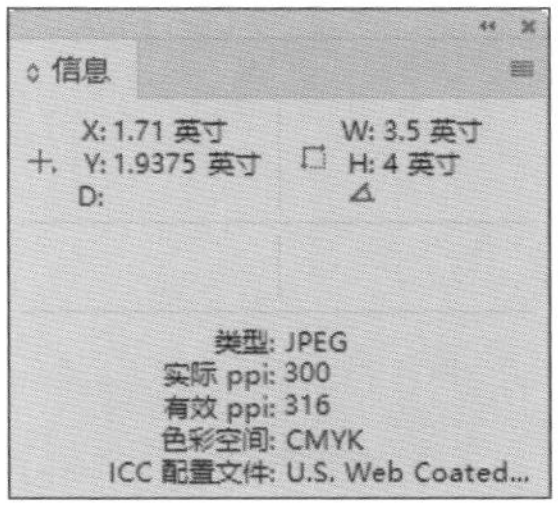

图1.20

4. 再次选择菜单“窗口” > “信息”，将“信息”面板关闭。

Id	**提示** 当面板处于浮动状态时，可单击“关闭”按钮（ × ）将其关闭。

1.3.2 展开和折叠面板

在本节中，您将展开和折叠面板、隐藏面板名，以及展开面板停放区中的所有面板。

1. 在文档窗口右边的面板停放区中，单击“页面”面板的图标（）以展开该面板，如图 1.21 所示。

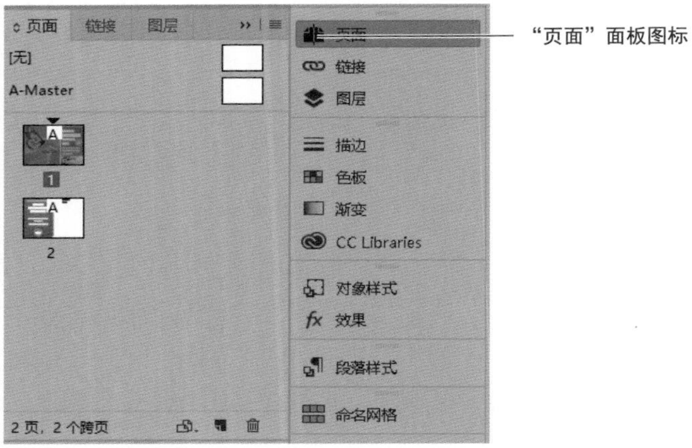

图1.21

在需要打开面板，并在较短的时间内使用它后再关闭时，单击面板的图标很方便。

2. 使用完“页面”面板后要折叠它，可单击面板名右边的双箭头（»），也可再次单击面板图标。
3. 要缩小面板停放区的宽度，可将面板停放区的左边缘向右拖曳，直到面板名被隐藏，如图 1.22 所示。

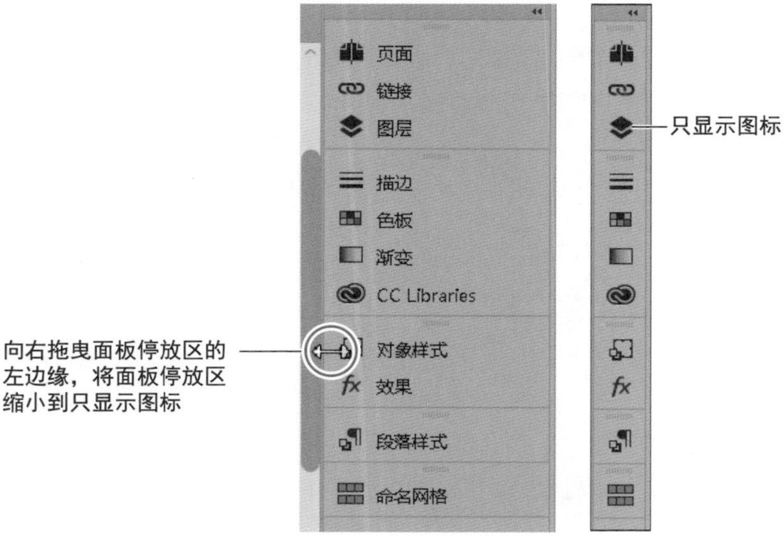

图1.22

提示 单击双箭头可展开或折叠面板。

4. 要展开停放区中的所有面板，可单击停放区右上角的双箭头。

为方便完成下一个练习，请将面板展开。

1.3.3 重新排列和定制面板

在本节中，您将把一个面板拖出停放区使其变成浮动面板，再将另一个面板拖进该面板，以创建一个自定义面板组；还将取消面板编组，将面板堆叠并将其折叠成图标。

1. 在右边的面板停放区底部找到“段落样式”面板。
2. 拖曳“段落样式”面板的标签，将其拖出停放区，从而将其变成浮动画板并从停放区中删除，如图 1.23 所示。

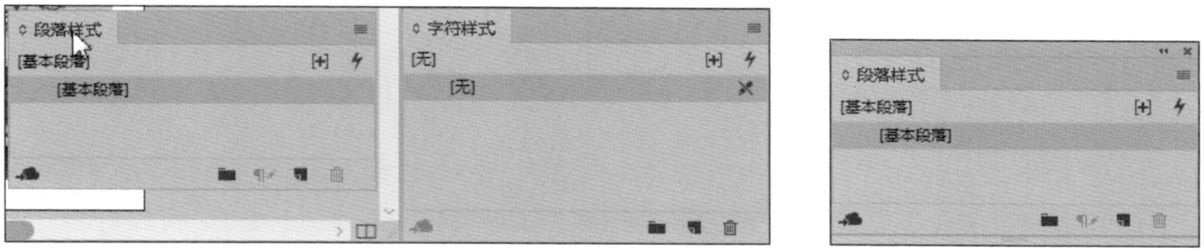

图1.23

接下来，把“字符样式”面板添加到浮动的“段落样式”面板中，从而创建一个面板组。

3. 在面板停放区底部附近找到“字符样式”面板，拖曳其标签到段落样式标签右边的灰色区域。
4. 当“段落样式”面板周围出现蓝线后松开鼠标，如图 1.24 所示。

图1.24

提示 设置文本格式时，将“字符样式”面板和“段落样式”面板编组很有帮助。您可将这个面板组放在方便使用的地方，并将其他面板折叠起来以腾出空间。

5. 要取消面板编组，可将其中一个面板的标签拖出面板组，如图 1.25 所示。

还可将浮动面板以垂直方式堆叠起来，下面就来尝试这样做。

6. 通过拖曳标签的方式将“字符样式”面板拖曳到“段落样式”面板的底部，出现蓝线后松开鼠标，如图 1.26 所示，即可将面板堆叠放置。

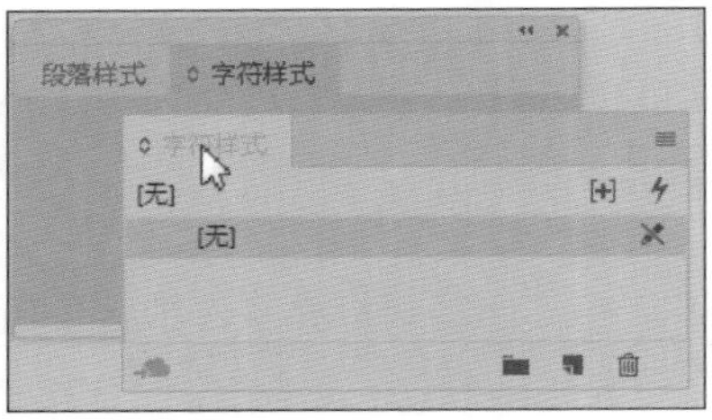

图1.25

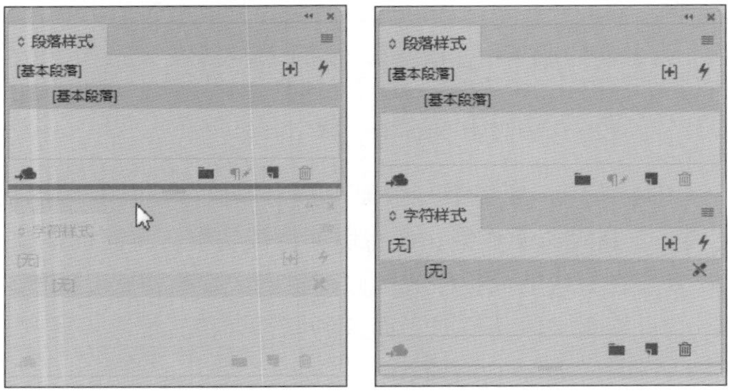

图1.26

> **提示** 从停放区分离出来的面板被称为浮动面板。要最大化或最小化浮动面板，可双击面板名或单击面板名左边的箭头。

堆叠的面板垂直相连，可通过拖曳最上面的面板的标签，将它们作为一个整体进行移动。下面来尝试调整堆叠面板的大小。

7. 拖曳堆叠面板中的任何面板的右下角以调整大小，如图 1.27 所示。
8. 将“字符样式”面板的标签拖曳到“段落样式”面板标签的旁边，将这两个面板重新编组，如图 1.28 所示。

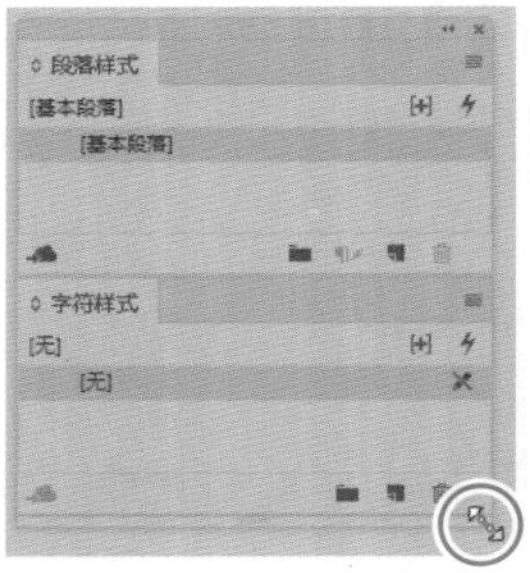

图1.27

图1.28

> **提示** 对于浮动面板，可拖曳右下角或左下角来调整宽度和高度，可拖曳下边缘来调整高度，可拖曳左边缘或右边缘来调整宽度。

9. 双击面板标签旁边的灰色区域，将面板组最小化，如图 1.29 所示。再次双击该区域可展开面板组。

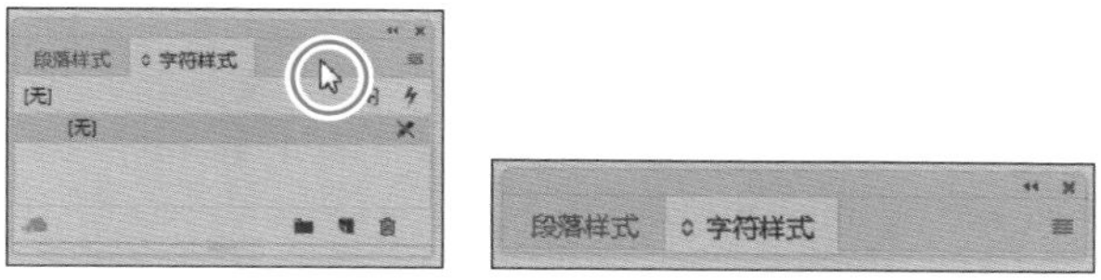

图1.29

保留面板的当前状态，以供在后面的练习中存储工作区。

1.3.4 移动工具面板和控制面板

在“高级”工作区中工作时，通常会让工具面板和控制面板始终打开。像其他面板一样，您可根据自己的工作风格将它们移到最合适的位置。下面尝试移动这两个面板。

1. 为让工具面板浮动在工作区中，可以通过拖曳其虚线栏（ ），将这个面板拖曳到粘贴板中，如图 1.30 所示。

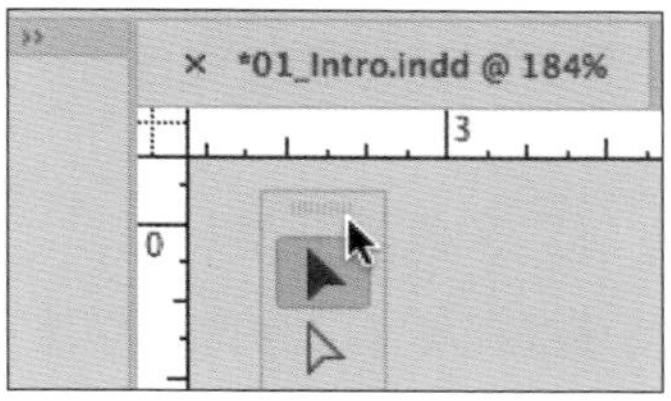

图1.30

> **提示** 要让工具面板离开停放区，可拖曳其标题栏，也可拖曳标题栏下方的虚线栏。

工具面板变成浮动的后，可使其显示为垂直两栏、垂直一栏或水平一行。要水平显示工具面板，它必须处于浮动状态（未停放在停放区）。

2. 在工具面板处于浮动状态的情况下，单击其顶部的双箭头。工具面板将显示为水平一行，如图 1.31 所示。

图1.31

3. 单击工具面板中的双箭头，使其显示为垂直两栏，再次单击双箭头将变成默认布局。
4. 要再次停放工具面板，拖曳顶部的虚线栏将其移动到屏幕最左边即可。
5. 在工作区左边缘出现蓝线时松开鼠标，如图 1.32 所示。

如果您不想让控制面板停放在文档窗口顶部，可将其移到其他地方。

6. 在控制面板中，拖曳左端的垂直虚线栏，将控制面板拖曳到文档窗口中。松开鼠标后，控制面板将变成浮动的面板。
7. 要重新停放这个面板，可单击其右端的面板菜单按钮，并选择“停放于顶部”，如图 1.33 所示。

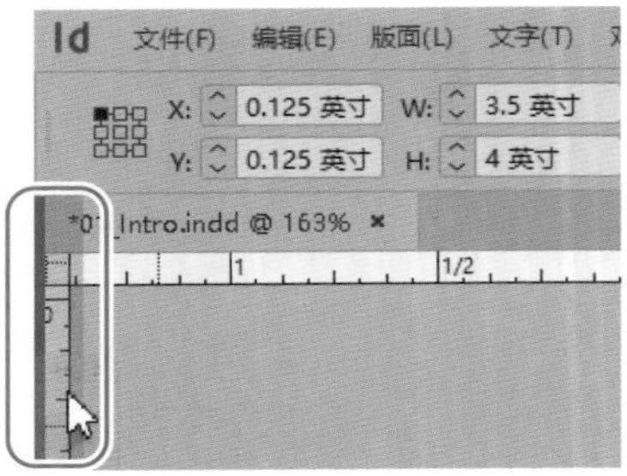

图1.32

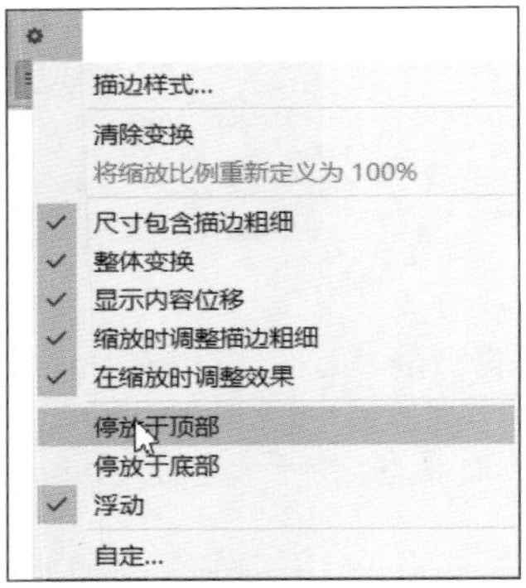

图1.33

> **提示** 要停放控制面板，也可拖曳其虚线栏，直到停放位置出现水平蓝线时松开鼠标即可。

1.4 定制工作区

定制工作区其实是定制面板和菜单的配置（工作区不会保存文档窗口的配置）。InDesign 提供了多种专用工作区，如数字出版、印刷和校样、排版规则。用户不能修改这些工作区，但可以保存自定义工作区。在这个练习中，您将保存前面所做的面板定制，还将定制界面的外观。

> **提示** 要进一步定制工作区，控制哪些命令出现在 InDesign 菜单中，可选择菜单“编辑”>“菜单”。例如，在屏幕较小的笔记本电脑上，您可能希望菜单更短；而对于新用户，您可能希望菜单包含的命令更少。存储工作区时，可存储对菜单所做的修改。

1. 选择菜单“窗口”>“工作区”>“新建工作区”。
2. 在“新建工作区”对话框中的“名称”文本框中输入“Styles”。如果有必要，勾选复选框“面板位置”和“菜单自定义”，如图 1.34 所示。
3. 单击“确定”按钮。如果出现一个对话框，指出存在同名的工作区，请单击“确定”按钮替换原来的工作区。

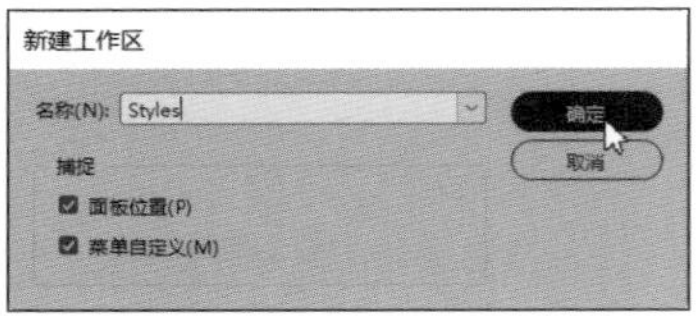

图1.34

4. 选择菜单“窗口”>“工作区”，将发现当前选择了这个自定义工作区，如图 1.35 所示。
5. 在应用程序栏右端的切换工作区的下拉列表中，显示的也是当前选定的工作区。单击这个下拉列表可选择其他工作区。
6. 选择菜单“窗口”>“工作区”或在切换工作区的下拉列表中选择每个工作区，看看它们的面板和菜单配置有何不同。
7. 下面恢复到前面的工作区。选择菜单“窗口”>“工作区”>“[高级]”，如图 1.36 所示。

再选择菜单“窗口”>“工作区”>“重置‘高级’”。

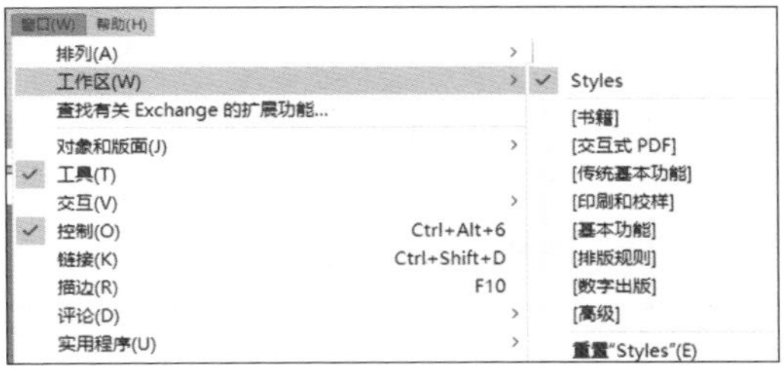

图1.35

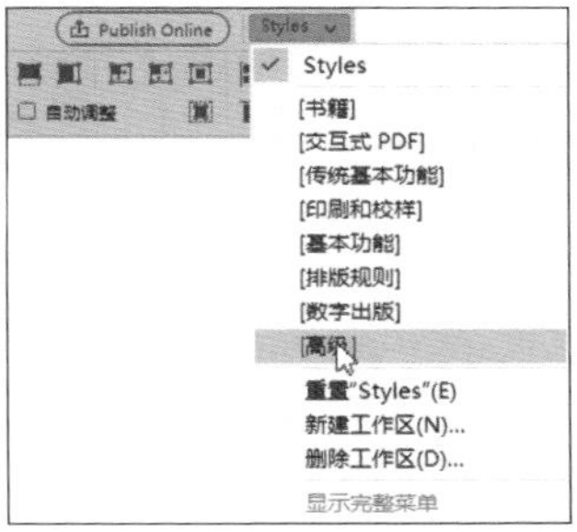

图1.36

1.5 修改文档的缩放比例

InDesign 中的控件让用户能够以 5% 到 4000% 的比例查看文档。文档打开后，当前的缩放比例显示在文档窗口左下角的“缩放级别”下拉列表中，它还显示在文档窗口标题栏或文档标签中文件名的后面，如图 1.37 所示。

图1.37

提示 使用快捷键，可快速将缩放比例设置为 200%、400% 和 50%。在 Windows 中，将缩放比例设置为这些值的快捷键分别为 Ctrl + 2、Ctrl + 4 和 Ctrl + 5；在 macOS 中，设置这些比例的快捷键分别为 Command + 2、Command + 4 和 Command + 5。

1.5.1 使用“视图”菜单中的命令

可以采取下述方式轻松地缩放文档视图。

- 选择菜单“视图”>“放大”，将缩放比例增大到下一个预设值。
- 选择菜单“视图”<“缩小”，将缩放比例缩小到上一个预设值。
- 选择菜单“视图”>“使页面适合窗口”，在文档窗口中显示整个目标页。
- 选择菜单“视图”>“使跨页适合窗口”，在文档窗口中显示整个目标跨页（跨页是并排显示的多个页面）。
- 选择菜单“视图”>“实际尺寸”，以 100% 的比例显示文档。
- 从文档窗口左下角的“缩放级别”下拉列表中选择一个百分比，按预设值缩放文档。
- 单击“缩放级别”文本框，输入所需的缩放比例，按 Enter 键，如图 1.38 所示。

图1.38

- 按 Ctrl + =(Windows) 或 Command + =(macOS) 组合键，将缩放比例增大到下一个预设值。
- 按 Ctrl + −(Windows) 或 Command + −(macOS) 组合键，将缩放比例缩小到上一个预设值。

1.5.2 使用缩放显示工具

除使用“视图”菜单中的命令外，还可使用缩放显示工具来缩放文档视图。下面来练习使用缩放显示工具。

1. 选择菜单“视图” > “实际尺寸”，将文档的缩放比例设置为 100%。
2. 选择工具面板中的缩放显示工具（ ），将鼠标指针指向第 1 页左边的蝴蝶翅膀附近。注意缩放显示工具中央有个加号，如图 1.39 所示。

图1.39

3. 单击图像 3 次。每次单击图像都将放大到下一个预设比例。

> **提示** 使用缩放显示工具单击放大图像时，务必单击要查看的目标对象，确保它位于窗口中央。

下面来缩小视图。

4. 将鼠标指针指向蝴蝶图像并按住 Alt（Windows）或 Option（macOS）键，缩放显示工具中央将出现一个减号。
5. 在按住 Alt（Windows）或 Option（macOS）键的情况下单击图像 3 次，视图将缩小。

可使用缩放显示工具拖曳出一个环绕特定区域的矩形框，以放大该区域。放大比例取决于矩形框的尺寸：矩形框越小，放大比例越大。

> **注意** 如果您使用的是 macOS，并安装了兼容的图形处理单元（GPU）卡，缩放显示工具将支持动画缩放，具体的方法将在后面介绍。

6. 根据需要滚动图像，以便能够看到包含文本 free community workshop series 的浅紫色椭圆文本框架。
7. 在依然选择了缩放显示工具的情况下，拖曳出一个环绕该文本框架的矩形框，松开鼠标，如图 1.40 所示。

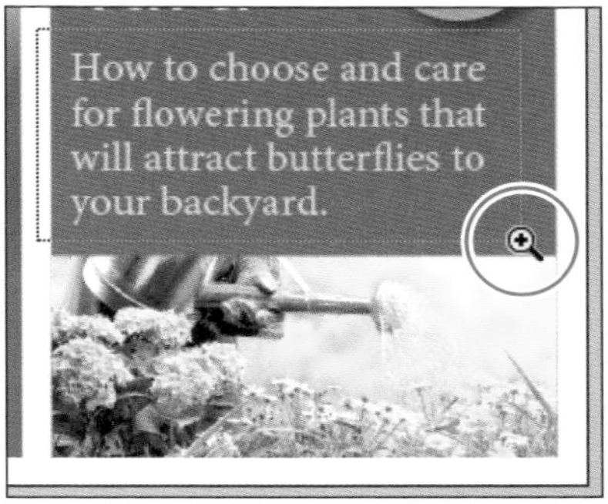

图1.40

8. 选择菜单“视图”>“使页面适合窗口”。
9. 在设计和编辑过程中，经常需要使用缩放显示工具，您可以使用键盘临时选择缩放显示工具，而不取消对当前工具的选择。

- 选择工具面板中的选择工具，再将鼠标指针指向文档窗口。
- 按住 Ctrl + Space（Windows）或 Command + Space（macOS）组合键，等鼠标指针从选择工具图标变成缩放显示工具图标后，单击蝴蝶以放大视图。
- 按住 Ctrl + Alt + Space（Windows）或 Command + Option + Space（macOS）组合键并单击，以缩小视图。

> **注意** 在 macOS 中，请先按住 Space 键再按住 Command 键。如果您先按住 Command 键再按住 Space 键，将启动 Siri。

- 松开按键后，鼠标指针将恢复为选择工具图标。

> **注意** Windows 或 macOS 的首选项可能覆盖一些 InDesign 的快捷键。如果快捷键不管用，请修改快捷键首选项。

10. 选择菜单“视图”>“使页面适合窗口”，让页面居中。

使用动画缩放

如果您使用的是macOS，并安装了兼容的图形处理单元（GPU）卡，就可使用InDesign改进的视图功能。在这种情况下，“视图”菜单中的“显示性能”默认被设置为“高品质显示”，同时默认启用了动画缩放（要设置动画缩放，可选择菜单“InDesign”>“首选项”>“GPU性能”）。

当您使用缩放显示工具时，动画缩放将提供平滑的动画显示。

- 单击并按住鼠标左键时：从外逐渐放大到中央。
- 在按住Option键的情况下单击并按住鼠标左键时：从中央开始往外缩小。
- 按住鼠标左键并向右拖曳时：放大。
- 按住鼠标左键并向左拖曳时：缩小。
- 按住Shift键并拖曳时：可使用标准的矩形框放大。

1.6 导览文档

在 InDesign 中导览文档的方式有多种，包括使用“页面”面板、使用抓手工具、使用“转到页面”对话框，以及使用文档窗口中的控件。在使用 InDesign 的过程中，您可能会更喜欢某些方法。找到喜欢的方法后，记住其快捷键将让这种方法使用起来更容易。例如，如果您喜欢在“转到页面”对话框中输入页码，请记住打开这个对话框的快捷键。

1.6.1 翻页

可使用“页面”面板、文档窗口底部的页面按钮、滚动条或其他方法来翻页。“页面”面板包含当前文档中每个页面的图标，双击页面图标或页码可切换到相应的页面或跨页。下面来练习翻页。

1. 单击“页面”面板的图标（ ），展开“页面”面板。
2. 双击第 2 页的页面图标，如图 1.41 所示，在文档窗口中显示这一页。

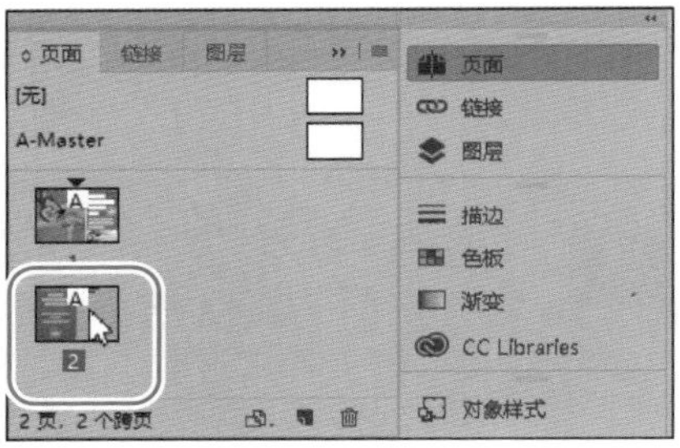

图1.41

提示 要翻页，也可使用“版面”菜单中的命令：“第一页”“上一页”“下一页”“最后一页”“下一跨页”和“上一跨页”。

3. 双击第 1 页的页面图标，在文档窗口中居中显示第 1 页。
4. 要返回到文档的第 2 页，可使用文档窗口左下角的下拉列表。单击向下的箭头，并选择 2。

下面使用文档窗口底部的箭头按钮来切换页面。

5. 单击页码框左边的“上一页”按钮（向左的三角箭头），直到显示第 1 页。
6. 单击页码框右边的“下一页”按钮（向右的三角箭头），如图 1.42 所示，直到显示第 2 页。

注意 如果选择了菜单“视图”>“使跨页适合窗口”，文档窗口底部的导航控件将是针对跨页（而不是页面）的。

7. 选择菜单“版面”>“转到页面”。

8. 在“转到页面”对话框中输入或选择 1，单击“确定”按钮，如图 1.43 所示，即可转到第 1 页。

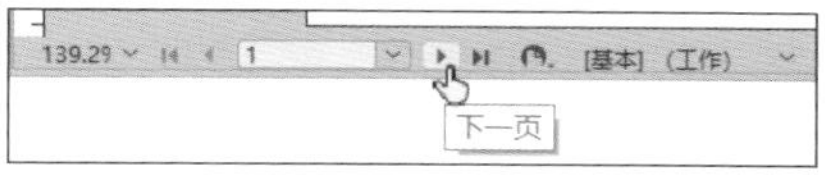

图1.42

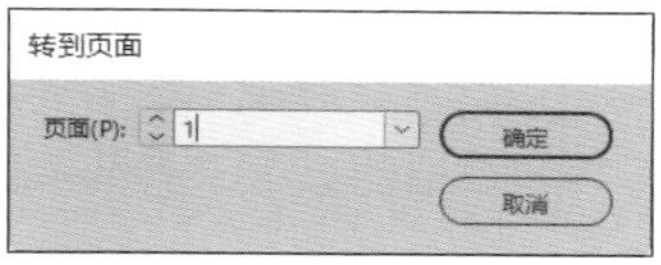

图1.43

> **提示** 菜单“版面”>“转到页面”的快捷键为 Ctrl + J（Windows）或 Command + J（macOS）。

1.6.2 使用抓手工具

使用工具面板中的抓手工具可移动文档的页面，直到找到要查看的内容。下面来练习使用抓手工具。

1. 在文档窗口左下角的“缩放级别”下拉列表中选择 400%。
2. 选择抓手工具（ ）。

> **提示** 使用选择工具时，可按 Space 键暂时切换到抓手工具。使用文字工具时，可按 Alt（Windows）或 Option（macOS）键暂时切换到抓手工具。

3. 在文档窗口中按住鼠标左键可沿任何方向拖曳，向上拖曳以便在文档窗口中显示第 2 页。
4. 在选择了抓手工具的情况下，在页面上单击并按住鼠标左键，将显示视图矩形，如图 1.44 所示。

图1.44

- 拖曳该矩形以查看页面的其他区域或其他页面。
- 松开鼠标以显示视图矩形包含的区域。
- 显示视图矩形时，按键盘上的箭头键可调整该矩形的大小，从而修改文档的缩放比例。

5. 双击工具面板中的抓手工具使页面适合窗口。

1.7 使用上下文菜单

除工作区顶部的菜单外，用户还可使用上下文菜单列出与活动工具或选择的对象相关联的命令。要显示上下文菜单，将鼠标指针指向文档窗口中选择的对象或任何位置，单击鼠标右键（Windows）或按住 Control 键并单击（macOS）。

> Id **提示** 在使用文字工具（T.）编辑文本时，也可显示上下文菜单，该菜单让用户能够插入特殊字符、检查拼写及执行其他与文本相关的任务。

1. 使用选择工具（▶）单击页面中的任何对象，如包含回信地址（以 Urban Oasis Gardens 打头的文本）的文本框架。
2. 在这个文本框架上单击鼠标右键（Windows）或按住 Control 键并单击（macOS），观察有哪些菜单项，如图 1.45 所示。
3. 选择第 1 页和第 2 页中其他类型的对象并打开上下文菜单，查看可用的命令。
4. 查看完上下文菜单后，如果有必要，使用滚动条返回到第 2 页。

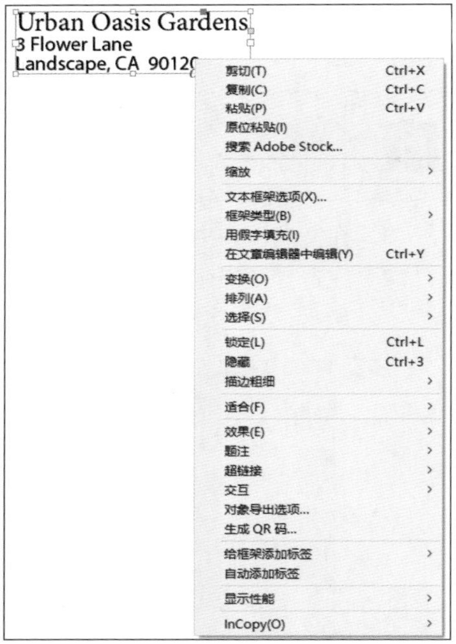

图1.45

1.8 使用面板菜单

大多数面板有其特有的选项，要使用这些选项，可单击面板菜单按钮打开面板菜单，其中包含适用于当前面板的命令和选项。

下面修改“色板”面板的显示方式。

1. 在停放区中找到“色板”面板。如果停放区没有此面板，则选择菜单“窗口”>“颜色”>“色板”以显示它。将这个面板拖出停放区，使其变成浮动的。
2. 如果有必要，单击标题栏中的双箭头，将该面板展开。
3. 单击“色板”面板右上角的面板菜单按钮（≡），打开面板菜单。

可使用“色板”面板的面板菜单来新建色板、加载其他文档中的色板等。

4. 在“色板”面板的面板菜单中选择“大缩览图”，如图 1.46 所示。面板菜单包含定制面板外观的选项，还有其他相关的选项。

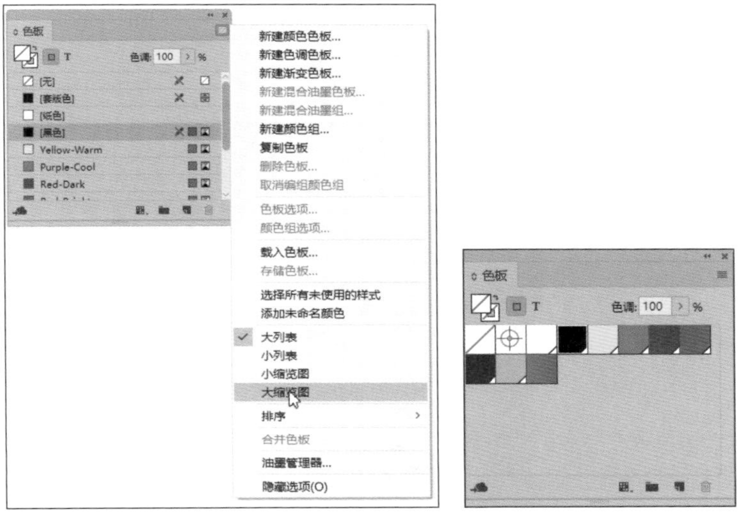

图1.46

1.9 修改界面首选项

可通过“首选项”对话框来修改整体颜色、各种工具的工作方式以及面板的配置，从而定制 InDesign 的界面。“首选项”对话框中的有些设置影响应用程序（InDesign 本身），而其他的只影响活动文档。如果您在没有打开任何文档的情况下修改与文档相关的首选项，将影响所有新文档（而不影响已有的文档）。下面来看看影响应用程序的界面首选项。

> **注意** 在本书的屏幕截图中，显示的是“中等浅色”界面，但您可根据自己的喜好使用任何颜色主题。

1. 选择菜单“编辑”>“首选项”>“界面”（Windows）或“InDesign”>“首选项”>“界面”（macOS），定制 InDesign 的外观。
2. 在“外观”部分，单击最右端的“浅色”框以设置“颜色主题”，如图 1.47 所示。
3. 尝试其他选项，选择您喜欢的设置（或默认设置“中等深色”）。
4. 单击“首选项”对话框中的各个面板，看看其他 InDesign 定制选项。例如，“显示性能”首选项让您能够指定在 InDesign 文档中如何显示图像（“快速”“典型”或“高品质”）。

研究完“首选项”对话框后，单击“确定”按钮。

> **提示** 如果您的计算机安装了兼容的 GPU 卡，InDesign 将自动使用 GPU 来显示文档，并将“显示性能”设置为“高品质显示”。

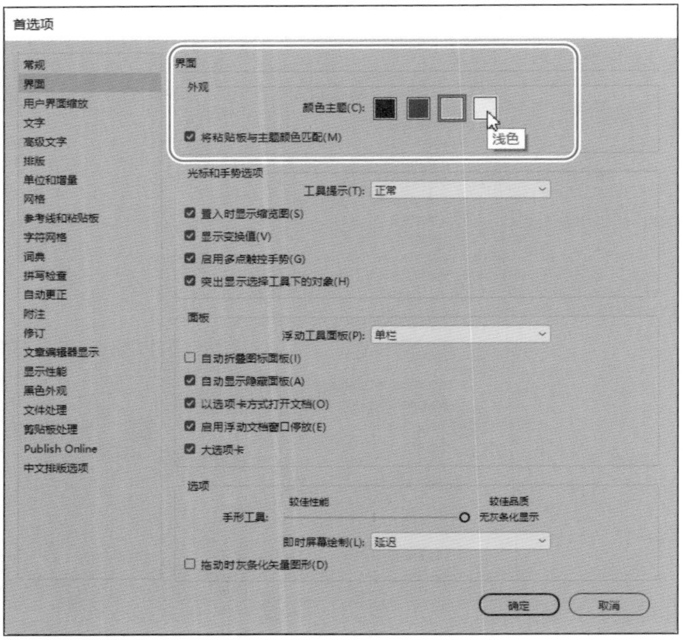

图1.47

1.10　练习

了解工作区后，使用文档 01_Intro.indd 或自己的文档完成下面的任务。

> **提示**　要详尽地了解 InDesign 的面板、工具和其他功能的用法，可使用“帮助”菜单。

- 选择菜单“窗口”>“实用程序”>“工具提示”，以显示有关选择的工具的信息，如图 1.48 所示。选择各个工具，查看对应的工具提示，更深入地了解它们。
- 选择菜单“窗口”>“评论”>“附注”，打开相应的面板组。这个面板组包含“任务”面板、“附注”面板和“修订”面板，用于协同编辑和设计文档。
- 查看“键盘快捷键”对话框（选择菜单“编辑”>“键盘快捷键”），更深入地了解现有的键盘快捷键及修改它们的方法。
- 了解菜单配置以及如何在“菜单自定义”对话框（选择菜单“编辑”>“菜单”）中编辑它们。
- 根据需要组织面板，并选择菜单“窗口”>“工作区”>“新建工作区”，创建自定义工作区。

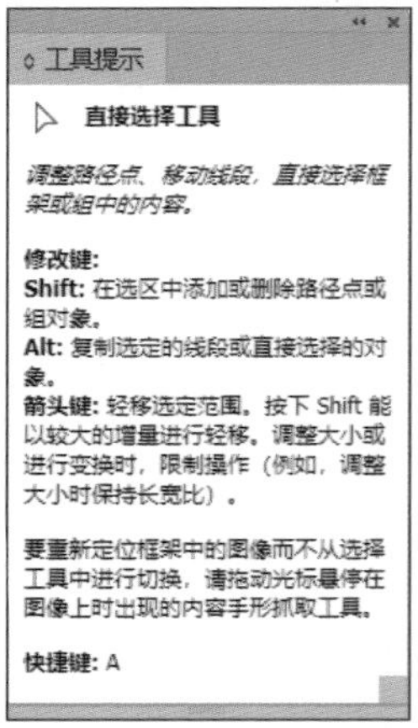

图1.48

1.11　复习题

1. 有哪些修改文档缩放比例的方式？
2. 在 InDesign 中如何选择工具？
3. 有哪 3 种显示面板的方式？
4. 如何创建面板组？

1.12　复习题答案

1. 可从菜单“视图”中选择命令以放大、缩小、使页面适合窗口等；也可从工具面板中选择缩放显示工具，再在文档上单击或拖曳鼠标以缩放视图。另外，可使用快捷键来缩放文档视图；还可使用文档窗口左下角的“缩放级别”框来缩放视图。
2. 要选择工具，可在工具面板中单击，也可按快捷键（前提是当前选择的不是文字工具）。例如，可以按 V 键暂时切换到选择工具。要选择隐藏的工具，可将鼠标指针指向工具面板中的工具并按住鼠标左键，在隐藏的工具出现后选择它；可按住 Alt（Windows）或 Option（macOS）键并单击工具，依次选择工具组中的工具。
3. 要显示面板，可单击其面板图标或面板标签；也可在菜单“窗口”中选择其名称，如选择菜单“窗口”>“对象和版面”>“对齐”；还可通过菜单“文字”访问与文字相关的面板，例如选择菜单“文字”>“字符”，访问“字符”面板。
4. 将面板图标拖出停放区使面板变成自由浮动的，再将其他面板的标签拖曳到自由浮动的面板的标题栏中。

第2课 熟悉InDesign

在本课中，您将学习以下内容：

- 查看版面辅助工具；
- 输入文本及对文本应用样式；
- 置入文本及串接文本框架；
- 置入图形；
- 对象的移动、旋转、描边和填充；
- 使用段落样式、字符样式和对象样式自动设置格式；
- 使用“印前检查”面板检查潜在的制作问题；
- 在演示文稿模式下预览文档。

学习本课大约需要 60 分钟。

InDesign 版面是由对象、文本和图形组成的。使用版面辅助工具（如参考线）有助于调整对象大小和放置对象，而使用样式能够让您自动设置页面元素的格式。

2.1 概述

本课使用的文档是一张标准尺寸的明信片，是为印刷并邮寄而设计的，另外也可将这张明信片导出为 JPEG 图片。正如您将在本课中看到的，不管输出媒介是什么，InDesign 文档的组成部分几乎都是相同的。在本课中，您将添加文本和图像，再对其做必要的格式设置。

1. 为确保您的 Adobe InDesign 首选项和默认设置与本课使用的一样，将文件 InDesign Defaults 移到其他文件夹，详情请参阅“前言”中的“保存和恢复文件 InDesign Defaults”。
2. 启动 InDesign。
3. 在出现的“主页”屏幕中单击左边的“打开”按钮（如果没有出现“主页”屏幕，就选择菜单“文件”>“打开”)。
4. 打开硬盘中文件夹 InDesignCIB\Lessons\Lesson02 中的文件 02_Start.indd。
5. 如果出现一个对话框，指出该文档链接的源文件已修改，请单击“更新修改的链接”按钮。
6. 选择菜单“文件”>“存储为”，将文件重命名为 02_Postcard.indd，并将其存储到文件夹 Lesson02 中。
7. 本课使用默认的“基本功能”工作区，如果有必要，请选择菜单“窗口”>“工作区”>“[基本功能]”，再选择菜单“窗口”>“工作区”>“重置‘基本功能’”。
8. 为了能以更高的分辨率显示这个文档，请选择菜单“视图”>“显示性能”>“高品质显示”。
9. 如果要看看这个文档完成后的效果，请打开文件 02_End.indd，如图 2.1 所示。您可让这个文档保持打开状态，供练习时参考。

图2.1

10. 为处理文档做好准备后，单击文档窗口左上角的标签 02_Postcard.indd 切换到这个文档。

2.2 查看参考线

像本课这样修订既有文档，是入门级 InDesign 用户的典型工作。当前，这个明信片文档是在预览模式下显示的，此模式会在标准窗口中显示作品，并隐藏参考线、网格、框架边缘和隐藏字符等非打印元素。要处理这个文档，需要能够看到参考线和隐藏字符（如空格和制表符）。熟悉 InDesign 后，您将知道哪种屏幕模式最适合处理此类文档。

1. 单击并按住工具面板底部的“屏幕模式”按钮（ ），再从菜单中选择“正常”，如图 2.2 所示。

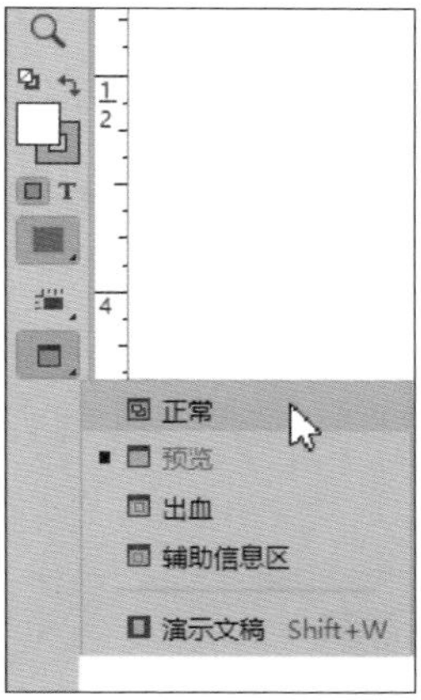

图2.2

提示 这个文档的屏幕模式最初为“预览”，而您切换到了“正常”模式。其他屏幕模式包括“出血”（用于审核出血区域，这些区域可容纳超出页面边界的对象）、“辅助信息区”（显示出血区域外面的区域，这些区域可包含印刷说明、作业签署信息等）和“演示文稿”（满屏显示文档，非常适合用来向客户展示设计效果）。

这时会显示启用了的版面辅助元素。例如，使用淡蓝色的非打印线条标识既有文本框架和对象，因为启用了框架边缘（选择菜单“视图”>“其他”>“显示框架边缘）。下面来显示其他版面辅助元素。

2. 选择菜单“视图”>“网格和参考线”>“显示参考线”。

显示参考线后，很容易精确地放置对象，包括自动对齐到参考线。参考线不会被打印出来，也不会限制会被打印或导出的区域。

3. 在工具面板底部的“视图选项”下拉列表中选择“隐藏字符”。务必确保“隐藏字符”左边有勾号。

通过显示非打印的隐藏字符，如制表符、空格、换行符，可以精确地选择文本并设置其样式。一般而言，在编辑文本或设置其格式时，最好将隐藏字符显示出来。

4. 处理这个文档时，请在必要时使用您在第 1 课学到的技能来移动面板，以及滚动和缩放视图。

2.3 添加文本

在 InDesign 中，大多数文本在文本框架内（文本也可在表格的单元格内或沿路径排列）。可直接将文本输入文本框架内，也可从其他文字处理程序中置入文本文件。置入文本文件时，可将文本添加到现有的文本框架中，也可在置入时创建文本框架。如果当前文本框架容纳不下文本，可将其连接到其他文本框架中。

2.3.1 输入文本及对文本应用样式

现在可以开始处理这张未完成的明信片了。首先编辑标题下方的文本并对其应用样式。

1. 选择文字工具（T.）并在文本 Café 后面单击。
2. 按 BackSpace（Windows）或 Delete（macOS）键 4 次，将文本 Café 删除，如图 2.3 所示。

图2.3

> **提示** 使用文字工具可编辑文本、设置文本的格式以及新建文本框架。

3. 在文本框架中输入“Bistro”，将旅馆名从 Café & Bar 改为 Bistro & Bar，如图 2.4 所示。

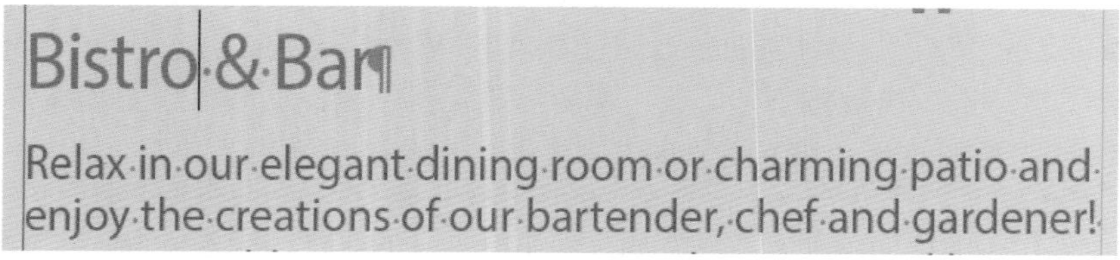

图2.4

4. 在插入点依然位于文本中的情况下快速单击 3 次，以选择 Bistro & Bar。

> **提示** 在选择了文字工具的情况下，可双击选择一个单词，快速单击 3 次选择一行文本，快速单击 4 次选择一个段落。

5. 在右边的“属性”面板的“字符”部分，从“字体样式”下拉列表中选择 Bold，如图 2.5 所示。

图2.5

Id

注意 如果有必要，可使用选择工具拖曳文本框架的下边缘，以便能够容纳所有文本。

6. 选择菜单“文件”>“存储”保存所做的工作。

设置文本样式和指定文本位置的选项

在“基本功能”工作区中，位于右边的“属性”面板让您能够快速设置文本格式。InDesign提供了设置字符和段落格式的选项，还提供了在框架中定位文本的选项。下面是一些常用的文本格式设置选项。

字符格式：字体、字体样式、字体大小、行距、全部字母大写。

段落格式：诸如居中等对齐方式，以及缩进、段前/后间距。

文本框架选项：列数、内边距、垂直对齐。

控制面板、“段落”面板（选择菜单“文字”>“段落”）和“字符”面板（“文字”>“字符”）提供了设置文本格式所需的所有选项。要在框架中定位文本（如将文本分栏），可选择菜单“对象”>“文本框架选项”，打开对话框，这个对话框中的很多选项也包含在控制面板中。

2.3.2 置入文本和排文

在大多数出版流程中，作者和编辑使用文字处理程序处理文本，文本基本完成后，再将文件发送给图形设计人员。为完成这张明信片，下面先使用“置入”命令将一个 Word 文档置入页面底部的一个文本框架中，再将第一个文本框架和第二个文本框架串接起来。

1. 使用选择工具（▶）单击粘贴板的空白区域，确保没有选中任何对象。
2. 选择菜单“文件”>“置入”。在“置入”对话框中，确保没有勾选复选框“显示导入选项”。
3. 切换到文件夹 Lessons\Lesson02 并双击文件 Bistro.docx。

鼠标指针将变成载入文本图标（）。下面将这些文本添加到明信片左下角的文本框架中（文本框架由淡蓝色非打印线标识）。

Id

提示 鼠标指针变成载入文本图标后，有多种选择。可拖曳鼠标创建新的文本框架置入文本、在既有文本框架中单击置入文本或在页面的栏参考线内单击新建文本框架置入文本。

4. 将鼠标指针指向左下角的文本框架并单击，如图 2.6 所示。

Id

注意 请参阅最终的课程文档 02_End.indd，以确定将文本放在什么地方。

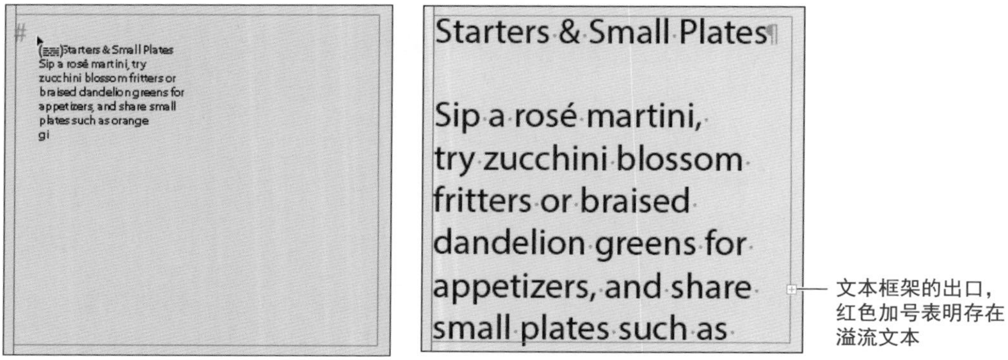

图2.6

Word 文档中的文本被置入这个文本框架中，但这个文本框架装不下。文本框架出口的红色加号（⊞）表明有溢流文本。下面将两个文本框架串接起来，以便将溢流文本排入其他文本框架中。

5. 使用选择工具选择包含置入文本的文本框架。

6. 单击红色加号，鼠标指针将变成载入文本图标。在右边的文本框架中单击，如图 2.7 所示。

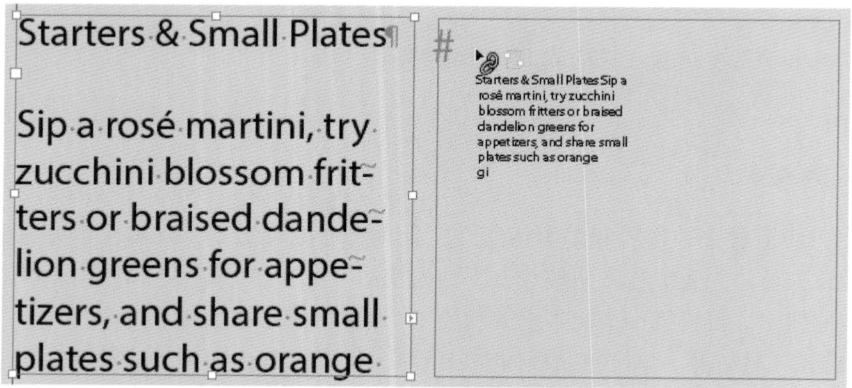

图2.7

> **提示** 串接的文本框架中的所有文本都被视为一篇文章。

可以看到，当前仍然存在溢流文本，如图 2.8 所示，本课后面将通过设置文本的样式解决这个问题。

> **注意** 由于不同的字体版本存在差异，您在框架中看到的文本可能与本书中的示例稍有不同。

7. 选择菜单“文件”>“存储”保存文件。

图2.8

2.4 使用样式

InDesign 提供了段落样式、字符样式和对象样式，让您能够快速而一致地设置文本和对象的格式，更重要的是，只需编辑样式就可完成全局修改，其原理如图 2.9 所示。

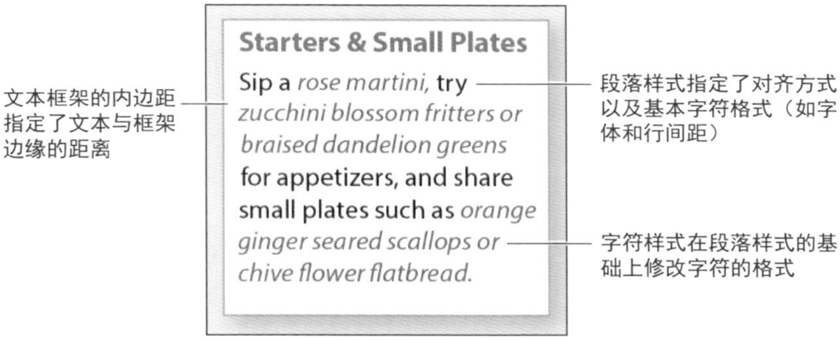

图2.9

- 段落样式包含应用于段落中所有文本的格式属性，如字体、字体大小和对齐方式。只需在段落中单击便可选择该段落，还可选择其中的任何一部分。
- 字符样式只包含字符属性，如字体样式（粗体或斜体）和字体颜色，它们只应用于段落中选定的文本。字符样式通常用于突出段落中特定的文本。
- 对象样式用于设置选定对象的格式，如填色和描边颜色、描边效果和角效果、透明度、投影、羽化、文本框架选项和文本绕排等。

> **提示**　段落样式包含用于段落开头和段落文本行的嵌入样式。这让您能够自动设置常见的段落格式，如首字母大写并下沉，且第一行的字母都大写等。

下面使用段落样式和字符样式来设置文本的格式。

2.4.1 应用段落样式

下面首先对两个串接的文本框架中的所有文本应用样式 Body Copy，再对标题应用样式 Subhead。

1. 选择文字工具（T.），在包含新置入文本的两个文本框架之一中单击。
2. 选择菜单“编辑”>“全选”，选择这两个文本框架中的所有文本。
3. 单击“属性”面板顶部的“段落样式”标签，再从“段落样式”下拉列表中选择样式“Body Copy”，将其应用于所有文本，如图 2.10 所示。

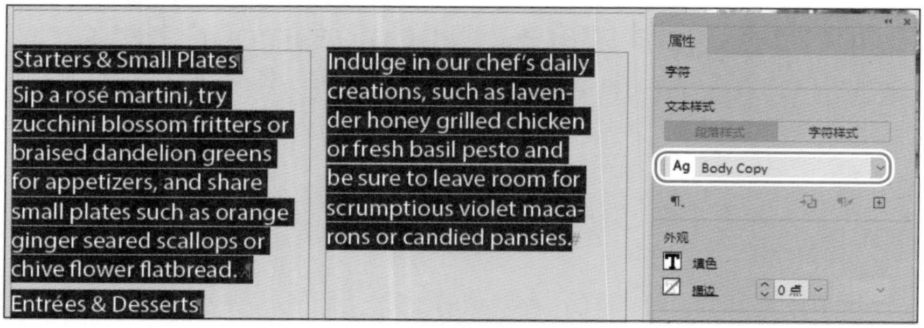

图2.10

4. 使用文字工具，在第一行文本 Starters & Small Plates 中单击。

从该行末尾的隐藏字符（换行符）可知，这一行实际上是一个段落，因此可使用段落样式设置其格式。

5. 在“属性”面板中，从“段落样式”下拉列表中选择 Subhead。
6. 对文本 Entrées & Desserts 也应用段落样式 Subhead。

> Id
>
> **注意** 如果应用的样式（Body Copy 或 Subhead）后面有加号，就说明文本的格式与样式指定的格式不完全一致。要解决这种问题，可单击“段落样式”面板底部的“清除优先选项”按钮（¶*）。第 9 课将更详细地介绍样式的用法。

7. 选择菜单“编辑”>“全部取消选择”，再选择菜单“文件”>“存储”保存文件。

2.4.2 设置文本格式

突出段落中的一些关键字可吸引观看者的注意力。对于这张明信片中的文字，您可以为一些文本设置格式使其更突出，再基于这些文本创建字符样式，最后快速将该字符样式应用于其他选定的文本。

> Id
>
> **提示** 在处理文档时，可根据需要将面板从停放区拖出、调整大小以及移动它们。从很大程度上来说，采用什么样的面板布局取决于屏幕有多大。有些 InDesign 用户使用双显示器，并将其中一个显示器专门用于管理面板。

1. 使用缩放显示工具（🔍）放大明信片左下角的第一个文本框架，该文本框架包含标题 Starters

& Small Plates。

2. 使用文字工具（ T. ）选择第一段中的文本 rosé martini 及其后面的逗号。
3. 在“属性”面板的“字符”部分，从“字体样式”下拉列表中选择 Italic，保留字体为 Myriad Pro。
4. 单击“填色”框（ T ）以显示文档中的色板，再选择红色色板 Red-Bright，将文本设置为这种颜色，如图 2.11 所示。

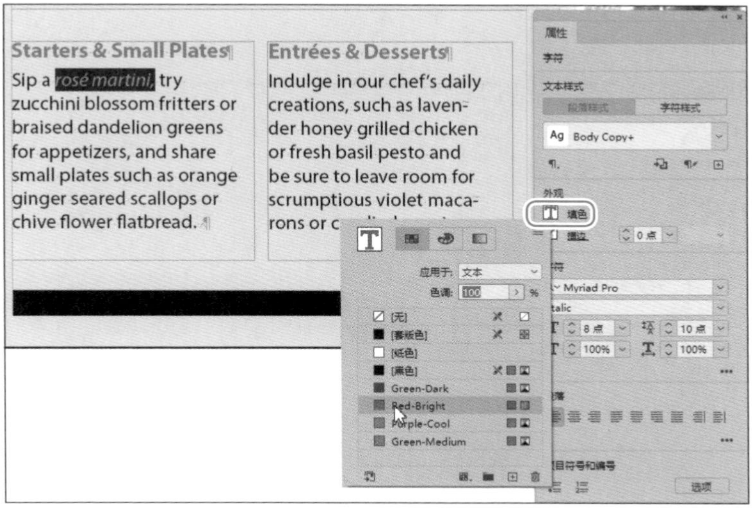

图2.11

5. 在粘贴板中单击以取消选择文本，并查看修改结果。
6. 选择菜单“文件”>“存储”保存文件。

2.4.3 创建并应用字符样式

设置好文本的格式后，便可使用这些格式创建字符样式了。

1. 使用文字工具（ T. ）重新选择文本 rosé martini 及其后面的逗号。
2. 选择菜单“文字”>“字符样式”打开“字符样式”面板。
3. 从面板菜单中选择“新建字符样式”，如图 2.12 所示。

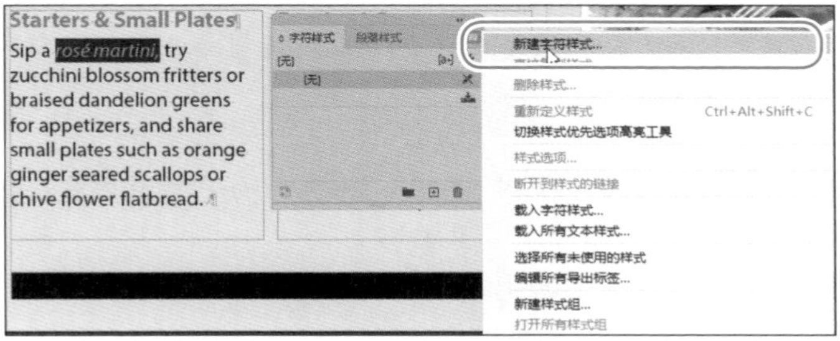

图2.12

在打开的“新建字符样式”对话框中，样式名默认为“字符样式 1”。该新样式包含选定文本的特征，如“新建字符样式”对话框中的“样式设置”部分所示。

4. 在“样式名称”文本框中输入“Red Italic”。
5. 勾选复选框“将样式应用于选区”。
6. 如果有必要，取消勾选左下角的复选框“添加到 CC 库”，如图 2.13 所示，单击“确定”按钮。

图2.13

7. 使用文字工具选择第一个文本框架中的文本 zucchini blossom fritters or braised dandelion greens。
8. 在“字符样式”面板中，单击样式 Red Italic。

由于应用的是字符样式而非段落样式，因此该样式只影响选定文本（而不是整个段落）的格式。

> **提示** 排版人员通常会对文本后面的标点符号应用同一种样式（当然要将标点符号一起选中再进行设置）。例如，如果单词为斜体，则将它后面的标点符号也设置为斜体。是否这样做取决于设计偏好和实际要求，关键是保持一致。

9. 使用文字工具选择文本 orange ginger seared scallops or chive flower flatbread 及其后面句号。
10. 在“字符样式”面板中，单击样式 Red Italic。
11. 重复上述过程，将字符样式 Red Italic 应用于第二个文本框架中的文本 lavender honey grilled chicken or fresh basil pesto 和 violet macarons or candied pansies.，如图 2.14 所示。

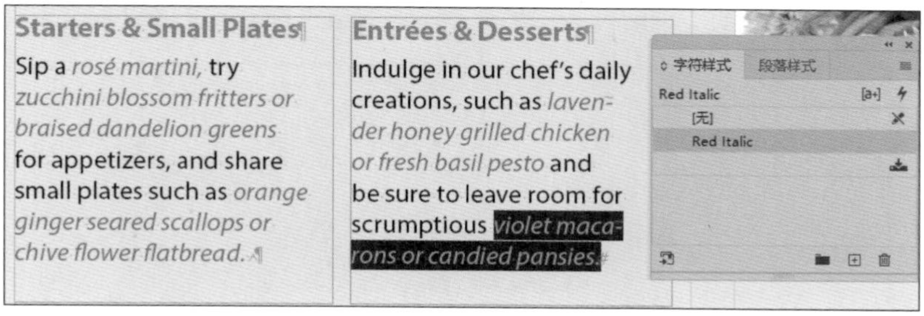

图2.14

12. 单击“字符样式”面板组的关闭按钮（ ），再选择菜单“文件”>“存储”保存文件。

2.5 处理图形

本节将在明信片中添加最后一个设计元素，下面置入一个图形并调整其大小和位置。InDesign文档使用的图形都在框架中，可使用选择工具调整框架的大小以及图形在框架中的位置。第 10 课将更详细地介绍如何处理图形。

1. 选择菜单“视图”>“使页面适合窗口”。

下面在明信片的右上角添加一个图形。

> Id **提示** 可将图形置入既有框架中，也可在置入图形时新建框架，还可将图形文件从桌面拖曳到 InDesign 页面或粘贴板中。

2. 选择菜单“编辑”>“全部取消选择”确保没有选择任何对象。
3. 单击“属性”面板底部的“导入文件”按钮，在“置入”对话框中，确保没有勾选复选框“显示导入选项”。
4. 切换到文件夹 Lessons\Lesson02，再双击文件 DiningRoom.jpg。

鼠标指针将变成载入图形图标（ ），其中显示了该图形的预览。如果在页面上单击，InDesign将创建一个图形框架并将图形以实际大小置入其中。这里将手动创建一个图形框架来放置图形，因此图形将缩放到与图形框架一样大。

5. 将载入图形图标指向明信片左上角的淡蓝色和粉红色参考线的交点，如图 2.15 所示。

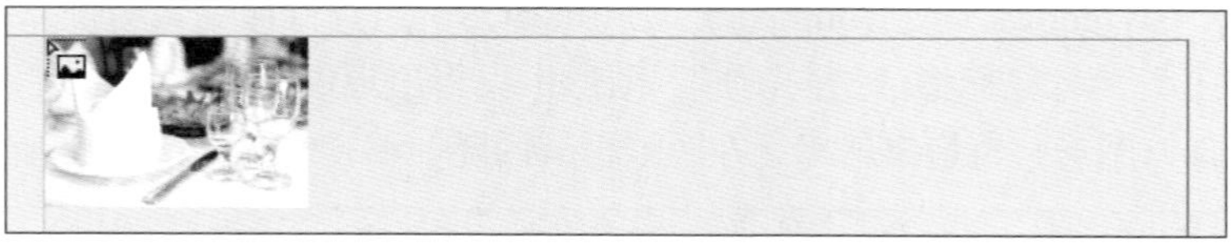

图2.15

> Id **注意** 请参阅最终的课程文档 02_End.indd，确定要将这个图形放在什么地方。

6. 向右下方拖曳鼠标指针，如图 2.16 所示，直到到达页面右边的参考线。

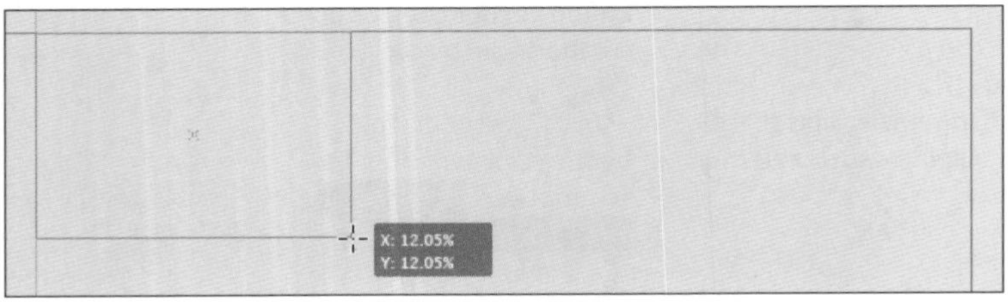

图2.16

松开鼠标后，图形将被置入页面中，同时还将自动创建一个图形框架，其大小取决于该图形的大小。

> **提示** 在页面中置入图形时，如果新建了一个图形框架，图形将自动缩放以适应该框架。也可使用"属性"面板和控制面板中的缩放比例精确地调整图形的大小，这方面的内容将在第10课更详细地介绍。

7. 使用选择工具（▶）向上拖曳图形框架底部中间的手柄，您可拖曳 8 个大小调整手柄中的任何一个来裁剪图形，如图 2.17 所示。

使用选择工具缩小图形框架，以裁剪其中的图形

图2.17

8. 按 Ctrl + Z（Windows）或 Command + Z（macOS）组合键撤销裁剪操作。
9. 选择选择工具，将鼠标指针指向图形，图形中央将出现内容抓取工具。
10. 单击以选择该图形，再拖曳鼠标，在图形框架内随便移动它，如图 2.18 所示。

> **提示** 在调整图形的位置时，如果要更严格地控制方向，可在拖曳时按住 Shift 键，这样将只能水平、垂直或沿 45° 的角度移动图形。在使用选择工具调整图形框架大小或在框架内移动图形前，如果单击并暂停一会儿，将在图形框架外面出现被裁剪掉的图形部分的幻影。

图2.18

11. 按 Ctrl + Z（Windows）或 Command + Z（macOS）组合键撤销移动图形的操作。图形的最终位置应为第 6 步指定的位置。
12. 选择菜单“文件” > “存储”保存文件。

2.6 处理对象

InDesign 页面由各种对象组成，包括文本框架、图形框架、线条等。一般而言，可使用选择工具移动对象的位置及调整其大小。对象可设置填充（背景）颜色以及描边（轮廓或边框）颜色，还可通过指定宽度和样式来定制它们。可自由移动对象、将其与其他对象对齐，或者根据参考线或数值准确地放置它们。另外，还可调整对象大小和缩放对象，以及指定文本如何沿它们绕排。要了解有关对象的更多内容，请参阅第 4 课。下面来尝试一些与对象相关的功能。

2.6.1 移动和旋转对象

在页面左边的粘贴板中，有一个花朵图形，这是通过选择菜单“文字” > “创建轮廓”，将 Zapf Dingbats 花朵字符转换为轮廓得到的。把这个图形移到饭店名 edible blossoms 的右边，再旋转并调整其位置。

1. 选择菜单“视图” > “使页面适合窗口”，让页面在窗口居中显示。如果有必要，向左滚动页面，以便能够看到粘贴板上的花朵图形。
2. 使用选择工具（▶）单击花朵图形。
3. 将这个图形拖曳到标题 edible blossoms 的右边，如图 2.19 所示。保持选择这个对象，下面使用“属性”面板来微调其位置。

图2.19

4. 在“属性”面板的“变换”部分，单击“更多选项”按钮（ ）。在文本框中输入如下值，如图 2.20 所示，指定这个图形的位置。

图2.20

- X：1.85 英寸；
- Y：0.05 英寸；
- 旋转角度：-10°。

可按 Tab 键在文本框之间移动，并按 Enter 键让修改生效。

> Id **提示** 当您在“属性”面板或控制面板中的“X”和“Y”文本框中输入值时，对象将根据参考点自动调整位置。若要修改参考点，可单击“X”和“Y”文本框左边的参考点图标（ ）中相应的方框。

5. 选择菜单“文件”>“存储”保存文件。

2.6.2 修改对象的描边和填色

在选择了对象的情况下，可修改其描边（轮廓或边框）的粗细和颜色，还可设置填充（背景）色。

1. 选择菜单“编辑”>“全部取消选择”，确保没有选择任何对象。
2. 为了更加专注于对象，选择菜单“文字”>“不显示隐藏字符”，隐藏页面上的非打印元素。
3. 单击工具面板中的直接选择工具（ ），再单击图形中的白色花朵以选择它。

> Id **注意** 这个花朵图形是一个对象组，而使用直接选择工具能够选择对象组中的单个对象。要选择对象组中的单个对象，也可使用选择工具双击该对象，如果单击，选择的是整个对象组。

4. 在“属性”面板的“外观”部分，单击“填色”框以显示文档中的色板，再选择色板 Green-Dark，如图 2.21 所示。

图2.21

5. 按 V 键切换到选择工具（▶），再单击页面底部的黑线以选择它。
6. 在“属性”面板的“外观”部分，单击“描边”框（◘）以显示文档中的色板，再选择色板 Green-Medium，如图 2.22 所示。

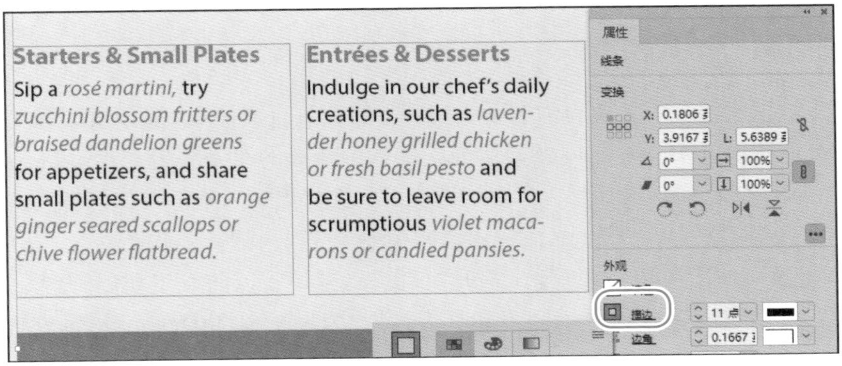

图2.22

7. 在粘贴板上单击以取消选择所有对象。
8. 选择菜单“文件”>“存储”保存文件。

2.7 应用对象样式

与段落样式和字符样式一样，通过将属性存储为样式，可快速而一致地设置对象的样式。这个练习将把既有的对象样式应用于两个包含正文的文本框架。

1. 选择菜单“视图”>“使页面适合窗口”。
2. 选择菜单“窗口”>“样式”>“对象样式”，打开“对象样式”面板。

3. 使用选择工具（▶）单击包含子标题 Starters & Small Plates 的文本框架。
4. 在“对象样式”面板中，单击样式 Green Stroke And Drop Shadow。
5. 单击包含子标题 Entrées & Desserts 的文本框架。
6. 在“对象样式”面板中，单击样式 Green Stroke And Drop Shadow，如图 2.23 所示。

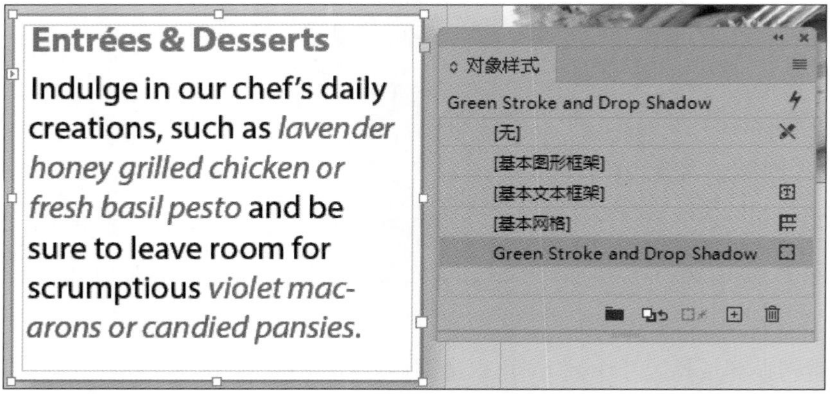

图2.23

7. 单击“对象样式”面板的关闭按钮（×），再选择菜单“文件”>“存储”保存文件。

2.8 在工作时执行印前检查

每当您着手处理文档时（无论是创建新文档还是修改既有文档），都必须知道文档要以什么方式输出（打印或显示）并关注输出问题。例如，文档中所有的线条是否都足够粗，能够打印出来吗？颜色能够正确地显示和打印吗？在本书的课程中，您将更深入地学习如何解决这些问题。

在出版过程中，对文档进行评估，找出潜在问题的过程被称为印前检查。InDesign 提供了实时印前检查功能，让用户能够在创建文档时对其进行监视，以防发生输出问题。若要定制实时印前检查功能，可创建或置入制作规则（又称为配置文件），让 InDesign 根据它们来检查文档。InDesign 提供的默认配置文件会指出一些潜在的问题，如缺失字体（系统上没有安装该字体）和溢流文本（文本框架中存在容纳不下的文本）。

1. 选择菜单“窗口”>“输出”>“印前检查”，打开“印前检查”面板。
2. 在“印前检查”面板中，从“配置文件”下拉列表中选择“Mailhouse（嵌入）”。这个配置文件是印刷商提供的，旨在确保输出正确。

使用印前检查配置文件“Mailhouse（嵌入）”时，InDesign 发现了错误，“印前检查”面板和文档窗口左下角的印前检查图标变成了红色（●）。根据“印前检查”面板中列出的错误可知，问题属于“颜色”类型。

> Id **提示** 请注意文档窗口的左下角，看看是否有印前错误出现。您可双击“错误”字样展开错误列表，了解错误的详细情况。

3. 要查看错误，在“印前检查”面板中单击“颜色”前面的三角形按钮。
4. 单击“不允许使用色彩空间”前面的三角形按钮，再单击第一个“文本框架”。
5. 为了解这个错误的详情，单击“印前检查”面板底部的“信息”字样旁边的三角形按钮，如图 2.24 所示。

指出的问题是“‘内容’使用‘RGB’”；修复建议为“应用使用受支持的色彩空间或模式的色板，或编辑当前色板并指定另一个颜色模式”。

6. 选择菜单“窗口”>“颜色”>“色板”以显示文档中的色板。
7. 双击色板 Red-Bright，在“色板选项”对话框中，从“颜色模式”下拉列表中选择 CMYK，再单击“确定”按钮，如图 2.25 所示。

图2.24

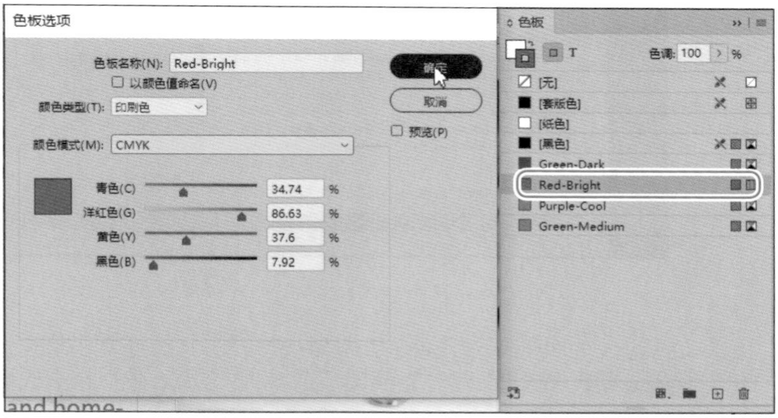

图2.25

8. 选择菜单“视图”>“使页面适合窗口”。

现在 InDesign 在“印前检查”面板和文档窗口左下角显示无错误，如图 2.26 所示。

图2.26

9. 关闭“印前检查”面板和“色板”面板，再选择菜单“文件”>“存储”保存所做的工作。

2.9 在演示文稿模式下查看文档

在演示文稿模式下，InDesign 界面将完全隐藏，文档占据整个屏幕。这种模式非常适合用来向客户展示设计理念。

> **提示** 在演示文稿模式下，不能编辑文档，但在其他模式下可以。

1. 在工具面板底部的“屏幕模式”按钮（ ）上单击并按住鼠标左键，选择“演示文稿”，在演示文稿模式下查看文档，如图 2.27 所示。

图2.27

2. 查看文档后，按 Esc 键退出演示文稿模式，以之前的模式（正常）显示文档。
3. 选择菜单“视图”>“屏幕模式”>“预览”，在不显示版面辅助元素的情况下查看文档。
4. 选择菜单“视图”>“实际尺寸”以实际输出尺寸显示文档。
5. 选择菜单“文件”>“存储”保存文件。

祝贺您在本课学习了很多 InDesign 的基础知识！

2.10 练习

若要学习更多 InDesign 的知识，请在这个明信片文档中尝试下述操作。

- 使用“属性”面板中的选项修改文本的格式。
- 对文本应用不同的段落样式和字符样式，将对象样式应用于其他对象。
- 移动对象和图形并调整其大小。
- 修改一个段落样式、字符样式或对象样式的格式设置，观察对应用了该样式的文本或对象有什么影响。

InDesign的惯例

在明信片的制作过程中，您尝试使用了文档的基本构件，并遵循了创建文档的惯例。通过遵循这些惯例，可确保创建的文档易于格式化、修订和复制。下面列出了一些常用的惯例。

- 不要堆叠对象。使用单个而不是多个对象来实现所需的格式。例如，在本课中，对包含正文的两个文本框架应用了文本外边距、描边粗细、描边颜色、投影等设置。InDesign新手可能会通过堆叠多个对象来实现这些效果，但在需要移动并对齐对象或设置格式时，堆叠对象将增加工作量。
- 将文本框架串接起来。InDesign新手喜欢将文本置入或粘贴到不同的文本框架中，但这样做时，需要分别选择框架中的文本并设置其格式。如果将文本排入串接的框架中，它们将变为一个整体，被称为文章。比起独立的文本框架，文章的优点是可选择其中的所有文本并设置其格式，同时可将其作为一个整体进行查找、修改和进行拼写检查。当创建的文档很长（如书籍）时，将文本框架串接起来至关重要，这有助于控制文本的位置。
- 始终使用样式来设置格式。InDesign提供了样式，可用于设置对象、段落、文本行、字符、表格和表格单元格的格式。通过使用样式，可快速而一致地设置文档内容的格式。另外，当需要修改格式时，只需更新样式，就可将修改应用于整个文档。例如，对于本课的明信片，如果需要修改正文的字体，只需编辑段落样式Body Copy的字符格式即可。您可以轻松地更新样式，方便观察新的格式设置，还可以在文档之间共享样式。
- 尽早并经常执行印前检查。收到要处理的文档后，搞清楚将如何使用它（打印或显示），并使用实时印前检查功能确认文档能正确输出。例如，如果文档缺失字体，就先安装缺失的字体，再接着处理文档。

您将在本书后面的内容中更深入地学习这些惯例。

2.11 复习题

1. 可使用哪种工具创建文本框架？
2. 使用哪种工具能够将文本框架串接起来？
3. 哪种符号表明文本框架内有容纳不下的文本（溢流文本）？
4. 哪种工具可用于同时移动框架及其中的图形？
5. 如何确定版面中是否存在将导致输出问题的错误？

2.12 复习题答案

1. 可使用文字工具创建文本框架。
2. 要串接文本框架，可使用选择工具。
3. 文本框架右下角的红色加号表明有溢流文本。
4. 使用选择工具拖曳可移动图形框架及其包含的图形，还可在框架内移动图形。
5. 如果版面不符合选定印前检查配置文件的要求，“印前检查”面板将报告错误。例如，如果选定配置文件规定不能使用 RGB 颜色，而文档使用了 RGB 颜色或图像，“印前检查”面板将报告错误，文档窗口的左下角也会显示存在印前检查错误。

第3课 设置文档和处理页面

在本课中，您将学习以下内容：

- 将自定义文档设置存储为预设；
- 新建文档并设置文档默认值；
- 编辑主页；
- 创建新主页；
- 将主页应用于文档页面；
- 在文档中添加页面；
- 重新排列和删除页面；
- 修改页面大小；
- 创建章节标记及指定页码编排方式；
- 编辑文档页面；
- 打印到纸张边缘；
- 旋转文档页面。

学习本课大约需要 90 分钟。

2 GARDEN NEWS

Bees and Bugs

Gardening Tips

GARDEN NEWS 3

Pollinators and Predators

Pollinators obtain food in the form of energy-rich nectar and/or protein-rich pollen from the flowers they visit. In return, the pollinated flowers are able to develop and produce seed. While food is often a sufficient lure for pollinators, flowering plants also attract pollinators using a combination of shape, scent, and/or color. For example, some plants use mimicry to deceive animals into visiting their flowers without having to provide a reward.

Predators rid the garden of insects and larvae that are harmful to plants. The most widely known beneficial beetles are the pretty little ladybugs. Their shining rounded wing-cases, and bright colors make them conspicuous objects. The ones most commonly noticed are red, spotted with black. Quietly and silently they perform the work of extermination before our eyes, their worth entirely unheeded.

The elongated ground-beetle, is a carnivorous beetle. Its color is shining black, bordered with deep blue. It is often met with in our gardens, and preys indiscriminately upon all soft-bodied larvae — especially upon the larvae of the Colorado Potato-beetle.

Urban Garden Oasis

Soil for the Garden

The basis of successful vegetable cultivation lies in the thorough working and preparation of the soil along the lines best suited to its texture and composition, coupled with adequate fertilization. Soils are very variable, and in order to obtain the best results it is essential that each cultivator should have at least an elementary knowledge of the type of soil with which he is dealing, so that he may work and manure the soil to the best advantage, and at the same time realize to the fullest possible extent its natural resources. This does not in any way imply the depletion of the soil. On the contrary, if the methods of cultivation and manuring are conceived along right lines and efficiently executed in practice, the soil fertility becomes gradually built up and permanently increased over time, and this should be one of the chief aims in all soil operations.

With the exception of peaty soils, which are mainly of vegetable origin, all soils have been formed primarily by the accumulation of particles of mineral materials, consisting chiefly of sand and clay, along with other inorganic substances. And although these materials form the basis of all fertile soils, they are, by themselves, incapable of supporting plant life.

Urban Garden Oasis

通过使用设置文档的工具，可确保版面一致、简化制作工作、大幅提高工作效率。

3.1 概述

在本课中，您将新建一篇 8 页的新闻稿（其中包含一个插页），并在其中一个跨页中置入文本和图形。

1. 为确保您的 InDesign 首选项和默认设置与本课使用的一样，请将文件 InDesign Defaults 移到其他文件夹，详情请参阅“前言”中的“保存和恢复文件 InDesign Defaults”。
2. 启动 InDesign。为查看完成后的文档，打开硬盘中文件夹 InDesignCIB\Lessons\Lesson03 中的文件 03_End.indd，如图 3.1 所示。

图3.1

> **注意** 如果出现一个警告对话框，指出文档链接的源文件已修改，请单击“更新修改的链接”按钮。

3. 在文档中滚动以查看其他页面。选择菜单“视图”>“屏幕模式”>“正常”，以便能够看到参考线和页面中的占位框架。导览到您在本课中将完成的唯一一个跨页——页面 2-3。您还将创建两个主页。
4. 查看完毕后关闭文件 03_End.indd，也可以让其保持打开状态以便参考。
5. 为确保您的 InDesign 面板和菜单命令与本课使用的相同，请先选择菜单“窗口”>“工作区”>“[高级]”，再选择菜单“窗口”>“工作区”>“重置‘高级’”。

下面您将学习如何新建文档。

3.2 新建文档

1. 选择菜单“文件”>“新建”>“文档”或单击 InDesign“主页”屏幕中的“新建”按钮。
2. 在“新建文档”对话框顶部，列出了各种文档类别——“最近使用项”“已保存”“打印”“Web”和“移动设备”，如图 3.2 所示。类别“打印”“Web”和“移动设备”包含相应用途的文档设置，这些文档设置被称为预设。预设存储了诸如常用的页面尺寸和度量单位（如用于 Web 和移动设备的像素）等设置。选择哪种类别取决于文档的用途。类别“最近使用项”存储的是最近使用过的设置，让您能够再次使用它们。类别“已保存”存储的是您创建的预设。新建文档时，使用预设可节省时间并确保文档的一致性。通过创建预设，可存储众多项目使用的设置，让您能够直接使用它们。

图3.2

3. 选择“打印”，单击“边距和分栏”按钮，再单击“确定”按钮，并查看工作区。
4. 选择菜单“文件”>“新建”>“文档”，依次单击“移动设备”和“边距和分栏”，再单击“确定”按钮。留意这个文档与刚创建的文档有何不同，例如，看看“色板”面板中的颜色以及标尺上的度量单位有何不同。
5. 为了在关闭这两个文档时不保存它们，选择菜单“文件”>“关闭”，再单击“否”按钮。

3.3 创建并保存自定义文档设置

下面来创建一个预设，用于新建一个 8 页的新闻稿。预设包含常用的文档设置，如页数、页面大小、分栏和边距。务必确保关闭了所有的文件。

1. 选择菜单“编辑”>“首选项”>“单位和增量”（Windows）或“InDesign”>“首选项”>“单位和增量”（macOS），将“水平”和“垂直”都设置为“英寸”，以便能够按本课的步骤继续操作。

> **提示** 在所有对话框和面板中，都可使用任何支持的度量单位。要使用非默认单位，只需在值后面输入单位指示符，如 p（派卡）、pt（点）、cm（厘米）、mm（毫米）或 in（英寸）。

2. 选择菜单“文件”>“文档预设”>“定义”。
3. 在“文档预设”对话框中，单击“新建”按钮。
4. 在“新建文档预设”对话框中，做如下设置，如图 3.3 所示。

- 在“文档预设”文本框中输入“Newsletter”。
- 从“用途”下拉列表中选择“打印”。

- 在“页数”文本框中输入“8”。
- 确保勾选了复选框“对页”。
- 从“页面大小”下拉列表中选择 Letter。
- 在“分栏”部分，将“行数”设置为 3；对于“栏间距”，单击下箭头一次，将其设置为 0.125 英寸。
- 在“边距”部分，确保没有选中图标“将所有设置设为相同”( )，以便能够分别设置不同的边距。将“上”设置为 1.3125 英寸，将“下”设置为 0.375 英寸，将“内”设置为 0.5 英寸，将“外”设置为 0.25 英寸。

> **注意** 栏间距指的是相邻分栏之间的距离。

5. 单击“出血和辅助信息区”左边的三角形按钮，以显示更多选项。选中或删除“出血”部分的“上”文本框中的内容，再输入“0p9”（派卡）。确保选中了图标“将所有设置设为相同”( )，从而将“下”“内”和“外”设置为同样的值。在“下”文本框中单击，InDesign 自动将其他度量单位（这里是派卡）转换为默认度量单位（这里是英寸，默认出血值为 0p9，即 0.125 英寸），如图 3.4 所示。

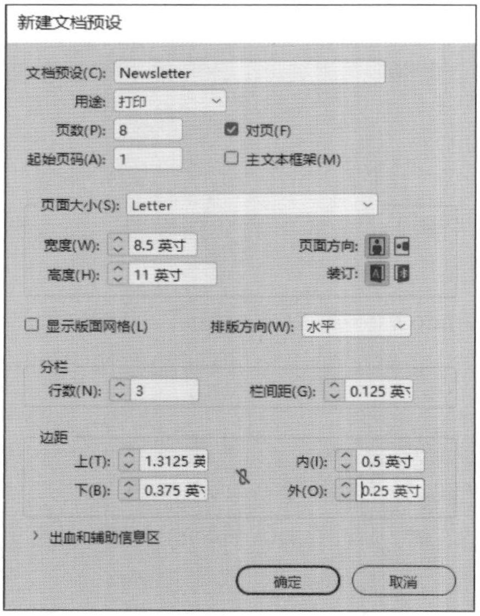

图3.3

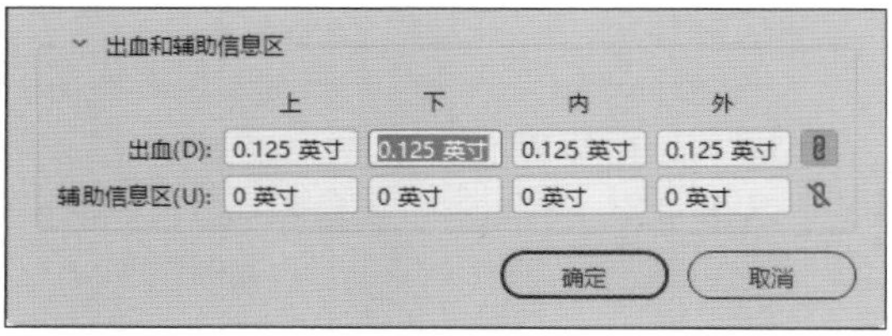

图3.4

> **提示** 出血值指定了页面周围可打印的区域，用于打印延伸到纸张边缘的设计元素，如图片或彩色背景。制作完成后，出血区域将被裁剪并被丢弃。

6. 在两个对话框中都单击“确定”按钮，以保存该文档预设。

3.4 根据预设新建文档

新建文档时，既可在“新建文档”对话框中选择作为起点的文档预设，也可指定多种文档设置，包括页数、页面大小、栏数等。在本节中，您将使用前面刚创建的文档预设 Newsletter。

1. 选择菜单“文件”>“新建”>“文档”。
2. 在“新建文档”对话框中，单击“已保存”，再选择预设 Newsletter，如图 3.5 所示。
3. 单击“边距和分栏”按钮，再在打开的对话框中单击“确定”按钮。

InDesign 将使用选择的预设（包括页面大小、页边距、栏数和页数）新建一个文档。

> **提示**　要基于预设新建文档，也可选择菜单“文件”>“文档预设”>“[预设名]”。选择该菜单时如果按住 Shift 键，将跳过“新建文档”对话框，直接打开一个使用该预设新建的文档。

4. 单击“页面”面板图标（ ）或选择菜单“窗口”>“页面”，打开“页面”面板。如果必要，向下拖曳“页面”面板的右下角，直到所有文档页面图标都可见。

在“页面”面板中，第 1 页的图标呈高亮显示，而该图标下面的页码显示在一个高亮的矩形中，这表明当前在文档窗口中显示的是第 1 页。

一条水平线将“页面”面板分成了两部分，如图 3.6 所示。上半部分显示了主页图标。主页类似于背景模板，可将其应用于文档中的任何页面；主页包含所有文档页面中都有的元素，如页眉、页脚和页码（本课后面将介绍如何处理主页）。下半部分显示了文档页面的图标及页码。

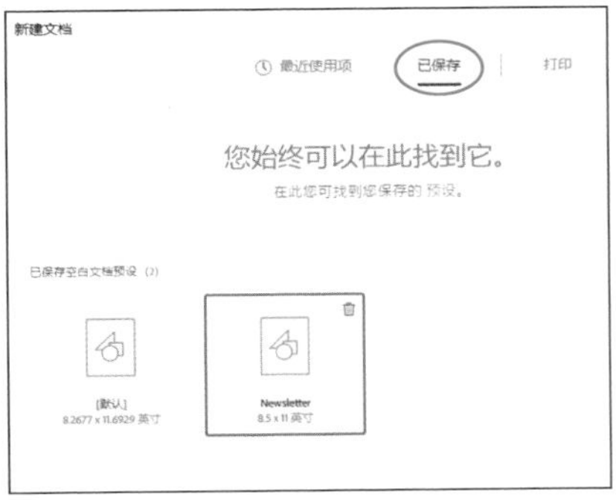

图3.5

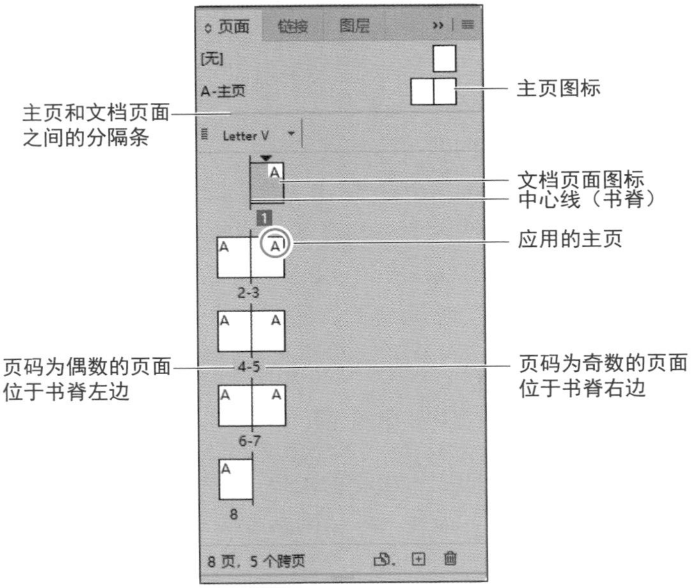

图3.6

5. 选择菜单“文件”>“存储为”，将文件命名为 03_Setup.indd 并切换到文件夹 Lesson03，再单击“保存”按钮。

页码编排方式简介

在所有多页印刷出版物中，都有两种页码编排方式：一种是物理页面的顺序；另一种是放在页面上的编号。文档页面上的页码有很多不同的配置，且可因物理页面而异。例如，可根据章节编排页码，每个章节都重新开始，如在文前页中使用罗马数字表示的页码。在“页面”面板中，页面图标指出了文档的物理结构，而页面图标下方的数字为页码。

所有印刷材料（如杂志和书籍）都有书脊，其结构是由折纸方式决定的。最简单的折纸方式是将纸张从中间折叠一次，生成两个矩形页面。如果将两张对折的纸张嵌套，并在对折的地方（书脊）进行装订，将得到一个8页的小册子。这个小册子的第1页位于书脊的右边。翻过第1页后，您将看到一个位于书脊左边的页面（第2页）和一个位于书脊右边的页面（第3页），如图3.7所示。

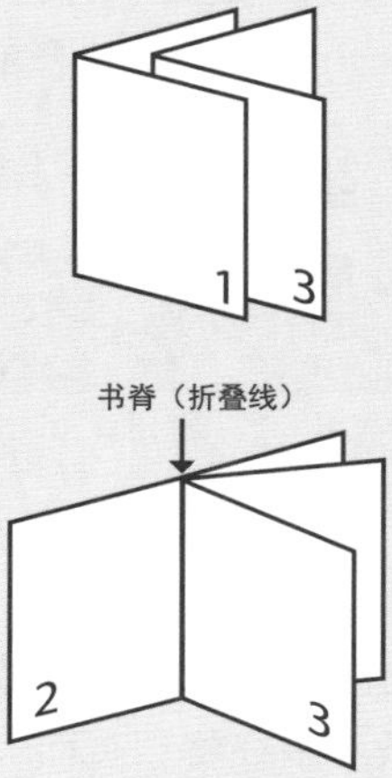

图3.7

当创建由对页组成的文档时，InDesign将在“页面”面板中呈现这种结构：第1页位于表示书脊的中心线右边，第2页在中心线左边。推而广之，所有奇数页都位于中心线右边，而所有偶数页都位于中心线左边。

3.5 编辑主页

在文档中添加图形框架和文本框架前，需要设置主页，将它用作文档页面的模板。加入主页中的所有对象都将出现在应用了该主页的文档页面中。

本节将创建两个主页跨页，它们包含页面、页脚、用于放置文本和图形的占位框架等元素。通过创建多个主页，可让文档中的页面不同，同时确保设计的一致性。

3.5.1 在主页中添加参考线

参考线是非打印线，可帮助用户准确地排列元素。主页中的参考线将出现在应用了该主页的所有文档页面中。下面加入一系列参考线和栏参考线，用作帮助定位图形框架、文本框架和其他对象的网格。

1. 在“页面”面板的上半部分，双击“A- 主页”。该主页跨页的左页面和右页面将出现在文档窗口中。

> **提示** 如果该主页的两个页面没有在屏幕上居中，双击工具面板中的抓手工具可以让它们居中。

2. 选择菜单“版面”>“创建参考线”。
3. 在弹出的对话框中勾选复选框“预览”，以便能够在修改时看到其效果。
4. 在“创建参考线”对话框的“行”部分，在“行数”文本框中输入“4”，在“行间距”文本框中输入“0.125 英寸”。
5. 在“栏”部分，在“栏数”文本框中输入“2”，在“栏间距”文本框中输入“0 英寸”。
6. 对于“参考线适合”，选择单选按钮“页面”，如图 3.8 所示。注意，除创建预设 Newsletter 时指定的边距参考线和栏参考线外，主页中还出现了水平参考线和垂直参考线。

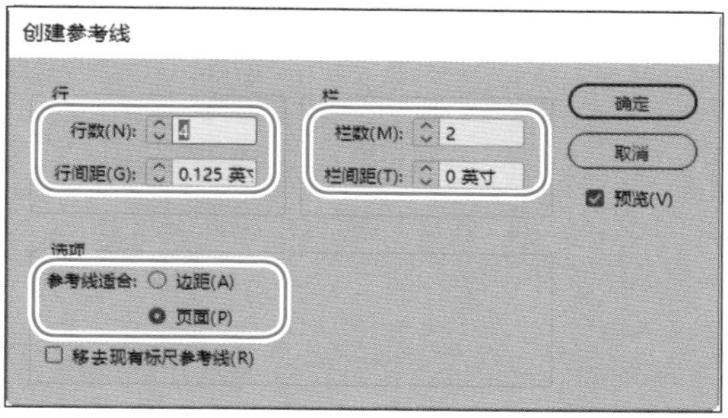

图3.8

如果选择单选按钮“边距”，将在版心内而不是页面内创建参考线。具体选择哪个单选按钮，取决于要处理的版面设计。

7. 单击“确定”按钮。

> **提示** 也可分别在各个文档页面中添加参考线，而不是在主页中添加，使用的命令与这里相同。

3.5.2 从标尺拖曳出参考线

可从水平（顶部）和垂直（左边）标尺中拖曳出参考线，从而添加更多帮助对齐的参考线。

在本节中，将在页面的上边距和下边距中分别添加页眉和页脚。为准确地放置页眉和页脚，可以添加两条水平参考线和两条垂直参考线。

1. 打开“变换”面板（选择菜单“窗口”>“对象和版面”>“变换”）。在文档窗口中移动鼠标指针（但不要单击），并注意水平和垂直标尺。标尺中的细线指出了当前的鼠标指针的位置，另外控制面板和“变换”面板中灰色的 X 和 Y 值也指出了鼠标指针的位置。
2. 按住 Ctrl（Windows）或 Command（macOS）键，单击水平标尺并向下拖曳到 0.375 英寸处，如图 3.9 所示。拖曳时，Y 值显示在鼠标指针的右边，它还显示在控制面板和“变换”面板中的“Y”文本框中。创建参考线时按住 Ctrl（Windows）或 Command（macOS）键，将导致参考线横跨该跨页的两个页面及两边的粘贴板。如果没有按住 Ctrl（Windows）或 Command（macOS）键，参考线仅横跨松开鼠标时所在的页面。

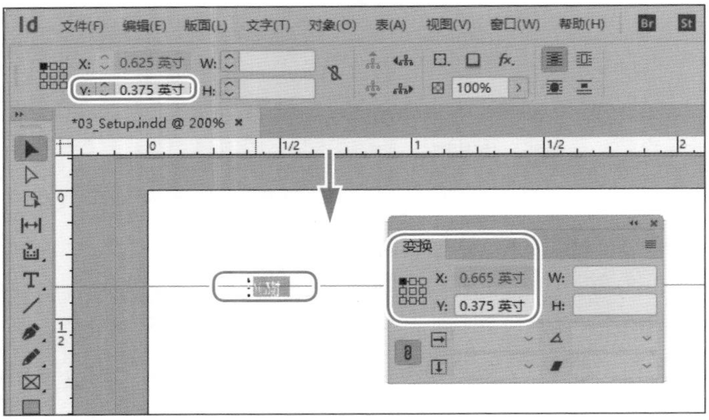

图3.9

> **提示** 也可以在拖曳参考线时不按住 Ctrl（Windows）或 Command（macOS）键，并在粘贴板上松开鼠标。这样，参考线将横跨跨页的所有页面和粘贴板。

> **注意** “变换”面板中的控件与控制面板中的控件类似。可使用这两个面板之一完成众多常见的修改，如调整位置、大小、缩放比例和旋转角度。

3. 按住 Ctrl（Windows）或 Command（macOS）键，从水平标尺再拖曳出一条参考线，并将其放在 10.75 英寸处。
4. 按住 Ctrl（Windows）或 Command（macOS）键，从垂直标尺上拖曳出一条参考线至 0.5 英寸处，如图 3.10 所示，拖曳时注意控制面板中的 X 值。如果放置参考线时显示的 X 值不是 0.5 英寸，选择这条参考线，在控制面板或“变换”面板中选择 X 的值，输入“0.5 英寸”并按 Enter 键，可以将参考线精确放置。

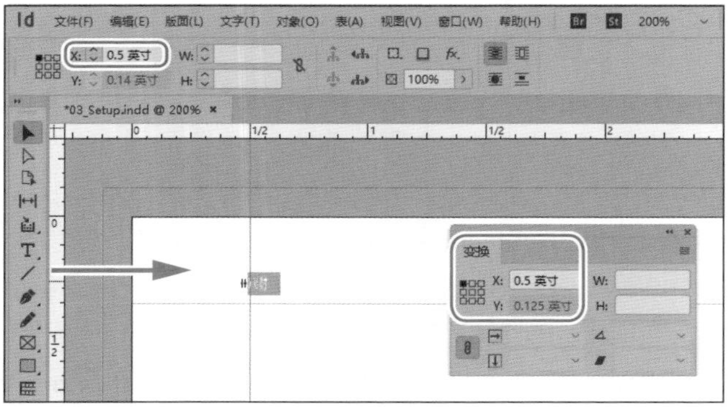

图3.10

> **提示** 从水平标尺拖曳出参考线时，按住 Alt（Windows）或 Option（macOS）键可将水平参考线变成垂直参考线；同样，从垂直标尺拖曳出参考线时，按住 Alt（Windows）或 Option（macOS）键可将垂直参考线变成水平直参考线。

5. 按住 Ctrl（Windows）或 Command（macOS）键，再从垂直标尺拖曳出一条参考线至 16.5 英寸处。

> **提示** 要让参考线与标尺上的刻度对齐，可在拖曳时按住 Shift 键。

6. 关闭“变换”面板或将其拖入面板停放区，再选择菜单“文件” > “存储”保存文件。

3.5.3 多重复制、粘贴和删除参考线以及设置参考线的颜色

对于 InDesign 参考线，必须明白的一个重要概念是：它们的行为与其他对象类似，很多处理对象的技巧也适用于参考线。其中一个重要的技巧是多重复制。

在本小节中将多重复制参考线、复制并粘贴参考线、删除参考线。

1. 在“页面”面板中，双击页面 6 的图标，切换到这个页面。从垂直标尺拖曳出一条参考线，并将其放在 1 英寸处。
2. 选择这条参考线，选择菜单“版面” > “标尺参考线”，从“颜色”下拉列表中选择“红色”，单击“确定”按钮。对于不同用途或位于不同图层中的参考线，设置为不同的颜色有利于区分和操作（图层将在下一课介绍）。

> **注意** 如果您不小心取消选择这条参考线，请使用选择工具拖曳出一个环绕该参考线的方框，以选择它。选中的参考线的颜色更深。

3. 选择菜单“编辑” > “多重复制”，打开“多重复制”对话框。勾选复选框“预览”，以便能够看到复制结果。在“计数”文本框中输入“3”，并将水平位移设置为 0.75 英寸，如图 3.11 所示。单击“确定”按钮。

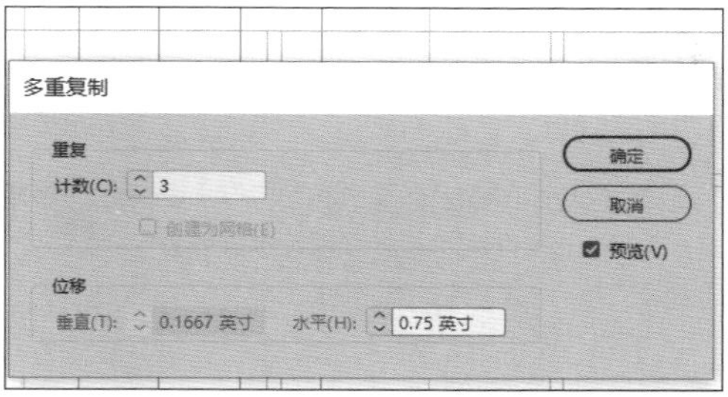

图3.11

4. 使用选择工具（ ）拖曳出一个环绕这 4 条参考线的方框，以选择这些参考线，选择菜单“编辑” > “复制”。
5. 在“页面”面板中，双击页面 8 的图标。选择菜单“编辑” > “原位粘贴”，这些参考线将出现在第 8 页中，且位置与在第 6 页中的位置完全相同。单击页面的空白区域，能够看到这些红色参考线。在需要复制设计，但又不值得为此创建主页时，这种技巧很有用。您还可以在文档之间复制并粘贴参考线。

6. 如果需要修改版面，删除不再需要的参考线很有帮助，因为它们会导致页面混乱不堪。使用选择工具拖曳出方框来选择刚粘贴到第 8 页的 4 条参考线，选择菜单“编辑”>“清除”删除它们。

3.5.4 在主页中创建文本框架

在主页中加入的所有文本或图形，都将出现在应用了该主页的所有文档页面中。在本节中将添加出版物名称（Garden News）以创建页眉，并在左主页和右主页的顶部添加页码标记。

1. 在“页面”面板中双击左主页，在文档窗口中显示它，并确保能够看到其顶端。如果有必要，放大视图并使用滚动条或抓手工具（ ）滚动文档。
2. 从工具面板中选择文字工具（ T. ），单击左主页第 1 栏上方的标尺参考线交点处并拖曳，以创建一个文本框架，如图 3.12 所示。后面将精确地设置其位置和尺寸。

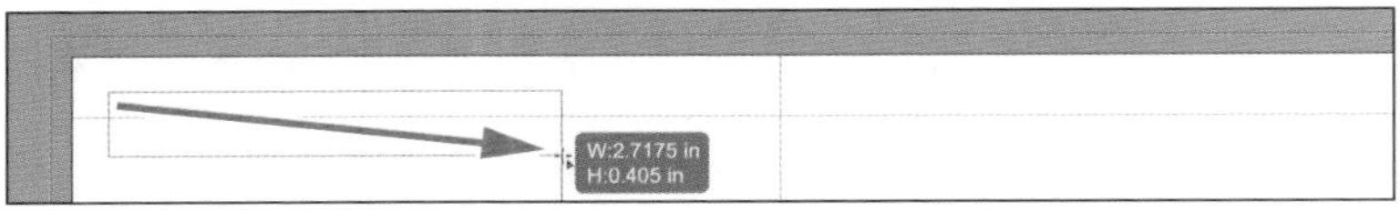

图3.12

> **提示** 页眉是放在页面顶部的文本，与正文是分开的。页眉可包含诸如页码、出版物名称、发行日期等信息。放在页面底部时，这样的文本被称为页脚。

3. 将插入点放置在新文本框架中，选择菜单“文字”>“插入特殊字符”>“标志符”>“当前页码”。

文本框架中将出现字母 A，在主页中这是占位字符，在基于该主页的文档页面中将显示正确的页码，如在第 7 页中将显示 7。

4. 为了在页码后插入一个全角空格，在文本框架中单击鼠标右键（Windows）或按住 Control 键并单击（macOS）以打开上下文菜单，选择“插入空格”>“全角空格”。也可选择菜单“文字”>“插入空格”>“全角空格”。

> **提示** 全角空格的宽度与当前字体大小相等。例如，在 12 点的文本中，全角空格的宽度为 12 点。

5. 在全角空格后输入“Garden News”，如图 3.13 所示。注意，这个文本框架是用虚线表示的，这是因为在主页中对象是用虚线表示的，以便将它们与文档页面中的对象区分开来。

图3.13

6. 按 Esc 键切换到选择工具（ ）并确保依然选择了文本框架。

选择文字工具，在控制面板中单击字符格式控制图标，再从“字体”下拉列表中选择 Myriad Pro，从“字体样式”下拉列表中选择 Bold，然后选择菜单“文字”>“更改大小写”>“大写”。

> **注意** 若要设置文本属性，可以先选择文本框架（而不是使用鼠标选择文本），再进行设置。这很有用，例如，您可以选择多个文本框架，然后同时设置它们的文本属性。

7. 选择文本框架，选择菜单“对象”>“文本框架选项”。在“内边距”部分，取消选择图标“将所有设置设为相同”（ ），并将左内边距和右内边距都设置为 0.125 英寸。在“垂直对齐”部分，从“对齐”下拉列表中选择“居中”。

8. 为调整这个文本框架的大小和位置，使用选择工具在控制面板中将参考点设置为左边缘的中心，再将“X”“Y”“W”“H”分别设置为 0.25 英寸、0.5 英寸、3 英寸和 0.3125 英寸，如图 3.14 所示。

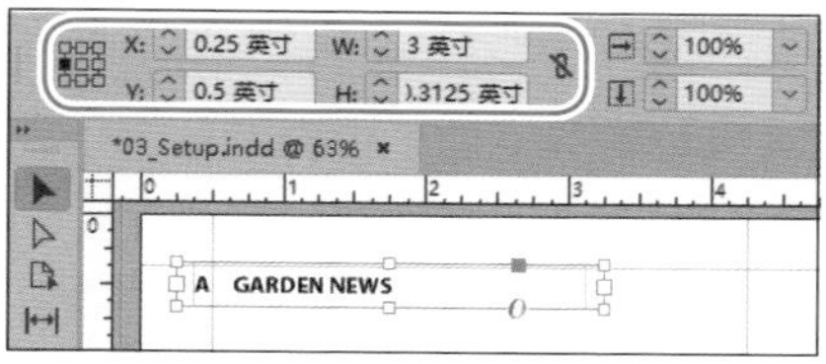

图3.14

下面将左主页中的页眉复制到右主页中，并进行调整，让两个主页的页眉互为镜像。

1. 选择菜单“视图”>“使跨页适合窗口”，以便能够同时看到这两个主页。

2. 使用选择工具（ ）选择左主页的页面文本框架，按住 Alt（Windows）或 Option（macOS）键将这个文本框架拖曳到右主页中，使其大致与左主页的页眉互为镜像，如图 3.15 所示。

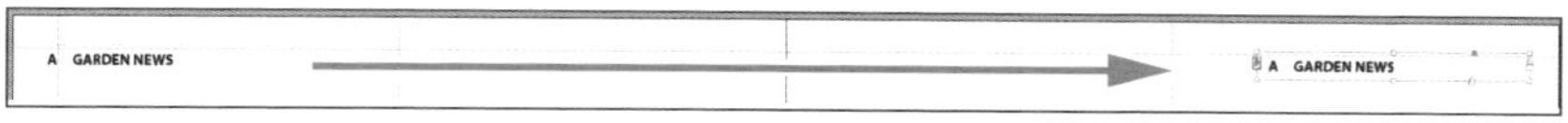

图3.15

> **提示** 按住 Alt（Windows）或 Option（macOS）键并拖曳文本框架时，如果同时按住 Shift 键，移动的方向将被限定为 45° 的整数倍。

3. InDesign 能够执行数学运算。要将对象移动特定的距离或移到特定位置时，可在控制面板中输入数学公式。参考点决定了框架的哪个边缘将处于指定的位置，这里要使框架距离右主页右边缘 0.25 英寸。选择复制的文本框架，在控制面板中将参考点设置为右上角，再在“X”文本框中输入“17 – 0.25”并按 Tab 键，如图 3.16 所示。17 英寸是跨页的宽度，减去 0.25，可让文本框架距离右主页的右边缘 0.25 英寸，这样文本框架的右边缘将位于 16.75 英寸处。

4. 选择文字工具（ T. ），单击控制面板中的“段落格式控制”按钮（ 段 ）以显示对齐选项，再单击“右对齐”按钮（ ），如图 3.17 所示。

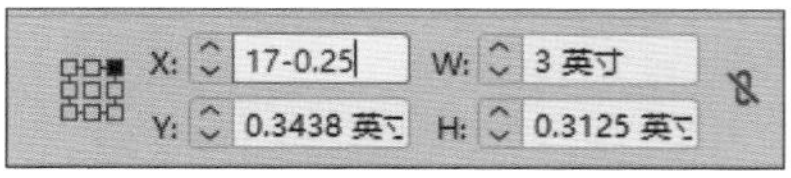

图3.16

图3.17

现在，右主页的页面文本框架中的文本是右对齐的。下面修改右主页的页眉，将页码放在文本 Garden News 的右边，这样页码将显示在页面的外边缘上，而不是靠近书脊的地方。

5. 删除右主页页眉开头的全角空格和 A。

6. 单击将插入点放在文本 Garden News 后面，选择菜单“文字” > “插入空格” > “全角空格”。请注意，在执行下一步（添加当前页码）前，看不出页眉有什么变化。

7. 选择菜单“文字” > “插入特殊字符” > “标志符” > “当前页码”，在全角空格后面插入“当前页码”字符，结果如图 3.18 所示。

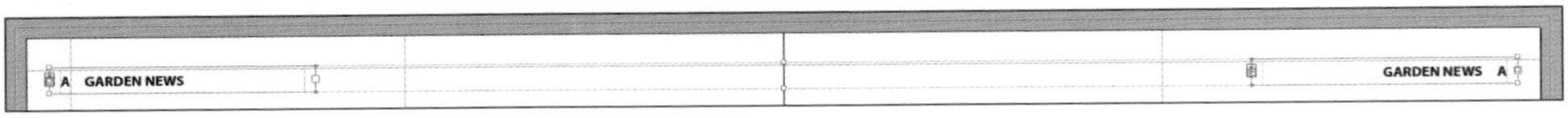

图3.18

8. 为创建页脚，使用选择工具选择左、右主页的页眉，再选择菜单“视图” > “使跨页适合窗口”，以同时显示这两个主页。按住 Alt（Windows）或 Option（macOS）键，将页眉拖曳到页面底部的参考线处。这将在页面底部复制这两个文本框架。

9. 选择复制的文本框架，选择文字工具，将“字体样式”改为 Regular，将“字体大小”改为 10 点，选择菜单“文字” > “更改大小写” > “标题大小写”。切换到选择工具，并在控制面板的对齐区域单击“下对齐”按钮（ ），如图 3.19 所示。

图3.19

注意 在较小的屏幕上，控制面板中显示的工具较少。如果在控制面板中看不到文本对齐工具，可选择菜单“对象” > “文本框架选项”，并在“垂直对齐”部分的“对齐”下拉列表中选择“下”。

10. 选择文字工具，在左主页页眉中单击，再快速单击 3 次选择所有的文本，然后输入“Urban Garden Oasis”以替换原来的文本。复制刚才输入的文本，选择右主页页眉中所有的文本，执行粘贴操作，再单击“右对齐”按钮，结果如图 3.20 所示。

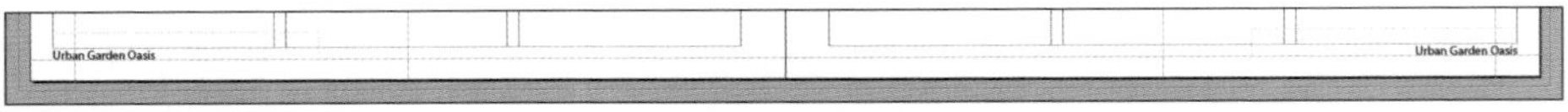

图3.20

11. 选择菜单“编辑” > “全部取消选择”，再选择菜单“文件” > “存储”保存文件。

3.5.5 重命名主页

当文档包含多个主页时，可能需要给每个主页指定含义更明确的名称（而不保留默认名称），使其更容易区分，下面将该主页重命名为 3-column Layout。

1. 如果“页面”面板没有打开，请选择菜单“窗口” > “页面”打开它。确保 A- 主页被选中，单击“页面”面板右上角的面板菜单按钮（ ），选择“‘A- 主页’的主页选项”。

2. 在“名称”文本框中输入“3-column Layout”，再单击“确定”按钮，如图 3.21 所示。

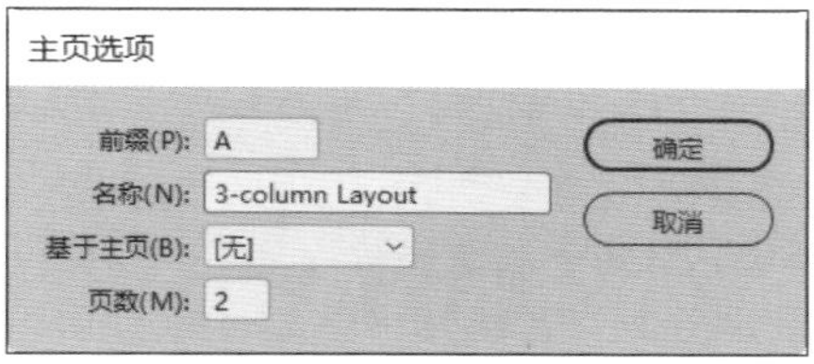

图3.21

> **提示** 在“主页选项”对话框中，除主页的名称外，还可修改主页的其他属性，如前缀、页数以及是否基于其他主页。

3.5.6 添加占位文本框架

由于这篇新闻稿的每个页面都将包含文本和图形，而每个页面的主文本框架和主图形框架都相同，因此下面在主页的左页面和右页面中添加一个占位文本框架和一个占位图形框架。

> **提示** 要在主页跨页的左页面和右页面中使用不同的边距和分栏设置，可先双击各个页面，再选择菜单“版面”>“边距和分栏”修改选定页面的设置。

1. 在“页面”面板中，双击主页 3-column Layout 的左页面图标，如图 3.22 所示，使左页面位于文档窗口中央。
2. 选择文字工具（ T. ），单击页面左上角的上边距参考线与 0.5 英寸处的垂直参考线的交点，再通过拖曳创建一个文本框架。该文本框架在水平方向上横跨两栏，而下边缘与第 3 条水平参考线对齐，如图 3.23 所示。

图3.22

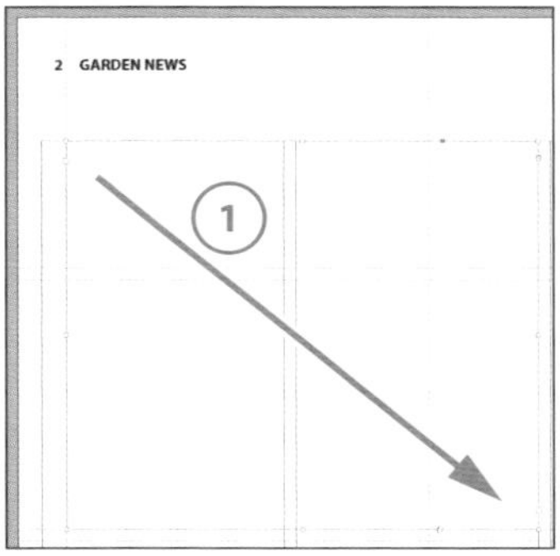

图3.23

3. 选择菜单“视图”>“使跨页适合窗口”。
4. 使用选择工具（ ▶ ）单击刚创建的文本框架，按住 Alt（Windows）或 Option（macOS）键将其拖曳到右页面，让复制的文本框架从第 2 栏开始，其左边缘的位置大约为 11.625 英寸。

5. 单击页面或粘贴板的空白区域，或者选择菜单“编辑”>“全部取消选择”。
6. 选择菜单“文件”>“存储”保存文件。

3.5.7 添加占位图形框架

创建了用于放置每个页面中主文本的文本框架后，接下来在主页 3-column Layout 中添加两个图形框架。与刚才创建的文本框架类似，这些图形框架用于放置要在文档页面中添加的图形，以确保设计的一致性。

> **注意** 并非每个文档中都需要创建占位框架。例如，对于海报、名片和广告等单页文档，创建主页和占位框架可能没有任何用处。

虽然矩形工具（□）和矩形框架工具（⊠）有一定的可替代性，但矩形框架工具（包含两条非打印对角线）更常用于创建要置入的占位图形框架。

1. 从工具面板中选择矩形框架工具（⊠）。
2. 将十字线鼠标指针指向右页面的上边距参考线与第 1 栏的栏参考线的交点。

单击并向左下方拖曳以创建一个框架。在水平方向上，该框架的宽度为一栏，并沿垂直方向延伸到 5.4375 英寸处的标尺参考线（第 3 条水平参考线）。这个框架宽 2.5 英寸，高 4.125 英寸。

3. 在左页面中创建一个与该图形框架互为镜像的占位图形框架，如图 3.24 所示。既可从空白创建它，也可复制刚才创建的图形框架。

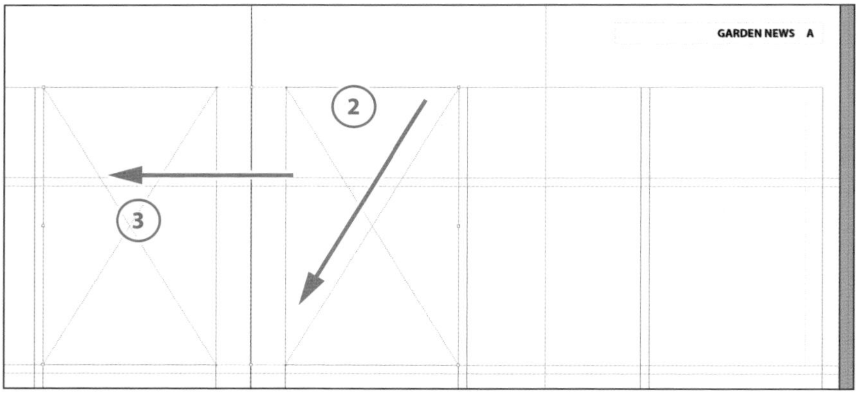

图3.24

4. 使用选择工具（▶）单击页面或粘贴板的空白区域，也可选择菜单“编辑”>“全部取消选择”。
5. 选择菜单“文件”>“存储”保存文件。

3.5.8 再创建一个主页

在同一个文档中可创建多个主页，既可独立地创建每个主页，也可从一个主页创建另一个主页。如果从一个主页创建其他主页，对父主页所做的任何修改都将自动在子主页中反映出来。

> **提示** 对于新闻稿和杂志等对页中包含出版日期的出版物来说，创建父子主页是不错的选择。这样每次制作新出版物时，可首先修改父主页中的日期，进而自动修改所有子主页中的日期。

例如，主页 A-3-column Layout 可应用于该新闻稿的大部分页面，还可从其创建另一组主页，这些主页共享一些重要的版面元素，如页边距和当前页码字符。

为满足不同的设计要求，下面创建另一个主页跨页，将其改为两栏并对版面进行修改。

1. 从“页面”面板菜单中选择“新建主页”。
2. 在“名称”文本框中输入“2-column Layout”。
3. 从“基于主页”下拉列表中选择 A-3-column Layout，再单击“确定”按钮。
4. 在“页面”面板中，单击将主页图标和文档页面图标分开的分隔条，并向下拖曳直到能够看到主页 2-column Layout 的图标。

在“页面”面板中，可以看到主页 B-2-column Layout 的每个页面图标中都有字母 A，如图 3.25 所示，这表明子主页 B-2-column Layout 是从父主页 A-3-column Layout 创建的。如果修改父主页 A-3-column Layout，所做的修改都将在子主页 B-2-column Layout 中反映出来。您可能还注意到了，很难选择来自父主页的对象，如页脚。本课后面将介绍如何选择并覆盖主页中的对象。

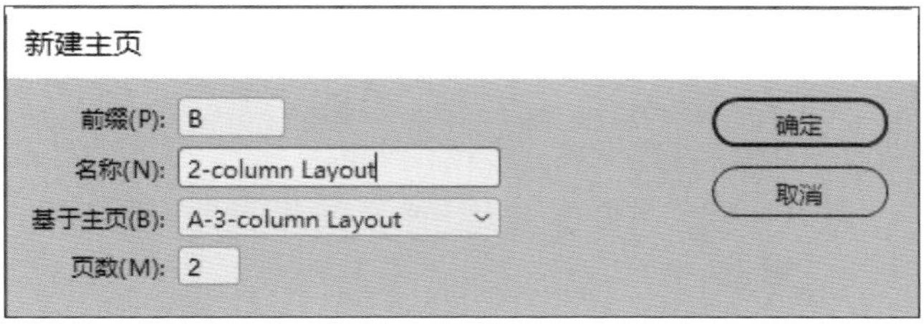

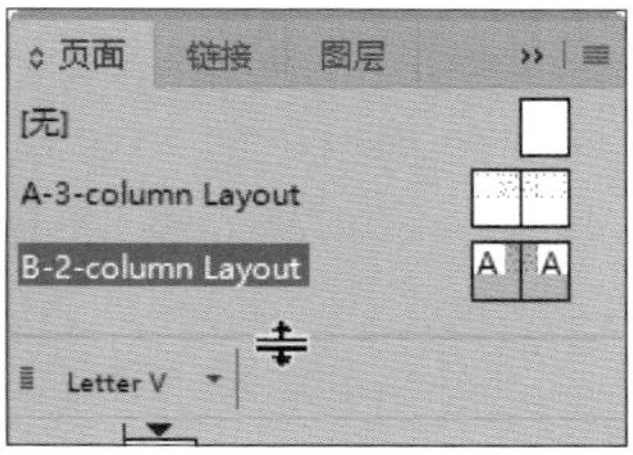

图3.25

5. 选择菜单“版面”>“边距和分栏”。在“边距和分栏”对话框中，将“栏数”改为 2，再单击“确定”按钮。

3.5.9 覆盖父主页对象

使用两栏版面的文档页面不需要占位框架，这意味着只需要从主页 A-3-column Layout 继承而来的页脚框架和标尺参考线。下面删除主页 B-2-column Layout 中的占位框架。

1. 使用选择工具（▶）单击主页 B-2-column Layout 的左页面中的图形框架，没有选中该图形框架。这是因为这个框架是从父主页那里继承而来的，无法通过简单的单击选中它。
2. 按住 Shift + Ctrl（Windows）或 Shift + Command（macOS）组合键，再单击该图形框架，框架被选中了，它不再被视为主页对象。按 BackSpace（Windows）或 Delete（macOS）键，将这个框架删除。
3. 使用同样的方法删除右页面中的占位图形框架以及左、右页面中的占位文本框架。

4. 选择菜单“文件”>“存储”保存文件。

> **提示** 要覆盖多个主页对象，可按住 Shift + Ctrl（Windows）或 Shift + Command（macOS），并使用选择工具拖曳出一个环绕这些对象的方框。

3.5.10 修改父主页

为给这篇新闻稿创建主页，可以在主页 A-3-column Layout 的顶部添加多个页眉元素，然后查看主页 B-2-column Layout，会发现这些新对象被自动添加到这个主页中。

这里不手动添加页眉和页脚框架，而是置入一个片段，其中包含多个已设置好格式的对象。片段是包含 InDesign 对象（包括它们在页面或跨页中的相对位置）的文件，可像图形文件那样，使用菜单“文件”>“置入”将其置入版面中。本课后面将再次使用片段，有关片段的更多内容，请参阅第 10 课。

> **提示** 要创建片段，在页面或跨页中选择一个或多个对象。选择菜单“文件”>“导出”，在“保存类型”（Windows）或“格式”（macOS）下拉列表中选择“InDesign 片段”，再选择文件的存储位置、指定文件名并单击“保存”按钮。

1. 在“页面”面板中，双击主页名 A-3-column Layout，以显示这个跨页。
2. 选择菜单“文件”>“置入”。切换到文件夹 InDesign CIB\Lessons\Lesson03\Links，单击文件 Header-Snippet.idms，再单击“打开”按钮。
3. 将载入片段图标（ ）指向该跨页左上角（红色出血参考线相交的地方），单击以置入该片段。

这个片段在每个页面顶部放置一个页眉，每个页眉都包含一个空的蓝色图形框架和一个包含白色占位文本的文本框架，如图 3.26 所示。

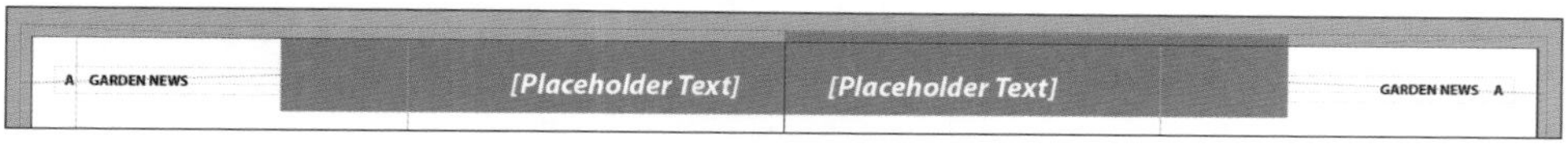

图3.26

4. 在“页面”面板中，双击主页名 B-2-column Layout，在文档窗口中显示这个主页。可以看到，刚才在父主页 A-3-column Layout 中添加的新元素，也自动添加到了这个子主页中。
5. 切换到主页 A-3-column Layout。单击左边的蓝色图形框架以选择它，在面板停放区单击“色板”面板的图标（ ）打开这个面板，选择“填色”框（ ），再选择色板 Green-Bright-Medium。切换到主页 B-2-column Layout，会发现左边的页眉框也变成了绿色的，如图 3.27 所示。

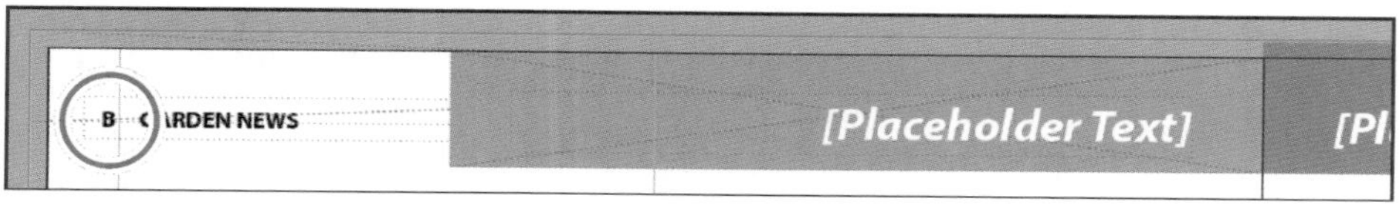

图3.27

6. 选择菜单“文件”>“存储”保存文件。

> **提示** 通过父子主页结构能够快速修改共用元素，而无须对多个对象重复做同样的修改。

3.6 将主页应用于文档页面

创建好所有主页后，该将它们应用于文档页面了。默认情况下，所有文档页面都采用主页 A-3-column Layout 的格式。下面将主页 B-2-column Layout 应用于该新闻稿的几个页面，并将主页“[无]”应用于封面，因为封面不需要包含页眉和页脚。

要将主页应用于文档页面，可在“页面”面板中将主页图标拖曳到文档页面图标上，也可使用“页面”面板菜单中的命令。

> **提示** 对于大型文档，在“页面”面板中水平排列页面图标可能更方便，可通过从“页面”面板菜单中选择“查看页面”>“水平”来实现。

1. 在“页面”面板中双击主页名 B-2-column Layout，并确保所有的主页图标和文档页面图标都可见。
2. 将主页名 B-2-column Layout 或其图标拖曳到第 4 页的页面图标上，等该文档页面图标出现黑色边框（这表明选定主页将应用于该页面）后，松开鼠标，如图 3.28 所示。
3. 在“页面”面板中选择第 5 页，再从“页面”面板菜单中选择“将主页应用于页面”。从“应用主页”下拉列表中选择“B-2-column Layout”可以看到在“于页面”文本框中已经输入了“5”，如图 3.29 所示，因为已经选择了这个页面，单击“确定”按钮。

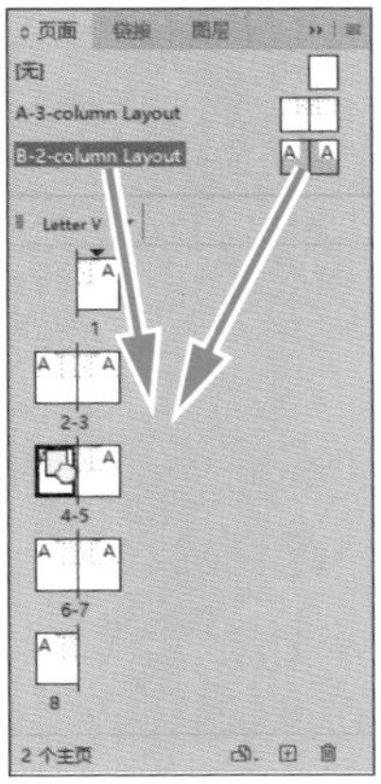

图3.28

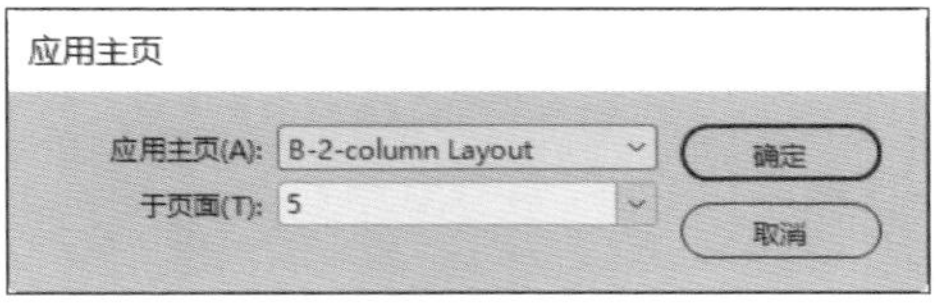

图3.29

4. 双击“页面”面板中的页码 4-5 以显示这个跨页。可以看到两个页面都采用了主页 B-2-column Layout 的两栏布局，还包含在父主页 A-3-column Layout 中添加的页眉和页脚元素。

另外，这两个页面中都显示了正确的页码，这是因为在主页 A-3-column Layout 中添加了“当前页码”字符，而主页 B-2-column Layout 继承了这种字符。

5. 双击第 1 页的页面图标。这个文档页面基于主页 A-3-column Layout，因此包含页眉和页脚元素，但这个新闻稿封面不需要这些元素。
6. 将主页“[无]”的图标拖曳到第 1 页的图标上，使这个页面不再包含任何主页对象。
7. 选择菜单“文件”>“存储”保存文件。

3.7 添加文档页面

可以在既有文档中添加新页面。下面在这篇新闻稿中添加 6 个页面，本课后面将把其中 4 个页面作为“特殊部分”，并使用不同的页面尺寸和页码编排方式。

1. 从“页面”面板菜单中选择“插入页面”。
2. 在“插入页面”对话框中，在“页数”文本框中输入“6”，从“插入”下拉列表中选择“页面后”，在相应的文本框中输入“4”，再从“主页”下拉列表中选择“[无]”，如图 3.30 所示。

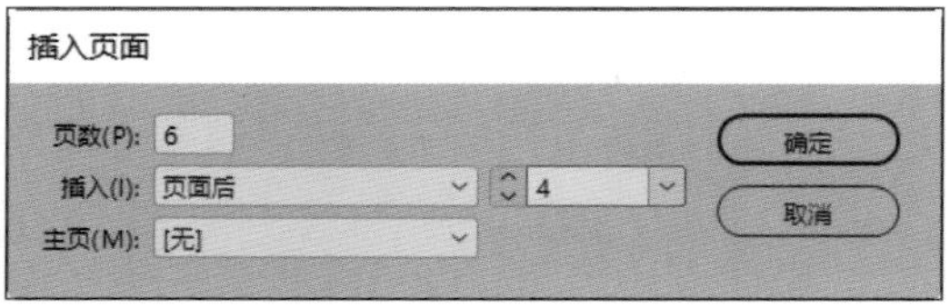

图3.30

3. 单击“确定”按钮，将在文档中间添加 6 个页面。增加“页面”面板的高度，以便能够看到所有文档页面。

3.8 重新排列和删除页面

在“页面”面板中，可重新排列页面，还可删除多余的页面。

1. 在“页面”面板中单击第 12 页以选择它，注意它是基于主页 A-3-column Layout 的。将该页面的图标拖曳到第 11 页的页面图标上，后者基于主页 B-2-column Layout。等手形图旁边的箭头指向右边（这表示将把第 11 页向右推）时，松开鼠标，如图 3.31 所示。

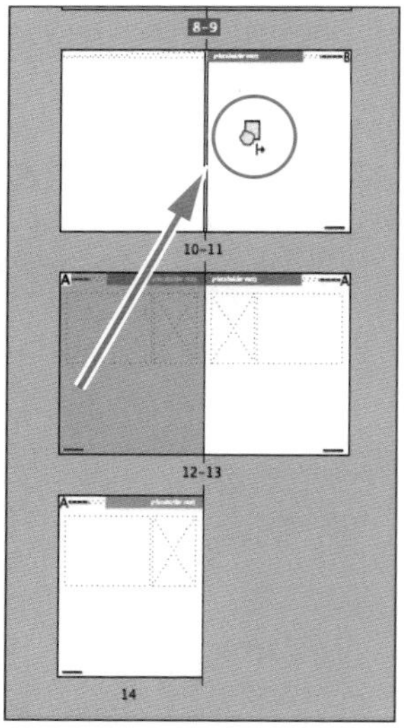

图3.31

现在的第 11 页是基于主页 A-3-column Layout 的，而原来的第 11 页变成了第 12 页，但第 13 和 14 页未受影响。

2. 单击第 5 页，再按住 Shift 键并单击第 6 页。
3. 单击“页面”面板底部的“删除选中页面”按钮（ ），将这两页从文档中删除，这样文档就只剩下 12 页。
4. 选择菜单“文件”>“存储”保存文件。

3.9 修改页面大小

下面修改本课前面创建的“特殊部分”的页面大小，将这部分变得更窄、更矮些。

1. 从工具面板中选择页面工具（ ），在“页面”面板中单击第 5 页，按住 Shift 键并单击第 8 页。第 5-8 页的页面图标将高亮显示，如图 3.32 所示，下面修改这些页面的大小。
2. 在控制面板中，将参考点设置为左边缘中点（ ），在“W”文本框中输入“7.5”，在“H”文本框中输入“10.5”。选择菜单“编辑”>“全部取消选择”。
3. 在“页面”面板中双击第 8 页，选择菜单“窗口”>“使跨页适合窗口”。注意，这个跨页包含的两个页面大小不同，如图 3.33 所示。

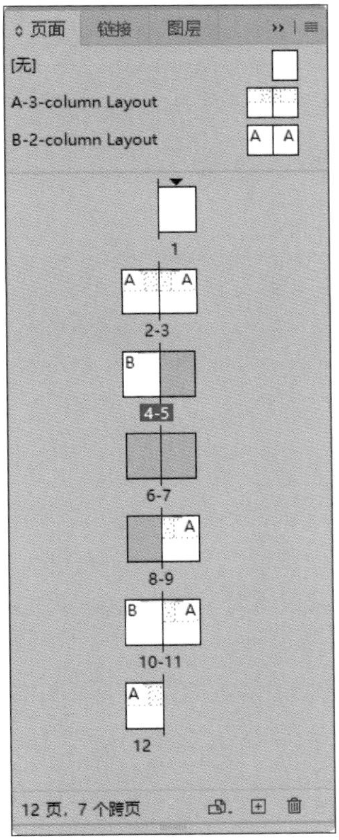

图3.32

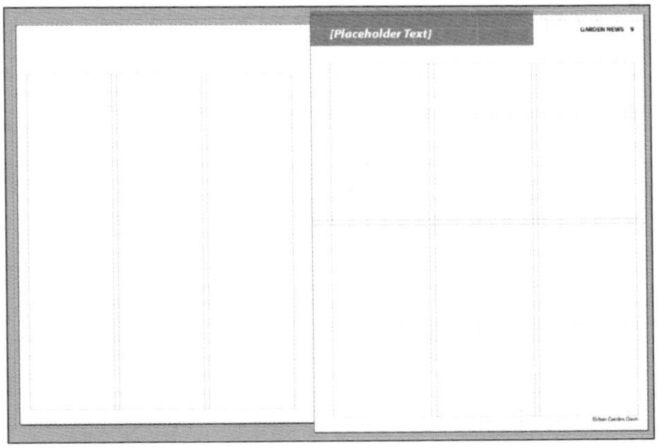

图3.33

使用度量工具

1. 注意在较窄的页面中，其外边距与较宽的页面相同。InDesign 保持外边距和分栏设置不变，因此在较窄的页面中，分栏更窄。为了搞明白这种调整，下面将使用度量工具来比较栏宽。
2. 当前显示的跨页的两个页面都包含 3 栏。按 K 键选择度量工具（ ），按住 Shift 键并从第 9 页中一栏的左边拖曳到右边（按住 Shift 键可确保拖曳方向是绝对水平的），将弹出“信息”面板，注意其中的宽度值。接着测量第 8 页的栏宽，原始栏宽和缩小页面后的栏宽如图 3.34 所示。从该图可知，InDesign 缩小了第 8 页的栏宽，但保持外边距不变。

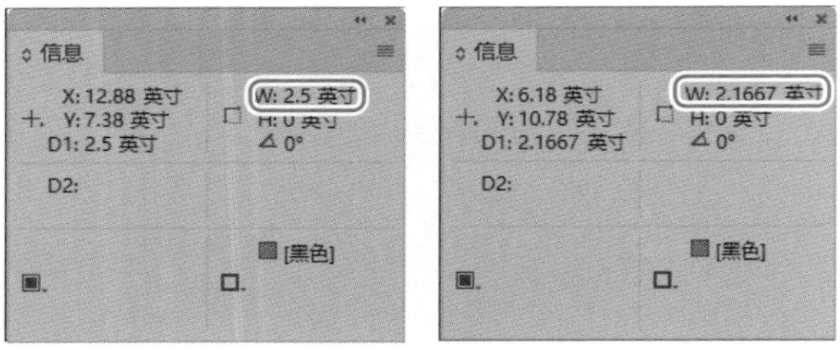

图3.34

> **注意** 选择度量工具后进行拖曳测量时，按住 Shift 键可将拖曳方向限定为水平、垂直或 45° 角。

3. 选择菜单“文件”>“存储”保存文件。

> **注意** 也可从工具面板中选择度量工具，它与颜色主题工具和吸管工具编在一组。要选择度量工具，可在颜色主题工具上单击并按住鼠标左键，从弹出的列表中选择度量工具。

3.10 添加章节以修改页码编排方式

您可以通过添加章节，使刚创建的特殊部分使用不同的页码编排方式。下面将从特殊部分的第 1 页开始一个新章节，并调整这部分后面的页面，让它们接着特殊部分之前的页面编排页码。

1. 选择选择工具（▶），在“页面”面板中双击第 5 页的图标以选择并显示这个页面。第 5 页是页面较小的特殊部分的第一个页面。
2. 从“页面”面板菜单中选择“页码和章节选项”，也可选择菜单“版面”>“页码和章节选项”。在“新建章节”对话框中，确保勾选了复选框“开始新章节”，选择单选按钮“起始页码”，并将“起始页码”设置为 1。
3. 在“新建章节”对话框的“编排页码”部分，从“样式”下拉列表中选择“i, ii, iii, iv...”，单击“确定”按钮，如图 3.35 所示。

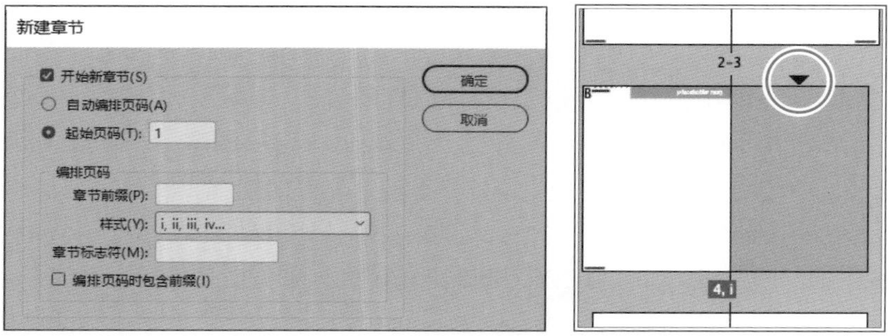

图3.35

4. 查看“页面”面板中的页面图标，会发现从第 5 页开始，页码变为罗马数字，如图 3.36 所示。在包含页脚的页面中，页码也为罗马数字。页面 i 上方的三角形表明从这里开始了新章节。

下面指定这个特殊部分后面的页面使用原来的页码编排方式，并使其页码与这部分前一页的页码相连。

1. 在“页面”面板中单击第 v 页的页面图标以选择它。第 v 页是第一个要恢复到原来的页码编排方式的页面。

> Id **注意** 单击页面图标可把该页面指定为当前页面，以便对其进行编辑，但不会在文档窗口中显示它。要显示某个页面，请在“页面”面板中双击该页面图标。

2. 从“页面”面板菜单中选择“页码和章节选项”。
3. 在“新建章节”对话框中，确保勾选了复选框“开始新章节”。
4. 选中单选按钮“起始页码”并输入“5”，将该章节的“起始页码”设置为 5，从而接着特殊部分前面的页面往下编排页码。
5. 从“样式”下拉列表中选择“1, 2, 3, 4...”，再单击“确定”按钮，结果如图 3.37 所示。现在，页面被正确地重新编排页码。在页面面板中，页码为 1、i 和 5 的页面图标上方有黑色三角形，这表明从这些地方开始了新章节。

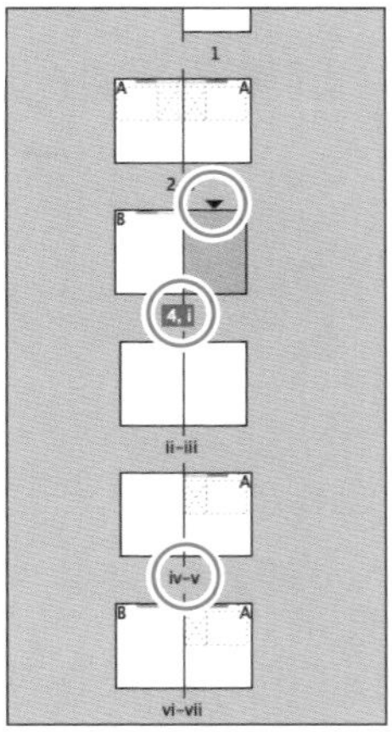

图3.36

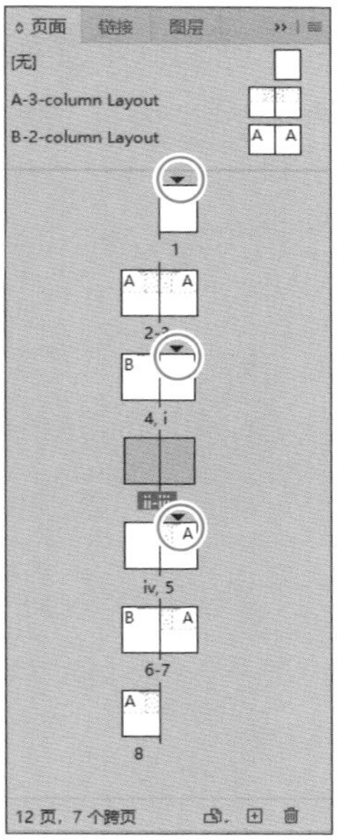

图3.37

在这个文档中，页面 5 接着第一个章节往下编排页码，其实完全可采用另一种页码编排方式。这里的重点是不管文档使用的是哪种页码编排方式，在“页面”面板中，页面图标上方的三角形都表明开始了一个新章节。

6. 选择菜单“文件”>“存储”保存文件。

调整版面

文档尺寸发生变化时，“调整版面”功能让InDesign能够自动缩放和重新对齐元素。

例如，您可能需要将文档发布为不同的页面尺寸。A4尺寸就比Letter尺寸高而窄。可以使用这项功能的其他情形还包括：创建好很多页面后项目规范有变，需要创建杂志、广告的海报版或其他尺寸的版本以用于不同的出版物等。在很多情况下，使用这项功能都可以节省大量时间。

在“文档设置”对话框（选择菜单“文件”>“文档设置”）、“属性”面板、“边距和分栏”对话框（选择菜单“版面”>“边距和分栏”）中，都提供了“调整版面”功能。通过“边距和分栏”对话框来使用“调整版面”功能时，将只影响当前页面或选定页面；在其他地方使用“调整版面”功能时，将影响整个文档。

请注意，取消勾选复选框“调整字体大小”，可以让InDesign不要修改字体大小。当页面尺寸变化较小时，您可能不想修改文字样式设置；但当页面尺寸变化很大时，您可能希望字体与其他对象一起缩放。

1. 打开文档 03_End.indd。
2. 选择菜单“文件”>“调整版面”，并查看打开的对话框中的选项。将“页面大小”改为 A4 并单击“确定”按钮，再看看这个文档中的对象有何变化。
3. 选择菜单“文件”>“文档设置”。在“文档设置”对话框中单击“调整版面”按钮，打开“调整版面”对话框。从“页面大小”下拉列表中选择 Tabloid，并勾选复选框“调整字体大小”，如图 3.38 所示，单击“确定”按钮查看结果。

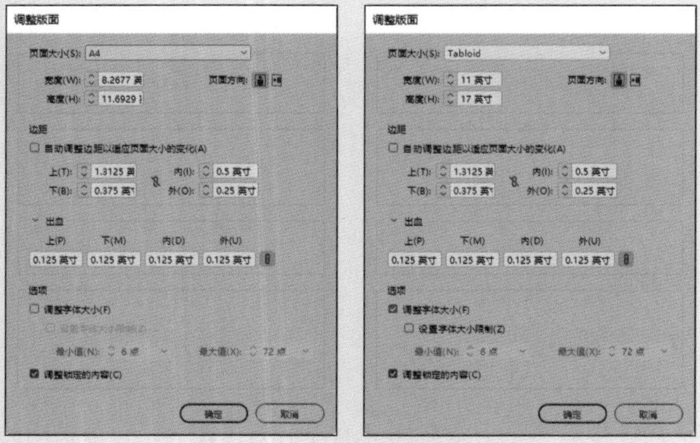

图3.38

4. 选择菜单“文件”>“恢复”，或者关闭这个文档而不保存所做的修改。

3.11 覆盖主页对象及置入文本和图形

设置好这个 12 页出版物（8 页的主要部分和 4 页的狭窄部分）的基本骨架后，便可给文档页面添加内容了。第 4 课将更详细地介绍如何创建和修改对象，因此这里将简化排版过程，以最大限度地减少您的工作量。

1. 选择菜单“文件”>“存储为”，将文件重命名为 03_Newsletter.indd，切换到文件夹 Lesson03，并单击“保存”按钮。
2. 在“页面”面板中双击页面图标下方的页码 2-3，选择菜单“视图”>“使跨页适合窗口”。

> **提示** 在“页面”面板中，双击页码是另一种导航到特定页面或跨页的方式，这样做并不会改变视图的缩放比例。

由于对第 2-3 页应用了主页 A-3-column Layout，因此它们包含主页 A-3-column Layout 中的参考线、页眉、页脚和占位框架。

若要置入使用其他应用程序创建的文本和图形（如使用 Photoshop 创建的图像或使用 Word 创建的文档），可使用“置入”命令，也可单击“属性”面板中的“导入文件”按钮（本书后面还将介绍其他置入方式）。

3. 选择菜单“文件”>“置入”。如果有必要，切换到文件夹 InDesignCIB\Lessons\Lesson03\Links，单击文件 Article1.docx，再按住 Ctrl（Windows）或 Command（macOS）键并单击文件 Article2.docx、Graphic_1_HoneyBee-1.jpg 和 Graphic_2_GardenTools.jpg，以选择这 4 个文件。单击“打开”按钮。

鼠标指针将变成置入文本图标（），并显示您要置入的文本文件 Article1.docx 的前几行，如图 3.39 所示。

图3.39

4. 将鼠标指针指向第 2 页的占位文本框架（不要指向参考线）。这时载入文本图标变成了带括号的文字块，且后面有字样“(4)”，这表明有 4 项可置入的内容。在框架内单击将 Article1.docx 置入这个框架中（除非将缩放比例至少设置为 150% ～ 200%，否则很难看清是否出现了括号）。

> **提示** 置入文本或图形时，如果 InDesign 发现鼠标指针下面有现成框架，它将显示括号。如果在现成的框架中单击，InDesign 将使用该框架，而不创建新框架。

5. 为置入余下的 3 个文件，单击第 3 页的文本框架，以置入文件 Article2.docx；再单击第 2 页的图形框架，以置入文件 Graphic_1_HoneyBee-1.jpg；最后单击第 3 页的图形框架，以置入文件 Graphic_2_GardenTools.jpg，如图 3.40 所示。
6. 选择菜单“编辑”>“全部取消选择”。

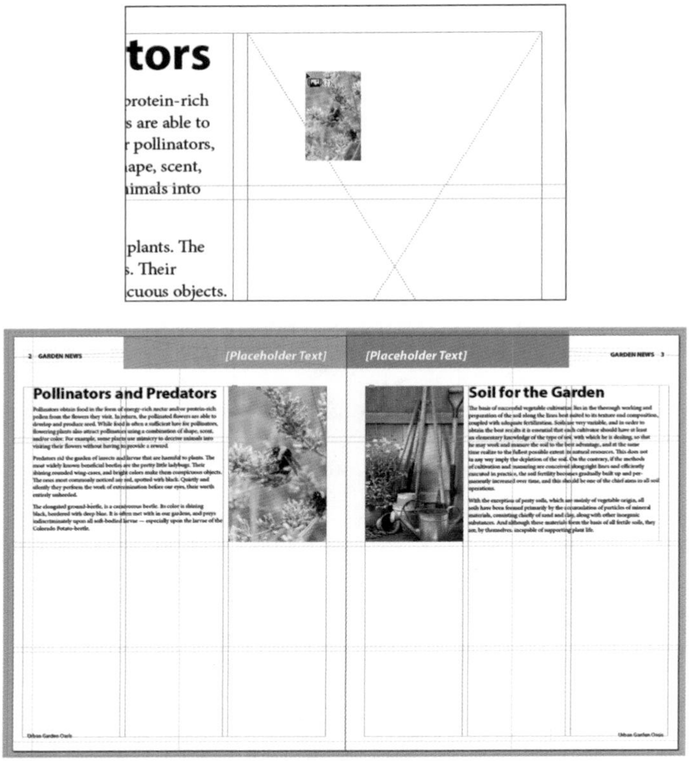

图3.40

为节省时间，下面置入一个包含其他对象的片段，以完成这个跨页的排版工作。

7. 选择菜单“文件”>“置入”，单击文件 Snippet2.idms，单击“打开”按钮。
8. 将载入片段图标（ ）指向该跨页左上角（红色出血参考线相交的地方），单击以置入该片段，结果如图 3.41 所示。

图3.41

9. 选择菜单“编辑”>“全部取消选择”，或者单击页面或粘贴板的空白区域，以取消选择所有对象。

10. 选择菜单“文件”>“存储”保存文件。

下面覆盖这个跨页中的两个主页对象——两个包含页眉文本的文本框架，再替换占位文本。

图形设计人员经常先使用占位文本来呈现出版物的外观，等有了实际要用的文本后再进行替换。使用主页来实现这一点的优点是可确保整个文档中对象的一致性。下面来替换占位文本。

1. 选择文字工具（T），按住 Shift + Ctrl（Windows）或 Shift + Command（macOS）组合键，并单击第 2 页中包含 [Placeholder Text] 的占位文本框架，将占位文本替换为 Bees and Bugs。

2. 重复第 1 步，将第 3 页的页眉文本替换为 Gardening Tips，如图 3.42 所示。

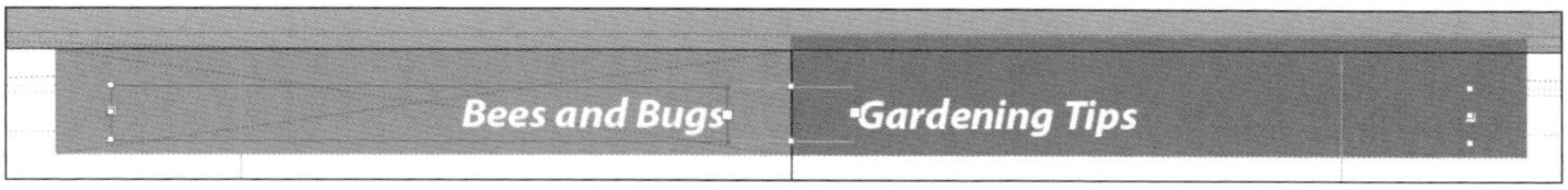

图3.42

3. 可以看到这些框架的边界不再是虚线，而已经是实线，这表明它们不再是主页对象。选择菜单“编辑”>“全部取消选择”。

4. 选择菜单“文件”>“存储”保存文件。

3.12 打印到纸张边缘：使用出血参考线

设置文档时必须牢记的一个重要概念是：是否有元素将打印到纸张边缘。如果有，就需要考虑这在印刷中如何实现。在新闻稿模板中设置出血参考线可以达到这一目的。

在印刷中，页面先被印刷到很大的纸张上，再通过在装订机上正确地折叠来排列页面，而不像办公用打印机那样将每页都打印到一张纸上。例如，小型数字印刷机一次印刷两个页面，而大型胶印机一次印刷 8 个页面。在印制过程中，需要考虑细微的偏移（如切割过程中的偏移，即将页面切割为正确的尺寸的过程中造成的偏移）。为解决此类问题，一种策略是添加出血区域。

将印刷出来的材料堆成堆并进行切割时，即便刀片非常锋利，也无法保证每次都能在图像边缘切割。因此，必须考虑到切割时成堆的纸张可能发生细微的移动。成堆地切割纸张时，为确保边缘不会出现白边，要打印到边缘的元素都必须延伸到切割线外面，如图 3.43 所示。其中，粉红色的线条表示切割线，蓝色表示出血区域。切割线穿过打印的元素，多出的元素部分位于出血区域中。

出血参考线可帮助确保元素足够大，因为它们指出了元素必须延伸到页面边缘外面多远。使用出血参考线可确保页面边缘是整洁的，因为切割的将是印刷出来的图像，而不是空白纸张。最好在制作文档时就添加出血参考线，因为照片或其他元素可能不够大，无法延伸到页面边缘，因此最好尽早处理这些问题，不要等到要印刷时再处理。下面来学习如何核实设计元素是否延伸到了页面边缘，并对没有延伸到边缘的做出修复。

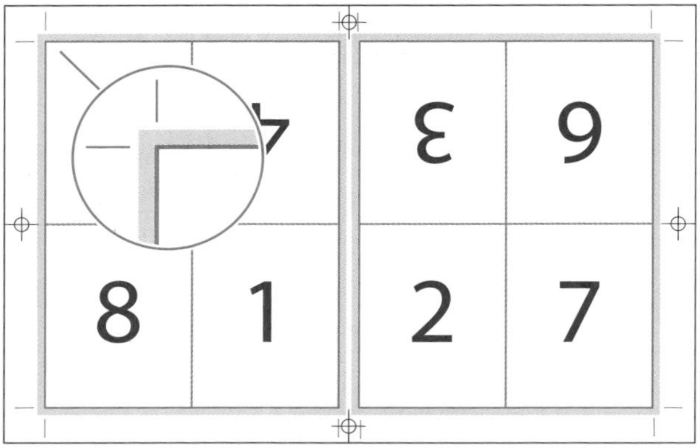

图3.43

提示 一种通常的做法是在设计和制作开始前就考虑出血需求。因为可能有照片需要放大或背景将延伸到切割线外面，这些问题最好尽早处理。

1. 使用选择工具（▶）双击“页面”面板中页面图标下方的页码 2-3，以显示它。
2. 选择菜单“视图”>“屏幕模式”>“正常”，注意红色出血参考线。
3. 先来看左下角和右下角的照片。注意到左下角的蜘蛛网和瓢虫照片延伸到了红色出血参考线，这意味着切割纸张时，边缘将会是整洁的。
4. 接着看第 3 页右边的草莓照片，它只延伸到页面边缘。为使边缘整洁，这张照片必须至少延伸到红色出血参考线。使用选择工具单击这张照片，将框架右边的手柄向右拖曳，让这个图形框架扩大到到达或超过红色出血参考线，如图 3.44 所示。

图3.44

5. 现在来看这个跨页的顶部，左边的绿色图形框架比右边的蓝色图形框架低，它只延伸到了切割线，应延伸到出血区域。
6. 使用选择工具单击它，您将发现无法选择它，因为它是主页中的对象。在“页面”面板中双击主页 A-3-column 以显示它，现在可以选择绿色图形框架了。选择后向上拖曳上边缘中央的手柄，如图 3.45 所示，到达或超过红色出血参考线后松开鼠标。

图3.45

7. 切换到第 2 页，发现绿色图形框架大到超过了出血参考线，如图 3.46 所示。现在，每个使用这个主页的文档页面都是正确的，无须分别修复它们。这证明了使用主页的另一个优点：只要在主页中进行修正，使用主页的所有页面都将自动修正。想象一下，如果需要对很多页面做同样的修正（或其他类型的修改），使用主页可以节省多少时间。

图3.46

8. 选择菜单“文件”>“存储”保存文件。

3.13 查看完成后的跨页

现在，可以隐藏参考线和框架，查看完成后的跨页效果。

1. 选择“视图”>“使跨页适合窗口”，如有必要，可以隐藏所有面板。

> **提示** 要隐藏所有面板（包括工具面板和控制面板），可按 Tab 键。再次按 Tab 键，可重新显示所有面板（注意，使用文字工具处理文本时，这样做无效）。

2. 选择菜单“视图”>“屏幕模式”>“预览”，隐藏粘贴板以及所有的参考线、网格、隐藏字符和框架边缘，如图 3.47 所示。预览模式最适合用来查看页面印刷并裁切后的效果。

图3.47

3. 选择“文件”>“存储”保存文件。

祝贺您学完了本课。

旋转跨页

在有些情况下，可能需要旋转页面或跨页，以便查看和编辑页面。例如，采用纵向页面的标准尺寸的杂志可能需要一个带有横向日历的页面。为获得这样的页面，可将所有对象旋转90°，但在修改版面和编辑文本时，将需要转头或旋转显示器。为方便编辑，可旋转和取消旋转跨页。这种旋转只影响视图，不会影响页面设置。

为查看这样的示例，请打开文件夹Lesson03中的文件03_End.indd。

1. 在“页面”面板中双击第 ii 页，在文档窗口中显示它。
2. 选择菜单“视图”>“使跨页适合窗口”，让页面位于文档窗口中央。
3. 选择标题 July 2020 并尝试对其进行编辑。编辑这样的竖排文本时，会感觉很别扭。
4. 选择菜单“视图”>“旋转跨页”>“顺时针 90°”，效果如图 3.48 所示。

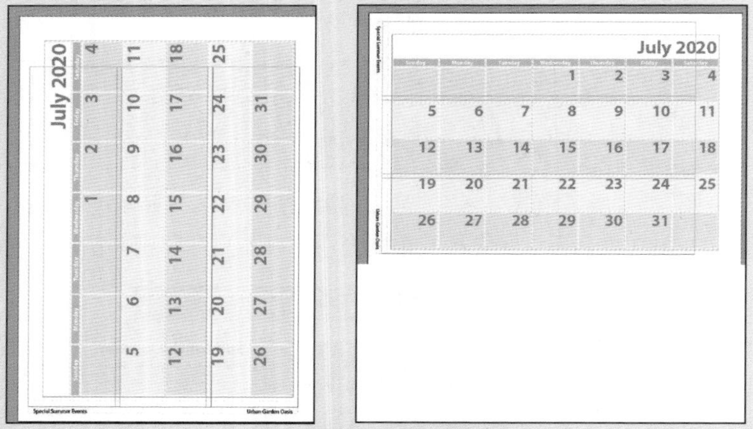

图3.48

顺时针旋转跨页后，将更容易处理页面中的对象，编辑或添加文本也将容易得多。现在再次尝试编辑标题，会发现进行选择和编辑操作时正常而轻松，而不再别扭。

5. 选择菜单“视图”>“旋转跨页”>“清除旋转”。
6. 关闭文档而不保存所做的修改。

3.14 练习

想要巩固所学的技能，最好的方法就是使用它们，请试着完成下面的练习。

> **提示** 练习前选择菜单“视图”>“屏幕模式”>“正常”，切换到正常模式。

1. 创建一个主页，让该主页继承主页 A-3-column Layout，并将其命名为 C-4-column Layout，对其进行修改，使其包含 4 栏而不是 3 栏。将该主页应用于文档中任何不包含对象的全尺寸页面（第 1 页、第 4 页或第 5-8 页）。
2. 并非所有的印刷材料都像本课的新闻稿那样有书脊。另一种常见的印刷材料类型是三折式（6 页），它将三个页面折叠成一个页面的尺寸，如图 3.49 所示。折叠到封面后面的那个页面要窄一些，这样折起来后才能平整。这很好地证明了有时在同一个 InDesign 文档中需要使用不同的页面大小。

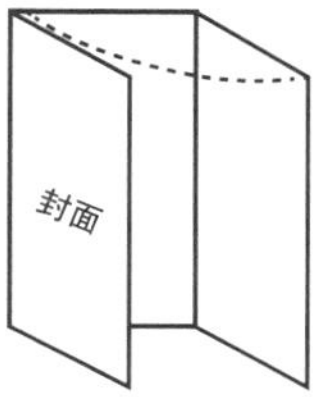

图3.49

在本课的素材中，有一个三折式文件。请打开文件夹 InDesignCIB\Lessons\Lesson03 中的文件 03_Trifold_Template.indd，如图 3.50 所示。使用页面工具（ ）单击各个页面，注意哪些页面要窄些。另外，请查看“页面”面板，它以并排的方式显示 3 个页面，还显示了页码，如图 3.51 所示。在这个文件的“文档设置”对话框中，取消勾选复选框“对页”。

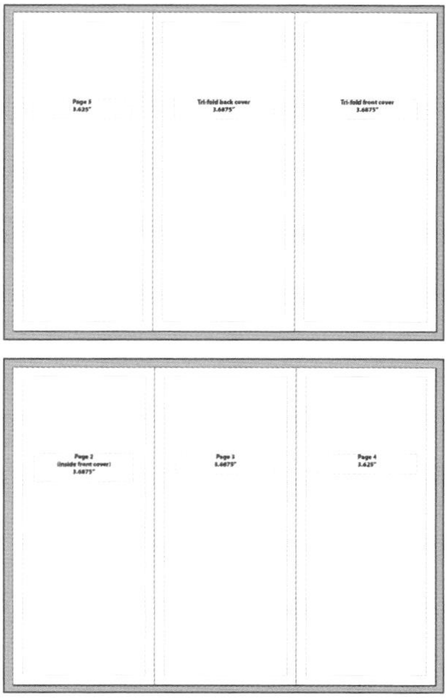
图3.50

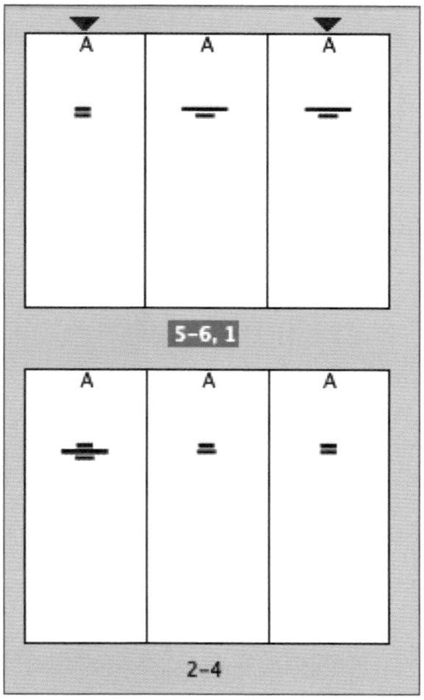

图3.51

3. 尝试为新闻稿的特殊部分创建一个主页。这个主页是独立的（不基于其他主页，即不是子主页），因为特殊部分的外观不同于其他部分。将这个主页的大小设置为 7.5 英寸 ×10.5 英寸，即与特殊部分的页面大小相同，如图 3.52 所示。添加可能需要的元素，如页脚。将这个主页应用于新闻稿的第 i-iv 页，如图 3.53 所示。

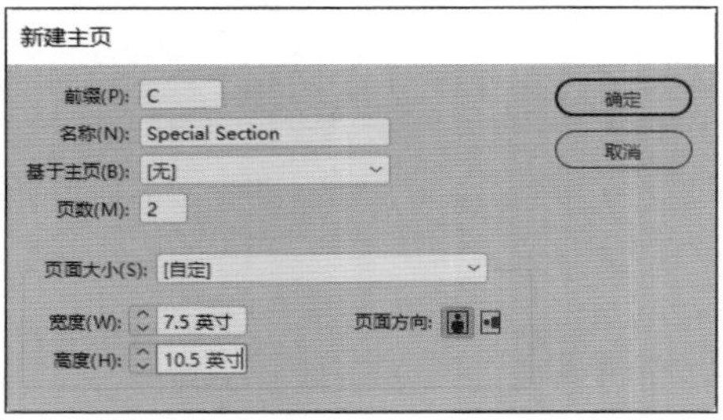

图3.52

图3.53

将该主页应用于页面时，InDesign 可能会弹出有关主页大小的警告，如图 3.54 所示。由于特殊部分的大小与这里创建的新主页相同，因此这不是问题。勾选复选框“应用于全部”，再单击“使用主页大小”按钮。

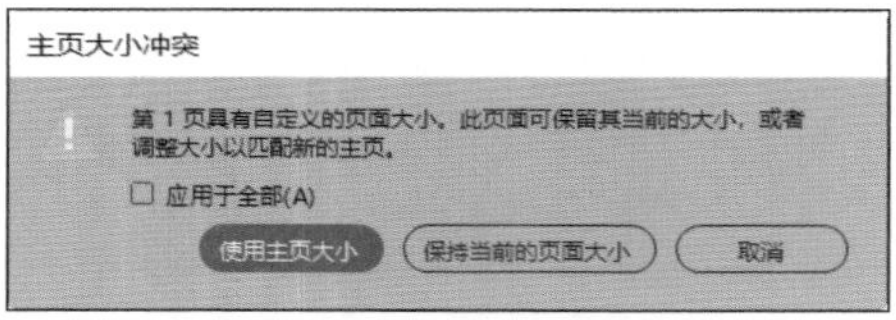

图3.54

图 3.55 显示了在这个新主页中添加的页脚。

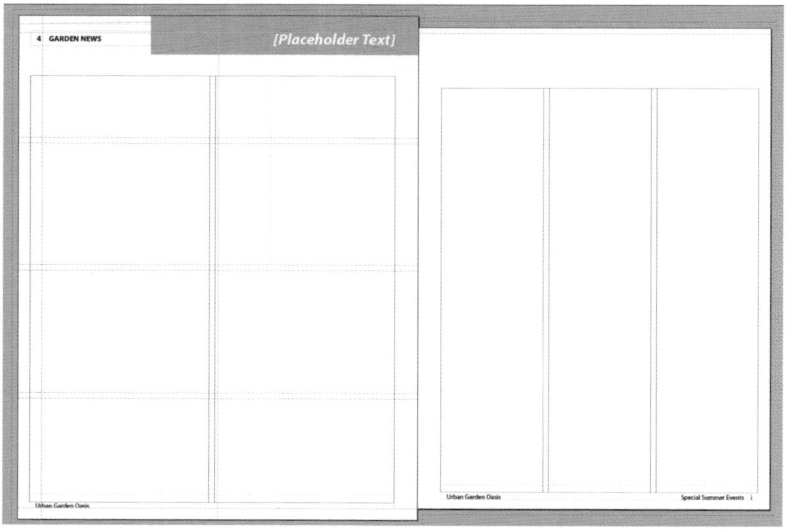

图3.55

3.15 复习题

1. 将对象放在主页中有何优点？
2. 如何修改文档的页码编排方案？
3. 在文档页面中如何选择主页对象？
4. 让主页继承另一个主页有何优点？
5. 如何让 InDesign 自动在文档页面中添加页码？
6. 如何处理需要打印到纸张边缘的元素？

3.16 复习题答案

1. 通过在主页中添加参考线、页脚和占位框架等对象，可确保应用了主页的页面的版面是一致的。另外，只需在主页中进行修改，基于该主页的所有页面都将自动修改。
2. 先在“页面”面板中选择要重新编排页码的页面，再从“页面”面板菜单中选择“页码和章节选项”（或选择菜单“版面”>“页码和章节选项”），并指定新的页码编排方案。
3. 按住 Shift + Ctrl（Windows）或 Shift + Command（macOS）组合键，并单击主页对象以选择它。然后便可对其进行编辑、删除或其他操作。
4. 通过继承既有主页，可在新主页和既有主页之间建立父子关系，这样对父主页所做的任何修改都将在子主页中反映出来。
5. 在主页中添加标志符“当前页码”。为此，可先在主页中创建一个文本框架，再选择文字工具，在文本框架中单击，然后选择菜单“文字”>“插入特殊字符”>“标志符”>“当前页码”。
6. 必须将要打印到纸张边缘的对象延伸到粘贴板区域，可使用出血参考线指出这些对象至少应延伸到什么位置。

第4课 使用对象

在本课中，您将学习以下内容：

- 使用图层；
- 创建、编辑文本框架和图形框架；
- 将图形置入图形框架中；
- 裁剪、移动和缩放图形；
- 调整框架之间的间距；
- 在图形框架中添加题注；
- 修改框架的形状；
- 沿对象或图形绕排文本；
- 创建复杂的框架形状；
- 转换框架的形状；
- 修改和对齐对象；
- 选择和修改多个对象；
- 沿路径排文；
- 给直线添加箭头。

学习本课大约需要 90 分钟。

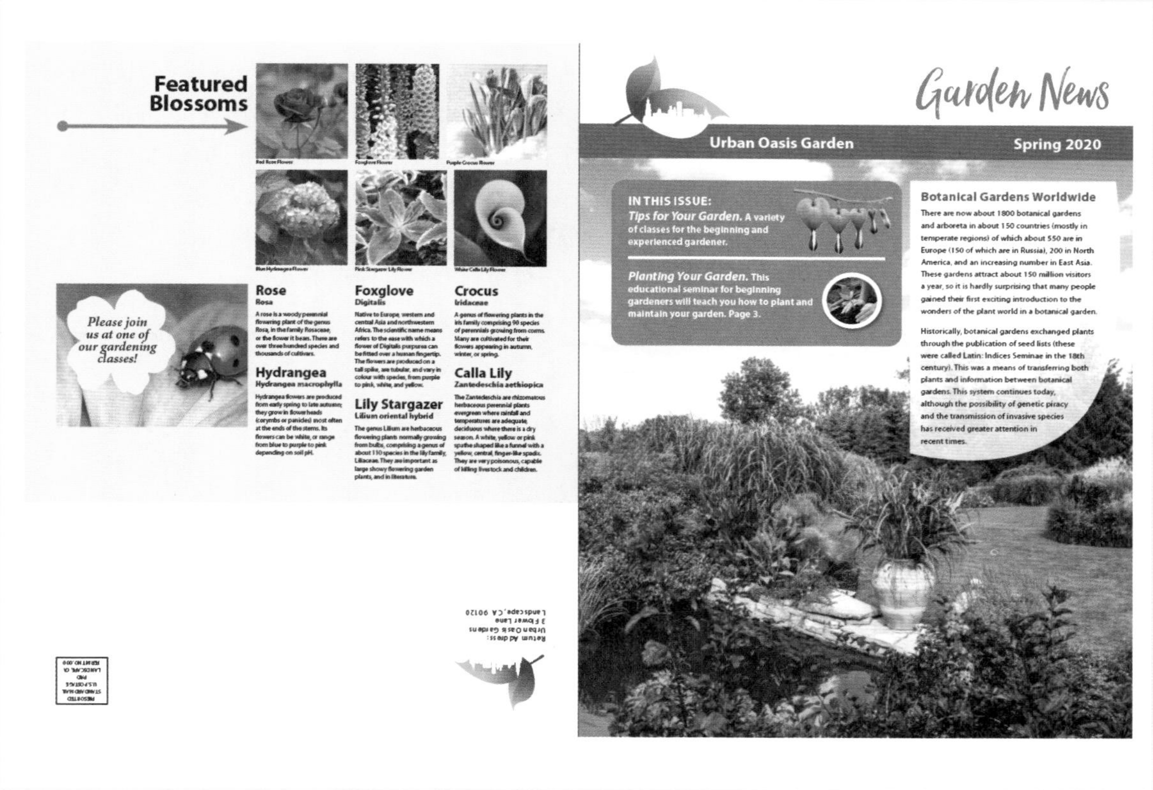

InDesign 框架可包含文本、图形或填充色。当您使用框架时，将发现 InDesign 拥有极大的灵活性，让您能够充分控制设计方案。

4.1 概述

在本课中，您将处理一篇包含 4 页的新闻稿，它由两个跨页组成，您将在其中添加文本和图像，并对这两个跨页中的对象做多项修改。

1. 为确保您的 InDesign 首选项和默认设置与本课使用的一样，请将文件 InDesign Defaults 移到其他文件夹，详情请参阅“前言”中的“保存和恢复文件 InDesign Defaults”。
2. 启动 InDesign。选择菜单“文件”>“打开”，打开硬盘中文件夹 InDesignCIB\Lessons\Lesson04 中的文件 04_Start.indd。如果出现“链接相关问题”对话框，请单击“更新修改的链接”按钮。
3. 为确保面板和菜单命令与本课使用的相同，请先选择菜单“窗口”>“工作区”>“[高级]”，再选择菜单“窗口”>“工作区”>“重置‘高级’”。
4. 选择菜单“文件”>“存储为”，将文件重命名为 04_Objects.indd，并存储到文件夹 Lesson04 中。
5. 如果要查看完成后的文档，可以打开文件夹 Lesson04 中的文件 04_b_End.indd，如图 4.1 所示。可让该文档保持打开状态，以便工作时参考。本课将处理的新闻稿包含两个跨页：左边的跨页包含第 4 页（封底）和第 1 页（封面），右边的跨页包含第 2 页和第 3 页（内部跨页）。在页面之间导航时，别忘了这种页面布局。查看完毕后，选择菜单“窗口”>“04_Objects.indd”或单击文档窗口顶部相应的标签，切换到本课要处理的文档。

图4.1

> **注意** 在处理本课的文档时，可以根据需要随意移动面板和修改缩放比例。

4.2 图层简介

在创建和修改对象之前，弄明白 InDesign 中图层的工作原理很重要。通过将对象放在不同的图层中，可以方便地选择和编辑它们。例如，通过锁定图层，可轻松地选择并移动特定的对象，避免不小心选择或移动不应该移动的对象，如背景图像。默认情况下，每个新 InDesign 文档只包含一个图层（图层 1）。处理文档时，可随时修改图层的名称和添加图层。

可将图层视为堆叠在一起的透明胶片，每个图层都包含一组对象。

“图层”面板（选择菜单“窗口”>“图层”）显示了一组文档图层，让用户能够创建、管理和删除图层。“图层”面板还让用户能够显示图层中所有对象的名称，以及选择、显示、隐藏或锁定各个对象或整个图层。单击图层名称左边的三角形按钮，可显示或隐藏该图层中所有对象的名称。

在“图层”面板中，图层的排列顺序就是它们的堆叠顺序。如果说一个图层就是一张透明胶片，那么多个图层就是多个堆叠在一起的胶片，就像一叠纸。在“图层”面板中，位于最上面的图层在文件中也位于最上面。每个图层中的对象也遵循这样的规律。若要将一个对象移到另一个对象的前面（上面）或后面（下面），只需在“图层”面板中上下移动它即可。

可将堆叠的图层视为一座多层大楼，每层楼相当于一个图层。查看文档页面时，相当于从大楼的顶层往下看，而楼板是透明的；图层中的对象相当于家具，您可将其移到任何一个楼层。但与大楼不同的是，InDesign 中的图层是可以上下移动的，这类似于可将大楼下面的楼层连同家具移到顶层。当您从大楼上面往下看时，可看到更多顶层的家具，而其他楼层的家具有些被部分遮住了，这与您在“图层”面板中看到的情况类似。

现在假设大楼的楼板是透明的，您从大楼上面往下看，顶层位于它下一层的前面，而位于最后面的是第一层。顶层的家具位于其他层的家具前面，这类似于您在文档页面中看到的情况，如图 4.2 所示。

文档页面

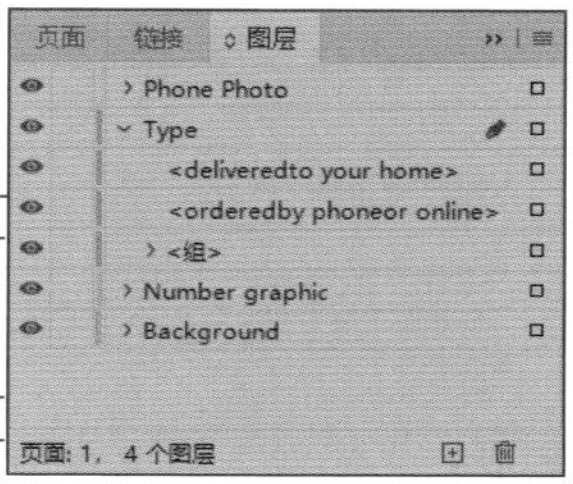

“图层”面板

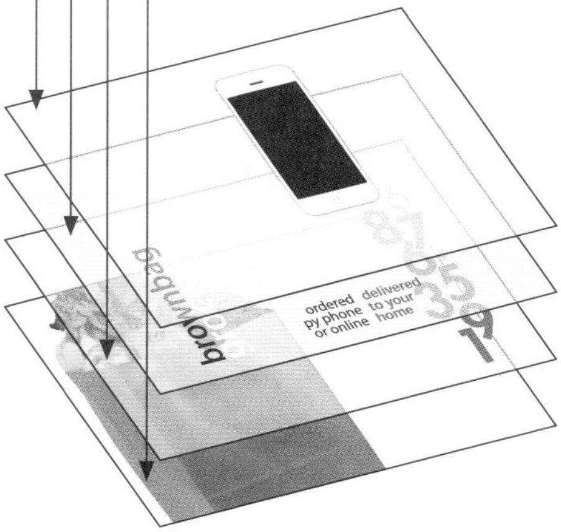

可将图层视为堆叠在一起的透明胶片或大楼的楼层

图4.2

1. 开始处理本课的文件前，先来熟悉一下图层概念。选择菜单“文件”>“打开”，打开文件 04_Layers_Intro.indd。
2. 单击面板停放区的“图层”面板图标（ ），打开“图层”面板，也可选择菜单“窗口”>“图层”。
3. 单击图层 Type 左边第一栏中的眼睛图标（ ），如图 4.3 所示，这个图层中的所有对象都被隐藏，只有其他图层中的对象是可见的。眼睛图标让您能够隐藏或显示各个图层。在“图层”面板中，当图层被隐藏时，它左边的眼睛图标将消失。单击图层 Type 左边第一栏的空框，可让这个图层的内容重新显示出来。

现在单击另一个图层的眼睛图标，该图层中的所有对象都将被隐藏；再单击该图层左边第一栏的空框，重新显示该图层的内容。

现在让所有的图层都可见（确保每个图层的眼睛图标都显示出来了）。

4. 在“图层”面板中单击图层 Type 右边的空框，它将变成实心的洋红色框，且该图层中的所有对象都被选中，这些对象的边框也是洋红色，如图 4.4 所示。设置图层时，颜色是可指定的选项之一。通过给图层指定不同的颜色，可提供视觉线索，让您知道当前选定的对象位于哪个图层，因为选定对象的定界框颜色与图层的颜色相同。

图4.3

图4.4

5. 将鼠标指针指向图层名称 Type 右边的蓝色区域并按住鼠标左键，鼠标指针将变成紧握的手型图标（ ），同时图层名下方将出现一根粗黑线条。向下拖曳黑色线条到图层名 Background 下方时松开鼠标，这时图层 Type 中的大部分对象不可见了，如图 4.5 所示，因为将图层 Type 移到图层 Background 下面了。选择菜单“编辑”>“全部取消选择”。

图4.5

6. 使用选择工具（ ）单击整袋的水果和蔬菜照片，注意在“图层”面板中选择了图层 Background，且该照片的边框的颜色与图层 Background 的颜色相同。在“图层”面板中，将鼠标指针指向图层 Background 右边的橙色实心框，单击并拖曳到图层 Phone Photo 中，松开鼠标。现在整袋的水果和蔬菜照片位于图层 Phone Photo，因此在手机前面并遮住了手机的一部分。

> **提示** 要将对象移到另一个图层中，可使用选择工具选择它，再在“图层”面板中将当前图层名右边的实心框拖曳到目标图层上。实心框表明选中了相应图层中的一个或多个对象。

7. 关闭文件 04_Layers_Intro.indd 且不保存所做的修改。

熟悉了一些重要的图层概念后，可以着手处理本课文件了。

4.3 使用图层

文档 04_Objects.indd 包含两个图层，您将通过这些图层了解到图层的堆叠顺序、对象在图层中的位置如何影响文档的设计效果，您还将添加新图层。

> **提示** 如果通过“图层”面板菜单启用了“粘贴时记住图层”功能，将对象复制并粘贴到其他文档时，将保持其图层结构不变。换言之，对象将被粘贴到与源图层同名的图层中。如果目标文档中没有这样的图层，将新建与源图层同名的图层。

1. 单击“图层”面板图标（◆）或选择菜单“窗口”>“图层”，打开“图层”面板（它也可能还处于打开状态）。
2. 在“图层”面板中，如果没有选择图层 Text，则单击选择它，呈高亮显示表明图层已被选中。注意其图层名的右边有一个钢笔图标（✎），这表明该图层是目标图层，您置入或创建的任何东西都将放到该图层中。
3. 单击图层名 Text 左边的小三角形按钮，将在该图层名下面显示该图层中的所有组和对象。使用该面板的滚动条查看列表中的名称，然后再次单击该三角形按钮隐藏它们。

前面通过拖曳将整袋的水果和蔬菜照片移到了另一个图层中，您还可通过拖曳将对象移到当前图层中的其他对象的前面或后面。

4. 使用缩放显示工具（🔍）放大封面（第 1 页）中的蓝色框架。
5. 切换到选择工具（▶），并在粉红色花朵照片中移动鼠标指针。注意该框架周围出现了蓝色边框，这表明它属于 Text 图层，因为该图层被指定为蓝色。

这个框架中央还有一个透明的圆环（内容抓取工具）。在这个圆环内移动时，鼠标指针将变成手形，如图 4.6 所示。鼠标指针显示为箭头时，单击将选择框架，以及其中的图形；鼠标指针显示为手形时，单击将只选择框架中的图形。

图4.6

> **提示** 框架也被称为容器，而框架内的图形也被称为内容。选择容器后，就可选择其中的内容，反之亦然（为此，可选择菜单“对象”>“选择”>“内容”或“对象”>“选择”>“容器”）。还可使用选择工具在框架内双击，从而在选择容器和选择内容之间切换。

6. 将鼠标指针移到内容抓取工具外面，确保显示的是箭头，再在图形框架内单击以选择它。注意，在“图层”面板中，图层 Text 被选中。
7. 在“图层”面板中，将蓝色方块从图层 Text 拖曳到图层 Graphics。现在，粉红色花朵属于图层 Graphics 且位于最上面；另外，注意“图层”面板中的方块变成了红色——图层 Graphics 的颜色，框架的边框也变成了红色，如图 4.7 所示。

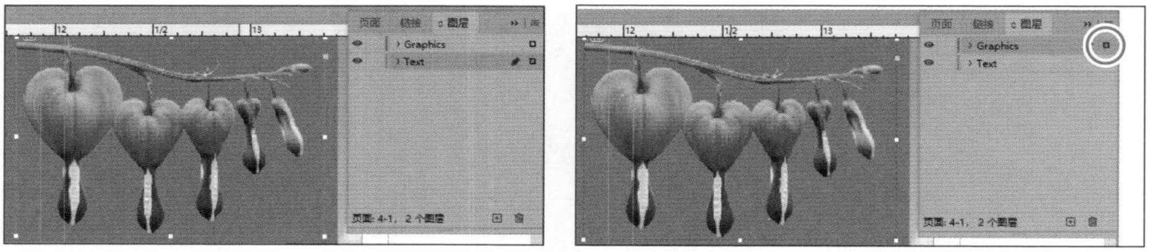

图4.7

> **提示** 要查看粉红色花朵在图层 Graphics 中相对于其他对象的位置，可单击图层名 Graphics 左边的三角形按钮展开这个图层。在展开的列表中，最前面的对象位于最上面。

8. 选择菜单“对象”>“排列”，移动对象的子命令在图层内（而不是图层间）起作用。为证明这一点，请选择菜单“对象”>“排列”>“置为底层”，粉红色花朵并没有移到蓝色背景后面。这是因为粉红色花朵位于图层 Graphics 中，而这个图层位于蓝色边框所在图层 Text 的上方。现在，在“图层”面板中，将红色方块移到图层 Text，再选择菜单“对象”>“排列”>“置为底层”，这将把粉红色花朵移到蓝色背景后面，因为它们位于同一个图层中。为将粉红色花朵移回到图层 Graphics，选择菜单“编辑”>“还原”两次。

> **提示** 选择菜单“对象”>“排列”中的命令可在图层内向上（前）或向下（后）移动对象。

4.3.1 创建图层及重新排列图层

1. 单击图层 Graphics 左边的图层锁定框将该图层锁定，注意现在钢笔图标（ ）上有一条斜划线，如图 4.8 所示，这表明不能修改这个图层，也不能在其中添加内容。

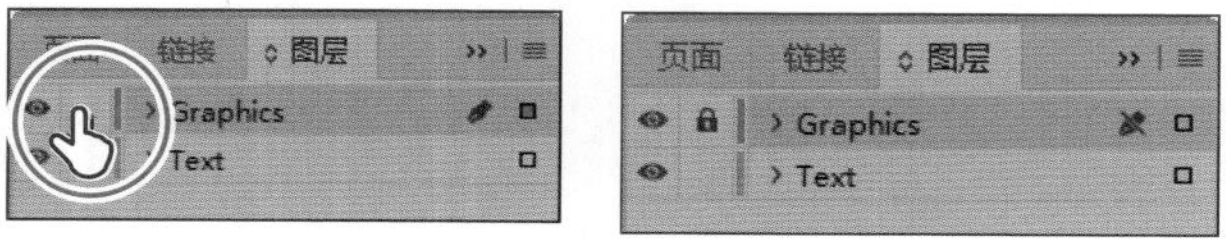

图4.8

2. 选择菜单“视图”>“使跨页适合窗口”。

下面新建一个图层，并将现有内容移到其中。

3. 单击“图层”面板底部的“创建新图层”按钮（⊞），如图 4.9 所示。由于当前选择的图层是 Graphics，因此创建的新图层位于图层 Graphics 上面。

4. 双击新图层的名称（“图层 3”），打开“图层选项”对话框，将图层名称改为 Background，单击“确定”按钮。InDesign 给新建的图层指定了一种颜色，您可使用指定的颜色，也可从“颜色”下拉列表中选择其他颜色。

图4.9

> **提示** 单击“创建新图层”按钮时，如果按住 Alt（Windows）或 Option（macOS）键，将在创建新图层的同时自动打开“图层选项”对话框。

> **提示** 要重命名图层，也可在“图层”面板中选择它，再单击其名称。

5. 在“图层”面板中，将图层 Background 拖曳到图层栈的最下面。拖曳到图层 Text 下方时将出现一条水平线，表示松开鼠标后该图层将移到这个位置，如图 4.10 所示。

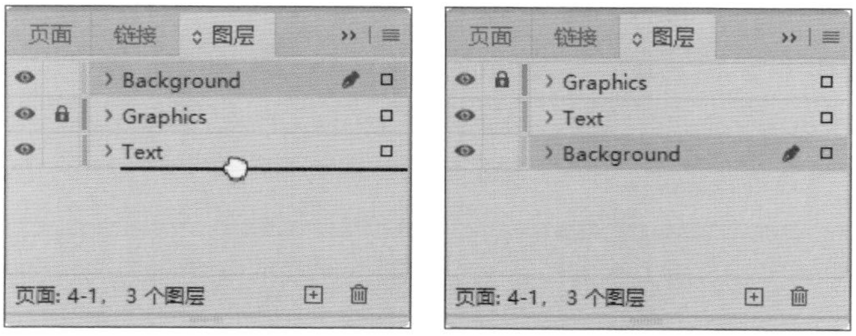

图4.10

4.3.2 将对象移到图层 Background 中

下面将背景对象移到图层 Background 中，并锁定这个图层。这样在处理图层 Text 和 Graphics 中的对象时，不会无意间选择或移动背景。

1. 使用选择工具（▶）单击左边页面的淡绿色背景，再按住 Shift 键并单击封面上的大型照片。
2. 在“图层”面板中，将蓝色方块从图层 Text 拖曳到图层 Background 中。
3. 单击文档窗口左下角的“下一跨页”图标，如图 4.11 所示，切换到下一个跨页（第 2 ～ 3 页）。
4. 拖曳出一个小型方框，从跨页上方的粘贴板开始，到蓝色框和紫色框相交的地方结束，如图 4.12 所示，选择这两个对象。这是一种可快速选择多个对象、同时避免选择其他对象的方法。

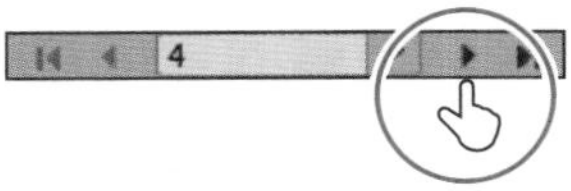

图4.11

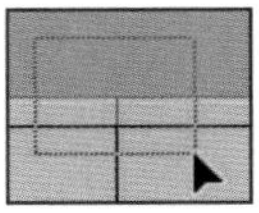

图4.12

5. 在“图层”面板中，将蓝色方块向下拖曳到图层 Background 中，从而将前面选择的两个对象都移到图层 Background 中。
6. 单击图层 Background 左边的锁定框。
7. 选择菜单“文件”>“存储”保存文件。

4.4 创建和修改文本框架

在大多数情况下，文本放在文本框架内（也可以在表格内或沿路径排列）。文本框架的大小和位置决定了文本在页面中的位置。文本框架可使用文字工具来创建，并可使用各种工具进行编辑，在本节中就将创建和修改文本框架。

4.4.1 创建文本框架并调整其大小

下面先创建一个文本框架并调整其大小，再调整另一个框架的大小。

1. 单击面板停放区中的“页面”面板图标（ ）以打开这个面板，再双击第 4 页的页面图标，在文档窗口中居中显示这个页面。
2. 在“图层”面板中单击图层 Text 以选择它，这样创建的所有内容都将放到这个图层中。
3. 从工具面板中选择文字工具（ T. ），将鼠标指针指向边距参考线的交点（水平和垂直位置都为 0.5 英寸），单击并拖曳以创建一个与第 2 栏的右边缘对齐且高度大约为 1 英寸的框架，如图 4.13 所示。

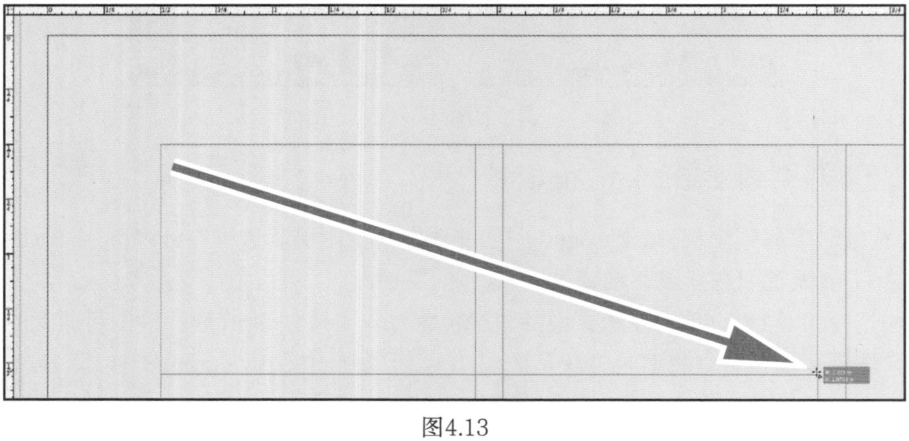

图4.13

> **注意** 如果鼠标指针的形状为 ，说明当前选择的图层已被锁定。

4. 按 Ctrl + =（Windows）或 Command + =（macOS）组合键多次，放大这个文本框架。执行缩放命令时，如果选择了对象，InDesign 将确保选择的对象在视图中居中。

> Id **提示** 按 Ctrl + =（Windows）或 Command + =（macOS）组合键将放大到下一个缩放比例预设，而按 Ctrl + –（Windows）或 Command + –（macOS）组合键将缩小到下一个缩放比例预设。

5. 在这个新建的文本框架中输入“Feature”，按 Shift 和 Enter 键换行（这样不会创建新段落），再输入“Blossoms”。
6. 下面对这些文本应用段落样式。单击“段落样式”面板图标（ ）或选择菜单“文字”>“段落样式”，以打开这个面板。单击样式 Right Flush Title 将其应用于选择的段落，如图 4.14 所示。

图4.14

> Id **提示** 应用段落样式之前并不需要选择整个段落，只需在段落中的任何位置单击即可。

有关样式的更详细信息，请参阅第 9 课。

7. 按 Esc 键切换到选择工具（ ），双击选择文本框架底部中央的手柄，使文本框架的高度适合文本，如图 4.15 所示。

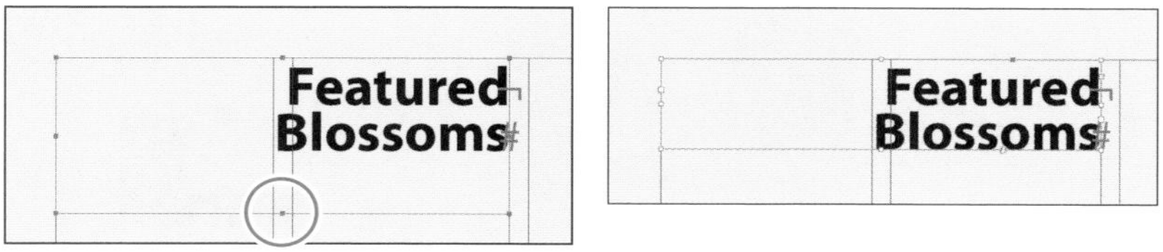

图4.15

8. 选择菜单“视图”>“使跨页适合窗口”，按住 Z 键暂时切换到缩放显示工具（ ），并放大封面（第 1 页）最右边的那栏。使用选择工具选择包含标题 Botanical Gardens Worldwide 的文本框架。

该文本框架右下角的红色加号（⊞）表明该文本框架中有溢流文本。下面通过修改这个文本框架的大小和形状来解决这个问题。

9. 拖曳选定文本框架下边缘中央的手柄，调整文本框架的高度，直到其下边缘与 6.5 英寸处的参考线对齐。当鼠标指针接近标尺参考线时，箭头将从黑色变成白色，表示文本框架将与该参考线对齐，如图 4.16 所示。

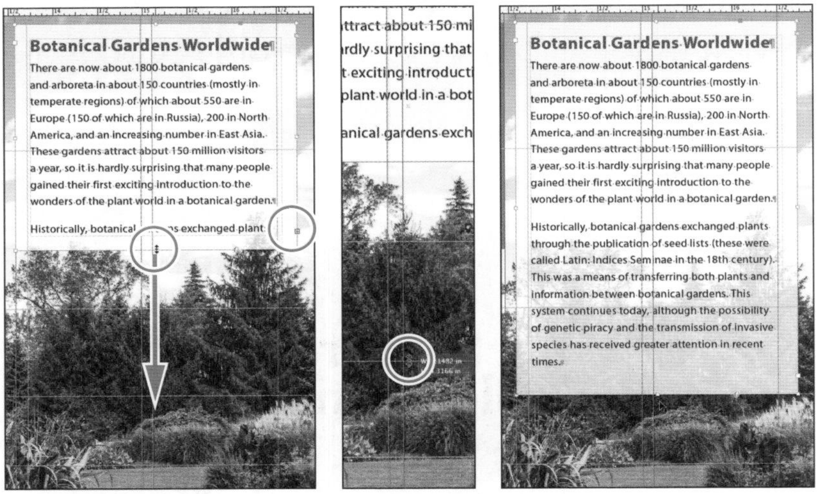

图4.16

10. 选择菜单“编辑”>“全部取消选择”，再选择菜单“文件”>“存储”。

4.4.2 调整文本框架的形状

在本课前面曾使用选择工具拖曳手柄来调整文本框架的大小。下面使用直接选择工具通过拖曳锚点来调整框架的形状，再使用转换方向点工具调整锚点来修改框架的形状。

> **提示** 这里介绍的方法也适用于图形框架。

1. 在工具面板中选择直接选择工具（▷），再在刚才调整了大小的文本框架内单击，该文本框架的 4 个角上将出现 4 个空心的锚点。可能需要放大视图才能看到这些锚点。

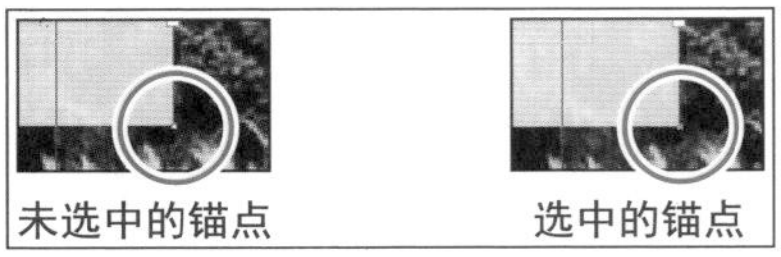

图4.17

2. 使用直接选择工具能够选择框架的锚点。选择文本框架右下角的锚点，如图 4.17 所示，等鼠标指针变成黑色后向左上方（大约 45° 的角度）拖曳，到达上一条参考线后松开鼠标。拖曳鼠标时，文本将重新排文以便能够实时预览。松开鼠标后，注意溢流文本标识（红色加号）又出现了，如图 4.18 所示。

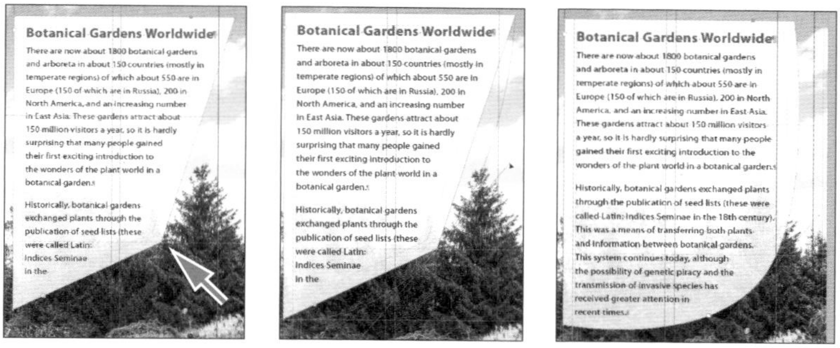

图4.18

> **注意** 如果拖曳锚点的上方或右方，将移动整个文本框架，因此要确保拖曳的是锚点。如果不小心移动了框架，可选择菜单“编辑”>“还原移动”，再重新拖曳。

3. 在工具面板中，选择转换方向点工具（ ），在刚才移动过的锚点上单击并向右上方拖曳，松开鼠标，这个锚点将从角点转换为带方向手柄的平滑点。
4. 按 A 键切换到直接选择工具，选择这个锚点并向右下方拖曳，直到不再有溢流文本，如图 4.18 所示。
5. 按 V 键切换到选择工具（ ），注意定界框和路径不再是完全重叠的，如图 4.19 所示。

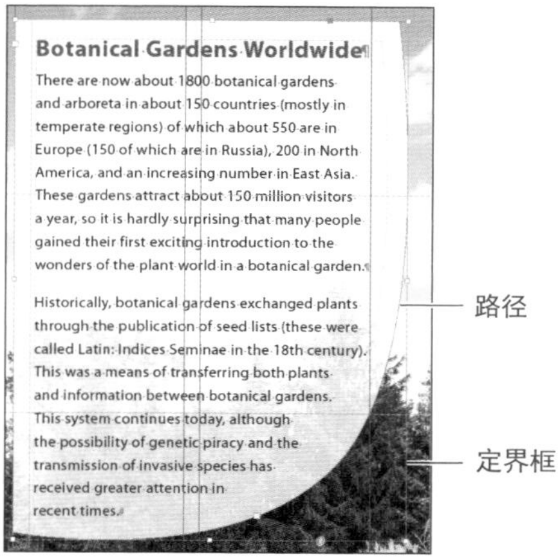

图4.19

6. 选择菜单“编辑”>“全部取消选择”，再选择菜单“文件”>“存储”保存文件。

> **提示** 如果要同时调整文本框架和其中的文本字符的大小，可选择文本框架，再双击缩放工具（ ）——该工具在工具面板中与自由变换、旋转和切变工具位于一组，然后在“缩放”对话框中指定值。也可在使用选择工具拖曳文本框架手柄时按住 Shift + Ctrl（Windows）或 Shift + Command（macOS）组合键。按住 Shift 键可保持文本和框架的长宽比不变。

使用智能参考线

智能参考线让用户能够精确地创建对象和指定其位置。有了智能参考线，用户可让对象与其他对象的中心和边缘对齐、将对象放在页面的垂直和水平方向的中央，以及让对象与分栏和栏间距的中点对齐。另外，在您工作时，智能参考线会动态地出现，以提供即时的视觉反馈。

在首选项“参考线和粘贴板”中，可启用4个智能参考线选项。要进入该首选项，可选择菜单“编辑”>“首选项”>“参考线和粘贴板”（Windows）或“InDesign”>“首选项”>“参考线和粘贴板”（macOS）。

- 对齐对象中心：当用户创建或移动对象时，勾选此复选框，将使对象边缘与页面或跨页中的其他对象的中心对齐。
- 对齐对象边缘：当用户创建或移动对象时，勾选此复选框，将使对象边缘与页面或跨页中的其他对象的边缘对齐。
- 智能尺寸：当用户创建对象、对其进行旋转或调整大小时，勾选此复选框，将使对象的宽度、高度或旋转角度与页面或跨页中其他对象的尺寸对齐。
- 智能间距：勾选此复选框，让用户能够快速排列对象，使其间距相等。

要启用或禁用智能参考线，可选择菜单“视图”>“网格和参考线”>“智能参考线”，智能参考线默认被启用。

为熟悉“智能参考线”功能，下面创建一个包含多栏的单页文档：在“新建文档”对话框中，将“栏数”设置为大于1的值。

1. 从工具面板中选择矩形框架工具（⊠）。单击左边距参考线并慢慢地向右拖曳，当鼠标指针位于分栏中央、栏间距中央或页面水平方向的中央时，都将出现一条智能参考线。在参考线出现时松开鼠标。
2. 选择矩形框架工具，单击上边距参考线并向下拖曳到下边距参考线，以创建第二个框架。注意当鼠标指针位于第一个矩形框架的上边缘、中心、下边缘或页面垂直方向的中央时，都将出现智能参考线。
3. 使用矩形框架工具在页面的空白区域再创建一个对象。缓慢地拖曳鼠标指针并仔细观察，每当鼠标指针到达其他任何对象的边缘或中心时，都将出现智能参考线。另外，当新对象的高度或宽度与其他对象相等时，正在创建的对象，以及高度或宽度匹配的对象旁边都将出现水平或垂直参考线（或两者都出现），且参考线两端都有箭头。
4. 关闭这个文档，但不保存所做的修改。

4.4.3 创建多栏文本框架

下面将一个现有文本框架转换为多栏的。

1. 选择菜单“视图”>“使跨页适合窗口”，再使用缩放显示工具（ ）放大封底（第 4 页）右边的中间部分。使用选择工具（ ）选择以文本 Rose 打头的文本框架。
2. 选择菜单“对象”>“文本框架选项”。在“文本框架选项”对话框中，在“栏数”文本框中输入“3”，在“栏间距”文本框中输入“0.125 英寸”（栏间距指定了两栏之间的距离），如图 4.20 所示，单击“确定”按钮。
3. 选择菜单“文字”>“显示隐含的字符”（如果该命令是“不显示隐藏字符”，而不是“显示隐含的字符”，就说明显示了隐含的字符）。

> Id **提示** 隐含的字符指的是不会打印出来的格式设置字符，如空格和换行符。

4. 为了让每栏都以标题开始，选择文字工具（ T. ），将光标放在标题 Foxglove 的前面，并选择菜单“文字”>“插入分隔符”>“分栏符”，这将导致 Foxglove 进入第 2 栏开头。在标题 Crocus 前面也插入一个分栏符，如图 4.21 所示，红色圆圈内的蓝色箭头就是分栏符。

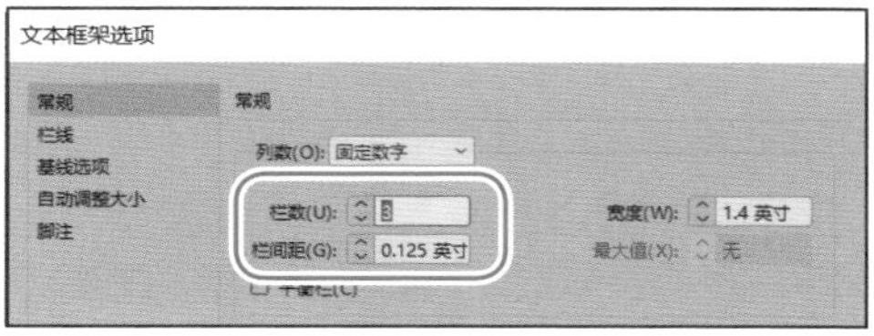

图4.20

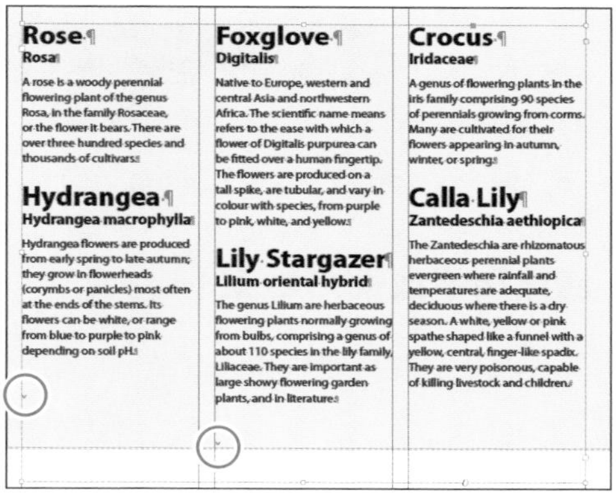

图4.21

5. 选择菜单“文字”>“不显示隐藏字符”。
6. 在“图层”面板中，单击图层 Graphics 的锁定图标将这个图层解锁，接下来将在这个图层中工作。

4.4.4 调整文本框架内边距和垂直对齐方式

下面来处理封面上的红色标题栏，使其适合文本框架的大小。调整文本框架和文本之间的内边距，可提高文本的可读性。

1. 选择菜单“视图”>“使跨页适合窗口”，使用缩放显示工具（ ）放大封面（第 1 页）顶部的区域，也可向右滚动以便能够看到封面。使用选择工具（ ）选择包含白色文本

Urban Oasis Garden Spring 2020 的红色文本框架。

2. 选择菜单“对象”>“文本框架选项”。如果有必要，将对话框拖到一边，以便在设置选项时能够看到选择的文本框架。

3. 在“文本框架选项”对话框中，确保勾选复选框“预览”。在“内边距”部分，确保禁用了“将所有设置设为相同”按钮（ ），以便能够独立地修改左内边距（如果要快速将所有值设为相同，则单击这个按钮）。将“左”值改为 2 英寸，这将使文本框架的左内边距右移 2 英寸，再将“右”值改为 0.625 英寸。

4. 在“文本框架选项”对话框的“垂直对齐”部分，从“对齐”下拉列表中选择“居中”，如图 4.22 所示，单击“确定”按钮。

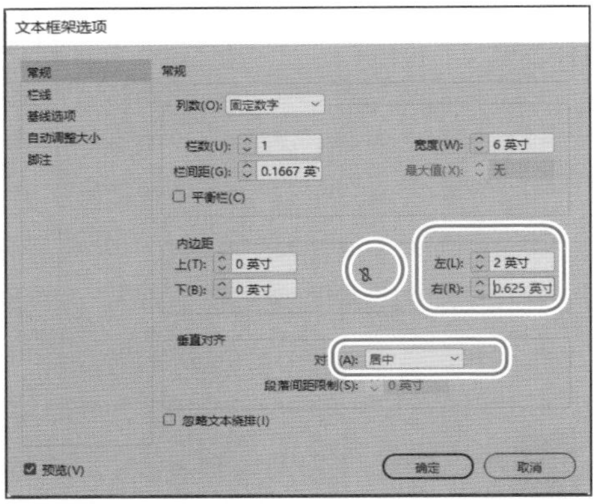

图4.22

5. 选择文字工具（ T ），单击 Spring 2020 的左边，放置一个插入点。为了移动这些文本，使其与前面指定的右内边距对齐，选择菜单“文字”>“插入特殊字符”>“其他”>“右对齐制表符”，结果如图 4.23 所示。

图4.23

6. 选择菜单“编辑”>“全部取消选择”，再选择菜单“文件”>“存储”保存文件。

4.5 创建和修改图形框架

本节重点介绍各种创建和修改图形框架及其内容的方法。

4.5.1 新建图形框架

下面首先在封面（第一个跨页的右对页）中创建一个用于放置徽标的框架。

1. 如果“图层”面板不可见，可在面板停放区单击其图标（ ）或选择菜单“窗口”>“图层”，打开该面板。

2. 在“图层”面板中，单击图层 Text 左边的锁定框，以锁定该图层；单击图层名 Graphics 以选择该图层，以便将新元素加入该图层，如图 4.24 所示。

3. 使用缩放显示工具（ ）放大封面（第 1 页）的左上角——刚修改的红色文本框架中文本 Urban Oasis Garden 的左边部分。

> **提示** 可按住 Z 键暂时切换到缩放显示工具，单击进行放大操作，松开 Z 键后，InDesign 将返回到按 Z 键前选择的工具。

4. 选择工具面板中的矩形框架工具（⊠），将鼠标指针指向页面左上角（与左页边距参考线对齐），单击并向下拖曳到进入红色文本框架一点点的位置，再向右拖曳到第 1 栏的右边缘，以创建一个图形框架，如图 4.25 所示。

图4.24

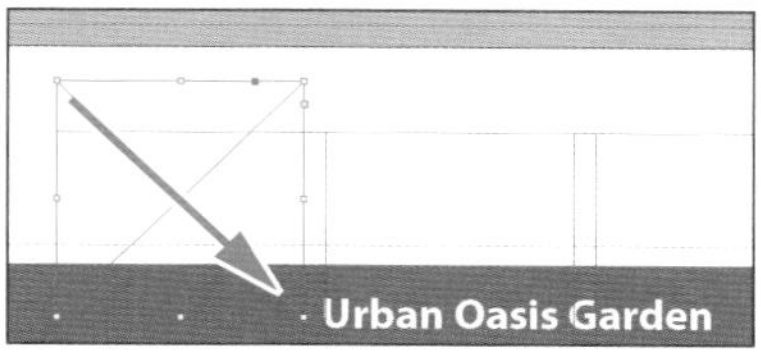

图4.25

5. 切换到选择工具（▶），并确保依然选择了新建的图形框架。

4.5.2 在既有图形框架中置入图形

下面将徽标图形文件置入选择的图形框架中。

1. 选择菜单“文件”>“置入”，切换到文件夹 Lesson04\Links，再双击文件 urban-oasis-logo.ai，该图形将出现在图形框架中，如图 4.26 所示。

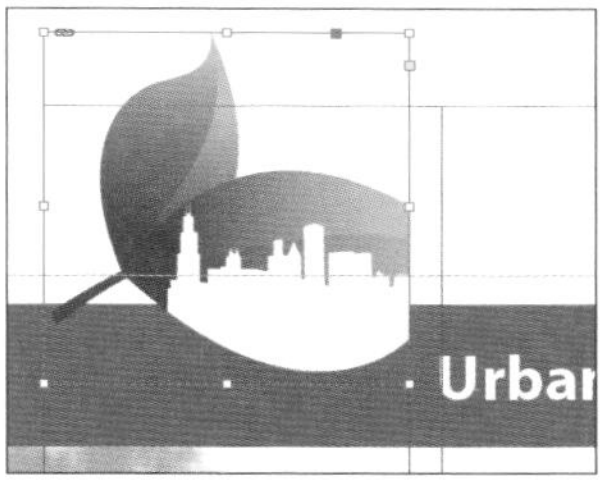

图4.26

> **注意** 如果选择菜单“文件”>“置入”前没有选中图形框架，鼠标指针将变成载入图形图标（）。在这种情况下，可在图形框架内单击来置入图形。

2. 为确保以最高分辨率显示该图形，选择菜单“对象”>“显示性能”>“高品质显示”。

4.5.3 调整图形框架的大小以裁剪或显示图形

创建的图形框架不够宽，无法显示整个徽标，下面加宽该框架以显示隐藏的部分。

1. 使用选择工具（▶）向右拖曳框架右边缘中央的手柄以显示整个徽标。如果拖曳手柄时暂停一会儿，您将能够看到被裁剪掉的图形部分（这种功能被称为动态预览），从而能够轻松地判断框架边缘是否越过了徽标边缘，如图 4.27 所示。

> **提示** 要让整个徽标都显示出来，也可选择菜单“对象”>“适合”>“使框架适合内容”。

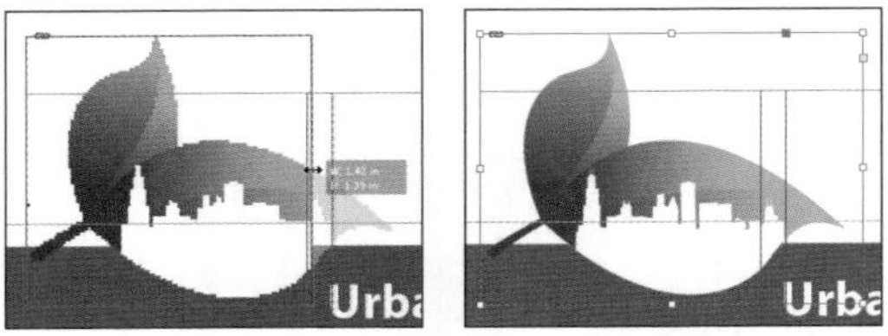

图4.27

2. 选择菜单“编辑”>“全部取消选择”，再选择菜单“文件”>“存储”保存文件。

> **提示** 可将图形框架缩小到比图形更小，以隐藏图形的某些部分。

4.5.4 在没有图形框架的情况下置入图形

该新闻稿的封底也使用了这个徽标。下面再次置入该徽标图形，但不预先创建图形框架。

1. 选择菜单“视图”>“使跨页适合窗口”，再使用缩放显示工具（ ）放大封底（第 4 页）的右下角——在回信地址附近单击。
2. 选择菜单“文件”>“置入”，再双击文件夹 Lesson04\Links 中的文件 urban-oasis-logo.ai，鼠标指针将变成载入图形图标（ ），并包含选定图形的缩览图（此图标随选定图形的格式而异）。
3. 将载入图形图标指向最右边一栏的左边缘，且位于经过旋转的、包含寄信人地址的文本框架下方。拖曳鼠标指针到该栏的右边缘，再松开鼠标。注意，拖曳鼠标指针时显示了一个矩形，该矩形的长宽比与徽标图形相同，而图形将缩放到适合框架的大小，如图 4.28 所示。

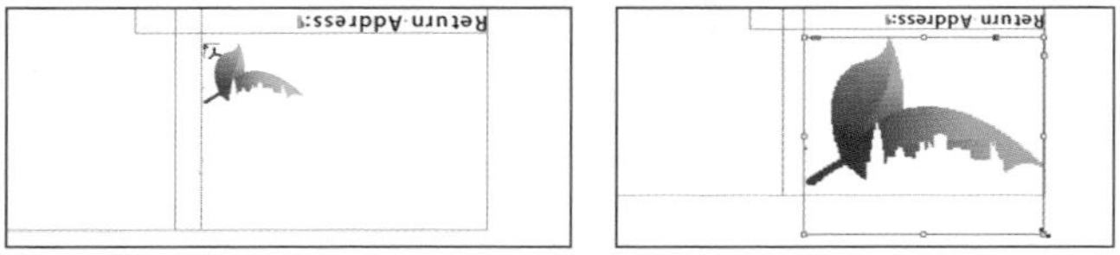

图4.28

> **提示** 如果在页面的空白区域单击，而不是单击并拖曳，图形将以 100% 的比例放置到单击的地方，且图形的左上角位于单击的地方。

此处不需要像前面那样调整图形框架的大小，因为显示了整幅图形。该图形还需要旋转，这些操作将在本课后面进行。

4. 选择菜单“编辑”>“全部取消选择”，再选择菜单“文件”>“存储”保存文件。

4.5.5 在图形框架网格中置入多个图形

该新闻稿的封底还应在一个网格内显示 6 张照片。您可分别置入这些照片，再分别调整每张照片的位置；也可同时置入它们并将其排列在网格内。

1. 选择菜单“视图”>“使跨页适合窗口”。
2. 选择菜单“文件”>“置入”，切换到文件夹 Lesson04\Links，单击图形文件 01Rose.jpg 以选择它，按住 Shift 键并单击图形文件 06CallaLily.jpg 以选择全部 6 张照片，单击“打开”按钮。
3. 将载入图形图标（）指向页面上半部分的水平标尺参考线和第 3 栏左边缘的交点处。
4. 向右下方拖曳鼠标指针，同时按上箭头键一次并按右箭头键两次。按箭头键时，代理图形将变成虚线矩形网格，这指出了图形的网格布局，如图 4.29 所示。

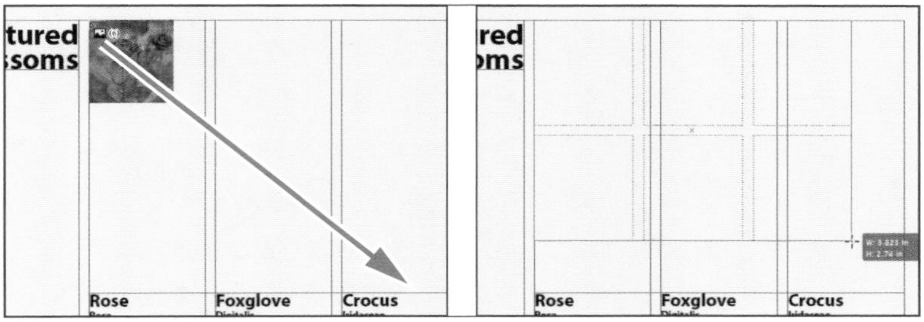

图4.29

提示 使用任何框架创建工具（矩形框架、多边形框架和文字工具等）时，在拖曳的同时按箭头键可创建多个间隔相等的框架。

5. 继续拖曳鼠标指针，直到鼠标指针与右边距参考线对齐再松开鼠标，在包含 6 个图形框架网格中显示了置入的 6 张照片。选择这 6 个框架，按上箭头键 6 次，将它们移到上边距上面一点，如图 4.30 所示。

图4.30

6. 选择菜单“编辑”>“全部取消选择”，再选择菜单“文件”>“存储”保存文件。

4.5.6 在图形框架内移动图形及调整其大小

置入这 6 张照片后，需要调整其大小和位置，让它们填满图形框架并被正确地裁剪。

可分别调整图形框架及其内容。图形框架及其内容都有独立的定界框（对象所占区域的外边缘）。要调整图形大小（但不调整其框架的大小），可选择菜单“对象”>“选择”>“内容”来选择内容；也可使用内容抓取工具单击来选择内容（将鼠标指针指向图形，就会显示内容抓取工具）。选择内容和选择框架时，您看到的定界框是不同的。

1. 放大刚置入的 6 张照片所在的区域。切换到选择工具（▶），将鼠标指针指向玫瑰图形（左上角的图形）中的内容抓取工具。当鼠标指针位于内容抓取工具上时，鼠标指针将变成手形。单击以选择图形框架的内容（图形本身）。注意定界框和手柄是浅蓝色的，虽然给当前图层指定的颜色为红色，如图 4.31 所示；但在选择内容后，InDesign 会自动使用与图层颜色形成反差的颜色。在这里，图层颜色为红色，因此框架也是红色的，但在您选择框架的内容后，显示的定界框和手柄为浅蓝色。这种颜色变化提供了视觉线索，让您知道当前选择的是框架中的内容。

注意 执行本课的任务时，如果有必要，可使用缩放显示工具放大要处理的区域。

2. 为了让照片填满框架，按住 Shift 键并将图形下边缘中央的手柄向下拖曳到越过图形框架的下边缘；将图形上边缘中央的手柄向上拖曳到越过图形框架的上边缘，结果如图 4.32 所示。按住 Shift 键可保持图形比例不变，以免缩放图形时发生扭曲。如果在开始拖曳后暂停一段时间，将看到被裁剪掉的图形区域（位于框架外面）的动态预览。注意，图形的定界框超出了框架的定界框，这表明图形比框架大。

图4.31

图4.32

3. 现在这幅图形填满了框架，但裁剪得很糟糕。为了解决这个问题，将鼠标指针指向这幅图形中的内容抓取工具，按住 Shift 键并向右拖曳，让玫瑰在框架内居中。继续缩放图形，直到对结果满意为止。

提示 若要将移动方向限制为水平、垂直或 45° 角，可在拖曳时按住 Shift 键。

4. 第一行中间的图形太窄，没有填满相应的框架。使用选择工具单击内容抓取工具以选择这幅图形。按住 Shift 键，将左边缘中央的手柄拖曳到图形框架的左边缘，对右边缘中央的手柄做同样的处理——将其拖曳到图形框架的右边缘。确保图形填满了图形框架，注意，图形定界框的上下边缘都在框架定界框外面，如图 4.33 所示。

> **提示** 使用选择工具调整图形大小时，按住 Shift+Alt（Windows）或 Shift+Option（macOS）键，可确保图形的中心位置和长宽比不变。

5. 对第一行余下的图形重复第 2 步，使其填满框架，结果如图 4.34 所示。

图4.33

图4.34

下面使用另一种方法调整其他 3 张照片的大小。

6. 使用选择工具选择第二行左边的图形。可选择图形框架，也可选择图形内容。
7. 选择菜单“对象”>“适合”>“按比例填充框架”。这将放大图形，使其填满框架。现在，图形的一小部分被框架的左、右边缘裁剪掉了。

> **提示** 可单击鼠标右键（Windows）或按住 Control 键并单击（macOS）来打开上下文菜单，再通过该菜单访问“适合”命令；还可单击控制面板或“属性”面板中的适合控件来调整图形大小。

8. 对第二行的其他两幅图形重复第 6 ～ 7 步，结果如图 4.35 所示。

图4.35

9. 选择菜单“编辑”>“全部取消选择”，再选择菜单“文件”>“存储”保存文件。

> **提示** 如果对图形框架启用了自动调整，那么当您调整框架的大小时，其中的图形将自动调整大小。要对选择的图形框架启用自动调整，可选择菜单“对象”>“适合”>“框架适合选项”，勾选复选框“自动调整”；也可在控制面板中勾选复选框“自动调整”。

下面调整一下照片之间的间隙，对网格布局进行微调。

4.5.7　调整图形框架之间的间隙

使用间隙工具（ ）能够选择并调整框架之间的间隙。下面使用该工具调整第一行中两幅图形之间的间隙，再调整第二行中两幅图形之间的间隙。

1. 按住 Z 键暂时切换到缩放显示工具（ ），放大第一行右边的两幅图形，松开 Z 键返回选择工具（ ）。
2. 选择间隙工具（ ）并将鼠标指针指向这两幅图形之间的垂直间隙。间隙将高亮显示，并向下延伸到它们下面的两幅图形的底部。按住 Shift 键，注意只有上面两幅图形之间的间隙高亮显示。
3. 将该间隙向左拖曳一个栏间距的宽度，让右边图形框架的宽度增加一个栏间距，而左边图形框架的宽度减少一个栏间距，如图 4.36 所示。如果拖曳时没有按住 Shift 键，将同时调整下面两幅图形之间的间隙。

图4.36

使用间隙工具能够调整对象之间的间距，从而修改设置。使用刚才介绍的方法，可修改框架的大小，同时保持框架之间的间隙不变。若要调整间隙的尺寸，而不是移动其位置，可在拖曳时按住 Ctrl（Windows）或 Command（macOS）键。

4. 选择菜单“视图”>“使页面适合窗口”。
5. 使用选择工具选择第一行的所有照片。在控制面板中，将参考点设置为左下角，在“Y”文本框中输入“−0.0625 英寸”，如图 4.37 所示，再按 Enter 键。照片向上移了 0.0625 英寸，您通过选择参考点指定了移动方向，而 InDesign 替您执行了减法运算。在 InDesign 控制面板中使用数学运算可精确地移动和缩放对象。

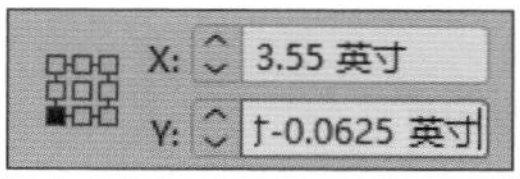

图4.37

提示　在很多指定了位置和大小的文本框中，都可使用加、减、乘、除运算。利用这种功能可极大地提高修改对象的效率。

6. 选择菜单“视图”>“使页面适合窗口”，再选择菜单“文件”>“存储”保存文件。

封底（第 4 页）的图形框架网格就制作好了。

4.6 给图形框架添加元数据题注

可根据存储在原始图形文件中的元数据信息为置入的图形自动生成题注。下面使用题注功能，根据元数据信息自动给这些照片添加题注。

在 InDesign 中，可创建静态题注和活动题注，前者根据图形的元数据生成题注文本，但不链接到元数据；而后者是链接到图形元数据的变量，在元数据发生变化时会自动更新。

> **提示** 如果您安装了 Adobe Bridge，可通过“元数据”面板轻松地查看和编辑图像的元数据。

1. 选择选择工具（ ），通过拖曳来选择这 6 个图形框架（拖曳出的方框只需覆盖各个图形框架的一部分，而无须完全覆盖它们）。按 Ctrl + =（Windows）或 Command + =（macOS）组合键两次，以便更容易看清这 6 幅图形。

> **提示** 在选择了对象的情况下，当使用键盘快捷键放大视图时，InDesign 将让选择的对象在屏幕上居中。

2. 单击面板停放区域中的“链接”面板图标（ ）以显示这个面板，从面板菜单中选择“题注”>“题注设置”。

> **提示** 也可选择菜单“对象”>“题注”>“题注设置”来打开“题注设置”对话框。

3. 在“题注设置”对话框中，做如下设置，如图 4.38 所示。

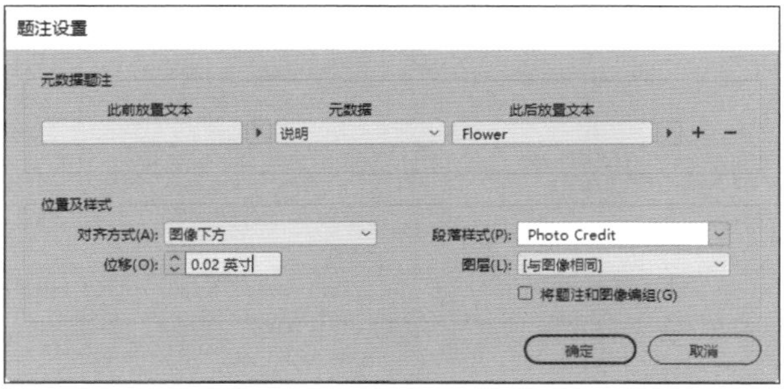

图4.38

- 在“此前放置文本”文本框中，删除默认的文本。
- 从“元数据”下拉列表中选择“说明”。
- 在“此后放置文本”文本框中输入“Flower”（确保在它前面输入了一个空格）。
- 从“对齐方式”下拉列表中选择“图像下方”。
- 从“段落样式”下拉列表中选择“Photo Credit”。

- 在“位移”文本框中输入“0.02 英寸”。

4. 单击“确定”按钮保存这些设置并关闭“题注设置”对话框。
5. 在依然选择了这些照片的情况下，从“链接”面板的面板菜单中选择“题注”>“生成静态题注”，结果如图 4.39 所示。

图4.39

每个图形文件中都包含名为“说明”的元数据元素，其中存储了花朵的名称。生成这些照片的题注时，InDesign 从图形文件中获取了这项元数据信息。

6. 选择菜单“编辑”>“全部取消选择”，再选择菜单“文件”>“存储”保存文件。

4.7 文本绕排

在 InDesign 中，可以让文本沿对象的定界框或对象本身绕排，还可让文本沿图形的轮廓绕排。在这个练习中，您将让文本沿图形绕排，明白沿定界框绕排和沿图形绕排之间的差别。

1. 打开“链接”面板，单击标题栏中的字样“名称”，在这个面板中根据名称对链接排序。单击图形名 BleedingHeart-new.psd，再单击字样 1 导航到这个图形。按 Esc 键选择这个图形的框架而不是图形本身。
2. 选择菜单“编辑”>“复制”。单击文档窗口左下角的“下一页”按钮（ ▸ ）两次，切换到第 3 页。按 Ctrl + =（Windows）或 Command + =（macOS）组合键两次，放大第 3 页的上半部分。
3. 按 Ctrl + V（Windows）或 Command + V（macOS）组合键将荷包牡丹照片粘贴到该页面中。调整照片的位置，使其位于文本框架左边，并覆盖第一段文本最后两行的开头部分。

注意，图形盖住了文本，如图 4.40 所示。下面使用文本绕排解决这个问题。

4. 使用缩放显示工具（ ）放大刚复制的框架。应用文本绕排前，先来放大花朵图形。按住 Shift + Ctrl（Windows）或 Shift + Command（macOS）组合键，并向右下方拖曳框架右下角的手柄。注意观看控制面板中的值，值大约为 175% 时松开鼠标，如图 4.41 所示。按住这些快捷键进行操作，可同时缩放图形及其框架，并确保高宽比不变。

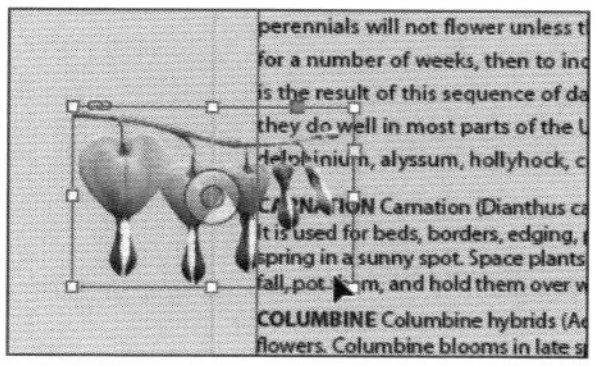

图4.40

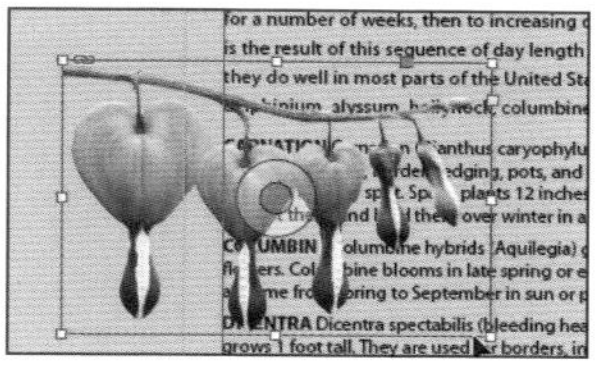

图4.41

Id	注意　如果不按住 Shift 键，拖曳图形时将发生扭曲，即沿水平或垂直方向拉伸。

5. 选择菜单“窗口”>“文本绕排”。在“文本绕排”面板中单击“沿定界框绕排”按钮（ ），让文本沿定界框绕排，如图 4.42 所示。如果有必要，从“文本绕排”面板菜单中选择“显示选项”，以显示“文本绕排”面板中的所有选项。

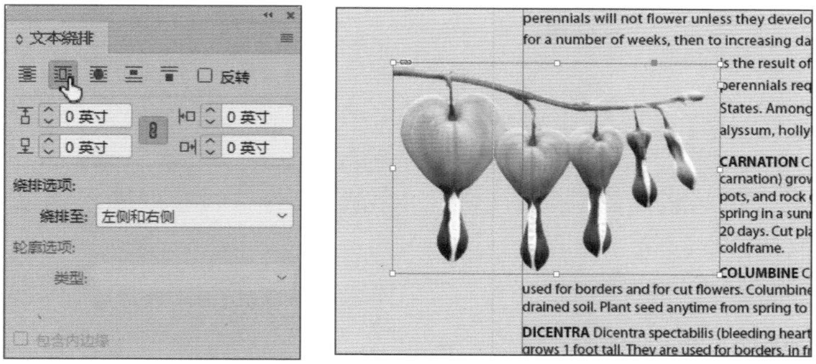

图4.42

这种设置留白过多，下面尝试另一种文本绕排方式。

6. 在“文本绕排”面板中单击“沿对象形状绕排”按钮，让文本沿对象形状绕排。在“绕排选项”部分，从“绕排至”下拉列表中选择“右侧”；在“轮廓选项”部分，从“类型”下拉列表中选择“检测边缘”；在“上位移”文本框中输入“0.125 英寸”并按 Enter 键（也可单击上箭头两次），以增大图形边缘和文本之间的间隙，如图 4.43 所示。

Id	注意　在“文本绕排”面板中，仅当按下了按钮“沿定界框绕排”或“沿对象形状绕排”时，“绕排至”下拉列表才可用。

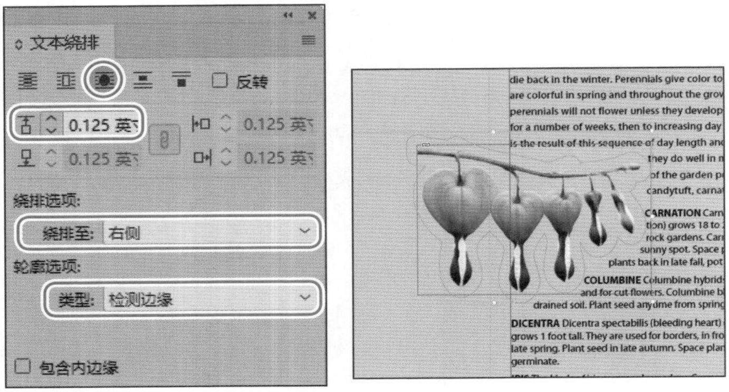

图4.43

7. 按 Esc 键选择框架，并使用方向键微调图形的位置以调整绕排效果。
8. 单击空白区域或选择菜单“编辑”>“全部取消选择”，以取消选择所有对象。关闭“文本绕排”面板，选择菜单“文件”>“存储”保存文件。

4.8 修改框架的形状

InDesign 提供了很多修改框架形状的功能。下面就来学习这些功能，您将首先从一个形状中减去另一个形状，再创建复合框架、将框架从一种形状转换为另一种形状、复制形状并让它们均匀分布，以及给框架添加圆角。

4.8.1 通过减去或添加形状来修改形状

可通过添加或减去形状来修改框架的形状。即使框架包含文本或图形，也可修改其形状。下面从第 3 页的浅紫色背景中剔除一个形状，让该页面底部的文章的背景为白色。

1. 选择菜单“视图”>“使页面适合窗口”，让第 3 页适合文档窗口并位于文档窗口中央。打开“图层”面板，解除对图层 Background 的锁定。单击图层 Background，让接下来创建的对象位于该图层中。
2. 使用矩形工具（▭）绘制一个环绕右下角文本的框架，其左上角位于边距参考线与圆形图形交点的上方大约 1/4 英寸处，右下角为页面右下角外面的红色出血参考线的交点。
3. 选择工具面板中的选择工具（▸），按住 Shift 键并单击覆盖第 3 页的浅紫色形状，以同时选择背景框和新建的矩形框架。
4. 选择菜单“窗口”>“对象和版面”>“路径查找器”打开相应的面板。在“路径查找器”部分，单击第 2 个按钮“减去”，从浅紫色形状中减去新建的矩形。浅紫色框架的形状将发生变化，不再包含新建矩形覆盖的区域，如图 4.44 所示。
5. 打开“图层”面板，锁定图层 Background，以免不小心移动这个框架。
6. 关闭“路径查找器”面板，选择菜单“文件”>“存储”保存文件。

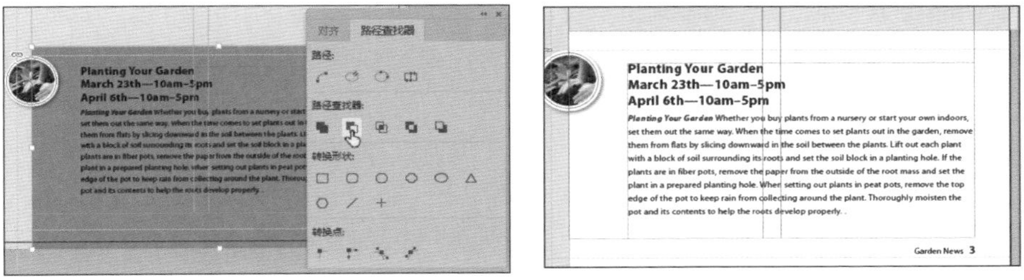

图4.44

4.8.2 使用复合形状

复合形状就是将多条路径合并为一个对象，通常用于从一个形状中挖掉另一个形状，以便能够通过挖空区域看到后面的其他对象。

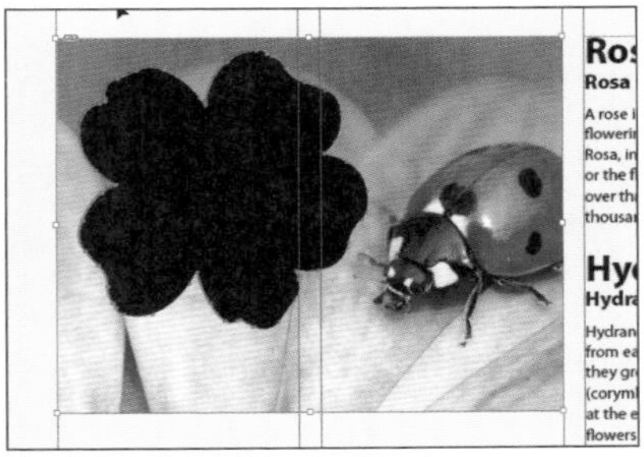

图4.45

1. 切换到第 4 页（封底），并放大花朵描述文本左边的区域。
2. 使用选择工具（▶）单击瓢虫照片上面的黑色形状，再按住 Shift 键单击瓢虫照片，以同时选择它们，如图 4.45 所示。
3. 选择菜单“对象”>“路径”>“建立复合路径”，将从瓢虫照片中挖掉花朵形状，将后面的文本框架显示出来。
4. 将复合形状拖曳到文本框架右边，注意瓢虫照片和挖空形状现在是一个对象，如图 4.46 所示。选择菜单“编辑”>“还原‘移动项目’”。

图4.46

5. 为了编辑复合形状，在工具面板中选择直接选择工具（▷），也可按 A 键。选择菜单“编辑”>“全部取消选择”。放大挖空形状，并将鼠标指针指向该形状的路径。按住 Alt（Windows）或 Option（macOS）键单击挖空形状路径上的一个锚点，可以看到所有的锚点都是实心的，这表明选择了整个路径。

> Id **提示** 按住 Alt（Windows）或 Option（macOS）键，并使用直接选择工具单击锚点或路径段，可选择复合形状或对象组中的嵌套形状。

6. 拖曳该路径或使用箭头键微调其位置，这将移动定义挖空区域的路径，而不是整个框架。如果您愿意，还可调整挖空区域的形状，方法是选择各个锚点并移动它们，或者选择各个锚点的方向线并调整其角度。
7. 对修改的结果满意后，选择菜单“文件”>“存储”保存文件。

4.8.3 转换形状

即使框架包含文本或图形，也可修改其形状。下面创建一个正方形，再将其转换为圆形。

1. 切换到第 3 页，并选择菜单“视图”>“使页面适合窗口”。
2. 单击面板停放区中的“图层”面板图标（ ）或选择菜单“窗口”>“图层”，打开“图层”面板。
3. 单击图层 Graphics 以选择它，再选择矩形工具（ ）。
4. 在第 3 页两篇文章之间的紫色区域的参考线上单击，按住 Shift 键并向右下方拖曳，直到高度和宽度都为 0.5 英寸后松开鼠标。按住 Shift 键可确保绘制的是正方形。
5. 在面板停放区域单击“色板”面板图标（ ）打开这个面板，单击“填色”框（ □ ）并选择“[纸色]”（白色），结果如图 4.47 所示。
6. 选择刚创建的正方形，选择菜单“对象”>“转换形状”>“椭圆”，将正方形转换为圆形，如图 4.48 所示。可以查看控制面板中的宽度和高度值，它们依然是 0.5 英寸。

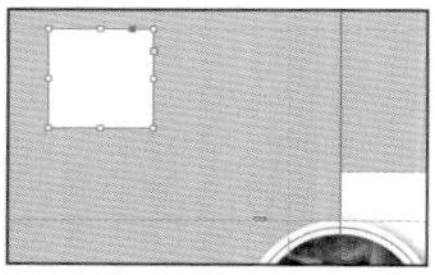
图4.47

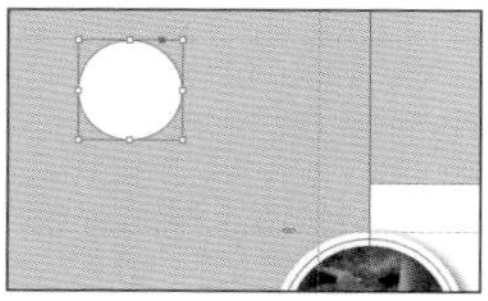
图4.48

> **提示** 在“路径查找器”面板和“属性”面板中，也有“转换形状”选项。

4.8.4 多重复制和均匀分布形状

设计时，经常需要在页面上均匀地排列大量对象。InDesign 提供了相关的工具，让您能够快速而轻松地完成这种任务（即便您在创建后增减了形状数量）。

1. 选择刚才转换的圆形，选择菜单“编辑”>“多重复制”，打开“多重复制”面板。
2. 在“位移”部分，将“垂直”位移设置为 0 英寸，将“水平”位移设置为 0.625 英寸，再在“计数”文本框中输入“12”。单击“确定”按钮，结果如图 4.49 所示。
3. 复制的形状之间的间距是相同的，请删除其中的任何两个图形。
4. 使用选择工具（ ）拖曳出一个与所有圆形都相交的方框，以选择所有圆形（确保锁定了图层 Background，这样就只会选择这些圆形），如图 4.50 所示。

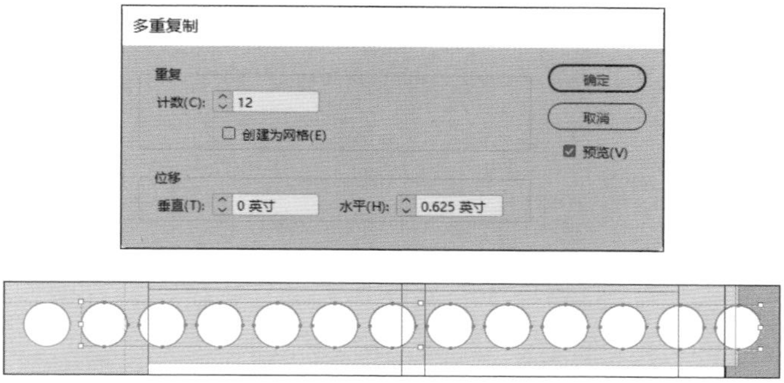

图4.49

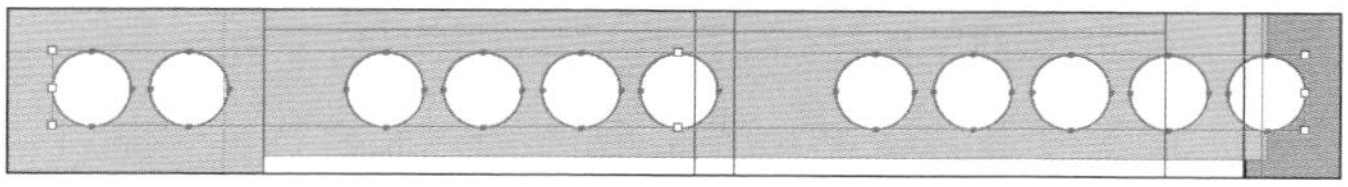

图4.50

5. 在控制面板的“对齐”部分或“对齐”面板（选择菜单“窗口”>“对象和版面”>“对齐”）中，选择“水平居中分布”（ ），结果如图 4.51 所示。

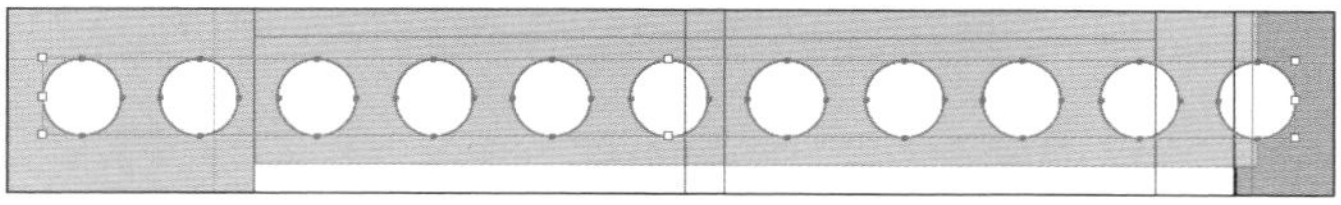

图4.51

> **提示** 在“属性”面板中，也有“分布对象”选项；要显示这些选项，可单击“对齐”部分的“更多选项”按钮（ ··· ）。

这些圆形又是均匀分布（它们之间的间距相等）的了。

6. 选择所有圆形，选择菜单“窗口”>“属性”，打开“属性”面板。在“快速操作”部分，单击“转换形状”按钮，并从打开的下拉列表中选择一个选项，如“三角形”，所有的圆形都将转换为指定的形状。选择菜单“编辑”>“全部取消选择”，再选择菜单“文件”>“存储”保存文件。

4.8.5 给框架添加圆角

下面来修改一个框架——给它添加圆角。

1. 从文档窗口底部的“页面”下拉列表中选择 1，以切换到第 1 页。选择菜单“视图”>“使页面适合窗口”。
2. 选择选择工具（ ），按住 Z 键暂时切换到缩放显示工具（ ）。单击第 1 页的深蓝色文本框架 5 次以放大它，松开 Z 键返回到选择工具。
3. 打开“图层”面板，解除对图层 Text 的锁定。选择深蓝色文本框架，单击框架右上角的大小调整手柄下方的黄色小方框。框架 4 个角的大小调整手柄将被 4 个菱形取代，如图 4.52 所示。

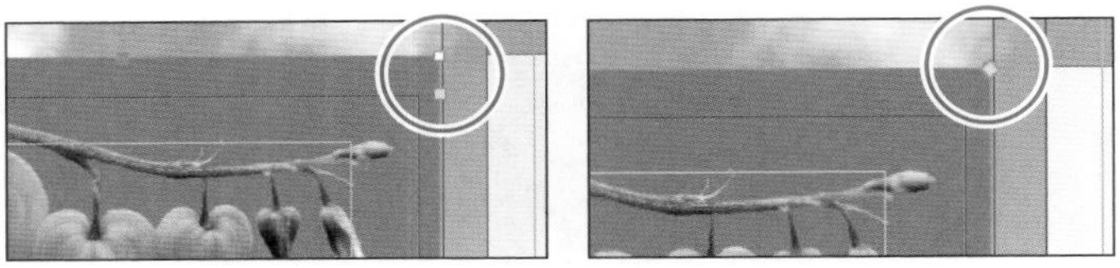

图4.52

> **提示** 选择框架后，如果看不到黄色小方框，请选择菜单“视图”>“其他”>“显示活动转角”。另外，确保屏幕模式为“正常”(选择菜单“视图”>“屏幕模式”>“正常”)。

4. 向左拖曳框架右上角的菱形，在显示的“R”（半径）值大约为 0.2 英寸时松开鼠标。拖曳时其他 3 个角也会随之改变，结果如图 4.53 所示。如果在拖曳的同时按住 Shift 键，则只有被拖曳的角会变。

图4.53

> **提示** 创建圆角后，可按住 Alt（Windows）或 Option（macOS）键并单击任何菱形，在多种不同的圆角效果之间切换。

5. 选择菜单“编辑”>“全部取消选择”退出活动转角编辑模式，选择菜单“文件”>“存储”保存文件。

4.9 变换和对齐对象

在 InDesign 中，可使用各种工具和命令来修改对象的大小和形状，以及修改对象在页面中的朝向。所有变换操作（旋转、缩放、斜切和翻转）都可通过“变换”面板、控制面板和“属性”面板来完成，在这些面板中，可精确地设置变换效果。另外，还可沿选定区域、页边距、页面或跨页来水平、垂直对齐和分布对象。

下面讲解如何使用这些功能。

4.9.1 旋转对象

在 InDesign 中旋转对象的方式有多种，这里将使用控制面板和“属性”面板来旋转前面置入的徽标。

1. 使用文档窗口底部的“页面”下拉列表或“页面”面板显示第 4 页（文档首页，即新闻稿的封底），向下滚动页面，以便能够看到回信地址和徽标。

2. 使用选择工具（▶）选择本课前面置入的徽标（确保选择的是图形框架，而不是其中的图形）。
3. 将鼠标指针指向框架 4 个角之一的外面，鼠标指针将变成弯曲的双箭头（ ↷ ），拖曳此双箭头可以旋转框架。
4. 稍微向上拖曳并观察预览显示的旋转角度，松开鼠标，如图 4.54 所示。

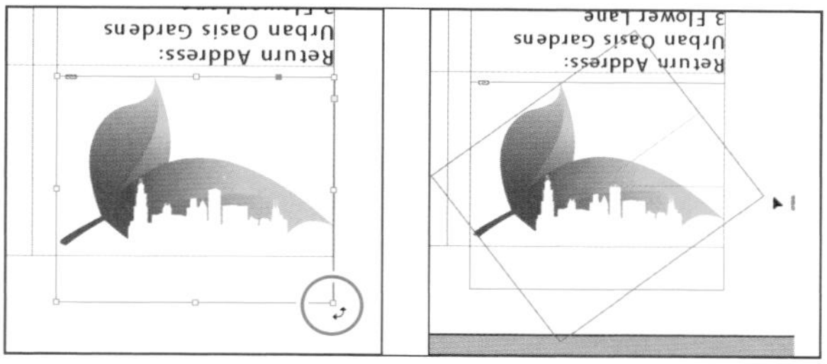

图4.54

5. 按 Ctrl + Z（Windows）或 Command + Z（macOS）组合键撤销旋转操作，因为这里要旋转特定的角度。
6. 在“属性”面板中，确保选择了参考点指示器的中心（ ），这样对象将绕其中心旋转。单击“变换”部分的“更多选项”按钮（ ··· ），再从“旋转角度”下拉列表中选择 180°。
7. 单击内容抓取工具（ ），按上箭头键多次，让徽标离回信地址更近。注意，选择框架和选择内容时，定界框的颜色是不同的，分别为红色和蓝色，如图 4.55 所示。

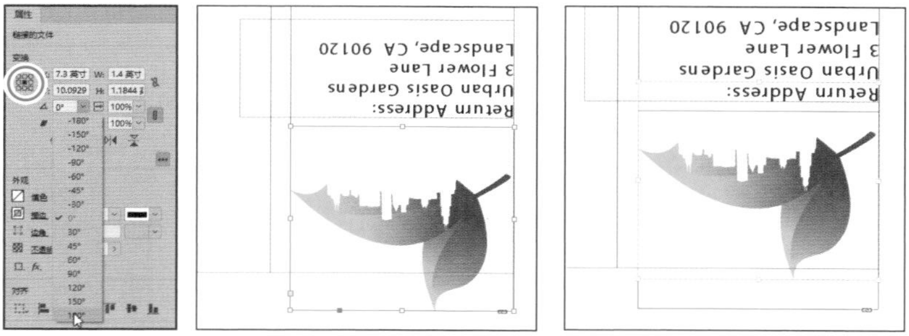

图4.55

4.9.2 在框架内旋转图像

可只旋转图形框架的内容，而不旋转框架本身。

1. 向上滚动到第 4 页的上半部分。使用选择工具（▶）单击马蹄莲图像（第二行右边）的内容抓取工具以选择该图像。将鼠标指针指向圆环形状内时，鼠标指针将从箭头变成手形。

> **提示** 要旋转选定的对象，也可以选择菜单“对象”>“变换”>“旋转”，再在“旋转”对话框的“角度”文本框中输入值。

2. 将鼠标指针指向图像左上角的大小调整手柄外面一点的位置，将显示旋转图标（ ↰ ）。
3. 单击并沿顺时针方向拖曳图像，如图 4.56 所示，直到花尖大致指向框架的右下角（约为 −30°，拖曳时会显示旋转角度）时松开鼠标。

图4.56

> 提示　在控制面板和“属性”面板中，也会显示旋转角度。

4. 在控制面板中，确保选择了参考点指示器的中心（ ）。
5. 旋转后该图像不再填满整个框架。要解决这个问题，首先确保按下了控制面板中“X 缩放百分比”和“Y 缩放百分比”右边的“约束缩放比例”按钮（ ），再在“X 缩放百分比”文本框中输入“100%”并按 Enter 键，如图 4.57 所示。
6. 使用直接选择工具（ ）选择花朵图像（也可将鼠标指针指向花朵，等鼠标指针变成手形后单击以选择它），拖曳花朵使其在框架内居中，如图 4.58 所示。选择菜单“编辑”>“全部取消选择”，再选择菜单“文件”>“存储”保存文件。

图4.57

图4.58

4.9.3　对齐多个对象

使用“对齐”面板很容易准确地对齐对象。下面使用“对齐”面板让页面中的多个对象水平居中，然后对齐多幅图像。

1. 选择菜单“视图”>“使页面适合窗口”，从文档窗口的“页面”下拉列表中选择 2。
2. 按住 Shift 键并使用选择工具（ ）单击，以选择页面顶端包含文本 Partial Class Calendar

的文本框架及其上方的徽标。与前面置入的两个徽标不同，这个徽标包含一组 InDesign 对象，本课后面将处理这个对象组。

3. 选择菜单“窗口”>“对象和版面”>“对齐”，打开“对齐”面板。
4. 在“对齐”面板中，从“对齐”下拉列表中选择“对齐页面”，再单击“水平居中对齐”按钮（ ），这些对象将移到页面中央，如图 4.59 所示。

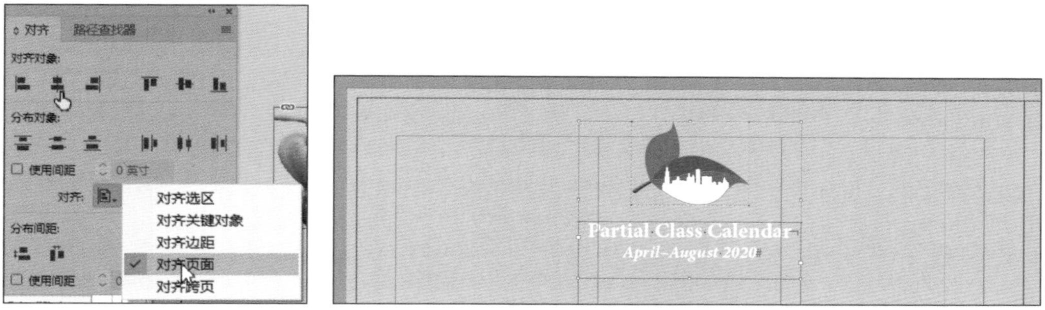

图4.59

> **提示** 您也可使用“属性”面板中的“对齐”控件来完成这个练习。

5. 单击空白区域或选择菜单“编辑”>“全部取消选择”。

下面利用关键对象的概念来对齐一系列对象：关键对象的位置保持不变，其他选择的对象将相对于关键对象进行移动。

6. 拖曳文档窗口底部的滚动条，以显示第 2 页左边的粘贴板，您将看到 9 个图标。
7. 使用选择工具进行拖曳，以选择粘贴板上的 9 个图形框架，再按住 Shift 键并单击页面上包含西红柿图像的图形框架，以选择它。
8. 再次单击页面上的西红柿图像，可以看到它有很粗的红色边框，这表明它是关键对象，如图 4.60 所示。

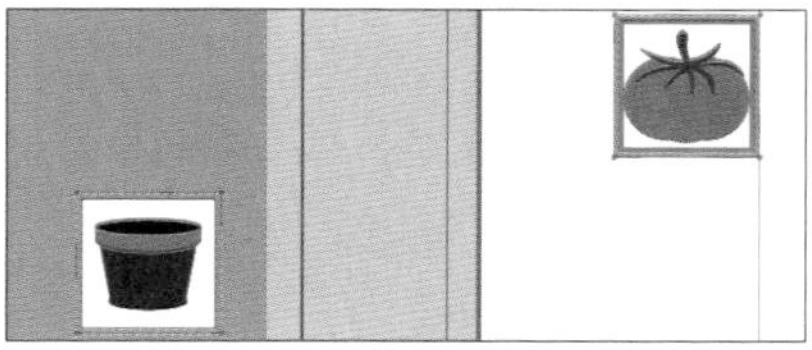

图4.60

> **提示** InDesign 自动将最先选择的对象视为关键对象。选择要对齐的所有对象后，如果要指定关键对象，可单击要作为关键对象的对象，该对象周围将出现更粗的边框。

9. 在控制面板中单击“右对齐”按钮（ ），原本分散在粘贴板上的对象都与西红柿图像对齐了，如图 4.61 所示。

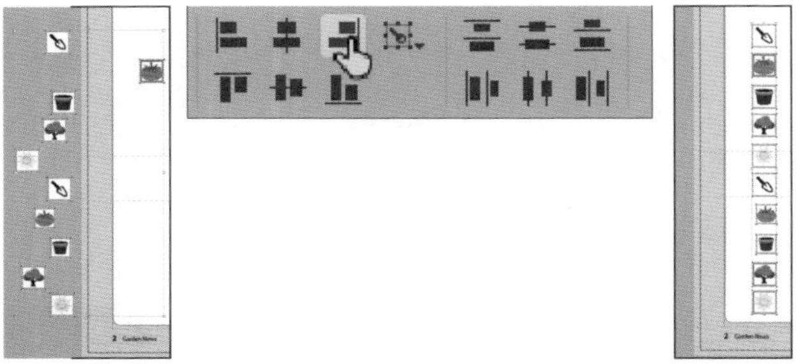

图4.61

10. 选择菜单“编辑”>“全部取消选择”，再选择菜单“文件”>“存储”保存文件。

4.9.4 缩放多个对象

在 InDesign 中，可同时缩放多个选择的对象。

下面选择两个图标并同时调整它们的大小。

1. 使用缩放显示工具（ ）放大页面左边比其他图标小的那两个图标。
2. 使用选择工具（ ）单击第一个图标以选择它，再按住 Shift 键并单击第二个图标以同时选择这两个图标。
3. 按住 Shift + Ctrl（Windows）或 Shift + Command（macOS）组合键，并向左拖曳左上角的手柄，让这两个图标的宽度与它们上方的铲子图标或下方的树木图标的宽度相同，如图 4.62 所示。当选择的框架与其上方框架的左边缘对齐时，将出现一条智能参考线。

图4.62

> **注意** 如果只按住 Shift 键，将在保持高宽比不变的情况下缩放框架，但不会缩放其中的图形，这将导致您可能需要缩放多次才能得到正确的尺寸。

4. 向下拖曳这两个图标，以调整它们的垂直位置，同时注意观察智能参考线，它们指出了相邻对象之间的距离。您需要分别拖曳这两个图标，让相邻图标之间的间距相同。选择菜单“编辑”>“全部取消选择”，再选择菜单“文件”>“存储”保存文件。

4.9.5 同时变换多个对象

在 InDesign 中，可将变换同时应用于多个选择的对象，即便该变换包含多个步骤。这可以避免您重复地执行烦琐的操作。

1. 选择菜单“视图” > “使页面适合窗口”。
2. 使用选择工具（ ）选择铲子图标，再按住 Alt（Windows）或 Option（macOS）键并将这个图标向上拖曳到表格和日历标题之间的区域中，以复制这个对象。
3. 使用同样的方法复制西红柿图标、罐子图标、树木图标和太阳图标，并将它们放在前面所说的区域中。注意，对象彼此对齐时，将出现智能参考线。
4. 将太阳图标向右拖曳到与页面右边的参考线对齐。拖曳出一个方框选择这 5 个图标，在“对齐”面板、控制面板或“属性”面板中选择“对齐选区”，再单击“水平居中分布”按钮（ ），这些图标将在表格上方均匀地分布，如图 4.63 所示。

图4.63

5. 选择菜单“编辑” > “全部取消选择”，然后选择复制的铲子图标。在控制面板或“属性”面板中，将参考点设置为中心位置，将缩放比例设置为 125%，并将“旋转角度”设置为 30°。
6. 拖曳出一个与其他 4 个图标相交的方框，以选择这些图标（由于图层 Background 被锁定，这样做不会选择背景框），如图 4.64 所示。选择菜单“对象”>“再次变换”>“逐个再次变换序列”，InDesign 将把之前应用于铲子图标的缩放比例和旋转角度应用于这 4 个图标（您无须分别将这些变换应用于每个对象）。

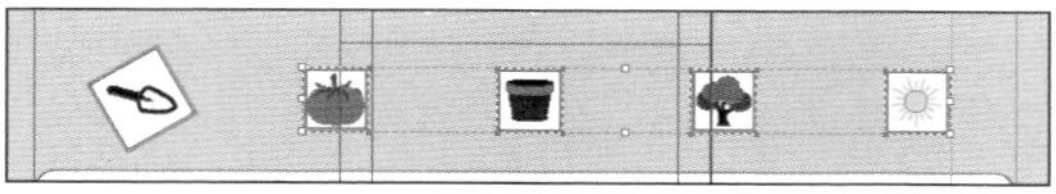

图4.64

7. 选择复制的 5 个图标，使用箭头键向上或向下移动，让它们大致位于表格和日历标题之间的区域中央，如图 4.65 所示。

图4.65

8. 选择菜单“编辑” > “全部取消选择”，再选择菜单“文件” > “存储”保存文件。

4.10 选择并修改编组的对象

前面让第 2 页顶部的徽标在页面中水平居中了，下面修改组成该徽标的一些形状的填充色。

由于这些形状被编组，因此可将它们作为一个整体进行修改，但也可选择编组中的各个对象分别进行修改。下面修改其中一些形状的填充色，但不取消编组或修改该对象组中的其他对象。

使用直接选择工具、“选择内容”按钮、“对象”菜单中的命令（选择菜单“对象”>“选择”），可选择对象组中的对象。

1. 使用选择工具（▶）单击第 2 页顶部的徽标。按 Ctrl + =（Windows）或 Command + =（macOS）组合键 5 次，放大该徽标所在的区域。
2. 在控制面板中，单击“选择内容”按钮（ ），以便在不取消编组的情况下选择其中的一个对象，如图 4.66 所示。

图4.66

> **提示**　要选择对象组中的对象，也可以使用选择工具双击对象；或者先选择对象组，再选择菜单“对象”>“选择”>“内容”；或者在对象组上单击鼠标右键（Windows）或按住 Control 键并单击（macOS），再从上下文菜单中选择“选择”>“内容”。

3. 单击控制面板中的“选择下一对象”按钮，以选择徽标中第一片垂直的树叶。可以看到还有一个“选择上一对象”按钮，它按相反的顺序选择对象。在“色板”面板、控制面板或“属性”面板中，将这个对象的填充色改为 Green-Brightest，如图 4.67 所示。

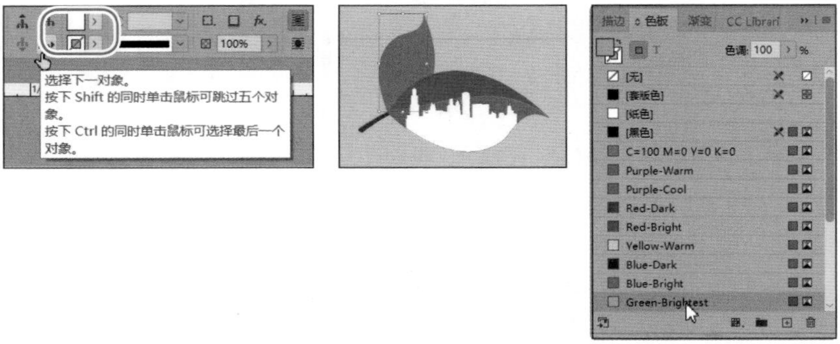

图4.67

4. 再次单击“选择下一对象”按钮，并将选择对象的颜色改为 Green-Medium。单击“选择下一对象”按钮两次以选择第 3 片树叶，并将其填充色改为 Green-Brightest，效果如图 4.68 所示。
5. 选择菜单“编辑”>“全部取消选择”，再选择菜单“文件”>“存储”保存文件。

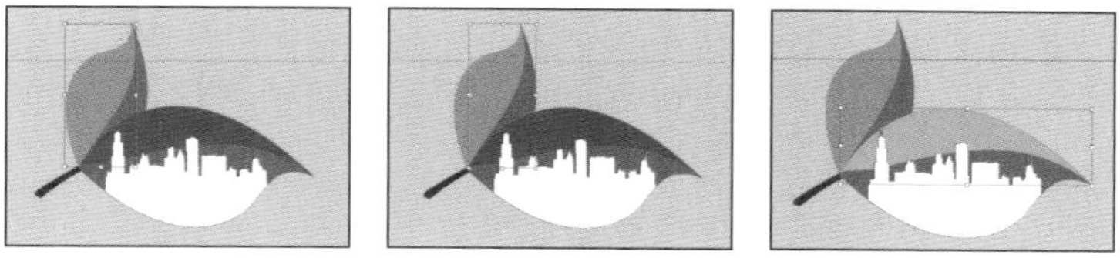

图4.68

4.11 沿路径排列文本

下面使用路径文字工具来修改第 2 页标题的设计。

1. 使用选择工具（ ）拖曳出方框来选择徽标和包含标题的文本框架，再将它们拖曳到右上方以腾出空间。如果有必要，可放大视图。
2. 向左边滚动，以便能够看到粘贴板上的两条黑色曲线。选择这两条曲线并将它们拖曳到页面上，如图 4.69 所示。
3. 使用文字工具（ ）选择文本 Partial Class Calendar，再按 Ctrl + C（Windows）或 Command + C（macOS）组合键复制这些文本。
4. 在工具面板中，选择与文字工具位于一组的路径文字工具（ ）。将鼠标指针指向上面那条曲线，等出现加号后单击，再按 Ctrl + V（Windows）或 Command + V（macOS）组合键将前面复制的文本粘贴到这条路径上，如图 4.70 所示。

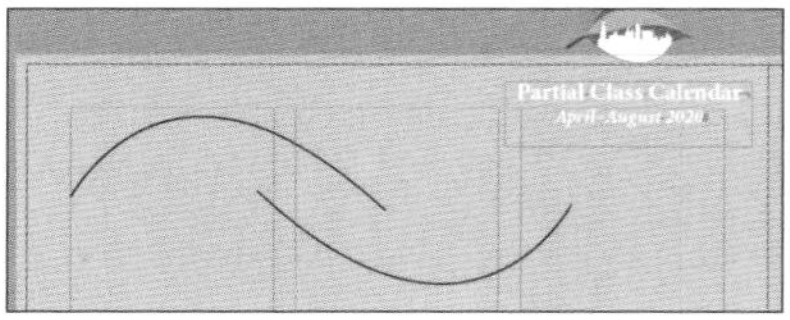

图4.69

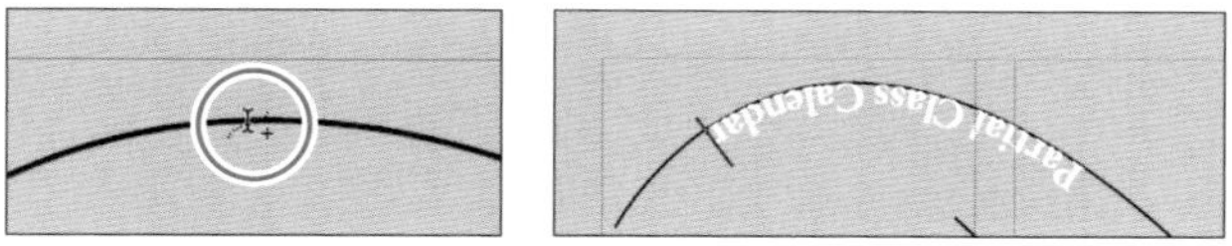

图4.70

5. 按 Esc 键切换到选择工具，选择菜单“文字” > “路径文字 > “选项”。在“路径文字选项”对话框中，勾选复选框“翻转”，将文本移到路径上面并以从左往右的方式排列。勾选复选框“预览”，并尝试该对话框中的各种选项，再指定图 4.71 所示的设置，单击“确定”按钮。
6. 选择路径文字工具，在文本中单击，再快速单击 3 次选择整行文本。在控制面板、“字符”面板或“属性”面板中，将“字体”改为 Myriad Pro Bold，并将“字体大小”设置为 24 点，结果如图 4.72 所示。按 Esc 键切换到选择工具。

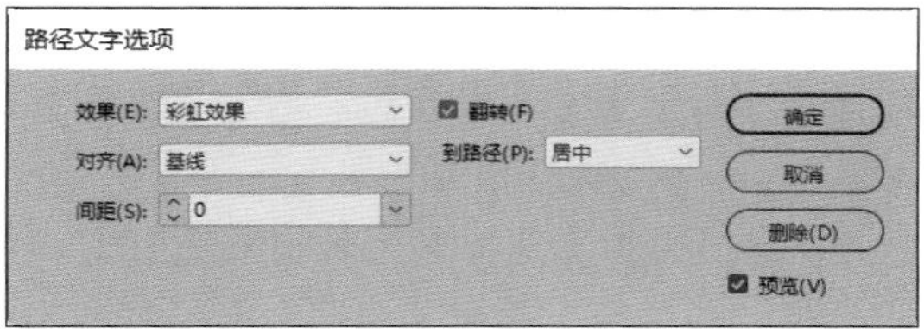

图4.71

图4.72

7. 选择第 2 条曲线，将其向右拖曳，使其看起来像是与第 1 条曲线相连的。
8. 使用文字工具（T.）选择文本 April-August 2020，按 Ctrl + C（Windows）或 Command + C（macOS）组合键复制这些文本。
9. 选择路径文字工具，将鼠标指针指向第 2 条曲线，等出现加号后单击，按 Ctrl + V（Windows）或 Command + V（macOS）组合键将刚才复制的文本粘贴到这条路径上。
10. 按 Ctrl + A（Windows）或 Command + A（macOS）组合键选择这些文本，并在控制面板、“字符”面板或“属性”面板中，将“字体大小”设置为 20 点。按 Esc 键切换到选择工具。
11. 拖曳出方框选择现在上面有文字的两条路径。打开“色板”面板，单击“描边”框（），将描边颜色设置为无。

> Id **提示** 也可在控制面板或“属性”面板中将描边颜色设置为无。

12. 调整这两条路径的位置，使其位于图 4.73 所示的地方。
13. 现在来做些清理工作。将徽标往左移，放在新标题的下方，使用选择工具选择原来的标题所在的文本框架，再按 Delete 键或选择菜单“编辑”>“清理”将其删除，如图 4.74 所示。选择菜单“编辑”>“全部取消选择”，再选择菜单“文件”>“存储”保存文件。

图4.73

图4.74

4.12 绘制直线及修改箭头

在 InDesign 中，可在线条两端添加各种样式的箭头或形状，并能以独立于线条粗细的方式缩放这些形状。下面使用这项功能来完成新闻稿的设计。

1. 导航到第 4 页，并放大标题 Featured Blossoms。选择直线工具（）。
2. 打开“色板”面板，将“填色”设置为无，将描边颜色设置为 Purple-Warm，并将色调设置为 60%。
3. 将鼠标指针指向左边距参考线（包含文本 Featured Blossoms 的文本框架下面一点），按住

Shift 键并沿水平方向拖曳到第 2 栏右边的分栏参考线，如图 4.75 所示。按住 Shift 键可以确保绘制的直线是绝对水平的。

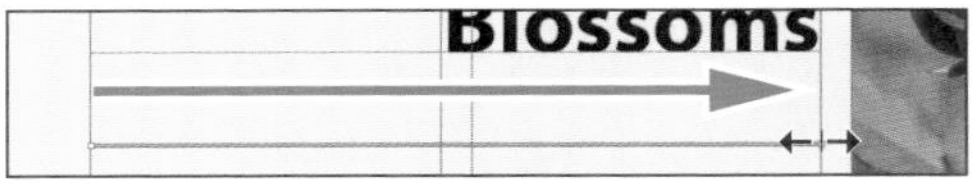

图4.75

4. 单击面板停放区域的“描边”面板图标（≡）或选择菜单“窗口”>“描边”打开“描边”面板。从“粗细”下拉列表中选择 4 点，从“起点箭头”下拉列表中选择“实心圆”，并从“终点箭头”下拉列表中选择“曲线”。
5. 确保没有按下“链接箭头起始处和结束处缩放”按钮（ ），以便能够分别缩放起点箭头和终点箭头。在“箭头起始处的缩放因子”文本框中输入“75”，并按 Enter 键；再在“箭头结束处的缩放因子”文本框中输入“200”，并按 Enter 键。

> **提示** 不仅可给使用直线工具绘制的直线添加箭头，还可给使用钢笔工具绘制的曲线添加箭头。

6. 请注意观察使用默认缩放比例和自定义缩放比例时，线条两端的形状尺寸有何不同，如图 4.76 所示。选择菜单“文件”>“存储”保存文件。

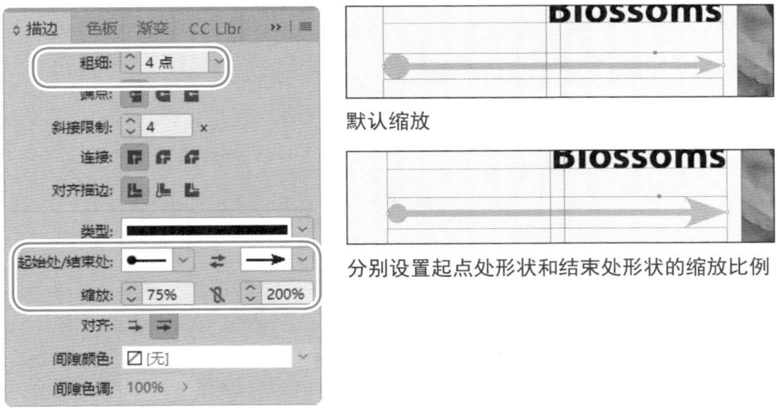

图4.76

4.13 完成

下面来欣赏本课制作的新闻稿。

1. 选择菜单“编辑”>“全部取消选择”。
2. 选择菜单“视图”>“使跨页适合窗口”。
3. 在工具面板底部的当前屏幕模式按钮（ ）上单击鼠标右键，再选择“预览”。要查看文档打印出来或导出为 PDF（或其他格式）的效果，预览模式是不错的方式。预览模式下的作品就像印刷并裁切后一样：所有非打印元素（网格、参考线、框架边缘和隐藏字符等）都不显示，粘贴板的颜色是在“首选项”中设置的预览颜色。

4. 按 Tab 键关闭所有面板，查看当前页面，查看完毕后再次按 Tab 键显示所有面板。
5. 切换到下一个跨页查看，完成后选择菜单“文件”>“存储”保存文件。

> **提示** 要迅速了解当前处理的区域打印出来的效果，可按 W 键从正常模式切换到预览模式；查看完毕后，再按 W 键返回到正常模式。如果您正在编辑文本，请先按 Esc 键再按 W 键，这样才能切换到预览模式，而不会在文本中输入“W”。

祝贺您学完了本课。

4.14 练习

学习框架知识的最佳方式之一是使用它们。

在这个练习中，您将尝试使用“路径查找器”面板的其他功能。您将发现，通过使用“路径查找器”面板，无须从头开始绘制就能创建众多自定义形状。

1. 滚动到页面的空白区域或新建一个文档（在“新建文档”对话框中使用默认设置）。打开“属性”面板。
2. 选择椭圆工具（ ），按住 Shift 键并拖曳以创建一个圆。将“填充”色设置为“Magenta”，并将“描边”设置为“[无]”。
3. 切换到选择工具（ ）。按住 Alt + Shift（Windows）或 Option + Shift（macOS）组合键，并向右下方拖曳这个圆，在 45° 方向处复制一个圆。
4. 选择菜单“对象”>“转换形状”>“矩形”将第 2 个圆转换为正方形，您也可使用“属性”面板或“路径查找器”面板来完成这种转换。通过拖曳同时选择这两个形状，如图 4.77 所示。
5. 按住 Alt + Shift（Windows）或 Option + Shift（macOS）组合键，并拖曳这两个形状以复制它们，供后面使用。拖曳出方框选择前两个形状，选择菜单“窗口”>“对象和版面”>“路径查找器”，打开这个面板，单击“相加”按钮（ ），可以看到这两个形状变成了一个，如图 4.78 所示。
6. 复制第 2 组形状 3 次，并分别粘贴在页面的不同地方。下面来尝试使用“路径查找器”面板的各项功能。选择其中一组形状，再单击“减去”按钮（ ），将从后面的形状中删除两个形状重叠的区域，如图 4.79 所示。

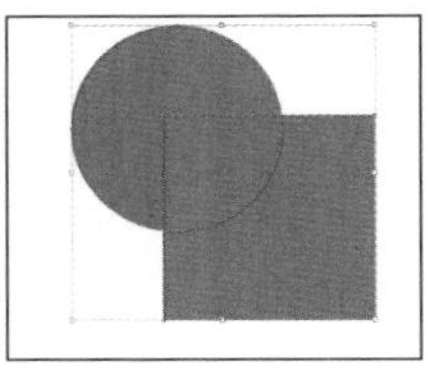

图4.77

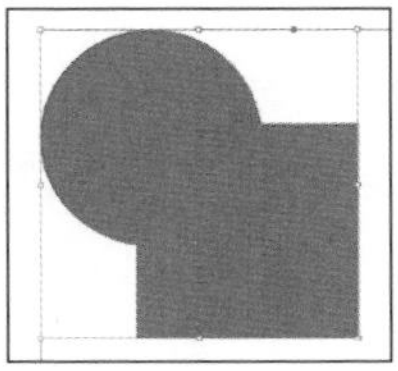

图4.78

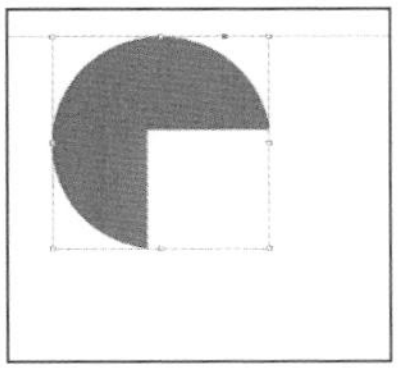

图4.79

7. 选择另一组形状，并单击“交叉”按钮（ ），这将创建一个新形状，它只包含这两个形状重叠的区域，如图 4.80 所示。
8. 选择另一组形状，并单击“排除重叠”按钮（ ），只保留两个形状的非重叠区域，如图 4.81 所示。
9. 选择最后一组形状，并单击“减去后方对象”按钮（ ）。这个按钮的功能与“减去”按钮相反，它是从前面的形状中删除两个形状重叠的区域，如图 4.82 所示。

图4.80

图4.81

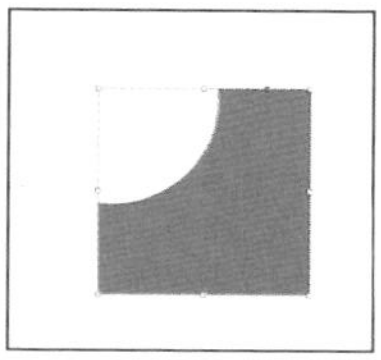

图4.82

变换对象时，比起手动确定当前值、执行数学运算再输入计算得到的值，让 InDesign 替您做数学运算会更快。InDesign 能够执行加、减、乘、除和百分比转换运算。

1. 选择课程文件中的任何一个对象，并在控制面板、“变换”面板或“属性”面板的“X”文本框中使用 + 或 − 键来水平右移或左移对象。在当前设置后面输入运算符，再输入要移动的距离并按 Enter 键。在“Y”文本框中，尝试同样的操作，即使用 + 或 − 键来向下或向上移动对象。此方式适用于将对象移动特定的距离。
2. 下面来尝试除法运算。切换到第 4 页，并选择前面在页面左上角创建的箭头。假设需要将这个箭头的长度缩短到原来的一半，同时确保它依然在标题下方。为此，在“变换”面板、控制面板或“属性”面板中，将参考点设置为右边缘的位置，让箭头的位置保持不变。在“L”文本框中的“2.925 英寸”后面输入“/2”，再按 Enter 键，如图 4.83 所示。箭头的长度将变为原来的一半。
3. 有时需要将对象之间的距离设置为指定的值。在 InDesign 中，可在“对齐”面板或“属性”面板的“分布间距”部分进行设置。选择两个对象，再勾选复选框“使用间距”，并在其后的文本框中输入一个数字；单击“垂直分布间距”按钮（ ），两个对象的垂直距离将变为指定的值，如图 4.84 所示。请尝试通过单击“水平分布间距”按钮（ ）来将对象的水平距离设置为指定的值。

图4.83

图4.84

下面来查看本课课程文件的文档结构。

1. 打开文件夹 Lesson04 中的文件 04_End.indd。

2. 打开“页面”面板，可以看到第一个跨页的页面顺序是［4, 1］，如图 4.85 所示。这是因为第 1 页（页面 4）是封底，而装订小册子时，封底与封面属于同一个跨页。文档设置也指出了这一点，在设计横跨封面和封底的元素时，这样的文档设置很有帮助。

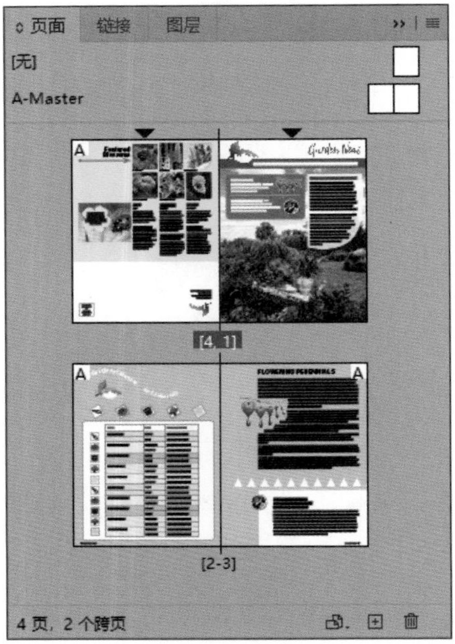

图4.85

在“页面”面板中，第一个跨页的两个页面上方都有黑色三角形，这表明它们都开始了一个章节。

3. 在“页面”面板中，单击第 1 页（页面 4）以选择它，再选择菜单“版面”>“页码和章节选项”，可以看到“起始页码”被设置为 4。单击“取消”按钮关闭“页码和章节选项”对话框。

> **提示** 也可双击页面图标上方的黑色三角形来打开“页码和章节选项”对话框。

4. 在“页面”面板中，单击第 2 页（页面 1）以选择它，再选择菜单“版面”>“页码和章节选项”。可以看到勾选了复选框“开始新章节”，且“起始页码”被设置为 1。单击“取消”按钮关闭“页码和章节选项”对话框。

4.15 复习题

1. 在什么情况下应使用选择工具来选择对象？在什么情况下应使用直接选择工具来选择对象？
2. 如何旋转框架内的图形但不同时旋转框架本身？
3. 在不取消对象编组的情况下，如何选择组中的对象？
4. 如何让一系列对象与特定的对象对齐？

4.16 复习题答案

1. 使用选择工具来完成通用的排版任务，如调整对象的位置、大小及旋转对象；使用直接选择工具来完成编辑路径或框架的任务，如移动路径上的锚点，或选择对象组中的对象并修改其填充色或描边颜色。
2. 要旋转框架内的图形，可以先使用选择工具单击内容抓取工具以选择该图形，再在 4 个角的手柄中的任意一个外面单击并拖曳以旋转图形。拖曳时按住 Shift 键可将旋转角度限制为 45° 的整数倍，还可以在控制面板中修改旋转角度值来旋转选择的图形。
3. 要选择组中的对象，可以先使用选择工具选择该组，再单击控制面板中的“选择内容”按钮以选择组中的一个对象，然后就可单击“选择上一对象”和“选择下一对象”按钮以选择该组中的其他对象。还可以使用直接选择工具单击或使用选择工具双击来选择组中的对象。
4. 选择对齐的所有对象，再单击要让这些对象与之对齐的对象，这个对象周围将出现很粗的边框，这表明它为关键对象。接下来先在控制面板或“对齐”面板中选择“对齐关键对象”，再单击所需对齐方式的按钮，如“顶对齐”按钮、“水平居中对齐”按钮等，即可将所选对象以特定方式对齐。

第5课 排文

在本课中，您将学习以下内容：

- 在既有的文本框架中置入文本和排文；
- 自动调整文本框架的大小；
- 链接文本框架以便将文本排入多栏和多页；
- 自动创建链接的框架；
- 排文时自动添加页面和链接的框架；
- 对文本应用段落样式；
- 添加分栏符；
- 让文本对齐到基线网格；
- 添加跳转说明以指出文章在哪里继续。

学习本课大约需要 60 分钟。

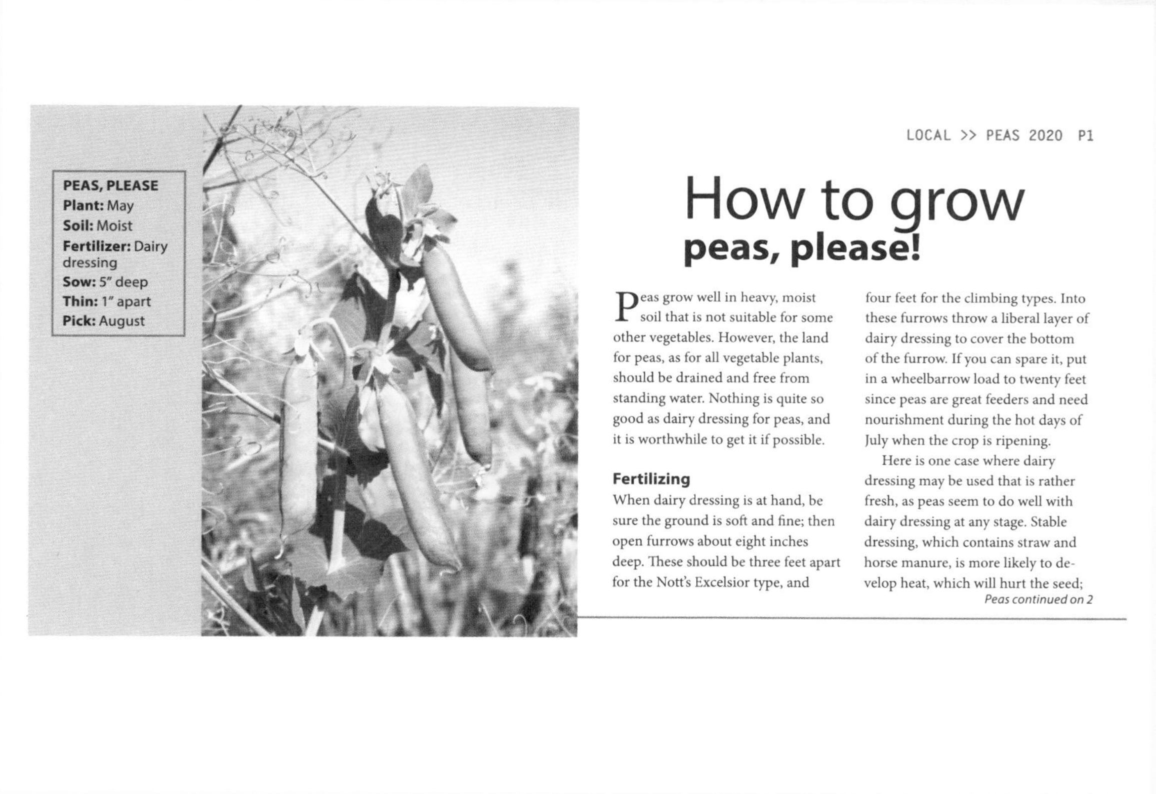

PEAS, PLEASE
Plant: May
Soil: Moist
Fertilizer: Dairy dressing
Sow: 5″ deep
Thin: 1″ apart
Pick: August

LOCAL >> PEAS 2020 P1

How to grow peas, please!

Peas grow well in heavy, moist soil that is not suitable for some other vegetables. However, the land for peas, as for all vegetable plants, should be drained and free from standing water. Nothing is quite so good as dairy dressing for peas, and it is worthwhile to get it if possible.

Fertilizing

When dairy dressing is at hand, be sure the ground is soft and fine; then open furrows about eight inches deep. These should be three feet apart for the Nott's Excelsior type, and four feet for the climbing types. Into these furrows throw a liberal layer of dairy dressing to cover the bottom of the furrow. If you can spare it, put in a wheelbarrow load to twenty feet since peas are great feeders and need nourishment during the hot days of July when the crop is ripening.

Here is one case where dairy dressing may be used that is rather fresh, as peas seem to do well with dairy dressing at any stage. Stable dressing, which contains straw and horse manure, is more likely to develop heat, which will hurt the seed;

Peas continued on 2

在 InDesign 中，可以将文本排入既有文本框架，还可以在排文时创建框架及添加框架和页面，这些功能让您能够轻松地将产品目录、杂志文章等内容排入电子图书。

5.1 概述

在本课中，您将处理一本小册子。这本小册子的第一个跨页已基本完成，其他几页也为置入文章做好了准备。处理这篇文章时，您将尝试各种排文方法，并添加跳转说明以指出文章下转哪一页。

1. 为确保您的 InDesign 首选项和默认设置与本课使用的一样，请将文件 InDesign Defaults 移到其他文件夹，详情请参阅“前言”中的“保存和恢复文件 InDesign Defaults”。
2. 启动 InDesign。
3. 在出现的“主页”屏幕中，单击左边的“打开”按钮（如果没有出现“主页”屏幕，就选择菜单“文件”>“打开”）。
4. 打开文件夹 InDesignCIB\Lessons\Lesson05 中的文件 05_Start.indd。
5. 如果出现一个警告对话框，指出文档链接的源文件已修改，请单击“更新修改的链接”按钮。
6. 选择菜单“文件”>“存储为”，将文件重命名为 05_FlowText.indd，并将其存储到文件夹 Lesson05 中。
7. 为确保面板和菜单命令与本课使用的相同，请选择菜单“窗口”>“工作区”>“[高级]”，再选择菜单“窗口”>“工作区”>“重置‘高级’”。
8. 为了以更高的分辨率显示这个文档，请选择菜单“视图”>“显示性能”>“高品质显示”。
9. 要查看完成后的文档，可以打开文件夹 Lesson05 中的文件 05_End.indd，如图 5.1 所示。可让该文件保持打开状态，供工作时参考。

LOCAL >> PEAS 2020 P1

PEAS, PLEASE
Plant: May
Soil: Moist
Fertilizer: Dairy dressing
Sow: 5" deep
Thin: 1" apart
Pick: August

How to grow
peas, please!

Peas grow well in heavy, moist soil that is not suitable for some other vegetables. However, the land for peas, as for all vegetable plants, should be drained and free from standing water. Nothing is quite so good as dairy dressing for peas, and it is worthwhile to get it if possible.

Fertilizing

When dairy dressing is at hand, be sure the ground is soft and fine; then open furrows about eight inches deep. These should be three feet apart for the Nott's Excelsior type, and four feet for the climbing types. Into these furrows throw a liberal layer of dairy dressing to cover the bottom of the furrow. If you can spare it, put in a wheelbarrow load to twenty feet since peas are great feeders and need nourishment during the hot days of July when the crop is ripening.

Here is one case where dairy dressing may be used that is rather fresh, as peas seem to do well with dairy dressing at any stage. Stable dressing, which contains straw and horse manure, is more likely to develop heat, which will hurt the seed;

Peas continued on 2

图5.1

10. 查看完毕后，单击文档窗口左上角文件 05_FlowText.indd 的标签以切换到该文档。

5.2 在既有文本框架中排文

置入文本时，可将其置入新框架或既有框架中。如果框架是空的，可在其中单击载入文本图标来置入文本。在第一个跨页的左对页中，有个空旁注框，可用于放置文本。下面先将一个 Word 文档置入该文本框架并应用段落样式，再自动调整这个文本框架的高度。

提示 InDesign提供了很多功能，可用于自动或手动控制在分栏和框架中排文的方式。这包括段落保持选项（“接续自”“保持续行”和“保持各行同页”），以及分栏符和框架分隔符（选择菜单“文字”>“插入分隔符”）。

5.2.1 将文本置入既有文本框架中

1. 选择菜单“文字”>“显示隐含的字符”，以便能够在屏幕上看到换行符、空格、制表符和其他隐藏的字符。这有助于放置文本和设置文本的格式。
2. 增大缩放比例，以便能够看清第一个跨页的左对页中的旁注文本框架。这个框架宽约1英寸且有描边。
3. 确保没有选择任何对象。

提示 您将使用文字工具编辑文本，并使用选择工具串接文本框架，但置入文本时选择什么工具没关系。

4. 选择菜单“文件”>“置入”。在“置入”对话框底部，确保没有勾选复选框“显示导入选项”“替换所选项目”和“创建静态题注”（在macOS中，如果有必要，可单击“选项”按钮来显示这些选项）。
5. 在文件夹Lesson05中，找到并双击文件05_Highlights.docx。

鼠标指针将变成载入文本图标（ ），并显示将置入的文章的前几行。将载入文本图标指向空文本框架时，该图标两边将出现括号（ ）。

6. 将载入文本图标指向前述占位文本框架。
7. 单击以置入文本，如图5.2所示。

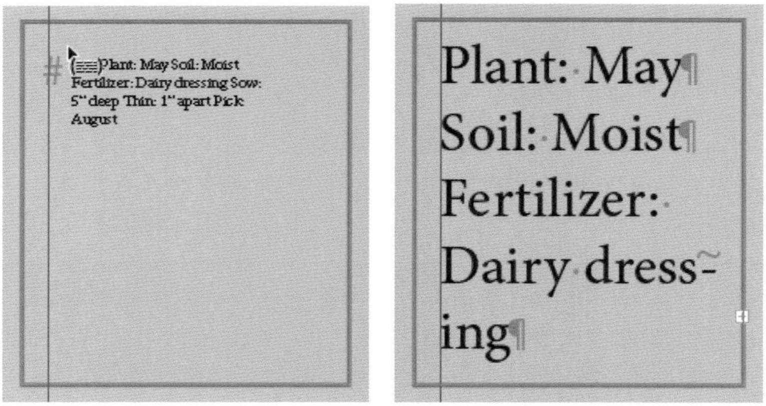

图5.2

8. 选择菜单“文件”>“存储”保存文件。

这个文本框架容不下置入的文本，未显示的文本被称为溢流文本。存在溢流文本时，文本框架右下角的出口中有一个红色加号（⊞）。本节后面将会解决溢流文本的问题。

5.2.2 应用段落样式

下面来给旁注文本应用段落样式。在这里要应用的段落样式中，包含一个嵌套样式，它自动将段落开头的内容（第一个冒号之前的内容）设置为粗体。

1. 使用文字工具（T.）在旁注文本框架内单击，以便能够设置文本的格式。选择菜单“编辑”>“全选”，选择这个框架中的所有文本（包括那些看不到的文本）。
2. 选择菜单“文字”>“段落样式”，打开“段落样式”面板。
3. 单击样式组 Body Text 左边的三角形按钮，以展开这个样式组。

> **提示** 在“段落样式”和“字符样式”等面板中，可使用样式组来组织样式。展开样式组后，就可选择其中的选项。

4. 单击段落样式 Sidebar Text，如图 5.3 所示。

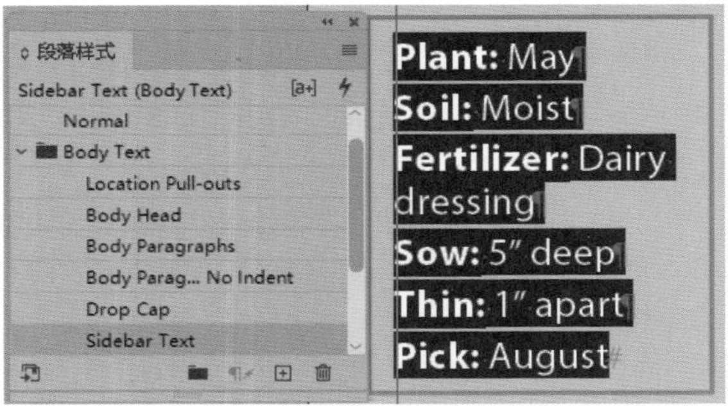

图5.3

5. 在文本中单击以取消选择文本，再选择菜单“文件”>“存储”保存文件。

5.2.3 自动调整文本框架的大小

添加、删除和编辑文本时，经常需要调整文本框架的大小。通过启用“自动调整大小”功能，可让文本框架根据您的要求自动调整高度。下面使用“自动调整大小”功能让旁注文本框架根据文本的长度自动调整大小。

> **提示** 带描边或填充色的文本框架（如旁注和优惠券）指出了文本的边界，对于这样的文本框架，启用“自动调整大小”功能是不错的选择。启用该功能后，如果文本缩短了，框架将缩小；如果文本加长了，框架将增大以免出现溢流文本。对于串接在一起的一系列文本框架，“自动调整大小”功能只对其中的最后一个框架管用。

1. 使用文字工具（T.）在旁注文本框架中的文本 Plant 前面单击。

2. 按 CapsLock 键，再输入“PEAS, PLEASE”并按 Enter 键。添加这个标题后，旁注文本框架中出现了溢流文本。
3. 使用选择工具（▶）单击包含以 PEAS 打头的旁注文本的文本框架。
4. 选择菜单“对象” > “文本框架选项”。在“文本框架选项”对话框中，单击左边列表中的“自动调整大小”。
5. 勾选对话框左下角的复选框“预览”，以便在修改设置时能够实时看到效果。
6. 从“自动调整大小”下拉列表中选择“仅高度”。
7. 如果有必要，单击第一行中间的图标（↕），指出您要让文本框架向下延伸，就像手动向下拖曳文本框架底部的手柄一样，如图 5.4 所示。
8. 单击“确定”按钮。
9. 单击粘贴板以全部取消选择，再选择菜单“视图” > “屏幕模式” > “预览”，看看旁注是什么样的，如图 5.5 所示。

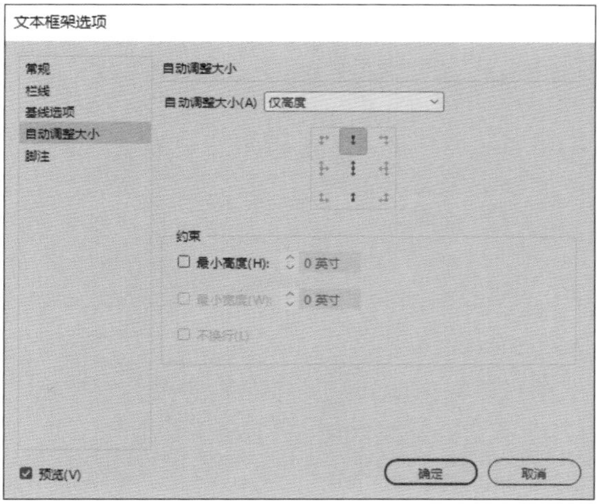

图5.4

图5.5

10. 选择菜单“视图” > “屏幕模式” > “正常”，以显示排版辅助元素，如参考线和隐藏的字符。
11. 选择菜单“文件” > “存储”保存文件。

5.3 手动排文

将置入的文本置入多个串接的文本框架中称为排文。InDesign 支持手动排文和自动排文，前者提供了更大的控制权，而后者可节省时间，InDesign 还支持在排文的同时添加页面。

下面把专题文章的文本置入第一个跨页的右对页的两栏中。首先把一个 Word 文档置入第 1 栏既有的文本框架中，然后把第 1 个文本框架与第 2 个文本框架串接起来，最后在文档的第 3 页新建文本框架以容纳多出来的文本。

> **提示** 可以通过串接文本框架来创建多栏，也可以将文本框架分成多栏（选择菜单“对象”>“文本框架选项”，并在打开的对话框的“常规”选项卡中指定栏数）。有些设计师喜欢将文本框架分成多栏，这样版式更灵活。

1. 选择菜单“视图”>“使跨页适合窗口”，找到右对页中标题 How to grow peas, please! 下方的两个文本框架。
2. 如果有必要，可放大视图，以便能够看清这些文本框架。
3. 使用文字工具（T.）在左边的文本框架中单击，如图 5.6 所示。

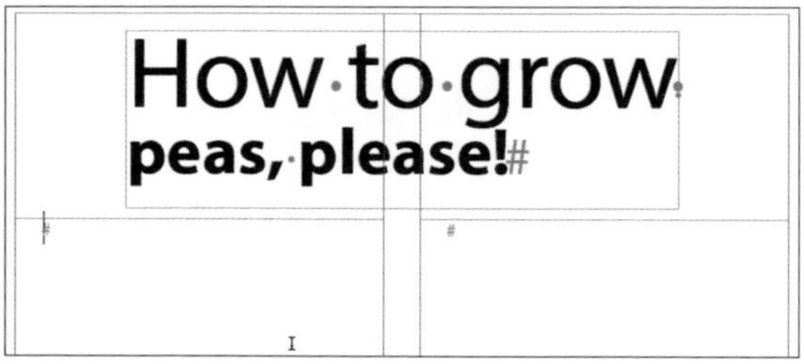

图5.6

4. 选择菜单“文件”>“置入”。

> **提示** 要为置入文本做好准备，可预先将文本框架串接起来。为此，可使用选择工具单击当前框架的出口，再单击下一个框架的任何地方。不断重复这个过程，直到将所有框架都串接起来。

5. 在文件夹 Lesson05 中找到并选择文件 05_Peas.docx。
6. 勾选“置入”对话框底部的复选框“替换所选项目”（在macOS 中，如果有必要，请单击“选项”按钮以显示这个复选框），再单击“打开”按钮，结果如图 5.7 所示。

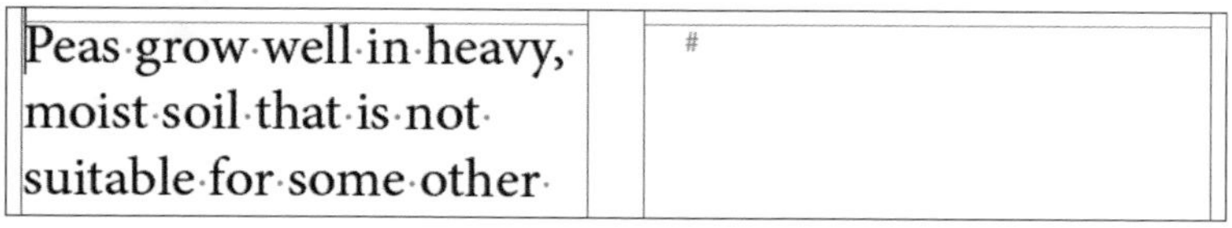

图5.7

文本将被置入左栏既有的文本框架中。注意文本框架的右下角有个出口，其中的红色加号（⊞）表明有溢流文本，即文本框架无法容纳所有文本。下面将溢流文本排入第 2 栏的文本框架。

7. 使用选择工具（▶）单击该文本框架的出口，如图 5.8 所示，这将显示载入文本图标（）（如果有必要，先单击文本框架以选择它，再单击其出口）。

> **提示** 在排文过程中，鼠标指针将在各种不同的载入文本图标之间切换。

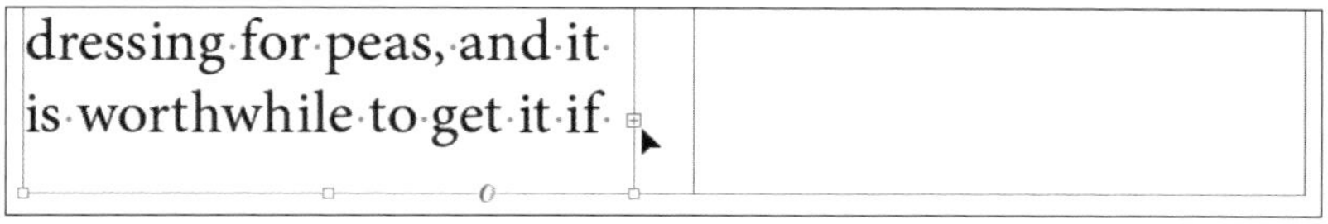

图5.8

8. 将载入文本图标指向右边文本框架的任何位置并单击，如图 5.9 所示。

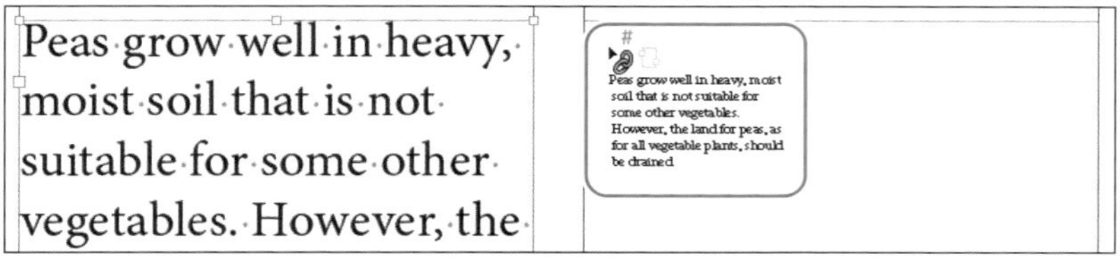

图5.9

9. 文本将排入第 2 栏。如图 5.10 所示，该文本框架的出口也包含红色加号（⊞），这表明还有溢流文本。

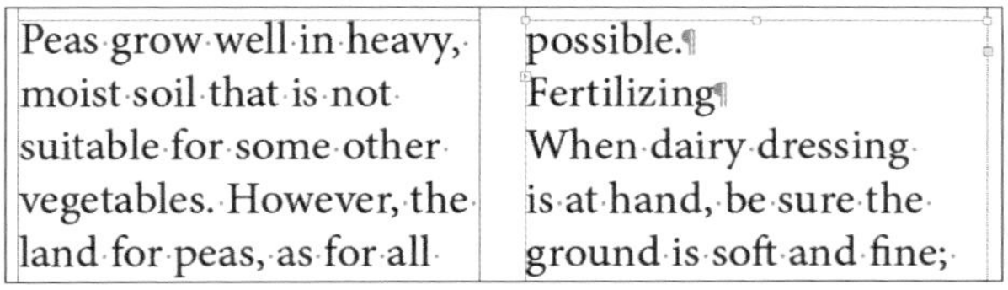

图5.10

> **提示** 如果您不想将溢流文本排入其他文本框架，可按 Esc 键或单击工具面板的其他任何工具，以撤销载入文本图标，该操作不会删除任何文本。

10. 选择菜单“文件”>“存储”，保持该页面的位置不变，供下个练习使用。

置入多个文本文件

在“置入”对话框中，可先置入多个文本文件，再分别放置它们。其方法如下。

- 首先，选择菜单“文件”>“置入”或单击“属性”面板中的“导入文件”按钮。
- 在“置入”对话框中，按住 Ctrl（Windows）或 Command（macOS）键并单击以选择多个不相邻的文件；按住 Shift 键并单击以选择一系列相邻的文件。
- 单击“打开”按钮后，在载入文本图标的括号中将指出置入了多少个文件，如 (4)。
- 按箭头键选择要置入的文本文件，按 Esc 键删除当前的文本文件。
- 通过单击以每次一个文件的方式放置文件。

> **提示** 可同时置入图形文件和文本文件。

5.4 排文时创建文本框架

下面尝试两种不同的排文方法。首先使用半自动排文将文本置入一栏中（使用半自动排文能够每次创建一个串接的文本框架，在每栏排入文本后，鼠标指针都将自动变成载入文本图标），然后使用载入文本图标手动创建一个文本框架。

> **提示** 根据用户采用的是手动排文、半自动排文还是自动排文，载入文本图标的外观稍有不同。

请注意，想要成功地完成这些练习，必须按住正确的键盘键，并单击正确的地方。做每个练习前，先阅读所有步骤可能会有所帮助。如果出错，务必选择菜单“编辑”>“还原”，再重新操作。

1. 使用选择工具（▶）单击第 1 页第 2 栏的文本框架的出口，将显示包含溢流文本的载入文本图标（），如图 5.11 所示。

下面在第 2 页新建一个文本框架以容纳溢流文本。参考线指出了要创建的文本框架的位置。

2. 选择菜单“版面”>“下一跨页”以显示第 2 和 3 页，再选择菜单“视图”>“使跨页适合窗口”。

在鼠标指针为载入文本图标的情况下，仍可导航到其他文档页面或创建新页面。

3. 将载入文本图标指向左页面左上角两条参考线的交点。为了单击的位置正确，要等载入文本图标中的黑色箭头变成白色后再单击。
4. 按住 Alt（Windows）或 Option（macOS）键并单击，如图 5.12 所示。

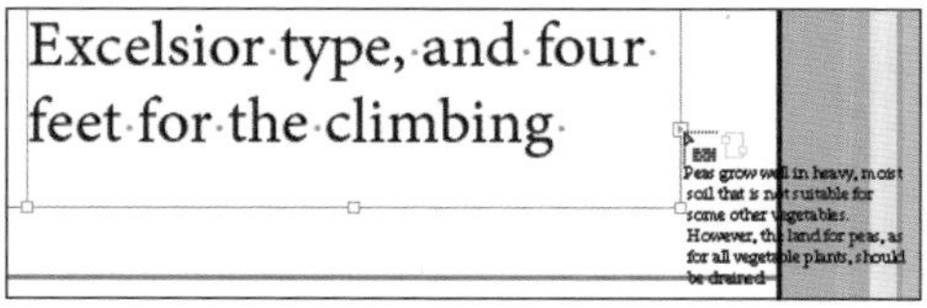

图5.11

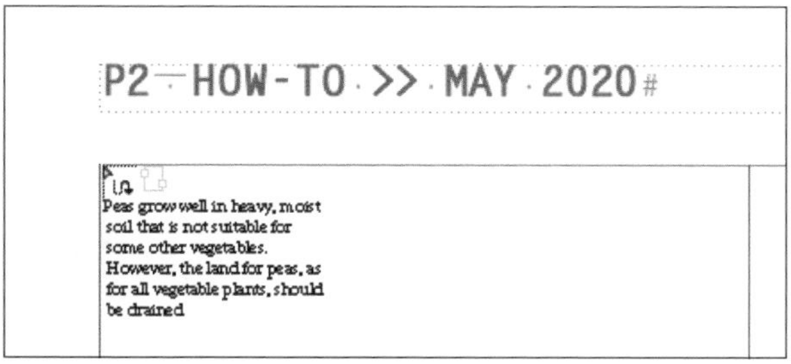

图5.12

> **提示** 鼠标指针变成载入文本图标后，将其指向空文本框架并按住 Alt 键时，该图标中将出现一条链条，这表明可串接到该框架。还可将溢流文本排入空的图形框架，在这种情况下，图形框架将自动转换为文本框架。

文本将排入第 1 栏。因为按住了 Alt 或 Option 键，此时鼠标指针仍是载入文本图标，能够继续将文本排入其他文本框架。

5. 松开 Alt 或 Option 键，将载入文本图标（ ）指向第 2 栏。
6. 在第 2 栏中单击，可在栏参考线内新建一个文本框架，如图 5.13 和图 5.14 所示。

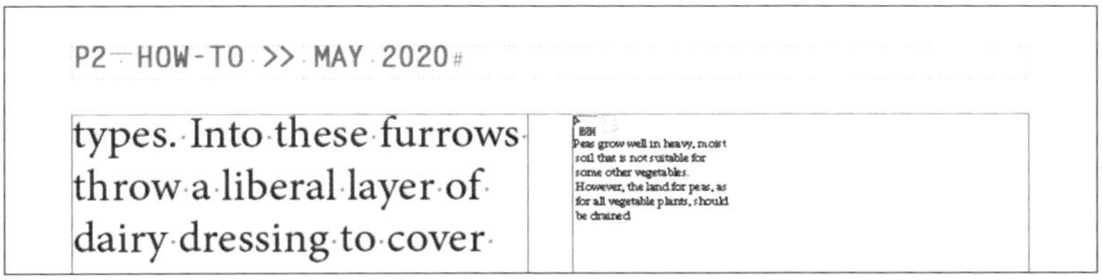

图5.13

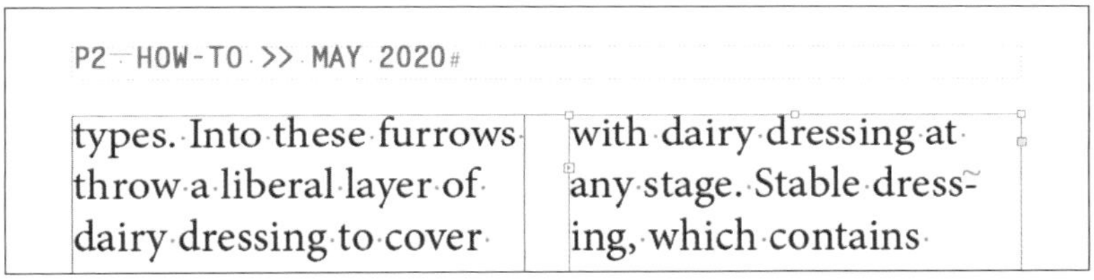

图5.14

> **提示** 如果在鼠标指针为载入文本图标时单击，InDesign 将在单击的栏内创建一个文本框架，其宽度与单击的栏相同。虽然这样创建的框架在栏参考线内，但必要时可移动它们，还可调整它们的形状和大小。

第 2 个文本框架的右下角有红色加号（ ），这表明还存在溢流文本，后面将修复这种问题。

7. 选择菜单“文件”>“存储”，保持该页面的位置不变，供下一个练习使用。

5.5 自动创建串接的文本框架

为提高创建与分栏等宽的串接文本框架的速度，InDesign 提供了一种快捷方式。如果在拖曳文字工具以创建文本框架时按右箭头键，InDesign 将自动将该文本框架分成多个串接起来的分栏。例如，如果创建文本框架时按右箭头键一次，将把文本框架分成两个等宽的分栏；如果按右箭头键 5 次，文本框架将被划分 5 次，即分成 6 个等宽的分栏。

下面在第 3 页创建一个两栏的文本框架，并串接这些框架，以便将溢流文本排入其中。

1. 选择菜单“视图”>“使跨页适合窗口”，让第 2 页和第 3 页出现在文档窗口中央。
2. 选择文字工具（ T. ）并将鼠标指针指向右边页面的第 1 栏，大概位于紫色栏参考线和粉红色边距参考线的交点处。
3. 单击并向右下方拖曳以创建一个横跨这两栏的文本框架，如图 5.15 所示。拖曳时按右箭头键一次。

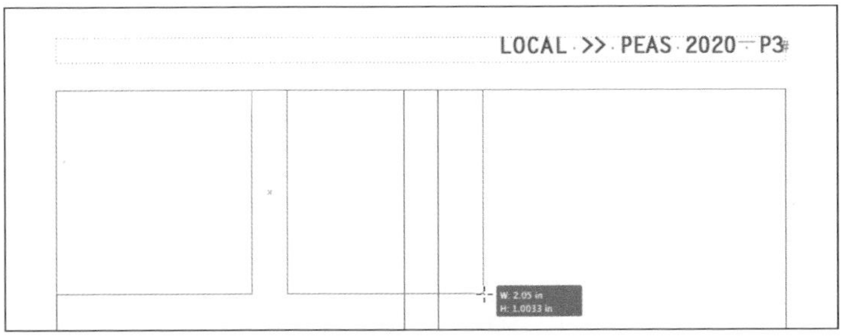

图5.15

> **注意**　如果不小心按了右箭头键多次，导致生成的串接文本框架的分栏数超过两个，可选择菜单“编辑”>“还原”，再重新操作，也可在拖曳时按左箭头键删除多余的分栏。

InDesign 自动将该文本框架分成两个串接起来的文本框架，它们的宽度相等。

4. 继续向下拖曳，让这个文本框架位于栏参考线和边距参考线内。如果有必要，使用选择工具（▶）调整这个文本框架，使其位于上述参考线内，如图 5.16 所示。

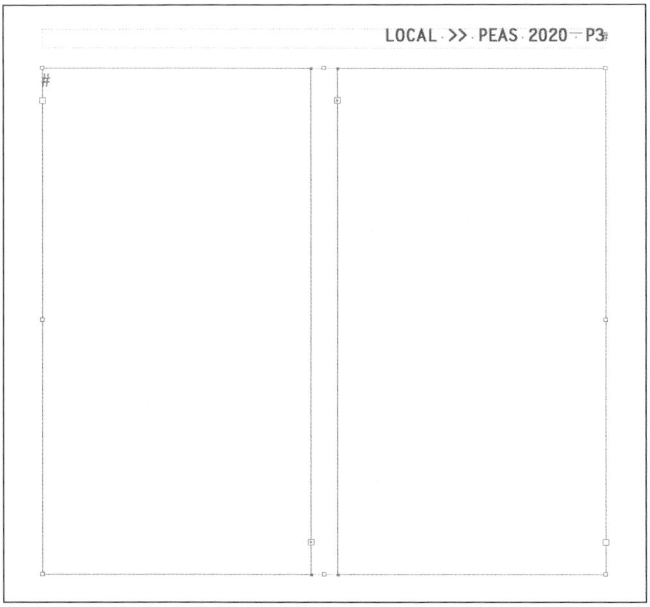

图5.16

5. 使用选择工具单击以选择第 2 页第 2 栏的文本框架，再单击该框架右下角的出口，这将显示载入文本图标（ ）和溢流文本。

> **提示**　在分栏之间添加较粗的栏线可提高版面的格调和可读性。要自动添加栏线，可在“文本框架选项”对话框的“栏线”选项卡中进行设置。

6. 单击第 3 页中刚创建的文本框架。

文本将排入该页面的两栏中，如图 5.17 和图 5.18 所示。

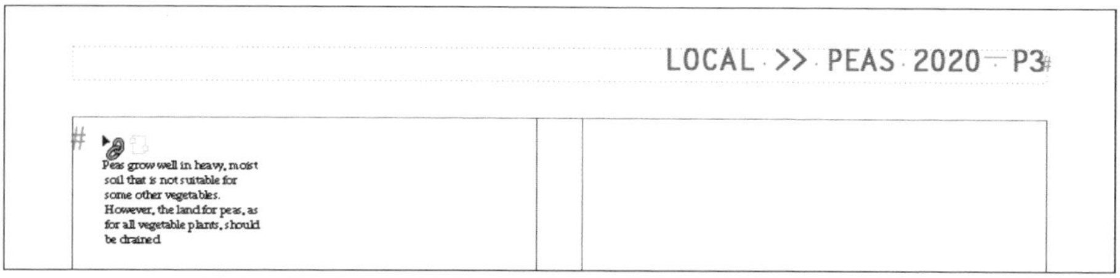

图5.17

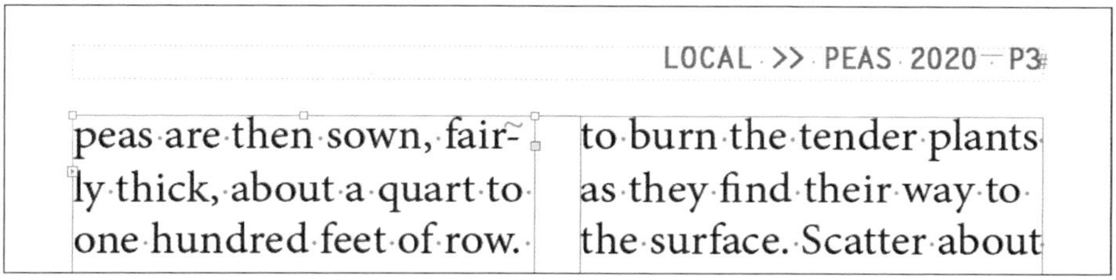

图5.18

7. 选择菜单“文件”>“存储”，保持该页面的位置不变，供下一个练习使用。

5.6 自动排文

下面使用自动排文将溢流文本排入小册子中。采用自动排文时，InDesign 将自动在后续页面的栏参考线内新建文本框架，直到排完所有溢流文本为止。对于较长的文档来说，这是很不错的选择，但就本课的项目来说，这将导致一些已置入的图像被文本遮住。这种问题很容易修复，只需将文本框架删除即可，这样文本将自动排入余下的文本框架中。

1. 使用选择工具（ ）单击第 3 页第 2 栏的文本框架右下角的出口，将显示载入文本图标（ ）和溢流文本（如果有必要，先单击该框架以选择它，再单击其出口）。
2. 选择菜单“版面”>“下一跨页”以显示第 4 页和第 5 页。
3. 将载入文本图标指向第 4 页的第 1 栏栏参考线和边距参考线相交的地方。
4. 按住 Shift 键并单击。

> **提示** 鼠标指针为载入文本图标时，按住 Shift 键并单击将自动创建文本框架，并将文本排入其中；如果有必要，还将添加页面，以便将所有文本都排入当前文档中。

可以看到，在余下的页面中添加了新文本框架（在包含照片的页面中亦如此），如图 5.19 所示。这是因为按住了 Shift 键，所以将以自动方式进行排文。

5. 按住 Shift 键，并使用选择工具单击第 5 页中新创建的两个文本框架（覆盖园艺工具图像的文本框架），以选择它们。

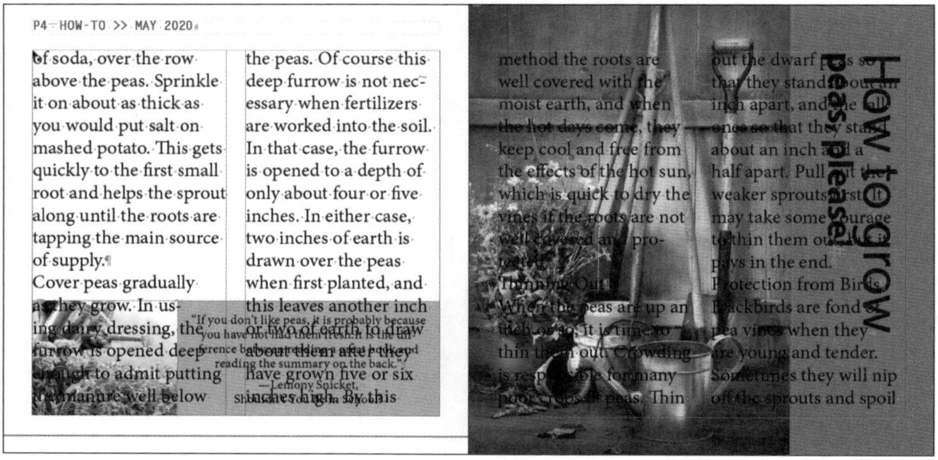

图5.19

6. 选择菜单“编辑”>“清除”，删除这些文本框架。
7. 选择菜单“版面”>“下一跨页”显示第 6 页和第 7 页。如您所见，文本依次排入了第 4 页、第 6 页和第 7 页。
8. 按住 Shift 键，并使用选择工具单击第 7 页中新创建的两个文本框架（覆盖豌豆图像的文本框架）。
9. 选择菜单“编辑”>“清除”，删除这些文本框架。

可以看到，在第 8 页还存在溢流文本，下一节将通过设置段落样式来解决这个问题。

10. 选择菜单“文件”>“存储”，保持该页面的位置不变，供下一个练习使用。

在排文时添加页面

除在既有页面中串接文本框架外，还可在排文时添加页面。这种功能称为“智能文本重排”，非常适合排大段的文本（如本书的文章）。启用了“智能文本重排”功能后，当用户在主文本框架中输入文本或排文时，将自动添加页面和串接的文本框架，以便能够容纳所有文本。如果文本因编辑或重新设置格式而缩短，InDesign将自动删除多余的页面。下面尝试使用这项功能。

1. 选择菜单“文件”>“新建”>“文档”。在“新建文档”对话框中做以下操作。
   - 选择顶部的“打印”。
   - 单击“Letter-Half”按钮。
   - 单击“方向”部分的“横向”按钮。
   - 勾选复选框“主文本框架”。

2. 单击“边距和分栏”按钮，再单击“确定”按钮。
3. 选择菜单“编辑”>“首选项”>“文字”(Windows)或“InDesign”>“首选项”>“文字”(macOS)，以打开“文字”首选项。在“文字”首选项的“智能文本重排”部分，可指定以下使用“智能文本重排”功能时的设置。
   - 在哪里添加页面（文章末尾、章节末尾还是文档末尾）。
   - 只将“智能文本重排”功能用于主文本框架，还是也可用于文档中的其他文本框架。
   - 如何在对页跨页中插入页面。
   - 当文本变短时是否删除空白页面。
4. 默认情况下，复选框“智能文本重排”被勾选，请确保勾选了它，再单击“确定”按钮。
5. 选择菜单“文件”>“置入”。在“置入”对话框中，选择文件夹 Lesson05 中的文件 05_Peas.docx，单击“打开”按钮。
6. 在新文档的第 1 页中，在页边距内单击，将所有文本排入主文本框架，这在必要时将添加页面。注意“页面”面板中的页数为(3)。
7. 关闭该文件但不保存所做的修改。

5.7 对文本应用段落样式

创建好所有串接的文本框架，并将文本排入其中后，即可设置文本的格式，并指定它们在版面中的排列方式和外观。下面先把样式 Body Paragraphs 应用于整篇文章，再设置第一段文本和子标题的格式。

1. 选择文字工具（T），在刚置入的主文章所在的任何文本框架中单击。
2. 选择菜单“编辑”>“全选”以选择文章中的所有文本（位于一系列串接的框架中的文本）。
3. 选择菜单“文字”>“段落样式”，打开“段落样式”面板。
4. 单击段落样式 Body Paragraphs（如果有必要，展开样式组 Body Text，并向下滚动找到这个样式），如图 5.20 所示。
5. 选择菜单“版面”>“转到页面”。在“页面”文本框中输入“1”，并单击“确定”按钮。
6. 在第 1 页中，单击文章的第一个段落（以 Peas grow well in heavy 打头的段落）。
7. 在“段落样式”面板中，单击段落样式 Drop Cap，如图 5.21 所示。

下面来设置这篇文章中 6 个子标题的格式。

8. 选择菜单“视图”>“使跨页适合窗口”。
9. 使用文字工具单击第 1 页左边那栏的子标题 Fertilizing，这指定了要设置哪个段落的格式。
10. 在“段落样式”面板中，单击段落样式 Body Head。
11. 单击子标题 Fertilizing 后面的段落（以 When dairy dressing 打头的段落），再在“段落样式”面板中单击段落样式 Body Paragraphs No Indent，如图 5.22 所示。

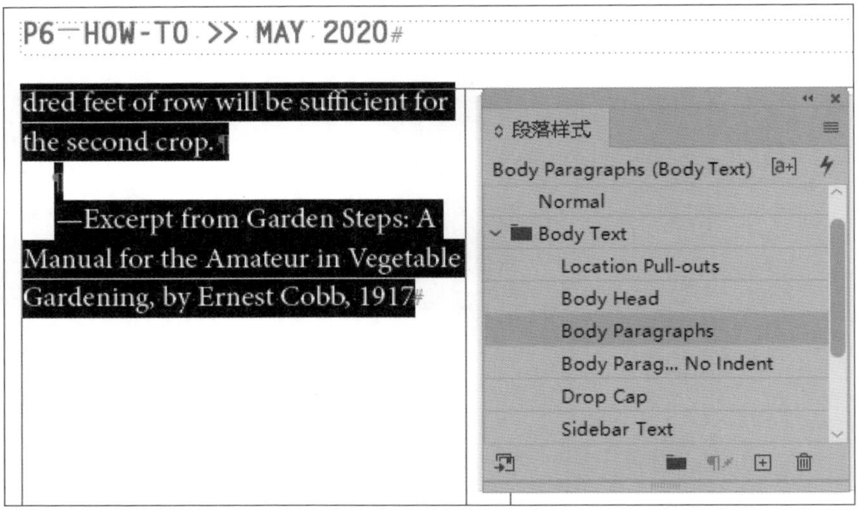

图5.20

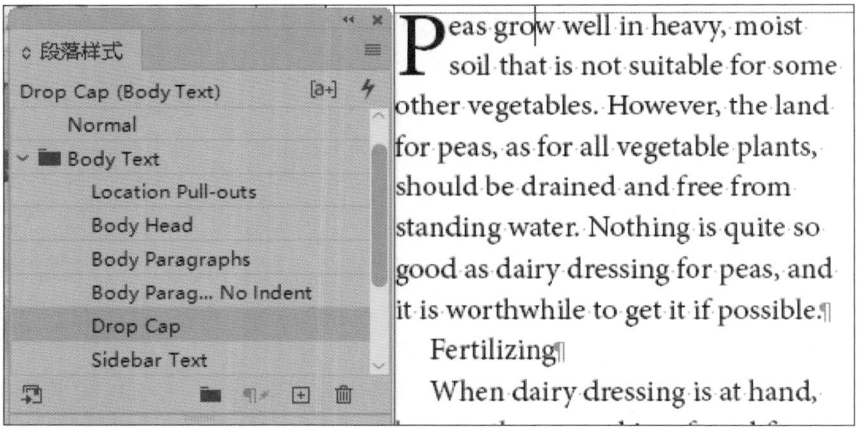

图5.21

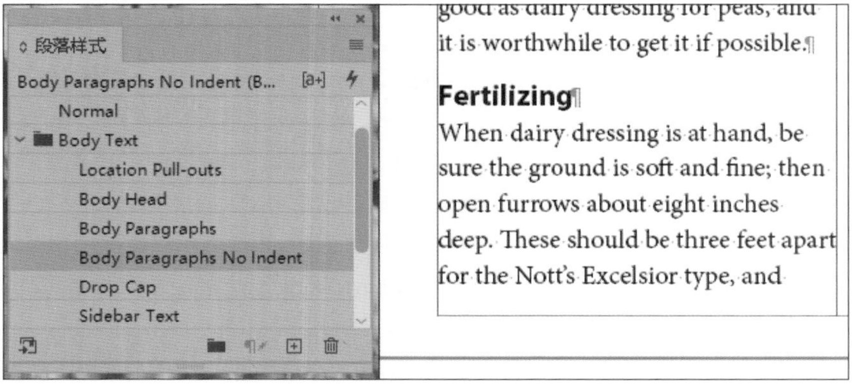

图5.22

12. 重复第 9-11 步，将段落样式 Body Head 应用于这篇文章中其他的子标题，并将段落样式 Body Paragraphs No Indent 应用于各个子标题后面的段落。这些子标题如下。

- 第 2 页左栏的 Snowing。
- 第 3 页左栏的 Thinning Out。
- 第 3 页右栏的 Protection from Birds。
- 第 3 页右栏的 Caring for the Vines。
- 第 4 页左栏的 Picking Peas。
- 第 4 页右栏的 Follow Crops。

13. 选择菜单“文件”>“存储”，不要切换到其他页面，以方便完成下一个练习。

5.8 调整分栏

InDesign 提供了很多调整文本分栏长度的方法。调整分栏长度可能是为了适合版面，或者是为了将特定主题放在一起。要调整分栏长度，一种方法是使用选择工具调整文本框架的大小，另一种方法是手动添加分栏符将文本推到下一栏。下面调整文本框架的大小，使其适合版面。

1. 在“页面”面板中双击第 4 页的图标，使这个页面显示在文档窗口中央。
2. 使用选择工具（▶）单击左边包含主文章的文本框架。
3. 向上拖曳这个文本框架的下边缘，使其高度大约为 2.1 英寸。

> **注意** 如果有必要，在控制面板中的“H”文本框中输入“2.1 英寸”再按 Enter 键，以调整这个文本框架的大小。

4. 选择右边的文本框架（它包含第 2 栏文本），向上拖曳其下边缘，使其高度与左边的文本框架一致。

通过调整这些文本框架的大小，可避免文章遮住带阴影的旁注框，如图 5.23 所示。

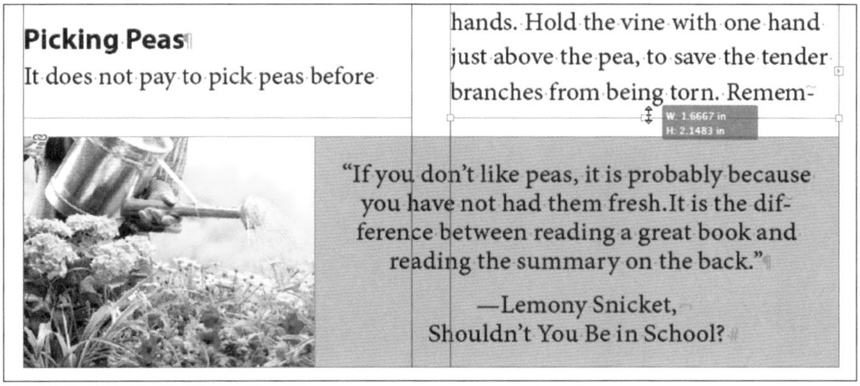

图5.23

5. 选择菜单“版面”>“下一跨页”以显示第 6 页和第 7 页。在第 6 页底部，是一句来自 E.M.Forster 的引言。
6. 使用选择工具单击第 6 页左边的文本框架，向上拖曳其下边缘，使其高度为 2.5 英寸。
7. 选择右边的文本框架，它包含第 2 栏文本。向上拖曳其下边缘，使其高度与左边的文本框架一致，如图 5.24 所示。

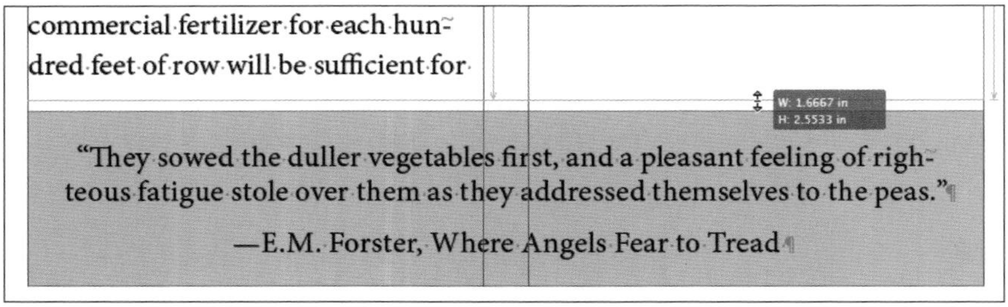

图5.24

8. 单击粘贴板以取消选择所有对象，选择菜单“文件”>“存储”保存文件。

提示 要调整文本在框架中的排列方式，可选择菜单“文字”>“插入分隔符”添加分隔符，如分栏符和框架分隔符。

调整垂直间距

InDesign提供了以下方法用于定制和调整框架中文本的垂直间距。

- 使用基线网格设置所有文本行的间距。
- 使用“字符”面板中的“行距”下拉列表设置每行的间距。
- 使用“段落”面板中的“段前间距”和“段后间距”文本框设置段落的间距。
- 使用“文本框架选项”对话框中的“垂直对齐”和“平衡栏”选项来对齐文本框架中的文本。
- 从“段落”面板菜单中选择“保持选项”，并在打开的“保持选项”对话框中，使用“保持续行”“接续自”和“保持各行同页”来控制段落如何从一栏排入下一栏。

下面将使用基线网格来对齐文本。

5.9 使用基线网格对齐文本

设置垂直间距可以让不同分栏中的文本行水平对齐，为此可为整个文档设置基线网格（也叫行距网格）。基线网格描述了文档正文的行距，用于对齐相邻文本栏和页面中文字的基线。下面首先设置基线网格，再设置段落格式，让段落与基线网格对齐。段落与基线网格对齐后，相邻分栏中的文本行便是对齐的，如图 5.25 所示。

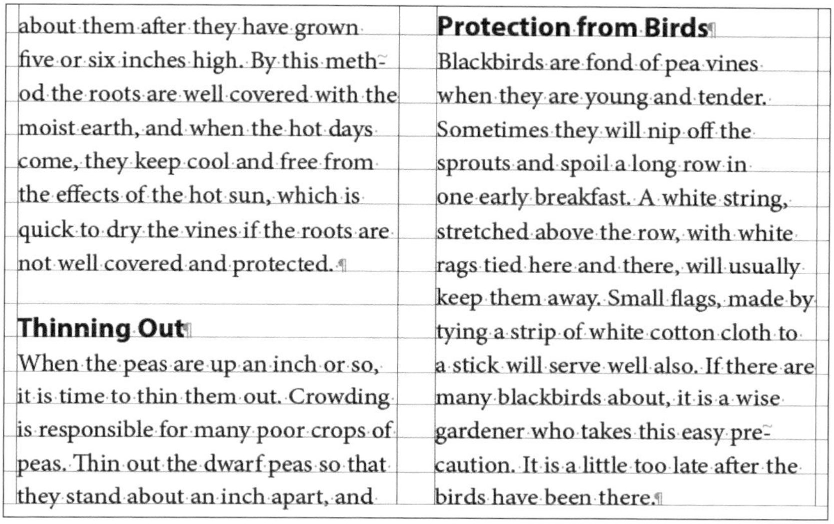

图5.25

提示 可在文本框架中设置基线网格，此功能非常适合不同文章使用不同行距的情形。为此，可先选择菜单“对象”>“文本框架选项”，再单击标签“基线选项”。

设置基线网格前，需要查看正文的行距。

1. 选择菜单“版面”>“转到页面”，在“页面”文本框中输入“1”，再单击“确定”按钮。
2. 在工具面板中选择文字工具（T）。
3. 在文章第一段（以 Peas grow well 打头的段落）中的任何位置单击。从“字符”面板的“行距”（ ）文本框可知，行距为 11 点。
4. 选择菜单“编辑”>“首选项”>“网格”（Windows）或“InDesign”>“首选项”>“网格”（macOS），以设置基线网格。
5. 在“基线网格”部分，在“开始”文本框中输入“0”，并从“相对于”下拉列表中选择“上边距”。该选项决定了文档的第一条网格线的位置。如果使用默认值 0.5 英寸，第一条网格线将在上边距上方。
6. 在“间隔”文本框中输入“11 点”，使其与行距匹配；保留“视图阈值”的默认设置 75% 不变，如图 5.26 所示。

视图阈值指定了缩放比例至少为多少后，才能在工作区中看到基线网格。将其设置为 100% 时，仅当缩放比例不小于 100% 时，才会在文档窗口中显示基线网格。

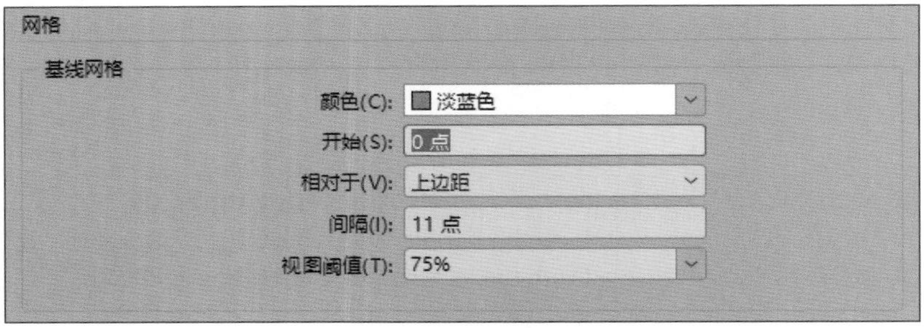

图5.26

7. 单击“确定”按钮。
8. 选择菜单“文件”>“存储”保存文件。

查看基线网格

下面让刚设置的基线网格在工作区中可见。

1. 要在文档窗口中显示基线网格，选择菜单“视图”>“网格和参考线”>“显示基线网格”，再选择菜单“视图”>“实际尺寸”，结果如图 5.27 所示。

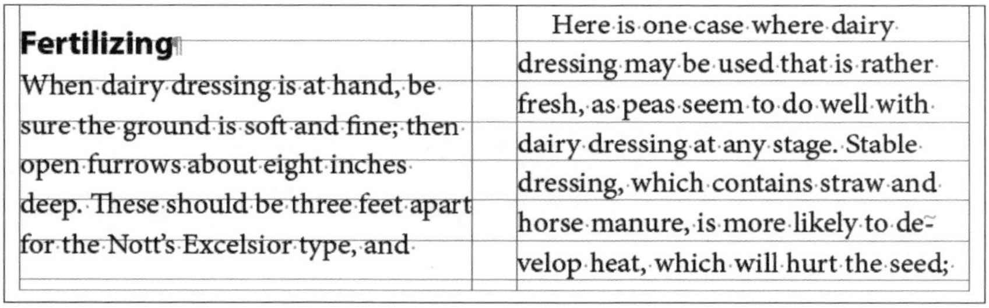

图5.27

可让一个段落、选择的段落或文章中的所有段落对齐到基线网格。文章指的是一系列串接的文本框架中的所有文本。下面使用“段落”面板将主文章与基线网格对齐。

2. 使用文字工具（T）在跨页中第 1 段的任何地方单击，选择菜单“编辑”>“全选”以选择主文章的所有文本。
3. 如果“段落”面板不可见，可选择菜单“文字”>“段落”使其可见。
4. 在“段落”面板中，从面板菜单中选择“网格对齐方式”>“罗马字基线”。文本将移动使字符基线与网格线对齐，如图 5.28 所示。

> Id **提示** 与其他大多数段落格式控制方式一样，菜单项“网格对齐方式”>“罗马字基线”也包含在控制面板菜单中。

5. 选择菜单“视图”>“网格和参考线”>“隐藏基线网格”。
6. 单击粘贴板取消选择文本，再选择菜单“文件”>“存储”保存文件。

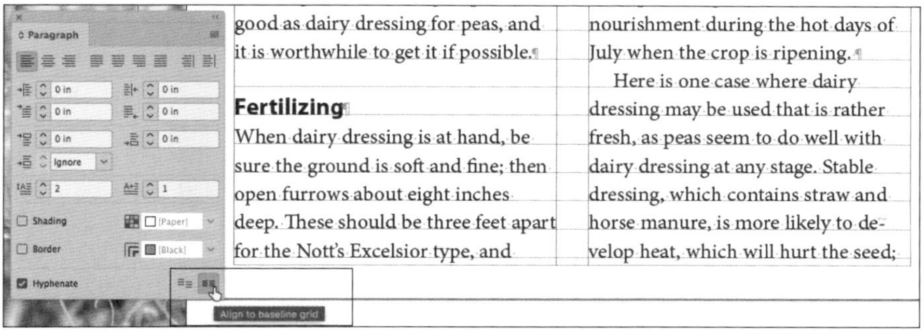

图5.28

5.10 添加跳转说明

如果文章跨越多页，读者必须翻很多页才能阅读后面的内容，那么最好添加一个跳转说明（如“下转第 × 页”）。在 InDesign 中可以添加跳转说明，跳转说明将自动指出文本流中下一页的页码，即文本框架链接到的下一页。

1. 在“页面”面板中双击第 1 页的页面图标，让该页在文档窗口中居中。向右滚动以便能够看到粘贴板。必要时可放大视图，以便能够看清文本。
2. 选择文字工具（T.），在粘贴板中拖曳鼠标指针以创建一个宽 1.5 英寸、高 0.25 英寸的文本框架。
3. 使用选择工具（▶）将新创建的文本框架拖曳到第 1 页第 2 栏的底部，确保该文本框架的顶部与既有文本框架的底部相连，如图 5.29 所示。

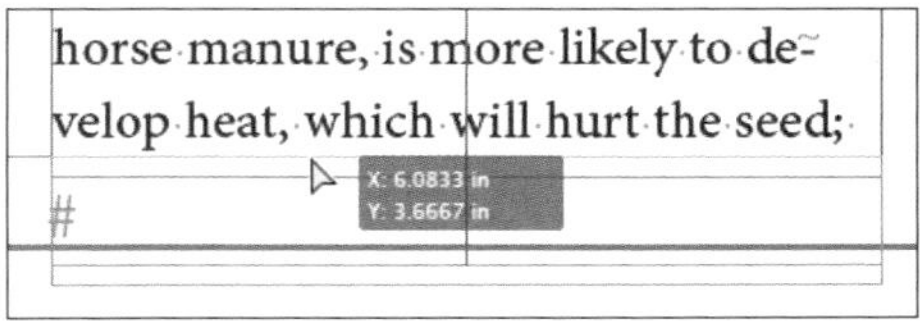

图5.29

> **注意** 包含跳转说明的文本框架必须与串接文本框架相连或重叠，才能插入正确的“下转页码”字符。

4. 使用文字工具单击在新文本框架中单击。输入“Peas continued on page”和一个空格。
5. 单击鼠标右键（Windows）或按住 Control 键并单击（macOS），以显示上下文菜单，选择“插入特殊字符”>“标志符”>“下转页码”，如图 5.30 所示。跳转说明将变成 Peas continued on page 2。

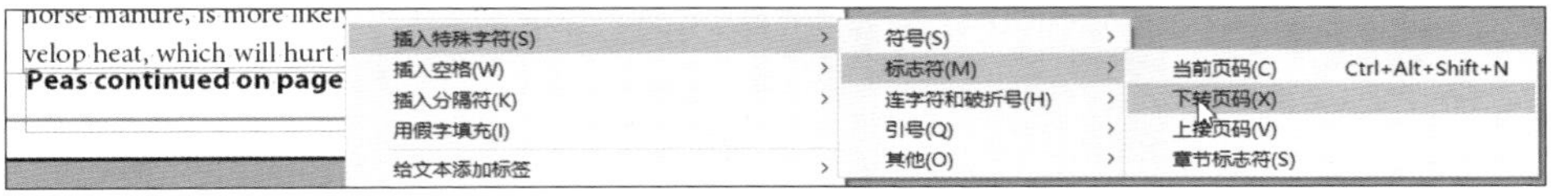

图5.30

6. 选择菜单“文字”>“段落样式”，打开“段落样式”面板。在文本插入点仍位于跳转说明中的情况下，单击段落样式 Continued From/To Line，这将根据模板设置文本的格式，如图 5.31 所示。

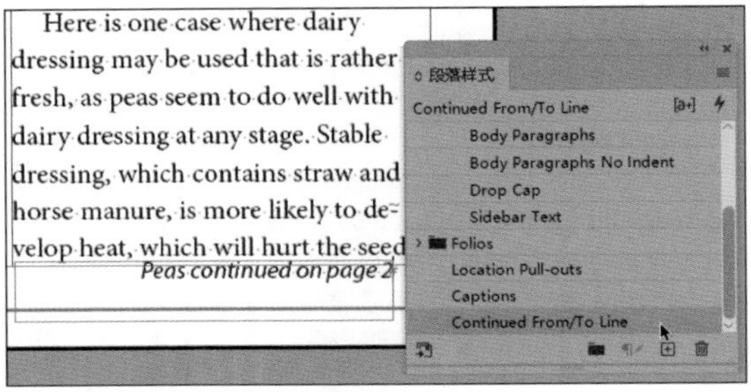

图5.31

7. 选择菜单“文件”>“存储”保存文件。
8. 选择菜单“视图”>“使跨页适合窗口”。
9. 选择菜单“视图”>“屏幕模式”>“预览”。

祝贺您学完了本课！

5.11 练习

在本课中，您学习了如何创建指出下转页码的跳转说明，还可创建指出上接页码的跳转说明。

> **提示** 在排文时可以尝试各种排文选项，以找到最适合实际需求的串接方法。例如，创建产品目录模板时，可串接多个小型文本框架，以便以后在其中排入产品描述文本。

1. 选择菜单“视图”>“屏幕模式”>“正常”以显示框架边缘。
2. 使用选择工具（ ）选择第 1 页中包含跳转说明的文本框架，选择菜单“编辑”>“复制”。
3. 选择菜单“版面”>“下一跨页”，再选择菜单“编辑”>“粘贴”，将跳转说明文本框架粘贴到第 2 页。
4. 拖曳该文本框架使其与第 1 栏的文本框架顶部相连。如果有必要，向下拖曳主文本框架的上边缘，以免跳转说明文本框架与页眉相连。
5. 使用文字工具（ ）将该文本框架的文字从 Peas continued on 改为 Peas continued from，并删除数字 2。

现在需要使用“上接页码”字符替换“下转页码”字符。

6. 选择菜单“文字”>“插入特殊字符”>“标志符”>“上接页码”。

跳转说明变成了 Peas continued from page 1。

5.12 复习题

1. 使用哪种工具可串接文本框架？
2. 如何显示载入文本图标？
3. 在鼠标指针为载入文本图标的情况下，在栏参考线之间单击将发生什么？
4. 按什么键可自动将文本框架分成多个串接的文本框架？
5. 有种功能可自动添加页面和串接的文本框架以容纳置入文件中的所有文本，这种功能叫什么？
6. 使用哪项功能可根据文本长度自动调整文本框架的大小。
7. 若要确保在跳转说明中插入正确的“下转页码”和“上接页码”字符，需要做什么？

5.13 复习题答案

1. 选择工具。
2. 选择菜单“文件”>“置入”并选择一个文本文件，或单击包含溢流文本的文本框架的出口，或将文本文件从桌面拖曳到页面中。
3. InDesign 将在单击的位置创建文本框架，该框架位于垂直的栏参考线之间。
4. 在使用文字工具拖曳以创建文本框架时按右箭头键。创建文本框架时，也可按左箭头键减少串接的文本框架数。
5. “智能文本重排”功能。
6. “文本框架选项”对话框（和“对象”菜单）中的“自动调整大小”功能。
7. 包含跳转说明的文本框架必须与包含文章的串接文本框架相连或重叠。

第6课 编辑文本

在本课中，您将学习以下内容：

- 输入和置入文本；
- 查找并修改文本和格式；
- 在文档中检查拼写；
- 编辑拼写词典；
- 自动更正拼写错误的单词；
- 使用文章编辑器；
- 通过拖曳移动文本；
- 显示修订；
- Adobe Font 服务。

学习本课大约需要 45 分钟。

Protecting Your Peas

HIGH-PROTEIN, LOW-CALORIE, VITAMIN-RICH PEAS ARE EASY TO GROW AND DELICIOUS TO EAT.

GARDENING > MAY 2020 3

Peas are easy to grow, but once they pop up they need a little protection. A little daily attention will ensure an awesome crop—and a supply of nutritious side dishes and snacks. Enjoy the fresh air and satisfaction of gardening during the day, and peruse your cookbooks for ideas at night. Next month, we'll have plenty of great recipes for you to try.

Cover. Cover peas gradually as they grow. In using dairy dressing, the furrow is opened deep enough to admit putting the manure well below the peas. Of course this deep furrow is not necessary when fertilizers are worked into the soil. In that case, the furrow is opened to a depth of only about four or five inches. In either case, two inches of earth is drawn over the peas when first planted, and this leaves another inch or two of earth to draw about them after they have grown five or six inches high.

Thinning Out. When the peas are up an inch or so, it is time to thin them out. Crowding is responsible for many poor crops of peas. Thin out the dwarf peas so that they stand about an inch apart, and the tall ones so that they stand about an inch and a half apart. Pull out the weaker sprouts first. TIP: It may take some courage to thin them out, but it pays in the end.

Protection from Blackbirds. Blackbirds are fond of pea vines when they are young and tender. Sometimes they will nip off the sprouts and spoil a long row in one early breakfast. A white string, stretched above the row, with white rags tied here and there, will usually keep them away. Small flags, made by tying a strip of white cotton cloth to a stick will serve well also. TIP: If there are many blackbirds about, it is a wise gardener who takes this easy precaution. It is a little too late after the blackbirds have been there.

Caring for the Vines. The dwarf peas need no further care, except cultivation to keep the earth soft and free from weeds. The blossoms form in about four weeks, and the peas ripen quickly after that. The season for peas begins early in May, and they are picked in August along the northern belt. Because of its fondness for cool climates and moist earth, the pea is most delicious and profitable in those states where the summer days are not extremely hot.

Picking Peas. It does not pay to pick peas before they are fairly well filled out, as they are wasted in that way. You can soon learn to tell, by a gentle pressure of the thumb near the lower end of the pod, whether the peas are large enough to pick. On the other hand, it is unwise to leave them on the vines to dry, as that will tend to check the growth of the peas forming at the top of the vine. In taking the pod from the vines, be careful to use both hands. Hold the vine with one hand just above the pea, to save the tender branches from being torn. TIP: Remember the new peas which are coming above those you are picking, and give them a free chance to mature.

Follow Crops. As soon as the crop of peas is harvested, pull out the vines, put away the supports you wish to save for the next season, and dig over the ground for a crop of something else. Bush string beans, turnips, cabbage, winter beets, lettuce, and other quick growing plants may be put in the same rows.

Recipes. Next month look for recipes for Soupe Aux Pois (Pea Soup), Balsamic Pea Salad, Lemon Orzo with Peas, Fregola with Peas and Ricotta, and Peas with Pancetta.

Source. "Protecting Your Peas" excerpted from Garden Steps: A Manual for the Amateur in Vegetable Gardening, by Ernest Cobb, 1917

peas

InDesign 提供了一般只有专用文字处理程序才有的众多文本编辑功能，包括查找并替换文本和格式、拼写检查、输入文本时自动校正拼写错误，以及编辑时显示修订等。

6.1 概述

在本课中，您将执行图形设计人员经常面临的编辑任务，包括置入包含文章的 Word 文档，以及使用 InDesign 的编辑功能查找并替换文本和格式、执行拼写检查、修改文本和显示修订等。

1. 为确保您的 InDesign 首选项和默认设置与本课使用的一样，请将文件 InDesign Defaults 移到其他文件夹，详情请参阅“前言”中的“保存和恢复文件 InDesign Defaults”。
2. 启动 InDesign。
3. 在出现的“主页”屏幕中，单击左边的“打开”按钮（如果没有出现“主页”屏幕，就选择菜单“文件”>“打开”）。
4. 打开文件夹 InDesignCIB\Lessons\Lesson06 中的文件 06_Start.indd。
   - 请注意，这个文档使用了来自 Adobe Font 服务的字体 Urbana Light。
   - 如果您连接到了 Internet 并登录了 Creative Cloud，将自动安装这种字体。
   - 如果有必要且可能，请暂时连接到 Internet 并登录 Creative Cloud，以安装这种字体。
   - 如果无法安装这种字体，那么在正常模式下，标题 Protecting Your Peas 将带粉色背景。在这种情况下，可能需要将这个标题指定为其他字体，如 Myriad Regular。
   - 有关 Adobe Font 服务的更详细信息，请参阅本章末尾。
5. 选择菜单“文件”>“存储为”，将文件重命名为 06_Text.indd，并将其存储到文件夹 Lesson06 中。
6. 如果有必要，选择菜单“视图”>“显示性能”>“高品质显示”，以更高的分辨率显示这个文档。

> **提示** 一般而言，处理文本时没必要以全分辨率显示图像。如果您使用的计算机速度较慢，可保留默认设置“典型显示”，甚至可以选择设置“快速显示”，将图像显示为灰色块。

7. 为确保面板和菜单命令与本课使用的相同，请先选择菜单“窗口”>“工作区”>“[基本功能]”，再选择菜单“窗口”>“工作区”>“重置‘基本功能’”。
8. 要查看完成后的文档，可以打开文件夹 Lesson06 中的文件 06_End.indd，如图 6.1 所示。可让该文件保持打开状态，以便工作时参考。

图6.1

9. 查看完毕后，单击文档窗口左上角的 06_Text.indd 标签以切换到该文档。

6.2 输入和置入文本

可将文本直接输入 InDesign 中，也可置入在其他程序（如文字处理程序）中创建的文本。要输入文本，需要使用文字工具选择文本框架、文本路径或表格单元格。要置入文本，可从桌面拖曳文件（这将出现载入文本图标），也可将文件直接置入选择的文本框架中。

6.2.1 输入文本

虽然图形设计人员通常不负责版面中的文本，但经常需要根据修订方案修改文本，这些修订方案通常是以 Adobe PDF 等形式提供的。这里将使用文字工具修订标题。

1. 选择菜单“视图”>“屏幕模式”>“正常”，以便能够看到参考线等版面辅助元素。
2. 选择菜单“视图”>“其他”>“显示框架边缘”。

文本框架将出现金色轮廓，以便能看清它们。在左对页中，找到包含标题 Protecting Your Peas 的文本框架。下面将这个标题中的 Protecting 改为 Protect。

> **注意** 如果看不到框架边缘，请确保屏幕模式为“正常”（选择菜单“视图”>“屏幕模式”>“正常”）。

3. 使用文字工具（T.）在 Protecting 后面单击，如图 6.2 所示。

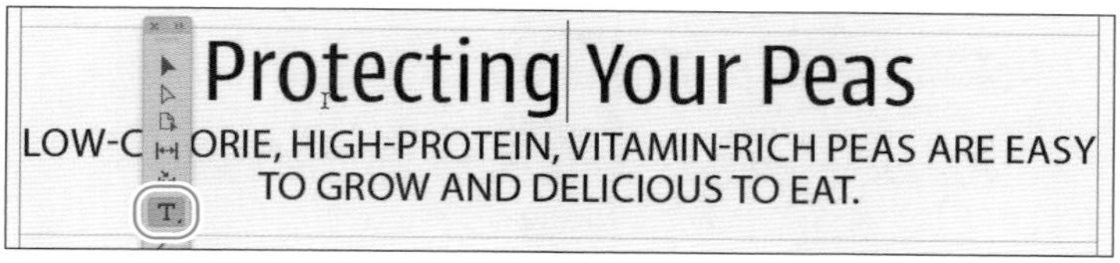

图6.2

4. 按 BackSpace（Windows）或 Delete（macOS）键 3 次，将 ing 删除。
5. 选择菜单“文件”>“存储”保存文件。

6.2.2 置入文本

使用模板处理项目（如杂志）时，设计人员通常会将文本置入既有文本框架。下面置入一个 Word 文档，并使用段落样式设置其格式。

1. 使用文字工具（T.）单击右对页文本框架中的第 1 栏，如图 6.3 所示。

图6.3

2. 选择菜单“文件”>“置入”。在“置入”对话框中，确保没有勾选左下角的复选框“显示导入选项”。

> **提示** 在“置入”对话框中，可按住Shift键并单击以选择多个文本文件。这样做时，鼠标指针将变成载入文本图标，让您能够在文本框架中或页面上单击以置入每个文件中的文本。这非常适合置入存储在不同文件中的内容，如很长的字幕。

3. 在文件夹InDesignCIB\Lessons\Lesson06中，找到并选择文件06_Gardening.docx。
4. 单击“打开”按钮。如果出现“缺失字体”对话框，单击“关闭”按钮将其关闭，后面将使用段落样式指定不同的字体。

文本将从一栏排入另一栏，直到填满全部3栏。

5. 选择菜单“编辑”>“全选”选择文章中的所有文本。
6. 在面板停放区找到“属性”面板，在“文本样式”部分单击标签“段落样式”，再从它下面的下拉列表中选择样式Body Paragraph。
7. 在第1个段落（以Peas are easy to grow打头的段落）中单击，再在“属性”面板中从“段落样式”下拉列表中选择First Body Paragraph，如图6.4所示。

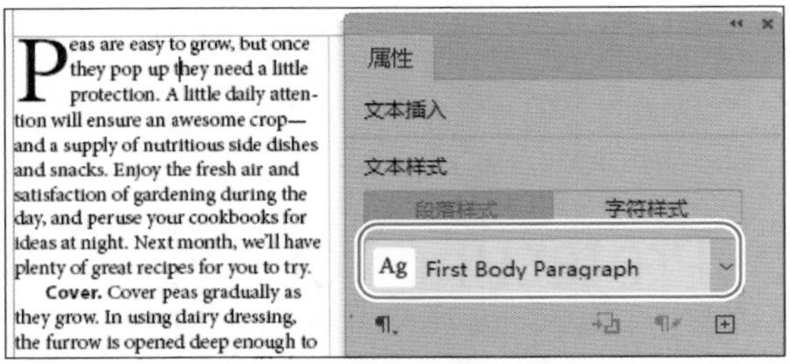

图6.4

修改格式后，文本框架可能无法容纳所有文本。在右对页中，文本框架的右下角可能有红色加号（⊞），这表明有溢流文本。后面将使用文章编辑器来解决这个问题。

8. 选择菜单“编辑”>“全部取消选择”。
9. 选择菜单“文件”>“存储”保存文件。

6.3 查找并修改文本和格式

和大多数流行的文字处理程序一样，在InDesign中也可以查找并替换文本和格式。通常，在图形设计人员处理版面时，稿件还在修订中。当后期需要进行全局修改时，“查找/更改”命令有助于确保修改的准确和一致性。

6.3.1 查找并修改文本

对于这篇文章，需要将所有的bird都改为blackbird。下面修改文档中所有的bird。

1. 使用文字工具（T.）在文章开头（右对页第 1 栏的 Peas are easy to grow 前面）单击。
2. 选择菜单“编辑”>“查找/更改”。
3. 单击“查询”下拉列表，看看内置的“查找/更改”选项。单击对话框顶部的每个标签，包括“文本”“GREP”“字形”“对象”和“全角半角转换”，以查看其他选项。
4. 单击标签“文本”，以便进行简单的文本查找和替换。
5. 在“方向”部分，选择单选按钮“向前”。

> **提示** *要在两个搜索方向之间切换，可按* Ctrl + Alt +Enter（Windows）*或* Command + Option + Enter（macOS）*键。*

6. 在“查找内容”文本框中输入“bird”。

按 Tab 键移到“更改为”文本框，并输入“blackbird”。

在“查找/更改”对话框中，可使用“搜索”下拉列表指定搜索范围，如“选区”“文章”“文档”和“所有文档”。

7. 从“搜索”下拉列表中选择“文章”，以指定搜索范围。

将鼠标指针指向“搜索”下拉列表下方的各个图标以显示工具提示，从而了解它们将如何影响查找/更改操作。例如，选择“全字匹配”（≣），可避免查找内容出现在另一个单词中时被找出并更改。

8. 确保没有选择图标“区分大小写”（Aa）和“全字匹配”（≣），如图 6.5 所示。
9. 单击“查找下一个”按钮，找到第一个 bird 后，单击“全部更改”按钮。
10. 将出现一个消息框，指出进行了 4 处替换，如图 6.6 所示，单击“确定”按钮。

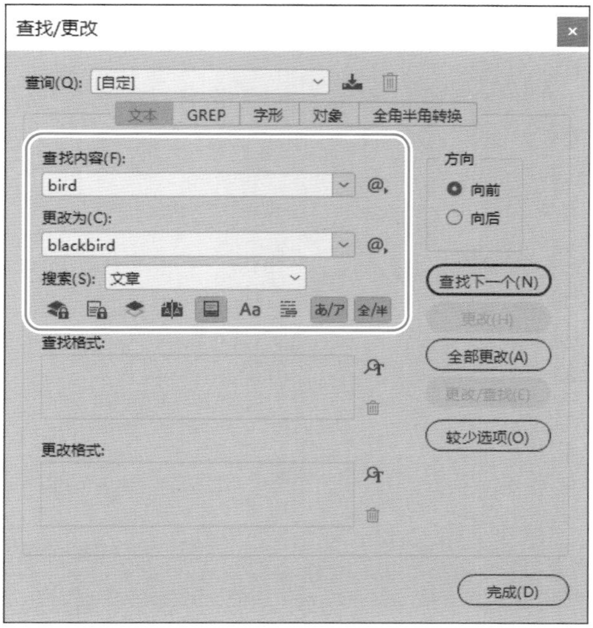

图6.5

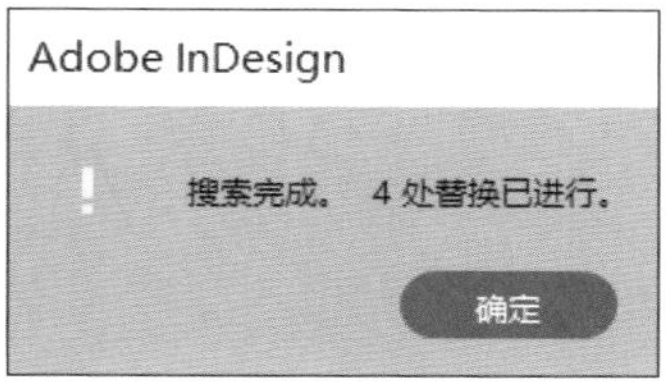

图6.6

> **提示** 打开“查找/更改”对话框时，仍可使用文字工具在文本中单击并进行编辑，而且可在编辑文本后继续搜索。

11. 让“查找/更改”对话框保持打开状态，供下一个练习使用。

6.3.2 查找并修改格式

现在需要对这篇文章进行另一项全局性修改——这次修改的是格式而不是拼写。在这篇文章中，每个小贴士前面都有文本 Tip，下面将其改为紫色且全大写。

1. 使用文字工具（T.）在文章开头（右对页第 1 栏的 Peas are easy to grow 前面）单击。
2. 在“查找内容”文本框中输入“Tip:”。按 Tab 键进入“更改为”文本框，并按 BackSpace（Windows）或 Delete（macOS）键删除其中的内容。
3. 在“更改为”文本框中输入“TIP:”。
4. 单击“搜索”下拉列表下方的“区分大小写”按钮（Aa），如图 6.7 所示。

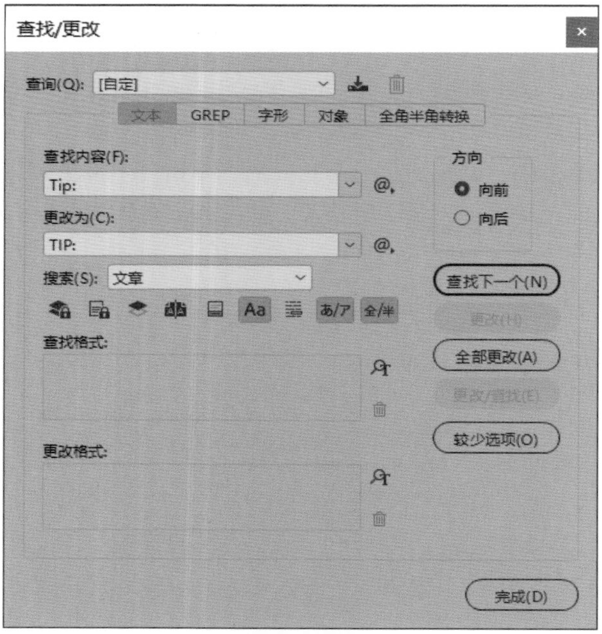

图6.7

> **提示** 要使用“查找/更改”功能将所有的 Tip: 都改为 TIP:，另一种方式是应用样式“全部大写字母”。根据使用这种效果的频率，您可以先创建一种指定“全部大写字母”和紫色的字符样式，再通过“查找/更改”功能来应用这种字符样式。

5. 如果有必要，单击“更多选项”按钮在对话框中显示查找文本的格式选项。

6. 在“查找 / 更改”对话框底部的“更改格式”部分，单击“指定要更改的属性”按钮（ ），打开“更改格式设置”对话框。

7. 在“更改格式设置”对话框左边，选择“字符颜色”。

8. 在“字符颜色”部分，单击 Purple-Cool，如图 6.8 所示。

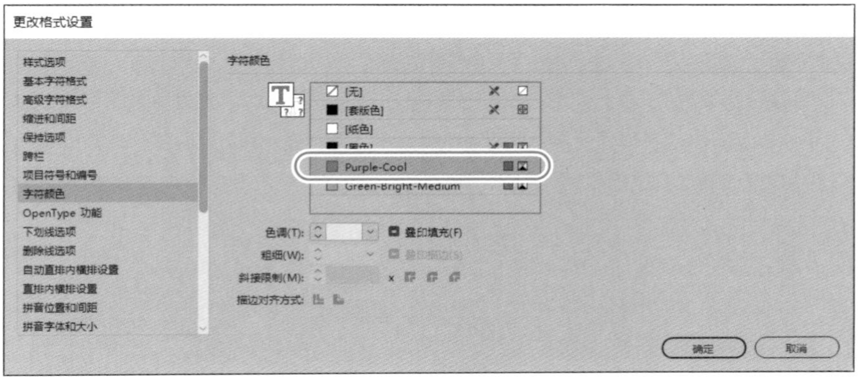

图6.8

9. 单击“确定”按钮，返回“查找 / 更改”对话框。

可以看到“更改为”文本框上方有个警告图标（ ），这表明 InDesign 将把找到的文本修改为指定格式，如图 6.9 所示。

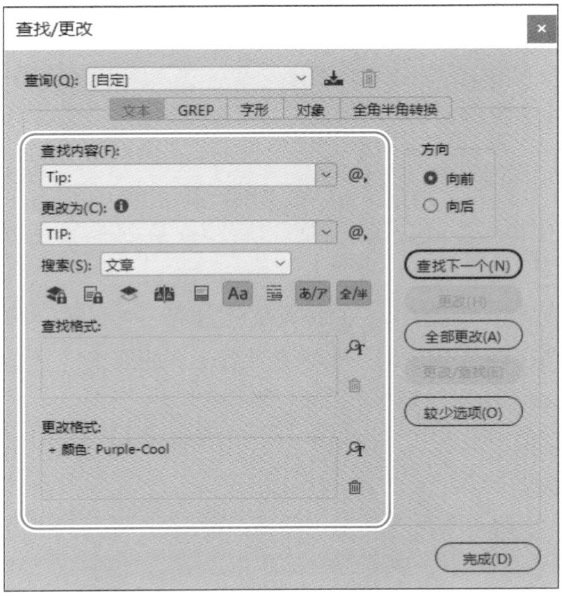

图6.9

10. 通过先单击“查找下一个”按钮再单击“更改”按钮来测试设置。确定 Tip: 被更改为紫色的 TIP: 后，单击“全部更改”按钮。

11. 弹出提示进行了两次修改的消息框时，单击“确定”按钮，然后单击“完成”按钮关闭“查找 / 更改”对话框。

12. 选择菜单“文件” > “存储”保存文件。

6.4 拼写检查

InDesign 包含拼写检查功能，该功能与文字处理程序的拼写检查功能相似。可对选择的文本、整篇文章、文档中所有的文章或多个打开的文档中所有的文章进行拼写检查。可将单词加入文档的词典中，以指定哪些单词可被视为拼写不正确。InDesign 还可在您输入单词时指出并校正可能的拼写错误。

> Id **提示** 务必与客户确认是否由您来进行拼写检查，很多客户喜欢自己进行拼写检查。

“拼写检查”对话框提供了如下按钮，让您能够对显示在“不在词典中”文本框中的单词（存在疑问的单词）进行处理。

- “跳过”按钮：如果确定这个单词的拼写没错，同时要审阅其他这样的单词，可单击“跳过”按钮。
- “更改”按钮：单击这个按钮将当前的单词改为“更改为”文本框中的内容。
- “全部忽略”按钮：确定在整个选择的范围、文章或文档内，所有这样的单词都拼写正确时，可单击这个按钮；然而，重启 InDesign 后再执行拼写检查时，以前被忽略的单词依然会被视为拼写不正确。
- “全部更改”按钮：确定在整个选择的范围、文章或文档内，需要对所有这样的单词进行修改时，可单击这个按钮。

6.4.1 在文档中进行拼写检查

在对文档进行打印或以电子方式分发前进行拼写检查是个不错的习惯。下面对这篇文章进行拼写检查。

1. 如果有必要，选择菜单“视图” > “使跨页适合窗口”，以便能够同时看到文档的两个页面。
2. 使用文字工具（T.）在文章的第一个单词（Peas）前面单击。
3. 选择菜单“编辑” > “拼写检查” > “拼写检查”。

在“拼写检查”对话框的“搜索”下拉列表中，可选择“所有文档”“文档”“文章”“到文章末尾”或“选区”。

4. 从对话框底部的“搜索”下拉列表中选择“文章”，单击“开始”按钮。
5. InDesign 将找出所有与拼写字典不匹配的单词。

> Id **注意** 根据 InDesign 首选项“词典”和“拼写检查”的设置，以及您是否在自定义词典中添加了单词，找出的单词可能不同。请尝试各种拼写检查选项，以熟悉它们。

对于找出的单词，做如下处理。

- 对于 Cover，单击“跳过”按钮。
- 对于 Blackbirds，单击“跳过”按钮。
- 对于 coton，在“建议校正为”列表中选择 cotton，单击“更改”按钮，如图 6.10 所示。
- 对于 gardner，在“更改为”文本框中输入 gardener，单击“更改”按钮。
- 对于 Soupe 和 Pois，单击“全部忽略”按钮。
- 对于 Orzo，单击“添加”按钮，将这个极其常见的单词添加到您的用户词典中。
- 对于 Fregola 和 Pancetta，单击“全部忽略”按钮。

6. 单击“完成”按钮。
7. 选择菜单“文件”>“存储”保存文件。

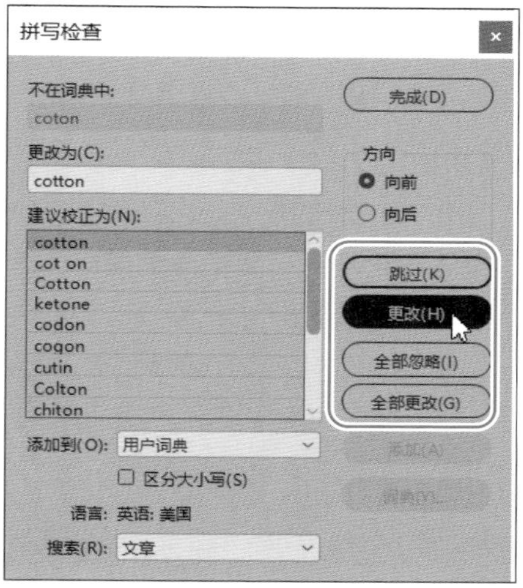

图6.10

6.4.2 将单词加入文档专用词典中

在 InDesign 中，可将单词加入用户词典或文档专用词典中。如果您与多位拼写习惯不同的客户合作，最好先将单词添加到文档专用词典中。下面将 pancetta 添加到文档专用词典中。

1. 选择菜单“编辑”>“拼写检查”>“用户词典”，打开“用户词典”对话框。
2. 如果有必要，从“目标”下拉列表中选择“用户词典”。

> **提示** 如果单词并非特定语言特有的，如人名，可选择“所有语言”将该单词加入所有语言的拼写词典中。

3. 在“单词”文本框中输入“pancetta”。
4. 单击“添加”按钮，如图 6.11 所示。

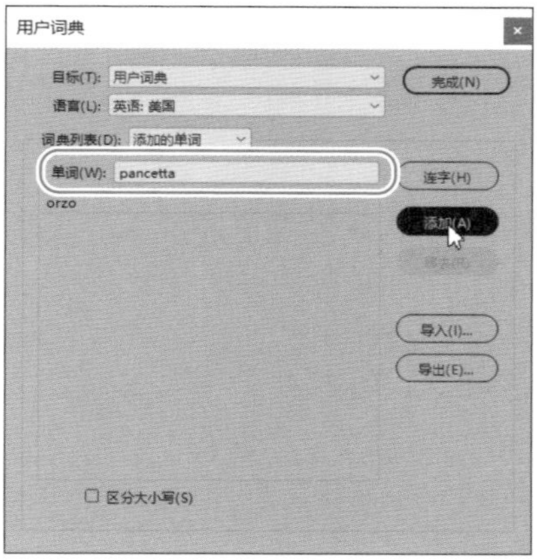

图6.11

5. 单击“完成”按钮，选择菜单“文件”>“存储”保存文件。

动态拼写检查

无须等到文档完成就可检查拼写。通过启用“动态拼写检查”功能，可在文本中看到拼写错误的单词。下面来看看这个功能的工作原理。

1. 选择菜单“编辑”>“首选项”>“拼写检查”(Windows)或“InDesign”>“首选项”>“拼写检查”(macOS)，以显示“拼写检查”首选项。
2. 在“查找”部分，可指定让拼写检查指出哪些可能的错误，包括拼写错误的单词、重复的单词、首字母未大写的单词、首字母未大写的句子，如图6.12所示。例如，如果您处理的是包含数百个名字的字典，可勾选复选框“首字母未大写的单词”，但不勾选复选框“拼写错误的单词”。

图6.12

3. 如果有必要，勾选复选框“启用动态拼写检查”。
4. 在“下画线颜色”部分指定以哪种颜色的下画线指出拼写错误。
5. 单击“确定”按钮关闭“首选项”对话框并返回到文档。

根据默认用户词典，拼写错误的单词将带下画线。

6. 在带下画线的单词上单击鼠标右键(Windows)或按住Control键并单击(macOS)，以显示上下文菜单，选择如何修改拼写。

6.4.3 自动更正拼错的单词

“自动更正”功能比“动态拼写检查”的功能更进了一步。启用这种功能后，InDesign将在用户输入拼错的单词时自动更正它们。这种更改是根据常见的拼写错误单词列表进行的，您可将经常拼错的单词（包括其他语言的单词）添加到该列表中。

1. 选择菜单“编辑”>“首选项”>“自动更正”(Windows)或“InDesign”>“首选项”>“自动更正”(macOS)，以显示“自动更正”首选项。
2. 勾选复选框“启用自动更正”。在默认情况下，列出的是中文：简体。

由于单词gardener常被错误地拼写成gardner（遗漏了中间的e），为防止这种错误，可以在自动更正列表中添加上述错误拼写和正确拼写。

3. 单击“添加”按钮，打开“添加到自动更正列表”对话框。在“拼写错误的单词”文本框中输入“gardner”，在“更正”文本框中输入“gardener”，如图 6.13 所示。

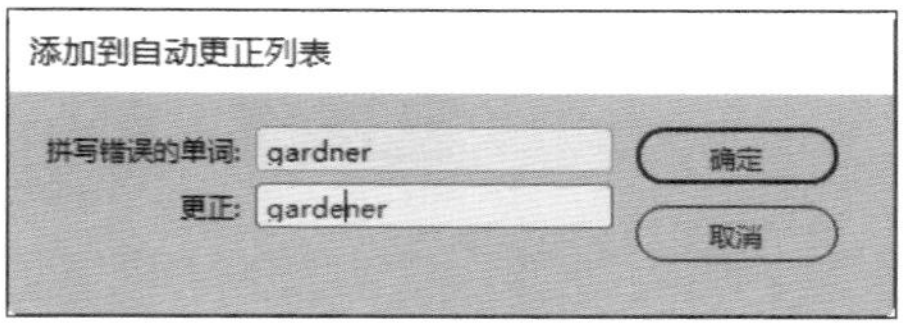

图6.13

4. 单击“确定”按钮添加该单词，再单击“确定”按钮关闭“首选项”对话框。
5. 确保菜单项“编辑”>“拼写检查”>“自动更正”前面有勾号。
6. 使用文字工具（ T. ）在文本的任何位置单击，再输入单词“gardner”。
7. 可以看到“自动更正”功能将 gardner 改为了 gardener。选择菜单“编辑”>“还原”删除刚才添加的单词。

> Id **提示** 启用了“自动更正”功能后，当您输入空格、句点、逗号、斜杠、大于号或小于号，表明输入了一个完整的单词时，InDesign 将立即自动更正它。

8. 选择菜单“文件”>“存储”保存文件。

6.5 拖放式文本编辑

为了让用户能够在文档中快速剪切并粘贴单词，InDesign 提供了拖放式文本编辑功能，让您能够在文章内部、文本框架之间和文档之间移动文本。下面使用这种功能将文本从该杂志版面的一个段落移到另一个段落。

1. 选择菜单“编辑”>“首选项”>“文字”（Windows）或“InDesign”>“首选项”>“文字”（macOS），以显示“文字”首选项。
2. 在“拖放式文本编辑”部分，勾选复选框“在版面视图中启用”，如图 6.14 所示，这让您能够在版面视图中（而不仅是在文章编辑器中）移动文本。单击“确定”按钮。

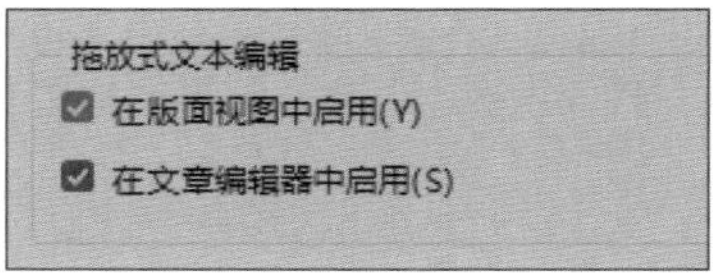

图6.14

> Id **提示** 当拖放文本时，InDesign 在必要时自动在单词前后添加或删除空格。要关闭这项功能，可在“文字”首选项中取消勾选复选框“剪切和粘贴单词时自动调整间距”。

3. 找到左对页中标题 Protect Your Peas 下方的子标题。如果有必要，修改缩放比例以便能够看清这个子标题。
4. 使用文字工具（ T. ）拖曳出方框以选择 LOW-CALORIE 及其后面的逗号和空格。
5. 将鼠标指针指向选择的内容，直到鼠标指针变成拖放图标（ ），如图 6.15 所示。
6. 将这些内容拖曳到正确的位置（HIGH-PROTEIN 和逗号的后面），如图 6.16 和图 6.17 所示。

图6.15

图6.16

图6.17

注意 如果要复制而不是移动选择的单词，可在开始拖曳后按住 Alt（Windows）或 Option（macOS）键。

7. 单击粘贴板取消选择文本，选择菜单“文件”>“存储”保存文件。

6.6 使用文章编辑器

如果需要输入很多文本、修改文章或缩短文章，可使用文章编辑器隔离文本。文章编辑器的作用如下。

- 它显示没有应用任何格式的文本（粗体、斜体等字体样式除外），将所有图形和非文本元素都省略了，这样编辑起来更容易。
- 文本的左边有一个垂直深度标尺，并显示了应用于每个段落的段落样式名称。
- 与在文档窗口中一样，“动态拼写检查”功能指出了拼错的单词。
- 如果在“文字”首选项中勾选了复选框“在文章编辑器中启用”，将可以像前面的操作那样在文章编辑器中拖曳文本。
- 在“文章编辑器显示”首选项中，可指定文章编辑器使用的字体、字号、背景颜色等选项。

现在右对页中的文章太长，导致文本框架容纳不下。为了解决这个问题，下面使用文章编辑器删除一个句子。

1. 选择菜单“视图”>“使跨页适合窗口”。
2. 使用文字工具（T.）在第 3 栏的第一个完整段落（以 Follow Crops 打头的段落）中单击。
3. 选择菜单“编辑”>“在文章编辑器中编辑”，将文章编辑器拖曳到跨页最右边一栏的旁边。

注意 如果文章编辑器位于文档窗口后面，可从“窗口”菜单中选择它，让它位于文档窗口前面。

4. 拖曳文章编辑器中的垂直滚动条以到达文章末尾，注意有一条红色竖线指出存在溢流文本。
5. 在文章编辑器中滚动到以 Follow Crops 打头的段落，找到并选择这个段落中最后一个句子 If the peas have been well enriched, two or three pounds of commercial fertilizer for each hundred feet of row will be sufficient for the second crop.。务必选择最后的句点，如图 6.18 所示。

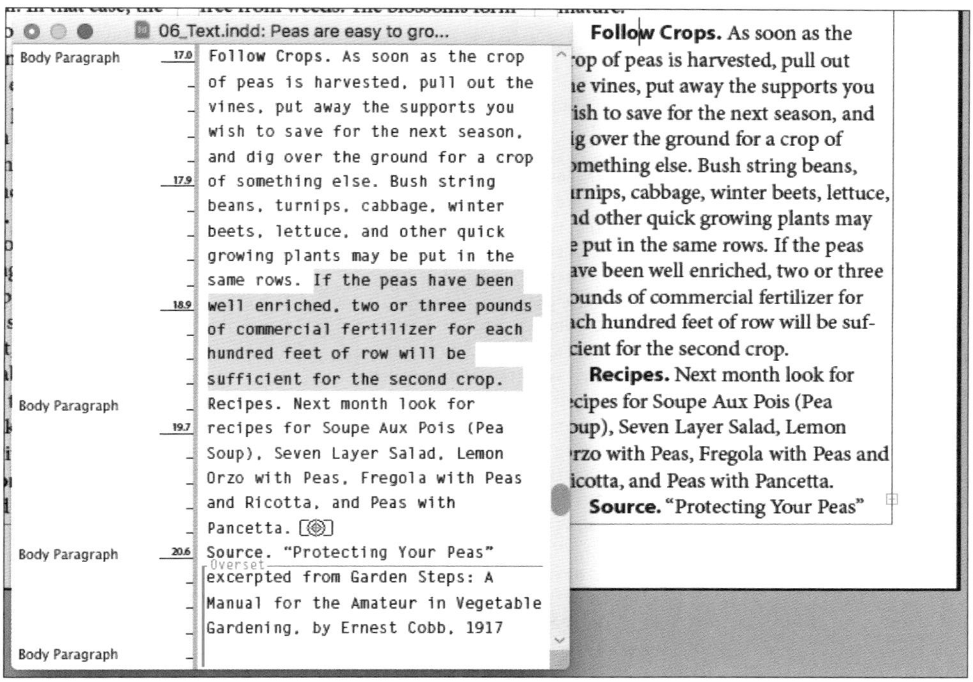

图6.18

6. 按 BackSpace（Windows）或 Delete（macOS）键。如果有必要，将插入点放在 Recipes 前面并按 Enter 键，让它依然位于段落开头。
7. 选择菜单“文件”>“存储”，让文章编辑器保持打开状态，供下一个练习使用。

6.7 显示修订

对有些项目来说，需要在整个设计和审阅过程中看到对文本做了哪些修订，这很重要。另外，审阅者可能会提出一些修改建议，而其他用户可能接受，也可能拒绝。与文字处理程序一样，InDesign 的文章编辑器也可以显示添加、删除或移动的文本。

下面来显示修订部分文本。

> **提示** 在“修订”首选项中，可指定要在文章编辑器中显示哪些修改，以及如何显示。

1. 选择菜单“文字”>“修订”>“在当前文章中进行修订”。

2. 在文章编辑器中，找到以 Recipes 打头的段落。

> **提示** InDesign 提供了“附注”面板和“修订”面板，供审阅和协作时使用。要打开这些面板，可在菜单“窗口”>“评论”中选择相应的子菜单项。通过“修订”面板的面板菜单，可访问众多与修订相关的选项。

3. 在文章编辑器中，使用文字工具（T.）选择 Seven Layer，并输入“Balsamic Pea”。

可以看到文章编辑器中标出了所做的修改，如图 6.19 所示。

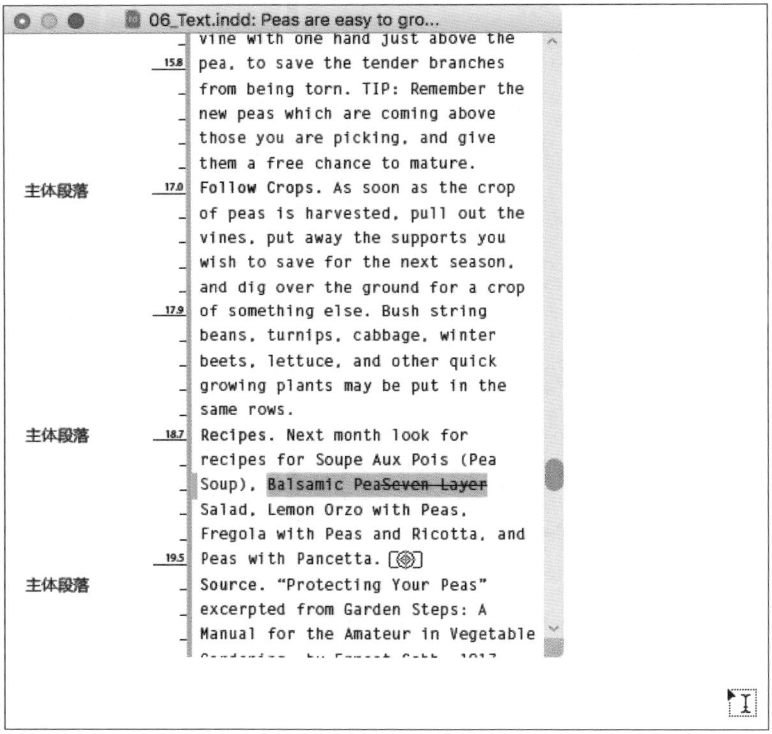

图6.19

4. 打开文章编辑器，查看菜单“文字”>“修订”中接受和拒绝更改的子菜单项。查看完毕后，在该子菜单中选择“接受所有更改”>“在此文章中”。

5. 在出现的“警告”对话框中单击“确定”按钮。

6. 单击文章编辑器的关闭按钮（✖）将其关闭。如果有必要，选择菜单“编辑”>“拼写检查”>“动态拼写检查”，可以禁用这项功能。

7. 选择菜单“视图”>“屏幕模式”>“预览”，再选择菜单“文件”>“存储”保存文件。

祝贺您完成了本课！

6.8 练习

尝试了 InDesign 的基本文本编辑工具后，下面练习使用它们来编辑这个文档并设置其格式。

1. 使用文字工具（ T. ）在这篇文章中添加子标题，并使用控制面板中的选项来设置它们的格式。
2. 如果您的计算机中有其他文本文件，可尝试将它们从桌面拖曳到该版面中以了解它们是如何被置入的。如果不希望置入的文件留在该文档中，可选择菜单“编辑”>“还原”。
3. 使用“查找 / 更改”对话框查找该文章中所有的破折号，并使用两边各有一个空格的破折号来替换它们。要查找特殊字符，如破折号，可单击“查找内容”文本框旁边的 @ 按钮（ @ ）。

> Id **提示** 出版商通常遵循特定的风格指南来修订文档，这些指南指定了如何处理空格和标点符号等问题。例如，“The Associated Press Stylebook”规定破折号两边都必须添加空格，而“The Chicago Manual of Style”不要求这样做。

4. 使用文章编辑器和显示修订来编辑文章。看看各种更改是如何标识的，并尝试接受和拒绝这些更改。

Adobe Fonts服务

要理解Adobe Fonts服务，首先必须明白字体是独立的文件，并非文档的组成部分。字体安装在系统中，应用程序使用它们来设置文本的格式。虽然很多应用程序都自带了一整套基本字体，但在高端图形设计中，需要使用大量的字体。所幸Creative Cloud成员可使用数千种已获得授权的字体，而不需要支付额外的费用。

当您打开一个文档时，如果它使用了系统缺失的字体，而这些字体可从Adobe Fonts获得，InDesign将自动安装它们，前提是您的计算机连接到了Internet，且登录了Creative Cloud。要探索可通过Adobe Fonts获得的字体，请访问Adobe官网，如图6.20所示。

> Id **提示** 对于使用了缺失字体的文本，当且仅当屏幕模式为“正常”，且在“首选项”对话框的“排版”选项卡中勾选了“突出显示”部分的复选框“被替代的字形”时，会使用粉色突出显示。

当您打开一个文档时，如果它使用了Adobe Fonts服务未提供的字体，将出现“缺失字体”对话框。通过这个对话框可获悉缺失的字体的使用情况，以决定是否要将缺失的字体替换为其他字体。您还可随时选择菜单“文字”>“查找字体”来获悉文档使用了哪些字体。一般而言，最好继续使用文档设计时使用的字体，因此收到文档后，如果它使用了您没有的字体，应想办法向供应商购买。有了缺失的字体后，就可使用字体管理软件来安装它或将其添加到InDesign的文件夹Fonts中。

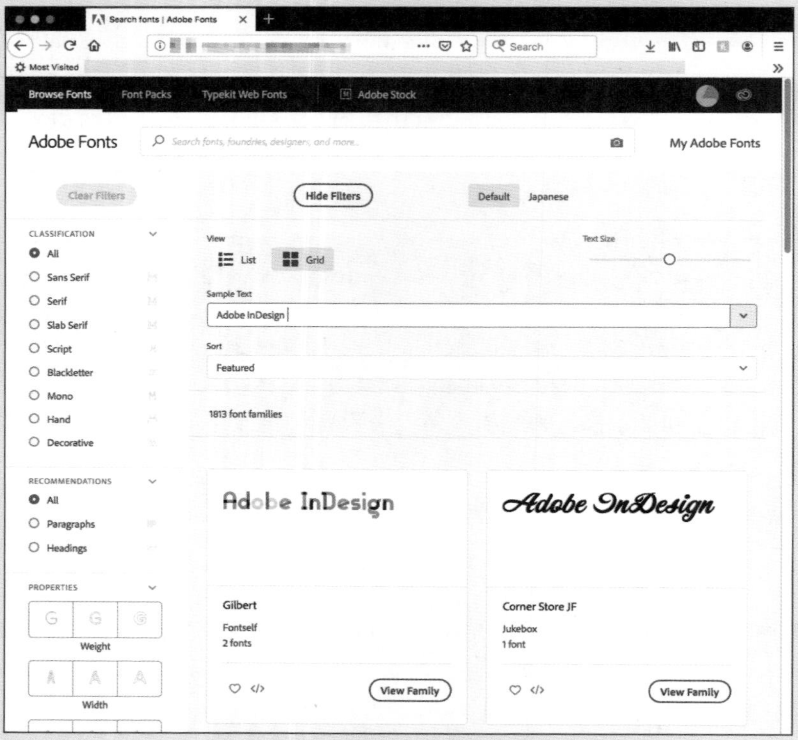

图6.20

6.9 复习题

1. 使用哪种工具编辑文本？
2. 用于编辑文本的命令主要集中在哪里？
3. 实现查找并替换的命令叫作什么？
4. 对文档进行拼写检查时，InDesign 将词典中没有的单词视为拼写不正确，但这些单词实际上拼写正确。如何避免这些单词在每次执行拼写检查时都被视为拼写不正确？
5. 如果经常错误地拼写某个单词，该怎么办？

6.10 复习题答案

1. 文字工具。
2. 菜单“编辑”和“文字”中。
3. “查找 / 更改”（位于菜单“编辑”中）。
4. 选择菜单“编辑”>“拼写检查”>“用户词典”，将这些单词添加到文档专用词典或 InDesign 默认词典中，并指定使用的语言。
5. 在“自动更正”首选项中添加该拼写错误的单词及其正确的拼写。

第7课 排版艺术

在本课中，您将学习以下内容：

- 调整文本的垂直和水平间距；
- 修改字体和字体样式；
- 插入特殊字符；
- 创建跨栏的标题；
- 调整换行和换栏位置；
- 将标点悬挂到边缘外面；
- 添加下沉效果并设置其格式；
- 调整换行位置；
- 指定带前导符的制表符及悬挂缩进；
- 添加段落线和底纹。

学习本课大约需要 60 分钟。

A BITE OF DELIGHT

Strawberries

Heart-shaped fruit that's good for your heart? Check. Fruit that can boost your immunity, lower your cholesterol, protect your vision, prevent cancer (and wrinkles!) and help with weight management? Check. Vitamin C and vitamin K? Check, check. And on top of all that, strawberries are easy to grow.

Plant your strawberries in the full sun, 12 to 18 inches apart. Cover the roots, keep the central growing bud at soil level, and use a balanced fertilizer. In the spring, add compost and fertilizer, and then in fall mulch with straw. As your strawberries grow, keep them moist and weeded. As strawberries begin to ripen, cover them with lightweight netting to keep the birds at bay.

Pick strawberries when they're cool and refrigerate them immediately. Wash before use and enjoy! Your yogurt, pancakes, shortcakes and more are waiting.

"You stand out like a strawberry in a bowl of peas."

Chocolate-Covered Strawberries

½ lb strawberries with stems

½ cup chocolate chips

¼ cup sprinkles

1. Wash the strawberries.
2. Melt chocolate in the microwave in 30-second bursts; stir in between.
3. Dip the strawberries in the chocolate, and then in the sprinkles.

Place on wax paper to set, about 30 minutes.

Nutritional Facts

Serving Size	6
Calories	280
Calories from Fat	35%
Protein	0g

InDesign提供了很多排版功能，让您能够给文档选择合适的字体，微调字符间距、字间距、行间距和段落间距，添加诸如分数和首字母下沉等装饰效果。

7.1 概述

在本课中，您将微调一篇植物园介绍文章的版面。为满足杂志对版面美观的要求，您将精确地设置间距和格式，并使用装饰效果。

1. 为确保您的 InDesign 首选项和默认设置与本课使用的一样，请将文件 InDesign Defaults 移到其他文件夹，详情请参阅“前言”中的“保存和恢复文件 InDesign Defaults”。
2. 启动 InDesign。
3. 在出现的“主页”屏幕中，单击左边的“打开”按钮（如果没有出现“主页”屏幕，就选择菜单“文件”>“打开”打开它）。
4. 打开文件夹 InDesignCIB\Lessons\Lesson07 中的文件 07_Start.indd。
5. 选择菜单“文件”>“存储为”，将文件重命名为 07_Type.indd，并将其存储到文件夹 Lesson07 中。
6. 为确保面板和菜单命令与本课使用的相同，请先选择菜单“窗口”>“工作区”>“[基本功能]”，再选择菜单“窗口”>“工作区”>“重置‘基本功能’”。
7. 为了以更高的分辨率显示这个文档，请选择菜单“视图”>“显示性能”>“高品质显示”。
8. 如果要查看完成后的文档，在资源管理器（Windows）或 Finder（macOS）中切换到文件夹 Lesson07，再双击文件 07_End.pdf 打开它，如图 7.1 所示。

A BITE OF DELIGHT

Strawberries

Heart-shaped fruit that's good for your heart? Check. Fruit that can boost your immunity, lower your cholesterol, protect your vision, prevent cancer (and wrinkles!) and help with weight management? Check. Vitamin C and vitamin K? Check, check. And on top of all that, strawberries are easy to grow.

Plant your strawberries in the full sun, 12 to 18 inches apart. Cover the roots, keep the central growing bud at soil level, and use a balanced fertilizer. In the spring, add compost and fertilizer, and then in fall mulch with straw. As your strawberries grow, keep them moist and weeded. As strawberries begin to ripen, cover them with lightweight netting to keep the birds at bay.

Pick strawberries when they're cool and refrigerate them immediately. Wash before use and enjoy! Your yogurt, pancakes, shortcakes and more are waiting.

“You stand out like a strawberry in a bowl of peas.”

Chocolate-Covered Strawberries

½ lb strawberries with stems
½ cup chocolate chips
¼ cup sprinkles
1. Wash the strawberries.
2. Melt chocolate in the microwave in 30-second bursts; stir in between.
3. Dip the strawberries in the chocolate, and then in the sprinkles.
Place on wax paper to set, about 30 minutes.

Nutritional Facts

Serving Size	6
Calories	280
Calories from Fat	35%
Protein	0g

图7.1

> **注意** 本课的最终文件是以 PDF 格式提供的，因为这样可将必要的字体嵌套在 PDF 文件中，以便没有安装这些字体的用户也能看到字体效果。如果以 InDesign 格式提供最终文件，当您打开它时系统将提示激活必要的字体，导致本课后面的内容难以学习。

在本课中，您将处理大量文本。为此，可使用“属性”面板中设置字符格式和段落格式的控件，也可使用“字符”面板和“段落”面板。

9. 选择菜单“文字”>“字符”和“文字”>“段落”，打开这两个用于设置文本格式的面板。让这些面板一直保持打开状态，直到完成本课。

> **注意** 如果您愿意，可通过拖曳标签将“段落”面板拖曳到“字符”面板中，以创建一个面板组。

10. 选择菜单“文件”>“显示隐含的字符”，以便能够看到空格、换行符、制表符、链接等。

7.2 调整垂直间距

InDesign 提供了多种定制和调整框架中文本垂直间距的方法。

- 使用基线网格设置段落中文本行的间距（这在第 5 课介绍过）。
- 使用“字符”面板中的“行距”下拉列表设置行间距。
- 使用“段落”面板中的“段前间距”和“段后间距”文本框设置段落间距。
- 使用“文本框架选项”对话框中的“垂直对齐”和“平衡栏”选项来对齐文本框架中的文本。
- 从“段落”面板菜单中选择“保持选项”，并在打开的“保持选项”对话框中，使用“保持续行”、“接续自”和“保持各行同页”来控制段落如何从一栏排入下一栏，如图 7.2 所示。

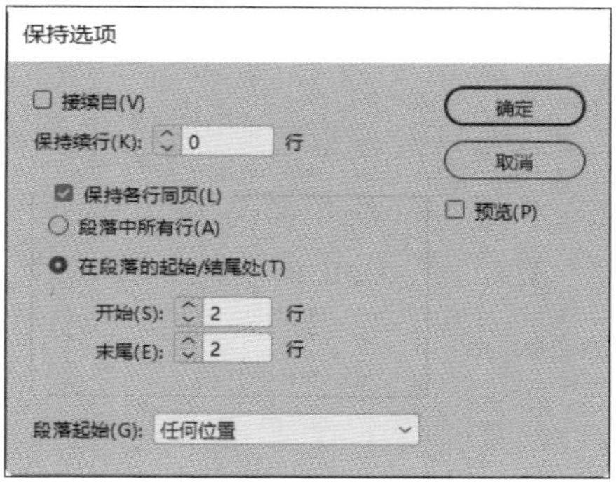

图7.2

在本节中，您将调整段落间距和行间距。

修改段间距

要调整段落间距，可选择段落并指定段前间距和段后间距（两个段落之间的间距为前一个段落的段后间距和后一个段落的段前间距之和。为避免混淆，通常只指定段前间距和段后间距中的一个）。可先将段前间距和段后间距存储在段落样式中，再应用段落样式以确保整个文档的段间距都是一致的。

> **提示** 指定段前间距或段后间距比在段落之间添加额外的换行符更好。使用额外的换行符添加的间距通常太大，还可能出现在页面或分栏开头，在这些地方留下不必要的空白。

下面来增大菜谱 Chocolate-Covered Strawberries 中段落之间的间距，这个菜谱位于页面底部。

1. 使用缩放显示工具（ ）放大页面底部的绿色框。
2. 使用文字工具（T.）在这个菜谱第 1 行（1/2 lb strawberries with stems）开头单击。
3. 选择这个菜谱中从 1/2 lb strawberries with stems 到 Protein 0g 的文本。
4. 在“段落”面板中，单击“段后间距”图标（ ）旁边的上箭头一次。

这将在段落之间增加 0.0625 英寸（4.5 点）的间距，如图 7.3 所示。文本框架中出现了溢流文本，后面将通过添加分栏来解决这个问题。

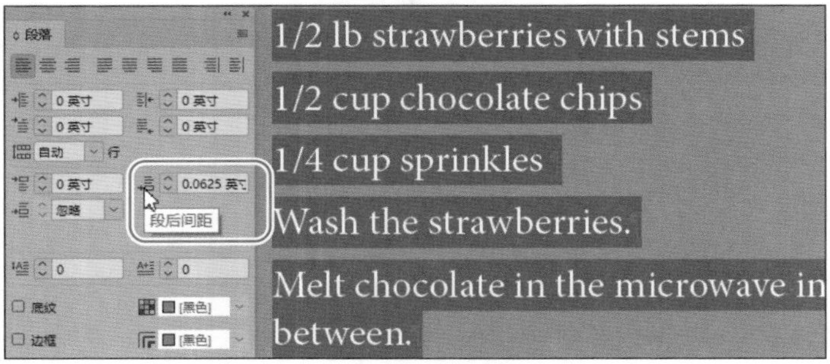

图7.3

5. 选择菜单“编辑”>“全部取消选择”。
6. 选择菜单“文件”>“存储”保存文件。

7.3 使用字体、样式和字形

通过修改文本的字体和字体样式，可改变文档的外观。InDesign 自动安装了一些字体，其中包括 Letter Gothic 和 Myriad Pro 的几种字体样式。Creative Pro 成员可通过 Adobe Fonts 免费访问数千种已获得许可的字体。安装字体后，就可将其应用于文本，并修改字体大小、选择样式（如粗体或斜体）等。另外，您还可访问该字体中的所有字形（每个字符的各种形式）。

7.3.1 添加来自 Adobe Fonts 的字体

在下面的练习中，您将使用字体 Adobe Caslon Pro，它可从 Adobe Fonts 免费获得。如果您的系统已经安装了这种字体，可按下面的步骤添加其他字体。

注意 若要从 Adobe Fonts 服务激活字体，必须联网。

1. 在“字符”面板中单击组合框“字体”右边的箭头，打开“字体”下拉列表。
2. 单击这个下拉列表顶部的“查找更多”，如图 7.4 所示。
3. 向下滚动并找到 Adobe Caslon Pro。
4. 单击该字体系列文件夹右边的“激活”按钮（ ），单击“确定”按钮。

提示 字体系列是特定字体的一系列样式。字体 Adobe Caslon Pro 包含如下样式：Regular、Italic、Semibold、Semibold Italic、Bold 和 Bold Italic。您可激活整个字体系列，也可激活字体系列中的某个样式。

5. 单击“字体”下拉列表，您将看到刚安装的字体，如图 7.5 所示。

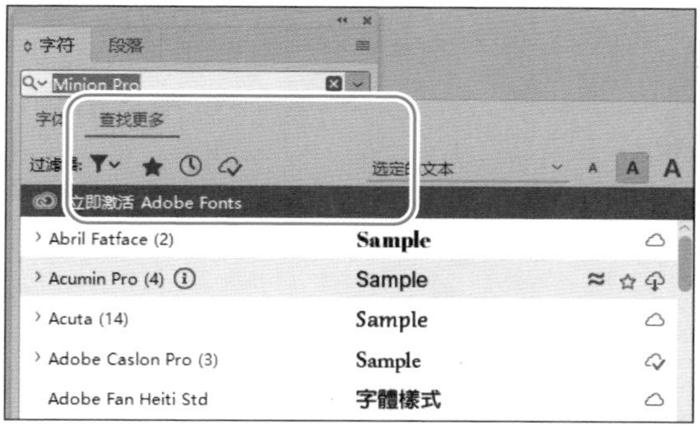

图7.4

图7.5

OpenType字体

诸如Adobe Caslon Pro等OpenType字体可以显示很多字形（字形是字体中字符的表现形式）。OpenType字体包含的字符和替代字可能比其他字体多得多。InDesign还支持新的OpenType字体格式Variable Font，这种字体格式提供了方便的滑块，让您能够轻松地调整字体的粗细、宽度、倾斜度和光学尺寸（Optical size）等。有关OpenType字体的更多详细信息，请参阅Adobe官网。

7.3.2 设置字体、样式、字号和行距

下面给标题指定不同的字体，并给标题的首字母指定不同的字体，再修改页面左边的引文的字体、字体样式、字体大小和行间距。

1. 选择菜单“视图”>“使页面适合窗口”。
2. 使用文字工具（T.）选择页面顶部的文章标题（Strawberries）。
3. 打开“字符”面板中的“字体”下拉列表，在列表中滚动，看看使用各种不同的字体时，文本 Strawberries 是什么样的。

> Id **提示** 要逐个查看字体，可使用箭头键在“字体”下拉列表中上下移动。

4. 在列表中找到刚才激活的字体系列 Adobe Caslon Pro。
5. 单击这个字体系列左边的箭头，并从列表中选择 Regular，如图 7.6 所示。
6. 使用文字工具单击标题 Strawberries 中字符 S 的左边，拖曳以选择这个字符。
7. 在“字符”面板中，从“样式”下拉列表中选择 Bold Italic，如图 7.7 所示。

图7.6

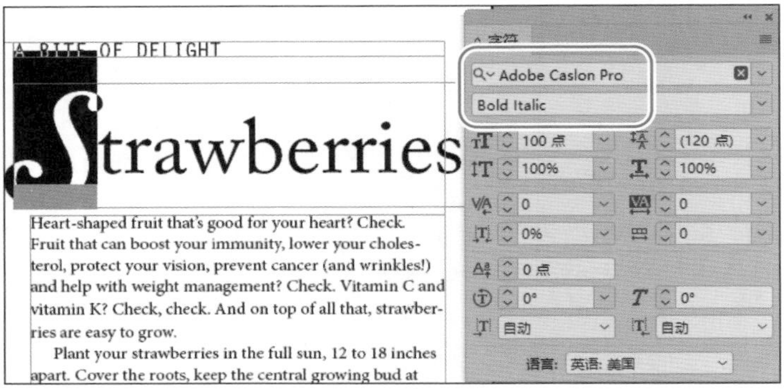

图7.7

下面来处理页面左边的引文 You stand out like a strawberry in a bowl of peas.。

8. 使用文字工具在引文所在的文本框架中单击，再快速地连续单击 4 次以选择整个段落。

9. 在“字符”面板中设置如下选项，如图 7.8 所示。

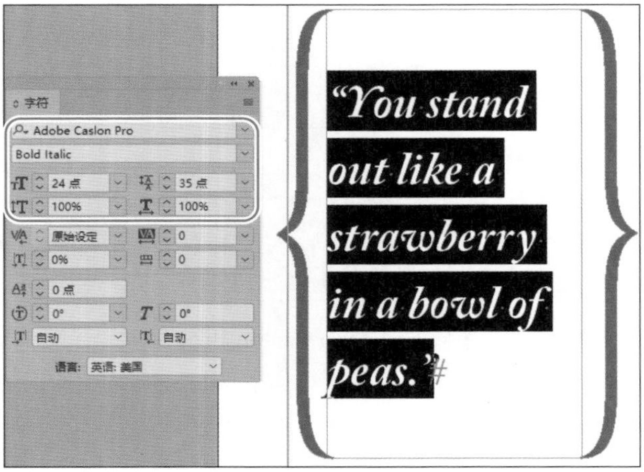

图7.8

- 字体：Adobe Caslon Pro。
- 样式：Bold Italic。
- 字体大小：24 点。
- 行距：35 点。

> **提示** 若要快速选择字体，可在“字体”文本框中输入前几个字母，直到 InDesign 能够识别字体名为止。

10. 打开“字符”面板菜单中的子菜单 OpenType，可以看到选择了“花饰字”，这表明一些字形已被替换为更华丽的字形。

> **提示** 在子菜单 OpenType 中，包含在中括号中的菜单项对当前字体来说不可用。

11. 选择菜单项“花饰字”，禁用这项功能，可以看到一些字符（如 Y）发生了变化。再次从子菜单 Open Type 中选择“花饰字”，启用这项功能。
12. 在引文段落中快速单击 4 次以选择它，段落的某个地方将出现 OpenType 图标（ ）。
13. 单击 OpenType 图标，它提供了另一种访问当前字体支持的 OpenType 功能的途径。
14. 选择“自由连笔字”和“花饰字”，注意两个 st 字形对被替换为连笔字，如图 7.9 所示。

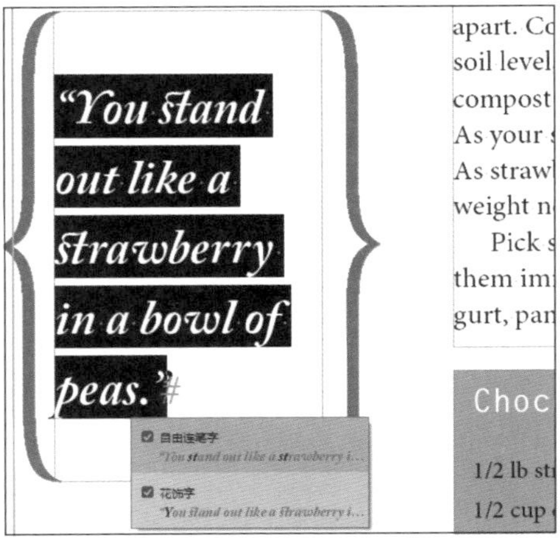

图7.9

> **提示** 连笔字将 2 个或 3 个字形合并成一个，使其看起来更流畅。常见的连笔字包括字符对 fi 和 fl。

15. 选择菜单“编辑”>“全部取消选择”。
16. 选择菜单“文件”>“存储”保存文件。

7.3.3 添加特殊字符

在文档中，可使用很多特殊字符进行装饰，如项目符号、复选框、重音字符和花饰字。下面在页面左下角添加一个装饰字符。

1. 如果有必要，向下滚动页面以便能够看到前述引文下方的文本框架。
2. 使用文字工具（ T. ）在这个文本框架中单击，将插入点放在其中。
3. 选择菜单“文字” > “字形”，可以使用“字形”面板来查看和插入 OpenType 字符，如花饰字、花式字、分数和标准连笔字。

> **提示** 通过菜单“文字”（选择菜单“文字” > “插入特殊字符” > “符号”）和上下文菜单，可访问一些常用的字形（如版权符号和商标符号）。要打开上下文菜单，可在光标处单击鼠标右键（Windows）或按住 Control 键并单击（macOS）。

4. 在“字形”面板中，从“显示”下拉列表中选择“花饰字”。
5. 找到心型字符并双击它，如图 7.10 所示。

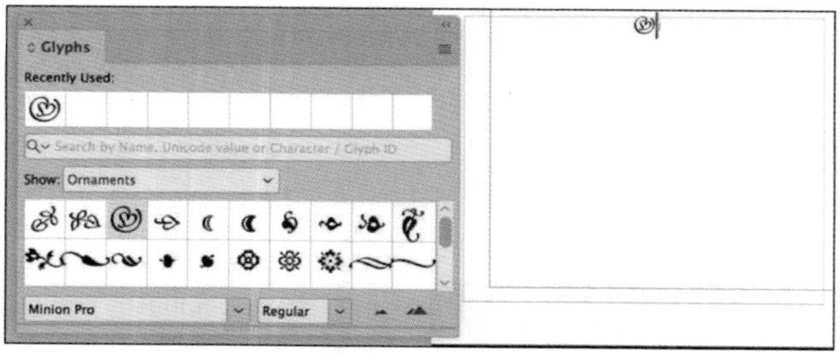

图7.10

6. 选择菜单“文件” > “存储”保存文件。

查找字体

InDesign提供了多种在“字体”下拉列表中快速查找字体的方式。

- 根据字体名搜索：一种快速查找字体的方式是在“字体”文本框中输入字体名。例如，当您输入“Cas”时，将列出名称中包含这3个字符的所有字体。默认情况下，InDesign在整个字体名中查找；若只在第1个单词中查找，可单击字体名左边的搜索图标（ ），在这种情况下，需要输入“Adobe Cas”才能找到Adobe Caslon Pro。
- 根据类别过滤：从“过滤器”下拉列表中选择一种字体类别，如“衬线字体”或“花体”，“过滤器”下拉列表中的图标指出了每种字体类别的外观特征如图7.11所示。

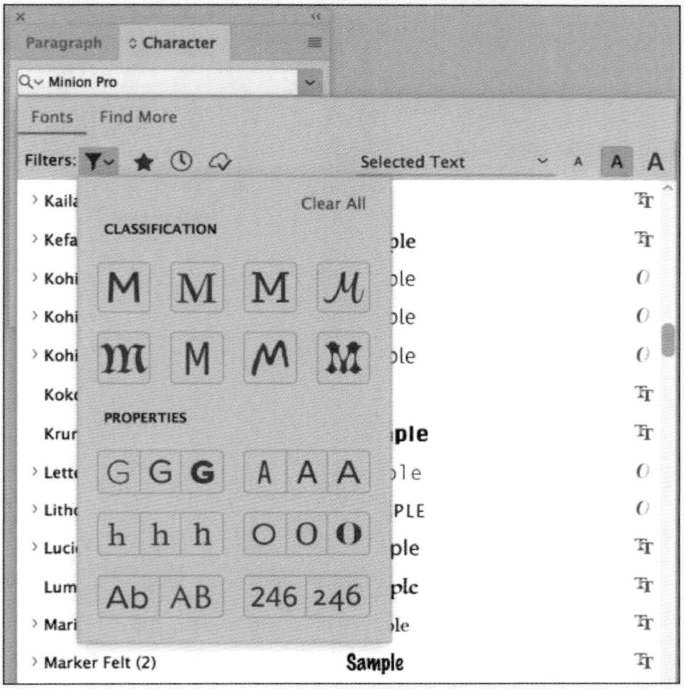

图7.11

- 收藏字体：要快速查找收藏字体，可打开"字体"下拉列表，单击字体名右边的星号，单击下拉列表顶部的"显示收藏的字体"按钮（★）。
- 相似字体：单击字体名右边的"显示相似字体"按钮（≈），对"字体"下拉列表进行过滤，使其只显示外观上与当前字体相似的字体。

7.3.4 设置文本的描边和填色

下面给刚才添加的花饰字设置填色和描边。

1. 使用文字工具（T.）选择心型字符。
2. 在"字符"面板中，在"字体大小"文本框中输入"122 点"并按 Enter 键。
3. 在"属性"面板的"外观"部分，执行如下操作。
   - 单击"粗细"文本框旁边的上箭头，将描边粗细设置为"1 点"。
   - 单击"描边"框并选择色板 Stem Green。
   - 单击"填色"框并选择色板 Strawberry Red。
4. 按住 Shift + Ctrl + A（Windows）或 Shift + Command + A（macOS）组合键取消选择文本，以便能够查看设置描边和填色后的结果，如图 7.12 所示。

图7.12

5. 选择菜单“文件”>“存储”保存文件。

7.3.5 插入分数字符

在这篇菜谱中，使用的并非实际的分数字符，其中的1/2是由数字1、斜杠和数字2组成的。大多数字体包含表示常见分数（如1/2、1/4和3/4）的字符，与使用数字和斜杠表示的分数相比，这些优雅的分数字符看起来专业得多。

> Id **提示** 制作菜谱或其他需要各种分数的文档时，大多数字体内置的分数字符一般不包含您需要的所有值；因此您需要研究使用有些OpenType字体中的分子和分母格式或购买特定的分数字体。

1. 使用缩放显示工具（ ）拖曳出一个环绕页面底部绿色框的方框。
2. 使用文字工具（ ）拖曳以选择第1个1/2（第1行中的1/2）。
3. 如果没有打开“字形”面板，可选择菜单“文字”>“字形”打开它。
4. 从“显示”下拉列表中选择“数字”。

> Id **提示** “字形”面板中包含很多用于筛选字体中字形的选项，如“标点”和“花饰字”。有些字体包含数百个替代字，而有些只有几个。

5. 找到分数1/2。如果有必要，调整“字形”面板的大小并向下滚动，以便能够看到更多字符。
6. 双击分数字符1/2，用它替换选择的文本（1/2），如图7.13所示。

可以看到分数字符1/2被存储到“字形”面板顶部的“最近使用的字形”部分中。下面来替换菜谱第2行的1/2。

7. 通过拖曳选择菜谱第2行的1/2。
8. 在“字形”面板的“最近使用的字形”部分，双击分数字符1/2。
9. 通过拖曳选择菜谱第3行中的1/4。

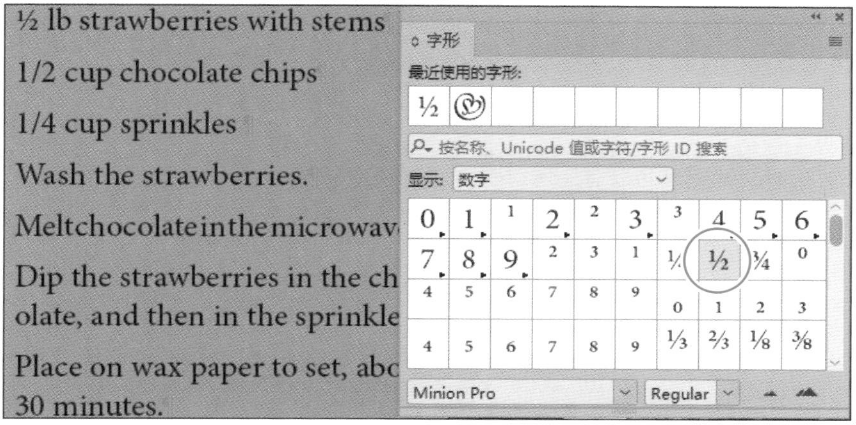

图7.13

10. 将鼠标指针指向选择文本下方的蓝线，单击出现的分数字符 1/4，用它替换选择的文本，结果如图 7.14 所示。

图7.14

注意 只有 OpenType 字体会以这样的方式显示替代字形。

11. 关闭“字形”面板，选择菜单“编辑”>“全部取消选择”。
12. 选择菜单“文件”>“存储”保存文件。

7.4 使用分栏

在 InDesign 中可指定文本框架的栏数、栏宽、栏间距。将文本框架分成多栏后，就可创建横跨多栏的标题（跨栏标题）。在本节中，您将把一个文本框架分成多栏，并让标题横跨多栏。

7.4.1 将文本框架分成多栏

如果将绿色文本框架中的菜谱分成两栏，它将看起来更漂亮、更清晰。

1. 使用选择工具（▶）单击包含菜谱的文本框架以选择它。
2. 选择菜单“对象”>“文本框架选项”，单击标签“常规”。

3. 在“栏数”文本框中输入“2”。
4. 按 Tab 键进入“栏间距”文本框，输入“0.25 英寸”并按 Enter 键。
5. 勾选复选框“预览”以预览调整结果，如图 7.15 所示。

图7.15

6. 单击“确定”按钮，选择菜单“文件”>“存储”保存文件。

7.4.2 创建跨栏标题

菜谱的标题需要横跨两栏，为此可使用段落格式，而不将标题放在独立的文本框架中。

1. 使用文字工具（T.）在标题 Chocolate-Covered Strawberries 中单击，以便能够设置这个段落的格式。
2. 从“段落”面板菜单中选择“跨栏”。

> **提示** 也可通过控制面板来访问跨栏控件。

3. 在“跨栏”对话框中，从“段落版面”下拉列表中选择“跨栏”。
4. 从“跨越”下拉列表中选择“全部”。
5. 勾选复选框“预览”查看结果，如图 7.16 所示，单击“确定”按钮。
6. 选择菜单“文件”>“存储”保存文件。

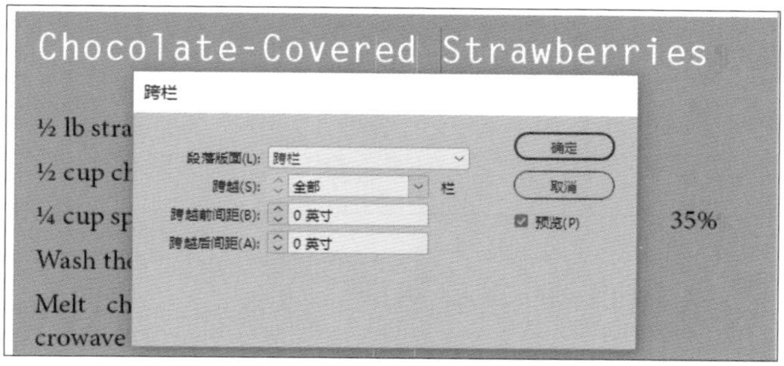

图7.16

7.4.3 调整分栏

调整标题后，下面通过平衡每栏的文本量完成对旁注文本框架的微调。为此，可在“文本框架选项”对话框的“常规”选项卡中选择“平衡分栏”，也可手动插入分隔符，将文本移到下一栏、下一个框架或下一页。

1. 使用文字工具（ T. ）在菜谱中的文本 Nutritional Facts 前面单击。
2. 选择菜单“文字” > “插入分隔符” > “分栏符”，结果如图 7.17 所示。

图7.17

> Id **提示** 设计师通常会采取插入分隔符的做法，因为这样更快捷。然而，文本因被编辑而重排后，分隔符将保留，可能导致文本进入错误的分栏或出现溢流文本。因此，最好仅在编辑和设计工作接近尾声时再使用这种方法。

3. 选择菜单“文件” > “存储”保存文件。

7.5 修改段落的对齐方式

通过修改水平对齐方式，可轻松地控制段落如何适合文本框架。可让文本与文本框架的一个或两个边缘对齐，还可设置内边距。在本节中，您将使用各种不同的方法来设置段落对齐方式。

1. 选择菜单“视图”>“使页面适合窗口”以便能够看到整个页面。
2. 使用文字工具（T.）单击，将光标放在页面顶部的宣传语 A BITE OF DELIGHT 中。
3. 在“段落”面板中单击“居中对齐”按钮（），如图 7.18 所示。

图7.18

4. 在文章标题 Strawberries 后面的第 1 个段落（以 Heart-Shaped fruit 打头）中单击。
5. 选择菜单“编辑”>“全选”，在“属性”面板的“段落”部分单击“双齐末行齐左”按钮（），如图 7.19 所示。

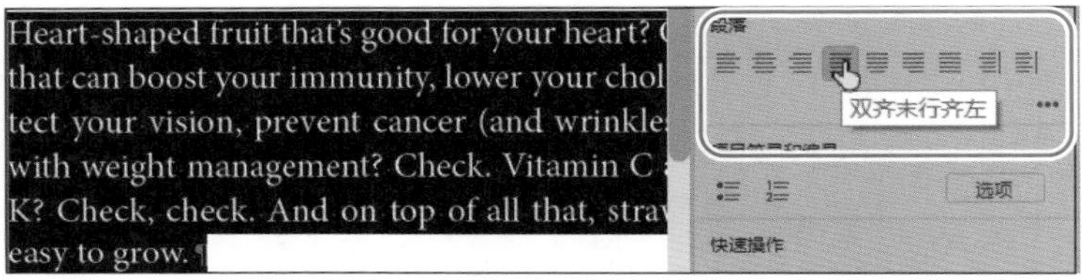

图7.19

6. 在菜谱名 Chocolate-Covered Strawberries 中单击，按 Shift + Ctrl + C（Windows）或 Shift + Command + C（macOS）组合键，让这个单行段落居中对齐。
7. 在左边的引文中单击，选择这个段落，在“属性”面板中单击“居中对齐”按钮，结果如图 7.20 所示。

图7.20

8. 选择菜单“编辑”>“全部取消选择”。
9. 选择菜单“文件”>“存储”保存文件。

将标点悬挂在边缘外面

有时候，文章的边距看起来并不相等，尤其在标点位于行首或行尾时。为修复这种视觉差异，设计人员使用视觉边距对齐方式将标点和字符的突出部分悬挂在文本框架的外面一点。在下面的练习中，您将对主文章应用视觉边距对齐。

1. 使用选择工具（▶）单击包含主文章（以 Heart-shaped fruit that’s good for your heart 打头）的文本框架以选择它。
2. 选择菜单“文字”>“文章”，打开“文章”面板。
3. 勾选复选框“视觉边距对齐方式”，在“按大小对齐”文本框中输入“14 点”并按 Enter 键，如图 7.21 所示。

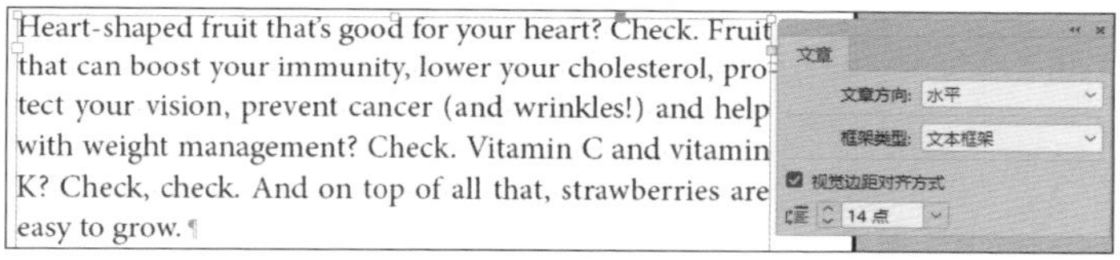

图7.21

> **注意** 勾选复选框“视觉边距对齐方式”时，它将应用于文章中所有的文本（一系列串接的文本框架中的所有文本）。

请注意接连字符的对齐情况，比起左边没有应用视觉边距对齐的文本，右边应用了视觉边距对齐的文本看起来对齐得更准，如图 7.22 所示。

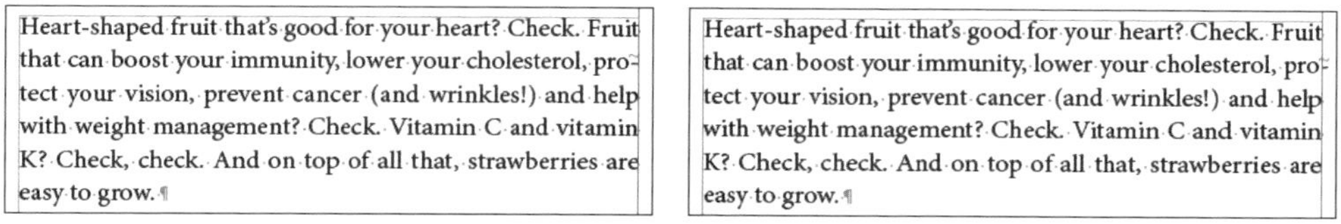

图7.22

> **提示** 使用视觉边距对齐时，将“按大小对齐”设置成与框架中文本的字体大小相同，可获得最佳的效果。

4. 选择菜单“文件”>“存储”保存文件。

7.6 创建下沉效果

使用 InDesign 的特殊字体功能，可在文档中添加富有创意的点缀。例如，可使段落中第 1 个字符或单词下沉，再给下沉字符指定其他格式。下面给文章第一段的第 1 个字符创建下沉效果。

> **提示** 下沉效果可存储到段落样式中，让您能够快速而一致地应用这种效果。

1. 使用文字工具（T.）在文章第一段（以 Heart-shaped fruit that's good for your heart 打头）中单击。
2. 在“段落”面板的“首字下沉行数”( ) 文本框中输入“2”并按 Enter 键，让字母下沉两行。
3. 请注意“首字下沉行数”（ ）文本框，它用于指定下沉的行数，如图 7.23 所示。

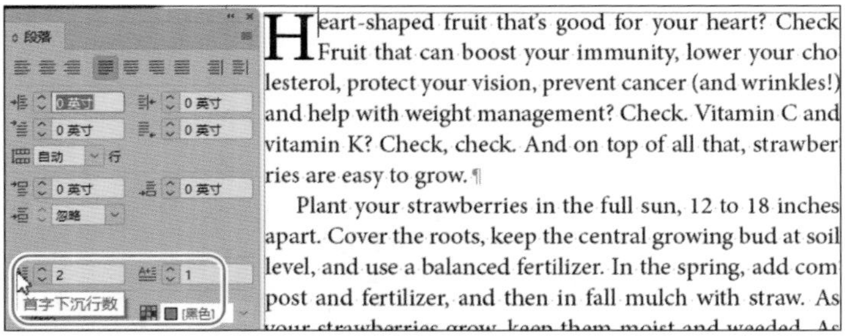

图7.23

4. 使用文字工具选择这个下沉的字符。

现在，可根据需要设置字符样式了。

5. 在“属性”面板中，从“填色”下拉列表中选择 Stem Green，如图 7.24 所示。

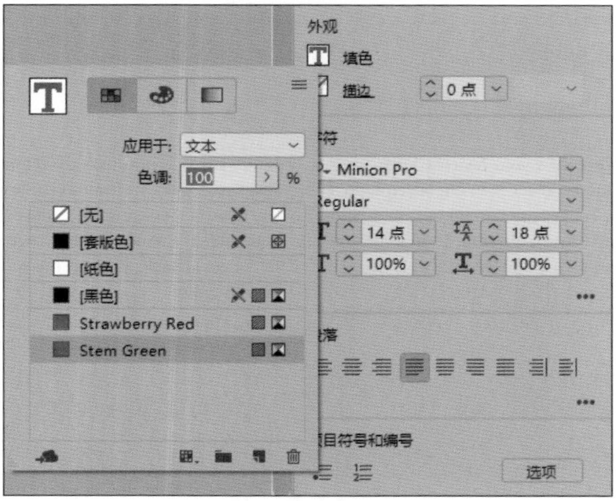

图7.24

> **提示** 要同时创建首字下沉效果并应用字符样式，可通过“段落”面板菜单打开“首字下沉和嵌套样式”对话框。这样做后，还可将格式存储到段落样式中。

6. 单击粘贴板，取消选择该字符，查看下沉效果。
7. 选择菜单“文件”>“存储”保存文件。

7.7 调整字符间距和字间距

使用字符间距调整和字偶间距调整功能可调整字间距和字符间距，还可以使用 Adobe 单行书写器和 Adobe 段落书写器控制整个段落中文本的间距。

调整字符间距和字偶间距

通过调整字符间距，可增大或缩小一系列字母之间的间距；通过调整字偶间距，可增大或缩小两个特定字符之间的间距。可对文本同时调整字符间距和字偶间距。

下面增大标题 A BITE OF DELIGHT 的字符间距，缩小标题 Strawberries 的字符间距，并调整标题 Strawberries 中字符 S 和 t 的字偶间距。

1. 为了方便看清调整字符间距和字偶间距后的效果，选择工具面板中的缩放显示工具（ ）拖曳出一个环绕下页面顶部 1/4 的方框。
2. 使用文字工具（ ）在标题 A BITE OF DELIGHT 中单击，再快速单击 3 次选择整个标题。
3. 在“字符”面板中，从“字符间距”（ ）下拉列表中选择 100，如图 7.25 所示。
4. 在单词 Strawberries 中单击，再双击选择整个标题。
5. 在控制面板中的“字符间距”文本框中输入“−20”并按 Enter 键。
6. 通过单击将光标放在 Strawberries 的字符 S 和 t 之间。
7. 按 Alt + ←（Windows）或 Option + ←（macOS）组合键两次，以缩小这两个字符之间的距离。

在“字符”面板和控制面板中,“字偶间距”（ ）文本框让您能够查看和调整字符之间的距离，如图 7.26 所示。

图7.25

图7.26

> **注意** 调整字偶间距时，在按住 Alt（Windows）或 Option（macOS）键的同时按←键将缩小间距，而按→键将增大间距。要修改这些快捷键增减字偶间距的量，可在“单位和增量”首选项中修改“键盘增量”部分的设置。

8. 单击粘贴板以取消选择文本。
9. 选择菜单“文件”>“存储”保存文件。

7.8 调整换行位置

行末的连字符和换行符会影响文本的可读性和疏密程度。例如，当段落左对齐时，右边缘可能依然参差不齐。过于参差不齐会影响文本的可读性，这取决于众多的因素，包括字体、字号、行距、栏宽等。还有以下 3 种段落格式会影响文本的可读性。

- Adobe 单行书写器和 Adobe 段落书写器，它们自动判断在哪里换行。
- 连字设置，如是否用连字符连接大写的单词。
- 平衡未对齐的行。

> **提示** 对于对齐的文本，对齐设置、段落书写器和连字设置一起决定了段落的疏密程度。要对选定的段落调整这些设置，可从“段落”面板菜单中选择相应的菜单项。

通常，图形设计人员会尝试不同的设置让示例文本看起来不错，然后将所有设置保存为段落样式，这样就可以直接应用它们。

图 7.27 显示了使用不同设置的结果。注意应用不同的分行方法时，分行位置存在差别。第 1 栏应用了 Adobe 单行书写器，第 2 栏应用了 Adobe 段落书写器。可以看到，在第 2 栏中，右边缘要整齐得多。第 3 栏同时应用了 Adobe 段落书写器和“平衡未对齐的行”，这改变了最后一行的长度。

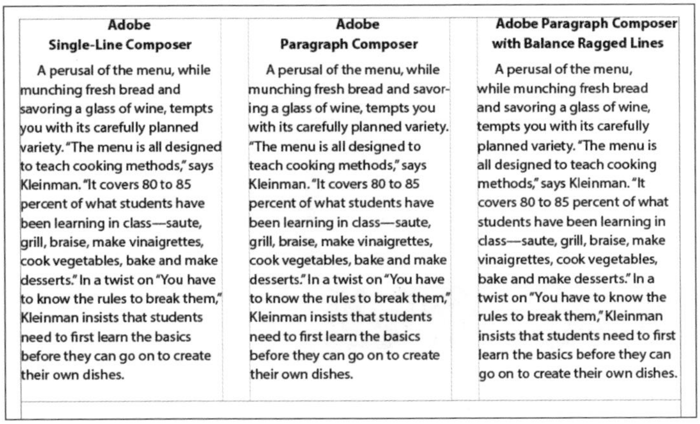

Adobe Single-Line Composer

A perusal of the menu, while munching fresh bread and savoring a glass of wine, tempts you with its carefully planned variety. "The menu is all designed to teach cooking methods," says Kleinman. "It covers 80 to 85 percent of what students have been learning in class—saute, grill, braise, make vinaigrettes, cook vegetables, bake and make desserts." In a twist on "You have to know the rules to break them," Kleinman insists that students need to first learn the basics before they can go on to create their own dishes.

Adobe Paragraph Composer

A perusal of the menu, while munching fresh bread and savoring a glass of wine, tempts you with its carefully planned variety. "The menu is all designed to teach cooking methods," says Kleinman. "It covers 80 to 85 percent of what students have been learning in class—saute, grill, braise, make vinaigrettes, cook vegetables, bake and make desserts." In a twist on "You have to know the rules to break them," Kleinman insists that students need to first learn the basics before they can go on to create their own dishes.

Adobe Paragraph Composer with Balance Ragged Lines

A perusal of the menu, while munching fresh bread and savoring a glass of wine, tempts you with its carefully planned variety. "The menu is all designed to teach cooking methods," says Kleinman. "It covers 80 to 85 percent of what students have been learning in class—saute, grill, braise, make vinaigrettes, cook vegetables, bake and make desserts." In a twist on "You have to know the rules to break them," Kleinman insists that students need to first learn the basics before they can go on to create their own dishes.

图7.27

7.8.1 连字设置

是否在行尾连字以及如何连字是一种段落格式。一般而言，连字设置属于编辑决策，而非设计决策。例如，出版风格指南可能规定不对大写单词进行连字。

1. 使用文字工具（ T. ）单击，将光标放在主文章中（以 Heart-shaped fruit that’s good for your heart 打头）。
2. 选择菜单“编辑” > “全选”，选择这篇文章中的所有段落。
3. 从“段落”面板菜单中选择“连字”，在打开的“连字设置”对话框中确保勾选了复选框“预览”。

> **提示** 编辑文本时，可使用控制面板中的“连字”选项或“段落”面板对选择的段落启用或禁用连字。

4. 取消勾选复选框“连字”，并看看禁用连字后的文本是什么样的。
5. 重新勾选复选框“连字”，在“连字符限制”文本框中输入“2”，以防连续两行出现连字符，如图 7.28 所示。

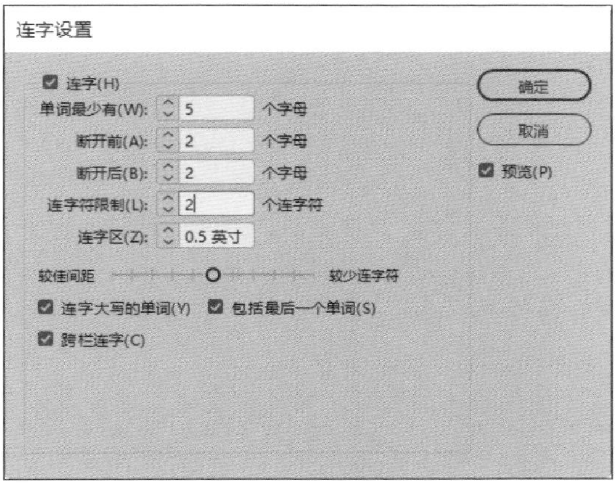

图7.28

6. 单击“确定”按钮关闭对话框，选择菜单“文件” > “存储”保存文件。

7.8.2 手动插入换行符

版面的文本和设计即将完成时，您可能需要手动插入换行符。下面在页面左边的引文中添加换行符。

1. 使用文字工具（ T. ）在引文第 4 行的 of 前面单击。
2. 按 Shift + Enter 组合键输入一个强制换行符，结果如图 7.29 所示。

> **提示** 另一种控制排文的方式是在单词之间使用不间断空格。为此，可先删除已有的空格，再选择菜单“文字” > “插入空格” > “不间断空格”。

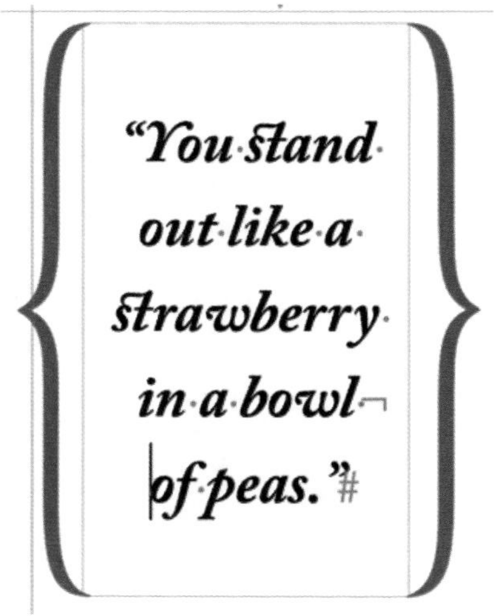

图7.29

3. 选择菜单“编辑”>“全部取消选择”。
4. 选择菜单“文件”>“存储”保存文件。

Adobe段落书写器和Adobe单行书写器

段落中文字的疏密程度是由排版方法决定的。InDesign排版方法根据用户指定的字间距、字符间距、字形缩放和连字选项，评估并选择最佳的换行方式。InDesign提供了两种排版方法：Adobe段落书写器和Adobe单行书写器，前者考虑段落中的所有行，而后者分别考虑段落中的每一行。

- 使用Adobe段落书写器时，InDesign对每行进行排版时都将考虑对段落中其他行的影响，最终获得最佳的段落排版方式。用户修改某一行的文本时，同一段落中前面的行和后面的行可能改变换行位置，以确保整个段落中文字之间的间距是均匀的。使用Adobe单行书写器（这是其他排版和文字处理程序使用的标准排版方式）时，InDesign只重排被编辑的文本后面的文本行。
- Adobe单行书写器分别处理每一行，因此可能导致段落中的某些行比其他行更稀疏或更紧密。由于Adobe段落书写器同时考虑多行，因此使用它时段落中各行的疏密程度更一致。
- 要访问Adobe段落书写器和Adobe单行书写器，可使用“段落”面板菜单，该菜单还包含其他连字和对齐控件，如图7.30所示。

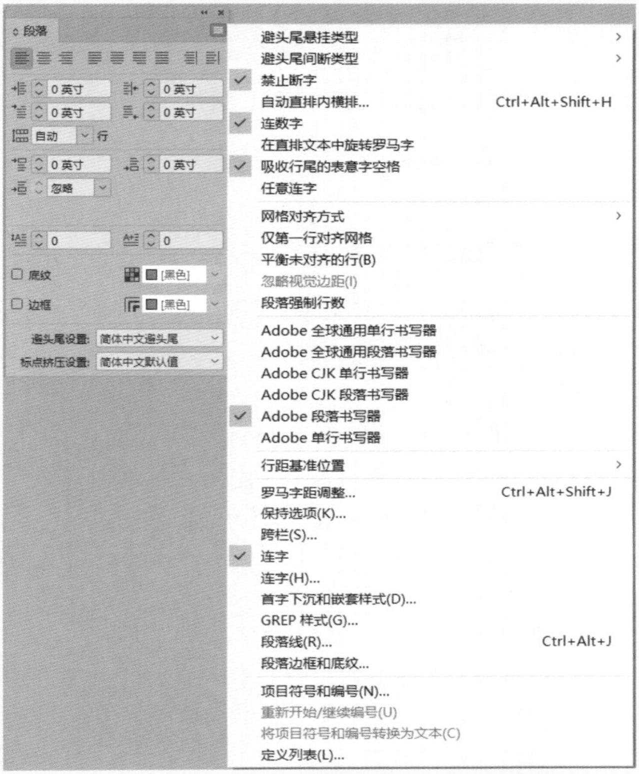

图7.30

> **注意** 图 7.30 中的“Adobe 全球通用单行书写器”和“Adobe 全球通用段落书写器”是为全球通用的语言准备的。使用这些书写器时，可在文本中包含阿拉伯语、希伯来语、英语、法语、德语、俄语等语言。

7.9 设置制表符

可使用制表符将文本放置到分栏或框架中的特定水平位置。通过“制表符”面板，可组织文本、指定制表符前导符，以及设置缩进和悬挂缩进。

选择菜单“文字”>“显示隐含的字符”可以显示制表符，将对处理制表符有所帮助。在用文字处理程序制作的文件中，作者或编辑经常为对齐文本而输入了多个制表符，甚至输入空格而不是制表符。要处理并修复这样的问题，唯一的途径是显示隐藏的字符。“制表符”面板提供了添加和修改制表符所需的各种控件，如图 7.31 所示。

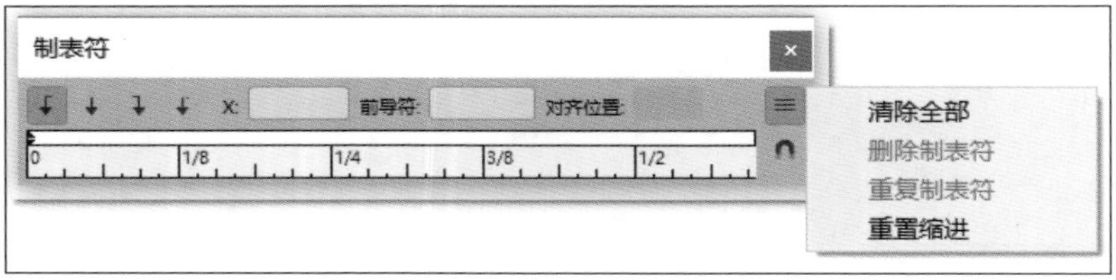

图7.31

7.9.1 让文本与制表符对齐及添加制表符前导符

下面使用制表符来设置菜谱 Chocolate-Covered Strawberries 中的 Nutritional Facts 列表的格式。由于这些文本中已输入了制表符标记，因此您只需设置文本的最终位置。另外，您还将输入前导符，以填充文本和制表符之间的空白。

1. 如果有必要，滚动并缩放页面，以便能够看到菜谱。
2. 要想看到文本中的制表符标记，应确保显示了隐藏的字符（选择菜单“文字”>“显示隐含的字符”），并在工具面板的“屏幕模式”下拉列表中选择了“正常”（ ）。
3. 使用文字工具（ ）在标题 Nutritional Facts 后面的 Serving Size 前面单击，然后选择从当前位置到最后一行（Protein 0g）的所有文本。
4. 选择菜单“文字”>“制表符”，打开“制表符”面板。

当插入点位于文本框架中且文本框架上方有足够的空间时，“制表符”面板将与文本框架靠齐，使“制表符”面板中的标尺与文本对齐。无论“制表符”面板位于什么地方，都可通过输入值来精确地设置制表符。

5. 在“制表符”面板中，单击“右对齐制表符”按钮（ ），让文本与制表符位置右对齐。
6. 在“X”文本框中输入“2 英寸”并按 Enter 键，按 Tab 键进入“前导符”文本框。

下面来指定前导符，如目录中用于引导浏览方向的句点。下面在前导符中使用空格来增大句点间的间距。

7. 在“前导符”文本框中输入一个句点“.”和一个空格并按 Enter 键。

现在，在选择的文本中，每个制表符标记后面的信息都与新的制表符位置对齐，而每行都有一条虚线（句点和空格），帮助将目光引向行尾的数字，如图 7.32 所示。

8. 选择菜单“文字”>“制表符”，关闭“制表符”面板，选择菜单“编辑”>“全部取消选择”。
9. 选择菜单“文件”>“存储”保存文件。

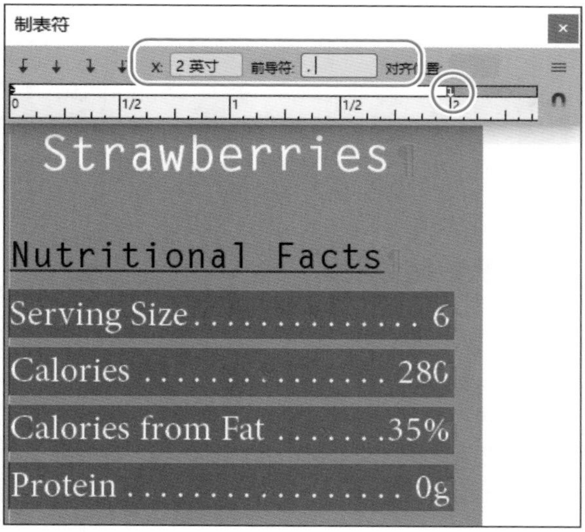

图7.32

使用制表符

InDesign中用于创建和定制制表符的控件与文字处理程序中的控件极其相似。用户可精确地指定制表符的位置、在栏中重复制表符、为制表符指定前导符、指定文本与制表符的对齐方式，以及轻松地修改制表符。制表符是一种段落格式，因此它们应用于插入点所在的段落或选择的段落。所有用于处理制表符的控件都在“制表符”面板中，可通过选择菜单“文字”>“制表符”打开该面板。下面是制表符控件的工作原理。

- 输入制表符：要在文本中输入制表符，可按Tab键。
- 指定制表符对齐方式：要指定文本与制表符位置的对齐方式（如传统的左对齐或对齐小数点），可单击“制表符”面板左上角的对应按钮。这些按钮分别是“左对齐制表符”“居中对齐制表符”“右对齐制表符”“对齐小数位(或其他指定字符)制表符”。
- 指定制表符的位置：要指定制表符的位置，可单击对齐方式按钮之一，然后在“X”文本框中输入一个值并按Enter键；也可单击对齐方式按钮之一，再单击标尺上方的空白区域。
- 重复制表符：要创建多个间距相同的制表符，可先选择标尺上的一个制表符位置，再从“制表符”面板菜单中选择“重复制表符”。这将根据选择的制表符位置与前一个制表符位置之间的距离（或左缩进量）创建多个覆盖整栏的制表符位置。
- 指定文本中对齐的字符：要指定文本中的某个字符（如小数点）与制表符位置对齐，可单击“对齐小数位(或其他指定字符)制表符”按钮，然后在“对齐位置”文本框中输入或粘贴一个字符（如果文本没有包含该字符，文本将与制表符位置左对齐）。
- 指定制表符前导符：要填充文本和制表符位置之间的空白区域，例如，在目录中的文本和页码之间添加句点，可在“前导符”文本框中输入需要重复的字符，最多可输入8个这样的字符。
- 移动制表符位置：要调整制表符位置，可先选择标尺上的制表符位置，再在“X”文本框中输入新值并按Enter键；也可将标尺上的制表符位置拖曳到新地方。
- 删除制表符：要删除制表符，可将其拖离标尺；也可选择标尺上的制表符位置，然后从“制表符”面板菜单中选择“删除制表符”。
- 重置默认制表符：要恢复默认制表符位置，可从“制表符”面板菜单中选择“清除全部”。默认每隔0.5英寸放置一个制表符。

- 修改制表符对齐方式：要修改制表符对齐方式，可在标尺上选择制表符，然后单击其他制表符按钮；也可按住Alt（Windows）或Option（macOS）键并单击标尺上的制表符，这将在4种对齐方式之间切换。

7.9.2 创建悬挂缩进的编号列表

在 InDesign 中，可轻松地创建项目符号列表和编号列表，以便清晰地呈现信息。列表通常采用悬挂缩进，让文本与右端的制表符位置对齐。

1. 使用文字工具（T.）在菜谱的第 1 步（Wash the strawberries）前面单击，选择从当前位置到 sprinkles. 的 3 个段落。
2. 在“属性”面板中，单击“编号列表”按钮（），如图 7.33 所示。

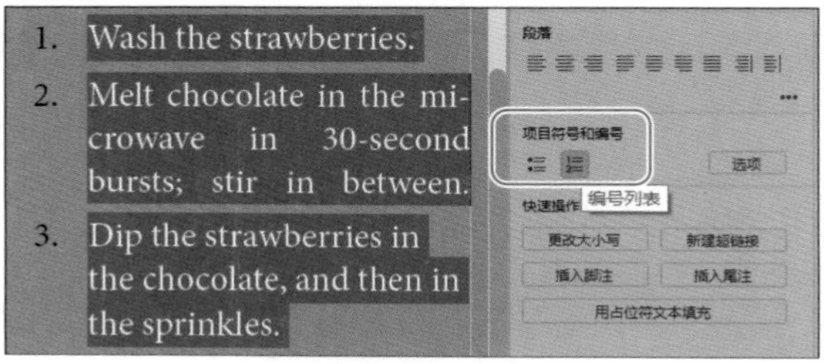

图7.33

3. 取消选择文本以查看带悬挂缩进效果的编号列表。
4. 选择菜单“文件”>“存储”保存文件。

悬挂缩进和项目符号列表

要调整段落缩进——包括左缩进、右缩进、首行左缩进和末行右缩进，可使用控制面板、“段落”面板（选择菜单“文字”>“段落”）或“制表符”面板（选择菜单“文字”>“制表符”）中的控件。除指定值外，还可以用如下方式设置悬挂缩进。

- 拖曳制表符标尺上的缩进标记：向右拖曳缩进标记，然后按住Shift键并向左拖曳上面的缩进标记。通过按住Shift键，可独立地调整各个缩进标记。
- 插入一个“在此缩进对齐”字符：将文本插入点放在段落的第1行，按Ctrl + \（Windows）或Command + \（macOS）组合键插入一个“在此缩进对齐”字符（也可选择菜单“文字”>“插入特殊字符”>“其他”>“在此缩进对齐”），后续各行将悬挂到该字符右边。

可结合使用悬挂缩进和项目符号（编号）来创建项目符号（编号）列表，但一种更快捷的方式是使用“项目符号和编号”功能，这种功能可通过“属性”面板或菜单“文字”>“项目符号列表和编号列表”来访问。可将项目符号列表和编号列表等格式设置存储在段落样式中。

7.10 段落底纹和段落线

为了让文章更有吸引力，可给段落添加底纹。InDesign 提供了很多微调底纹的选项，包括底纹的色调，以及底纹相对于段落的偏移量等。若要在段前或段后给底纹留下足够的空间，可设置段前间距和段后间距。

可在段落前面和后面添加段落线。使用段落线的优点是，段落线可存储在段落样式中，且重排文本时，段落线将随段落一起移动。例如，在用于引文的段落样式中，可指定段前线和段后线，或者给子标题指定段前线。

若要快速且一致地设置段落线和底纹，可将这些格式放在段落样式中。

7.10.1 添加段落底纹

下面对这个版面做最后的修饰，给菜谱名添加反白字效果。

1. 使用文字工具（ T. ）在菜谱名 Chocolate-Covered Strawberries 中单击，指定要设置格式的段落。
2. 在“段落”面板中勾选左下角的复选框“底纹”。
3. 为设置底纹的颜色，打开复选框“底纹”右边的“底纹颜色”下拉列表，选择色板 Strawberry Red，如图 7.34 所示。

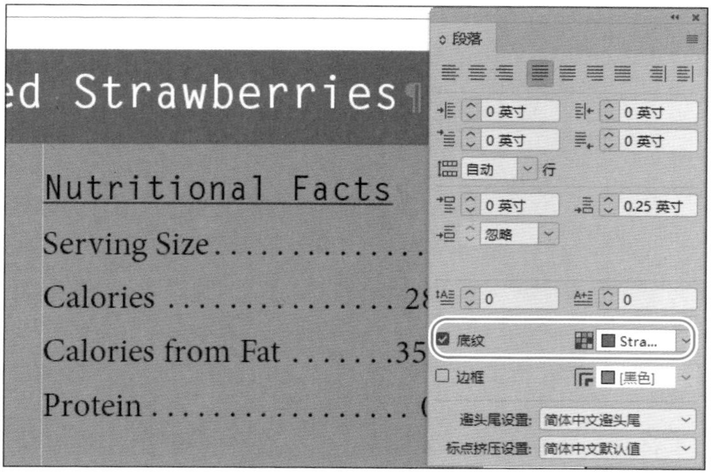

图7.34

提示 控制面板中也包含用于设置段落底纹的控件。为了微调底纹，可先从“段落”面板菜单中选择“段落边框和底纹”，再在打开的对话框中单击顶部的标签“底纹”。也可以按住 Alt（Windows）或 Option（macOS）键，并单击控制面板或“段落”面板中的“底纹颜色”按钮，打开“段落边框和底纹”对话框。

4. 选择菜单“文件”>“存储”保存文件。

7.10.2 添加段落线

下面在页面顶部的 A BITE OF DELIGHT 下方添加段落线。

1. 选择菜单“视图”>“使页面适合窗口”。
2. 使用文字工具（T.）单击，将光标放到宣传语 A BITE OF DELIGHT 中，如图 7.35 所示。

图7.35

3. 从“段落”面板菜单中选择“段落线”。
4. 在“段落线”对话框中，从左上角的下拉列表中选择“段后线”，并勾选复选框“启用段落线”。
5. 勾选复选框“预览”。将对话框拖曳到一边，以便能够看到段落。
6. 在“段落线”对话框中设置如下选项，如图 7.36 所示。

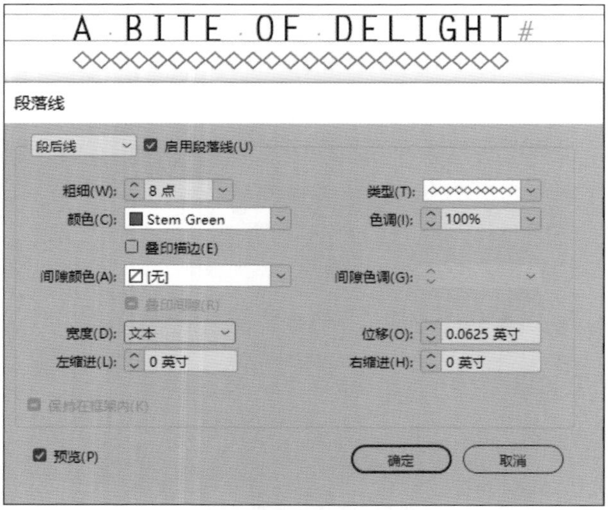

图7.36

- 从“粗细”下拉列表中选择“8 点”。
- 从“颜色”下拉列表中选择色板 Stem Green。

- 从“宽度”下拉列表中选择“文本”。
- 从“类型”下拉列表中选择空心菱形。
- 将“位移”设置为 0.0625 英寸（单击上箭头一次）。

7. 单击“确定”按钮，让修改生效。

可以看到宣传语下方出现了一条段落线。

8. 选择菜单“文件”>“存储”保存文件。
9. 为了在全屏模式下查看工作成果，选择菜单“视图”>“屏幕模式”>“演示文稿”，结果如图 7.37 所示。
10. 查看完毕后按 Esc 键。

祝贺您学完了本课。为制作好这篇文章，可能还需要与编辑或校对人员一起修复文本行过紧或过松、换行位置不合适、孤寡词等问题。

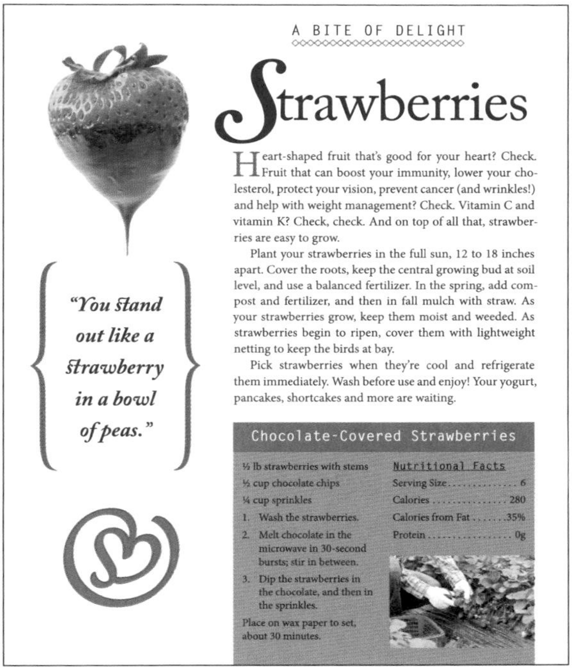
A BITE OF DELIGHT

Strawberries

Heart-shaped fruit that's good for your heart? Check. Fruit that can boost your immunity, lower your cholesterol, protect your vision, prevent cancer (and wrinkles!) and help with weight management? Check. Vitamin C and vitamin K? Check, check. And on top of all that, strawberries are easy to grow.

Plant your strawberries in the full sun, 12 to 18 inches apart. Cover the roots, keep the central growing bud at soil level, and use a balanced fertilizer. In the spring, add compost and fertilizer, and then in fall mulch with straw. As your strawberries grow, keep them moist and weeded. As strawberries begin to ripen, cover them with lightweight netting to keep the birds at bay.

Pick strawberries when they're cool and refrigerate them immediately. Wash before use and enjoy! Your yogurt, pancakes, shortcakes and more are waiting.

"You stand out like a strawberry in a bowl of peas."

Chocolate-Covered Strawberries

½ lb strawberries with stems
½ cup chocolate chips
¼ cup sprinkles

1. Wash the strawberries.
2. Melt chocolate in the microwave in 30-second bursts; stir in between.
3. Dip the strawberries in the chocolate, and then in the sprinkles.

Place on wax paper to set, about 30 minutes.

Nutritional Facts

Serving Size 6
Calories 280
Calories from Fat 35%
Protein 0g

图7.37

7.11 练习

学习了对 InDesign 文档中的文本进行格式设置的基本知识后，下面尝试使用这些技巧。请尝试完成下述任务，以提高您的排版技能。

1. 使用文字工具（T.）在各种段落中单击，并尝试通过“段落”面板菜单启用和禁用连字功能。选择一个用连字符连接的单词，并从“字符”面板菜单中选择“不换行”，以避免用连字符连接该单词。
2. 尝试各种连字设置。先选择主文章中的所有文本，再从“段落”面板菜单中选择“连字”。在“连字设置”对话框中，勾选复选框“预览”，并尝试各种设置。例如，拖曳滑块“较佳间距 / 较少连字符”，看看这将如何影响文本。
3. 尝试各种对齐设置。先选择全部文本，再在“段落”面板中单击“全部强制双齐”按钮，查看使用 Adobe 单行书写器和 Adobe 段落书写器有何不同。
4. 选择菜单“文字”>“插入特殊字符”，查看其中的各种子菜单，如“符号”>“项目符号字符”和“连字符和破折号”>“全角破折号”。使用这些字符而不是连字符可极大地提高版面的专业水准。选择菜单“文字”>“插入空格”，注意其中包含一个“不间断空格”子菜单，使用它可将两个单词（如 et 和 al）粘贴在一起，使其即便位于行尾也不会分开。

7.12 复习题

1. 与添加换行符来增加间距相比，设置段前间距和段后间距有何优点？
2. 什么是字形？如何在文本中插入它们？
3. 下沉效果影响的是字符，为何将其指定为一种段落格式？
4. 什么是制表符前导符？
5. 字符间距和字偶间距之间有何区别？
6. Adobe 段落书写器和 Adobe 单行书写器之间有何区别？

7.13 复习题答案

1. 使用段前间距和段后间距可精确地设置间距，并可通过段落样式以一致的方式设置它们。添加换行符通常会导致段落间距过大，而且它们还可能会出现在不合适的地方，如分栏开头。
2. 字形是字体中特定字符的表现形式。例如，某种字体（如 Warnock Pro）可能提供美元符号的两种不同表现形式。“字形”面板让您能够访问字体中所有的字形，可选择菜单“文字”>“字形”打开这个面板，然后选择合适的字形插入文本中。
3. 下沉效果之所以是段落格式，是因为它并非应用于选择的文本，而是应用于段落。另外，通过使用段落格式，可以一致的方式设置下沉效果。
4. 制表符前导符是一个或多个字符，用于填充文本和制表符标记之间的空白区域。
5. 字偶间距调整的是两个字符之间的距离，字符间距调整的是一系列选择的字符之间的距离。
6. Adobe 段落书写器可在确定最佳换行位置的同时评估多行文本，而 Adobe 单行书写器每次只考虑一行文本。

第8课 处理颜色

在本课中，您将学习以下内容：

- 设置色彩管理；
- 确定输出需求；
- 创建色板；
- 将颜色应用于对象、描边和文本；
- 创建并应用色调；
- 创建并应用渐变色板；
- 使用颜色组；
- 创建颜色主题并将其添加到 CC 库中。

学习本课大约需要 60 分钟。

您可以创建印刷色和专色并将其应用于对象、描边和文本。颜色主题让您能够轻松地确保版面的色彩和谐统一。您可将颜色主题添加到CC库中，确保不同的项目和工作组的不同人员以一致的方式使用颜色。使用印前检查配置文件有助于确保颜色得以正确输出。

8.1 概述

在本课中，您将为一个园艺诊所广告添加颜色、色调和渐变色。这张广告包括 CMYK 颜色和专色，以及置入的 CMYK 图像（本课后面将更详细地介绍 CMYK）。在这之前，您将先完成另外两项工作，以确保文档印刷出来后与屏幕上显示的一样漂亮：检查色彩管理设置；使用印前检查配置文件查看置入图像的颜色模式。广告制作完成后，您将把其中使用的颜色组织成颜色组。

1. 为确保您的 InDesign 首选项和默认设置与本课使用的一样，请将文件 InDesign Defaults 移到其他文件夹，详情请参阅“前言”中的“保存和恢复文件 InDesign Defaults”。
2. 启动 InDesign。
3. 在出现的“主页”屏幕中，单击左边的“打开”按钮（如果没有出现“主页”屏幕，选择菜单“文件”>“打开”打开它）。
4. 打开硬盘中文件夹 InDesignCIB\Lessons\Lesson08 中的文件 08_Start.indd。
5. 如果出现一个警告对话框，指出文档链接的源文件发生了变化，请单击“更新修改的链接”按钮。
6. 选择菜单“文件”>“存储为”，将文件重命名为 08_Color.indd 并存储到文件夹 Lesson08 中。
7. 为确保面板和菜单命令与本课使用的相同，请先选择菜单“窗口”>“工作区”>“[高级]”，再选择菜单“窗口”>“工作区”>“重置‘高级’”。
8. 如果想查看最终的文档，可打开文件夹 Lesson08 中的文件 08_End.indd，如图 8.1 所示。可以保持该文件为打开状态，以供工作时参考。

图8.1

9. 查看完毕后，单击文档窗口左上角 08_Color.indd 的标签切换到该文档。

8.2 色彩管理

色彩管理让您能够在一系列输出设备（如显示器、平板电脑、彩色打印机和胶印机）上重现一致的颜色。InDesign 提供了易于使用的色彩管理功能，可帮助您轻松地获得一致的颜色。InDesign 默认启用了色彩管理，让您在从编辑、校对到打印输出的整个过程中看到的颜色都是一致的，还能确保颜色更精确。

8.2.1 色彩管理的必要性

任何显示器、胶片、打印机、复印机或印刷机都无法生成肉眼能够看到的所有颜色。每台设备都有其特定的功能，在重现彩色图像时进行了不同的设置。输出设备所特有的颜色渲染能力被统称为色域。InDesign 和其他图形应用程序（如 Photoshop 和 Illustrator）使用颜色值来描绘图像中每个像素的颜色。具体使用的颜色值取决于颜色模型，例如，表示红色、绿色和蓝色分量的 RGB 值，以及表示青色、洋红色、黄色和黑色分量的 CMYK 值。

色彩管理旨在以一致的方式将每个像素的颜色值从源（存储在计算机中的文档或图像）转换到输出设备（如显示器、笔记本电脑、平板电脑、智能手机、彩色打印机和高分辨率印刷机）中。由于每个源设备和输出设备能够重现的颜色范围都不同，因此色彩转换的目标是确保颜色在不同的设备中都尽量保持一致性。

Id

提示 有关色彩管理的更多信息，可参阅在线的 InDesign 帮助文档（访问 Adobe 官网搜索“色彩管理”和“打印时使用色彩管理”即可），还可参阅 DVD/ 视频，如 Peachpit 出版的 *Color Management for Designers and Photographers: Learn by Video*。

为色彩管理营造查看环境

工作环境会影响您在显示器和打印输出上看到的颜色。为获得最佳效果，请按照下述操作在工作环境中控制颜色和光照。

- 在光照强度和色温保持不变的环境中查看文档。例如，太阳光的颜色特性整天都在变化，这将影响颜色在屏幕上的显示方式，因此，请拉上窗帘或在没有太阳光的房间工作。
- 为消除荧光灯的蓝—绿色色偏，可安装D50（5000开氏度）灯。还可使用D50看片台查看打印的文档。
- 在墙壁和天花板为中性色的房间查看文档。房间的颜色会影响您看到的显示器颜色和打印颜色。查看文档的房间的最佳颜色是中性灰色。

- 显示器屏幕反射的衣服颜色也可能影响屏幕上显示的颜色。
- 删除显示器桌面的彩色背景图案。文档周围纷乱或明亮的图案会干扰颜色的显示。将桌面设置为仅以中性的灰色显示。
- 在与客户查看最终文档同样的条件下查看文档校样。例如，家用品目录通常可能会在家用白炽灯下查看，而办公家具目录可能会在办公室使用的LED或荧光灯下查看。

8.2.2 在全分辨率下显示图像

在彩色管理工作流程中，即使使用默认的颜色设置，也应以高品质（显示器能够显示的最佳颜色）显示图像。

为了查看在不同分辨率下显示图像的差异，可尝试使用菜单“视图”>“显示性能”中的不同选项。

- 快速显示：适用于快速编辑文本，因为不显示图像。
- 典型显示：显示图像的速度更快，但显示的颜色不那么精确，这是大多数计算机使用的默认设置。
- 高品质显示：以高分辨率显示图像。

就本课而言，选择菜单“视图”>“显示性能”>“高品质显示”。

可在“首选项”对话框中指定“显示性能”的默认设置，还可使用菜单“对象”>“显示性能”修改各个对象的显示性能。

Id **注意** 如果您使用的是装备了兼容图形处理单元的苹果计算机，默认设置将为“高品质显示”。

8.2.3 在 InDesign 中指定颜色设置

要在 InDesign 中获得一致的颜色，可指定一个包含预设颜色管理方案和默认配置文件的颜色设置文件（CSF）。默认颜色设置为“日本常规用途 2”，这对初学者来说是最佳选择。

在本节中，您将查看 InDesign 中的一些颜色设置预设，并在项目中使用它们来确保颜色一致，不用修改任何颜色设置。

Id **提示** 除非您熟悉色彩管理，否则不要修改颜色设置选项。InDesign 中的颜色设置预设都是经过专门测试的。

1. 选择菜单“编辑”>“颜色设置”，打开“颜色设置”对话框，如图 8.2 所示。这些颜色设置针对的是 InDesign 应用程序，而不是各个文档。

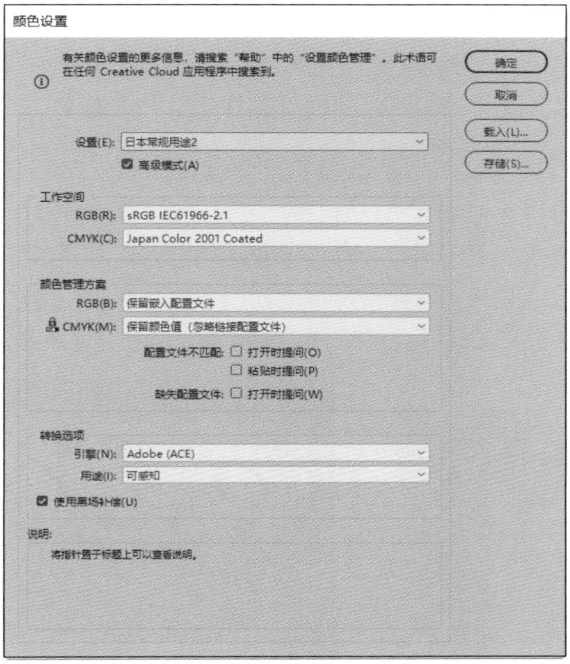

图8.2

2. 单击“颜色设置”对话框中的各个选项，了解可设置哪些方面。
3. 将鼠标指针指向字样“工作空间”，并查看对话框底部的“说明”部分显示的有关该选项的描述。
4. 将鼠标指针指向其他选项，查看对应描述。
5. 单击“取消”按钮，关闭“颜色设置”对话框，不做任何修改。

8.2.4 在屏幕上校样颜色

在屏幕上校样颜色（也被称为软校样）时，InDesign 将根据特定的输出条件显示颜色。模拟的精确程度取决于各种因素，包括房间的光照条件，以及是否校准了显示器。下面尝试进行软校样。

> Id | **提示** 为确保显示的颜色尽可能准确，务必根据显示器提供的信息对其进行校准。

1. 选择菜单“窗口”>“排列”>“新建‘08_Color.indd’窗口”，为本课的文档打开一个窗口。
2. 如果有必要，单击标签 08_Color.indd:2 激活相应的窗口，并在必要时选择菜单“视图”>“显示性能”>“高品质显示”。

3. 选择菜单“视图”>“校样颜色”，您将看到颜色的软校样，它基于菜单“视图”>“校样设置”中的当前设置。

> **注意** 当前设置为“文档 CMYK – U.S. Web Coated SWOP v2”，这是在美国通行的用于印刷的典型输出方法。SWOP 表示卷筒纸胶印规范（Specification for Web Offset Publication）。

4. 要自定软校样，可以选择菜单“视图”>“校样设置”>“自定”。
5. 在“自定校样条件”对话框中，打开“要模拟的设备”下拉列表，看看其中包含哪些印刷机、桌面打印机和显示器等输出设备。
6. 在这个下拉列表中向下滚动，并选择 Dot Gain 20%，单击“确定”按钮，如图 8.3 所示。

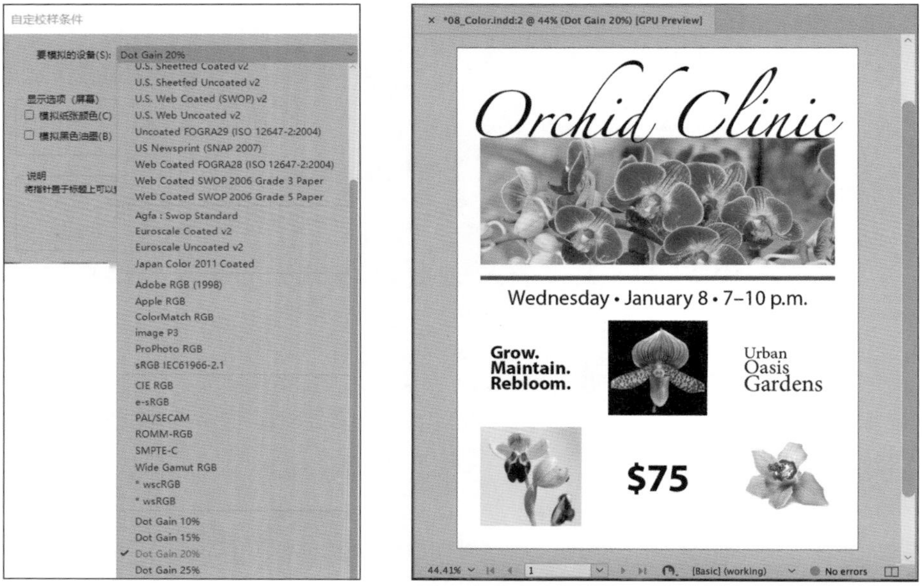

图8.3

诸如 Dot Gain 20% 等灰度配置文件让您能够预览以黑白方式打印文档的效果。可以看到在 InDesign 文档的标题栏中，显示了当前模拟的设备，如“(Dot Gain 20%)”或“(文档 CMYK)”。

7. 查看各种选项的效果。
8. 查看完各种选项的效果后，单击标签 08_Color.indd:2 的“关闭”按钮，将该窗口关闭。如果有必要，调整 08_Color.indd 的窗口位置和大小。

8.3 确定印刷要求

不管制作的文档最后要以印刷还是数字格式提供，着手处理文档前都应先了解输出要求。例如，对于要印刷的文档，与印刷服务提供商联系，同他们讨论文档的设计和如何使用颜色。因为印刷服务提供商知道其设备的功能，可能提供一些建议，帮助您节省时间和费用、提高质量，避免出现严重的印刷或颜色问题。本课使用的广告将由采用 CMYK 颜色和专色的商业印刷厂印刷（颜色模型将在本课后面更详细地介绍）。

> **提示** 商业印刷厂可能会提供印前检查配置文件，其中包含有关输出的所有规范。可载入该配置文件，并检查您的作品是否满足其中指定的条件。

为核实文档是否满足印刷需求，可使用印前检查配置文件对文档进行检查。印前检查配置文件包含一组有关文档的尺寸、字体、颜色、图像、出血等方面的规则。“印前检查”面板将指出文档存在的问题，即没有遵循配置文件规则的地方。在本节中，您将载入一个印前检查配置文件，在“印前检查”面板中选择它，并解决本课文档存在的问题。

8.3.1 载入印前检查配置文件

下面来载入印刷厂提供的印前检查配置文件。

1. 选择菜单“窗口”>“输出”>“印前检查”。
2. 从“印前检查”面板菜单中选择“定义配置文件”，如图 8.4 所示。

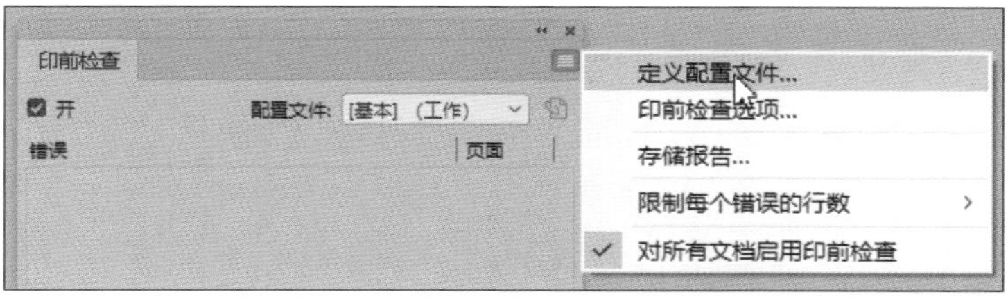

图8.4

3. 在“印前检查配置文件”对话框中，单击左边的印前检查配置文件列表下面的“印前检查配置文件菜单”按钮（≡），选择“载入配置文件”，如图 8.5 所示。

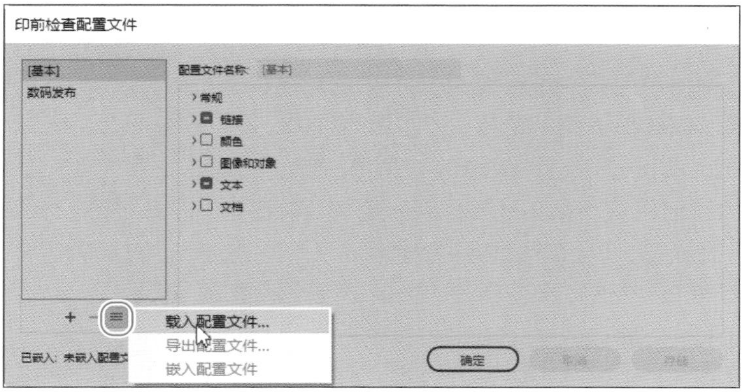

图8.5

4. 选择硬盘文件夹 InDesignCIB\Lessons\Lesson08 中的 Ad Profile.idpp，单击“打开”按钮。

5. 在左边列表中选择 Ad Profile，查看为该广告指定的输出设置如图 8.6 所示。单击各个类别旁边的三角形按钮，以了解可在印前检查配置文件中包含哪些选项。

勾选的复选框表示 InDesign 将把它标记为不正确，例如，由于在“颜色”>“不允许使用色彩空间和模式”下勾选了复选框“RGB”，因此任何 RGB 图像都将被视为错误。

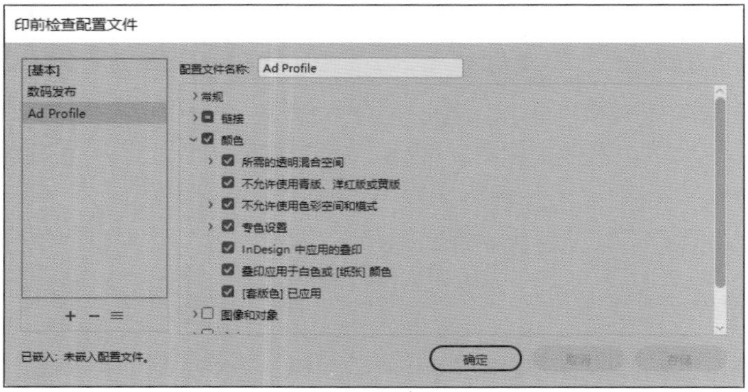

图8.6

6. 单击“确定”按钮，关闭“印前检查配置文件”对话框。

8.3.2 选择印前检查配置文件

下面来选择印前检查配置文件 Ad Profile，看看它标出的错误。

1. 在“印前检查”面板中，从“配置文件”下拉列表中选择 Ad Profile。可以看到这个配置文件检测出当前文档的颜色存在一个错误。

> **提示** 文档窗口左下角会显示文档中有多少个印前检查错误，前提是在“印前检查”面板中勾选了左上角的复选框“开”。如果看到很多错误，可打开“印前检查”面板查看更多信息。

2. 要查看这个错误，单击“颜色 (1)”旁边的三角形按钮。
3. 单击“不允许使用色彩空间 (1)”旁边的三角形按钮。
4. 双击“直线”以选择页面中导致这个错误的直线。
5. 如果有必要，单击“信息”旁边的三角形按钮，显示有关问题的详细信息，如图 8.7 所示。让“印前检查”面板保持打开状态，以供下一个练习使用。

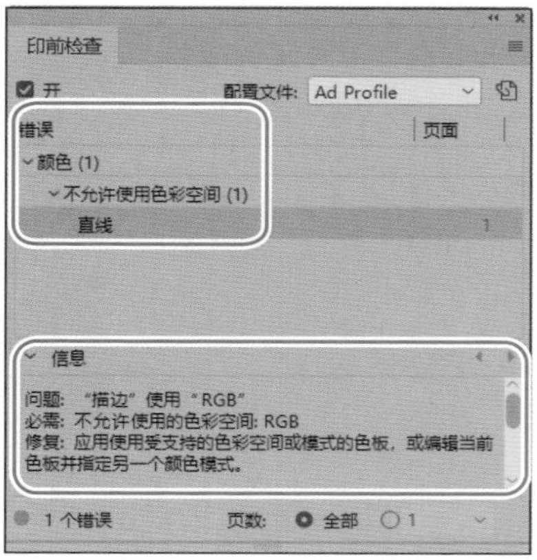

图8.7

由于这个文档是要以 CMYK 颜色模式印刷的，因此不能使用 RGB 颜色模式中的颜色，但有一条直线的描边色为 RGB 颜色。

8.3.3 对色板进行颜色模式转换

下面对应用于该直线的色板进行颜色模式转换，以消除这个错误。

1. 选择菜单“窗口”>“颜色”>“色板”，打开“色板”面板。
2. 在“色板”面板中的颜色列表中，双击色板 Green-Dark 打开“色板选项”对话框。
3. 从“颜色模式”下拉列表中选择 CMYK，单击“确定”按钮，如图 8.8 所示。

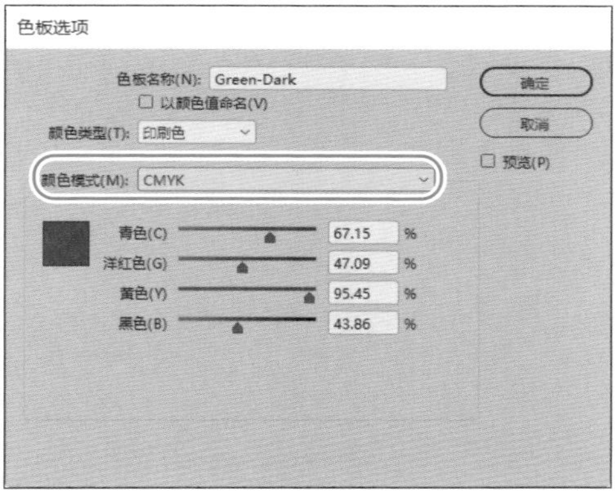

图8.8

4. 可以看到“印前检查”面板中相应的错误消失了。

> **提示** 选择菜单“文件”>“打包”将文档打包，以用于最终输出，此时 InDesign 可能会报告与颜色模式相关的问题。在这种情况下，可像上面演示的那样修改颜色模式。

5. 关闭“印前检查”面板，选择菜单“文件”>“存储”保存文件。

8.4 创建颜色

为最大限度地提高设计的灵活性，InDesign 提供了各种创建颜色的方法。创建颜色和色板后，就可将其应用于版面中的对象、描边和文本。为确保颜色的一致性，可在文档和用户之间共享颜色。可以使用如下方式来创建颜色。

- 使用“颜色”面板动态创建颜色。
- 使用“色板”面板创建并命名色板，以便在反复使用时确保版面的一致性。
- 使用吸管工具从图像中选择颜色。
- 使用颜色主题选择从图像或对象生成的颜色主题。
- 在 Adobe Color Themes 面板中创建和选择主题。
- 使用 CC 库与 Photoshop、Illustrator、工作组的其他成员，以及其他文档共享颜色。

> **注意** 在执行本课的任务时，请根据需要随意移动面板并修改缩放比例。有关这方面的详细信息，请参阅 1.3 节和 1.5 节。

可以各种颜色模式定义颜色，包括 RGB、CMYK，以及诸如 PANTONE 等专色模式。本节后面将讨论专色和印刷色（CMYK 颜色）的差别。

这张广告将由商业印刷厂使用 CMYK 颜色印刷，要求使用 4 个不同的印版——青色、洋红色、黄色和黑色各一个。然而，CMYK 颜色模式的色域较小，此时专色就可派上用场。专色用于添加不在 CMYK 色域内的颜色（如金粉油墨和蜡色油墨），以及确保颜色的一致性（如用于公司 Logo 的颜色）。

在本节中，您将使用“色板”面板创建一种用于 Logo 的 PANTONE 颜色，并使用吸管工具、“颜色”面板和“色板”面板创建一个用作广告背景色的 CMYK 色板。在本课后面，您将使用颜色主题工具从文档中的一幅马赛克图像创建一组互补色，并将选择的颜色主题添加到“色板”面板和 CC 库中。

> Id **提示** 很多公司标识（包括 Logo）都使用了 PANTONE 颜色。给客户做项目时，最好问问他们是否有样式指南或品牌推广指南。这种指南通常对 PANTONE 颜色、字体和 Logo 使用规则做了详细说明。

8.4.1 创建 PANTONE 色板

在这张广告中，组织名称 Urban Oasis Gradens 需要使用一种 PANTONE 专色油墨。下面添加一种专色，它来自一个颜色库。在实际工作中，需要通知印刷厂，说您打算使用一种 PANTONE 专色。

1. 使用选择工具（▶）单击页面周围的粘贴板，确保没有选择任何对象。
2. 如果有必要，选择菜单“窗口”>“颜色”>“色板”，打开“色板”面板。
3. 从“色板”面板菜单中选择“新建颜色色板”。
4. 在“新建颜色色板”对话框中，从“颜色类型”下拉列表中选择“专色”。
5. 从“颜色模式”下拉列表中选择 PANTONE+ Solid Coated。
6. 在 PANTONE 和 C 之间的文本框中输入“266”，这将使 PANTONE 色板列表自动滚动到本项目所需的颜色 PANTONE 266 C。
7. 如果有必要，取消勾选左下角的复选框“添加到 CC 库”，如图 8.9 所示。

> Id **提示** CC 库让您能够在用户和文档之间共享颜色等素材。CC 库将在第 10 课介绍。

8. 单击“确定”按钮，指定的专色被添加到“色板”面板中。

在“色板”面板中，该颜色旁边的图标（◘）表明它是一种专色，如图 8.10 所示。添加到“色板”面板中的新颜色将随当前文档一起存储。

> Id **提示** 为印刷品选择 PANTONE 颜色时，最好根据印刷的 PANTONE 颜色指南（可从 PANTONE 官网购买）进行选择，因为屏幕上显示的 PANTONE 颜色可能不可靠。

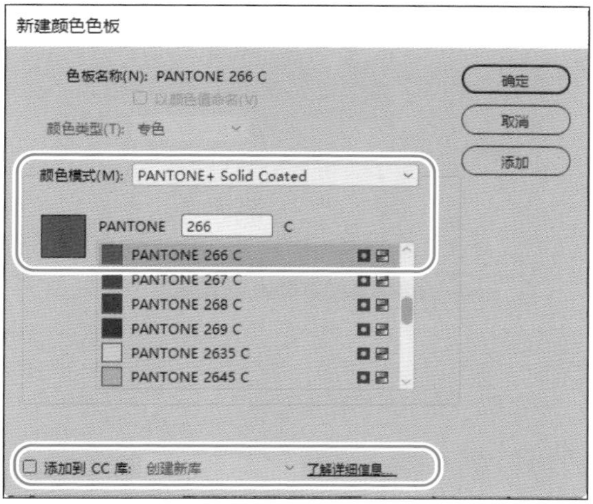

图8.9

图8.10

9. 选择菜单“文件”>“存储”保存文件。

在本课后面，您将把刚才添加的专色应用于文本 Urban Oasis Gardens。

8.4.2 创建 CMYK 色板

若要从空白开始创建 CMYK 色板，需要明白颜色混合和颜色值。您也可尝试在“颜色”面板中定义颜色，再将其作为色板添加到“色板”面板中。另外，您还可使用吸管工具从图像中采集颜色。在本节中，您将首先使用吸管工具创建一个 CMYK 色板，再通过输入颜色值来创建两个色板。

> **提示** 通过在“色板”面板中给颜色命名，您能够轻松地将颜色应用于文档中的对象，以及编辑和更新对象的颜色。虽然也可使用“颜色”面板将颜色应用于对象，但这种方法不能快速地更新这些颜色，因为它们是未命名的。要修改应用于多个对象的未命名颜色，必须分别修改。

1. 选择菜单“窗口”>“颜色”>“颜色”，打开“颜色”面板。
2. 在“颜色”面板中，单击左上角的“填色”框（）。
3. 选择菜单“编辑”>“全部取消选择”，确保没有选择文本，按 I 键选择吸管工具（）。
4. 单击页面左下角黄色花朵的浅色区域。
5. “颜色”面板中将显示从该图像中采集的颜色，如图 8.11 所示。根据您单击的位置，颜色值可能不同。

为了创建所需的颜色，必要时可按下面的设置微调 CMYK 值。

- 青色：10。
- 洋红色：0。
- 黄色：40。
- 黑色：0。

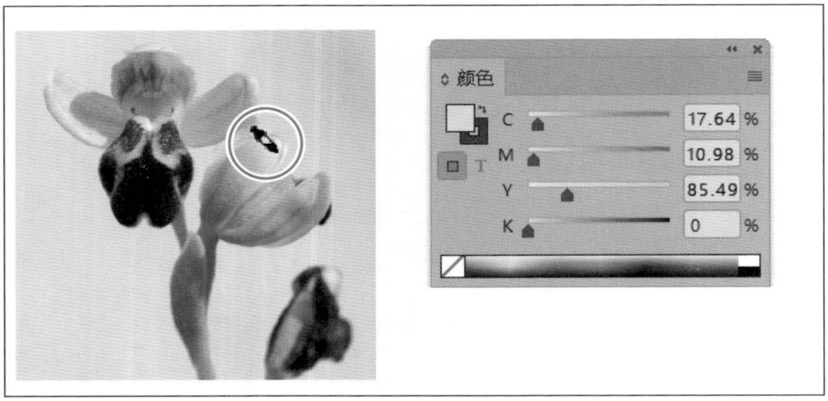

图8.11

> **注意** 若要输入颜色，可单击第 1 个颜色值；若要输入下一个颜色值，可按 Tab 键；若要让输入值生效，可按 Enter 键。

6. 从“颜色”面板菜单中选择“添加到色板”，如图 8.12 所示。

可以看到在“色板”面板的列表底部添加了一个色板，并自动选择了它。

7. 在“色板”面板中，单击底部的“新建色板”按钮（⊞），创建选择色板的副本。
8. 双击“色板”面板中列表末尾的新色板，打开“色板选项”对话框，以便编辑色板。

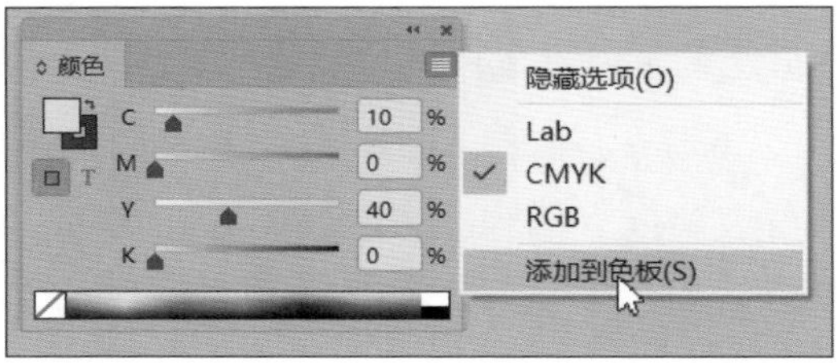

图8.12

> **提示** 知道颜色的定义（如前面的 PANTONE 颜色）时，使用“色板”面板来创建色板最容易。而要匹配图像的颜色时，使用吸管工具和“颜色”面板来创建色板更容易。

9. 确认“颜色类型”为“印刷色”，“颜色模式”为 CMYK。在文本框中输入如下 CMYK 值以调整颜色，如图 8.13 所示。

- 青色：25。
- 洋红色：75。
- 黄色：0。
- 黑色：0。

10. 单击“确定”按钮，关闭“色板选项”对话框。
11. 按住 Alt（Windows）或 Option（macOS）键，单击“色板”面板底部的“新建色板”按钮，创建一个新色板，并自动打开“新建颜色色板”对话框。
12. 确保“颜色类型”为“印刷色”，“颜色模式”为 CMYK。

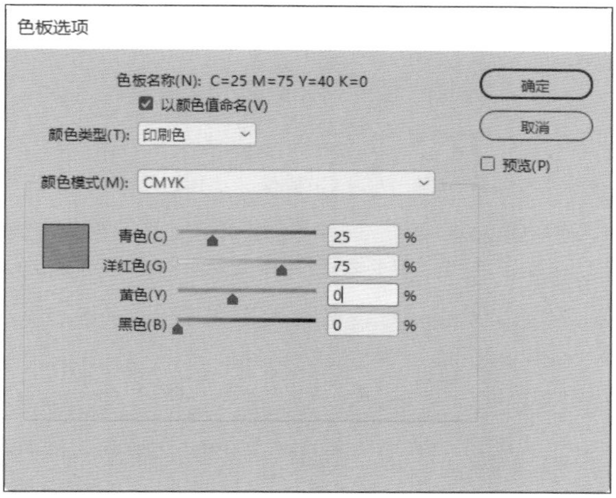

图8.13

13. 在文本框中输入如下值：青色 90、洋红色 70、黄色 30、黑色 10。单击“确定”按钮更新颜色。

14. 从“色板”面板菜单中选择“新建颜色色板”。如果有必要，勾选复选框“以颜色值命名”。确保“颜色类型”为“印刷色”，“颜色模式”为 CMYK。在文本框中输入如下值：青色 65、洋红色 25、黄色 100、黑色 0。

提示 若要给颜色指定易于识别的名称，如 Aqua 或 Forest Green，可先在“新建颜色色板”对话框中取消勾选复选框“以颜色值命名”，再在“色板名称”文本框中输入名称。

15. 单击“确定”按钮更新颜色，选择菜单“文件”>“存储”保存文件。

至此，您创建了一个专色色板（紫色）和 3 个 CMYK 颜色色板（粉红、蓝色和绿色），还使用吸管工具创建了一个黄色色板。在下一节中，您将把这些颜色应用于页面中的对象。

专色和印刷色

专色是一种预先混合好的特殊油墨，用于替代或补充CMYK印刷油墨，印刷时需要专门的印版。当指定的颜色较少且对颜色准确性要求较高时使用专色。虽然专色油墨可准确地重现印刷色色域外的颜色，但是实际印刷出的专色效果取决于印刷商混合的油墨和印刷纸张，因此，并不仅受您指定的颜色值或色彩管理的影响。

印刷色是使用以下4种标准印刷色油墨的组合进行印刷的：青色、洋红色、黄色和黑色（CMYK）。当需要的颜色较多，导致使用专色油墨的成本很高或不可行时（如印刷彩色照片），就需要使用印刷色。

- 要使高品质印刷文档呈现最佳效果，请参考印刷色在四色色谱（印刷商可能提供）中的CMYK值来指定颜色。
- 印刷色的最终颜色值是其CMYK值，因此如果使用RGB指定印刷色，在分色时，这些颜色值将转换为CMYK值。转换方式随色彩管理设置和文档配置文件而异，转换结果可能会与您看到的RGB颜色有一些差异。
- 除非正确地设置了色彩管理系统，且了解它在预览颜色方面的局限性，否则不要根据显示器上显示的颜色来指定印刷色。
- 由于CMYK的色域比典型显示器能够显示的色域小，因此不要在仅供在屏幕上查看的文档中使用印刷色。

有时候，在同一文档中同时使用印刷色油墨和专色油墨是可行的。例如，在年度报告的同一个页面上，可使用专色油墨来印刷公司徽标的精确颜色，并使用印刷色来重现照片。还可使用一个专色印版，在印刷色作用区域中应用上光色。在这两种情况下，印刷文档时共使用5种油墨：4种印刷色油墨和一种专色油墨（或上光色）。

每使用一种专色，印刷时都将增加一个专色印版。一般而言，商业印刷厂可提供双色印刷（黑色和一种专色），以及增加一种或多种专色的4色CMYK印刷。使用专色通常会增加印刷费用，因此在文档中使用专色之前，应向印刷服务提供商咨询。

Id

提示 除专色和印刷色外，InDesign 还提供了混合油墨颜色，这旨在丰富使用多种专色的出版物的调色板。要使用这种功能，可从“色板”面板菜单中选择“新建混合油墨色板”，再混合专色和黑色（或两种专色）来创建新颜色，从而提供双色图像的色调范围。如果菜单项“新建混合油墨色板”不可用，请确保当前文档至少包含一种专色色板。

8.5 应用颜色

创建颜色色板后，可将其应用于对象、文本等。“色板”面板、控制面板、“属性”面板和“CC Libraries”面板都提供了颜色应用工具。应用颜色的过程包括以下三大步骤。

1. 选择文本或对象。
2. 根据要修改的颜色选择对应的描边或填充选项。
3. 选择色板。

在工具面板、“色板”面板和“颜色”面板中，都包含描边 / 填色框（ ），您可使用它来指定要将颜色应用于描边（轮廓）还是填充区域（背景）。应用颜色时，务必注意观察描边 / 填色框，因为很容易将颜色应用于对象的错误部分。

> **提示** 在控制面板和“属性”面板中，分别提供了“填色”和“描边”下拉列表，让您能够更轻松地应用颜色。

InDesign 还提供了很多其他应用颜色的方式，包括将色板拖曳到对象上、使用吸管工具复制对象中的颜色，以及在样式中指定颜色。在您使用 InDesign 的过程中，将知道哪种方式对您来说是最合适的。

在下面的练习中，您将使用各种面板和方法将颜色应用于描边、填充和文本。

8.5.1 指定对象的填充色

下面将给页面上的各种对象指定填充色，为此您将使用“色板”面板、拖曳色板，以及使用吸管工具。

1. 如果有必要，选择菜单“窗口”>“颜色”>“色板”，打开“色板”面板。请让这个面板一直保持打开状态，直到学习完本课。
2. 选择菜单“视图”>“屏幕模式”>“正常”，以便能够看到框架边缘。

> **提示** 要交换选择对象的描边颜色和填充色，可单击描边 / 填色框（）中的箭头。

3. 使用选择工具（）单击页边距（边距参考线外面）的任何地方，以选择大型的背景框架，如图 8.14 所示。

图8.14

4. 在“色板”面板中，单击“填色”框（）。
5. 单击名为 C=65 M=25 Y=100 K=0 的绿色色板。
6. 将“色板”面板顶部的“色调”滑块拖曳到 50% 处，如图 8.15 所示。

图8.15

7. 使用选择工具选择右边包含文本 Urban Oasis Gardens 的文本框架。

8. 在选择了“填色”框的情况下，单击名为 C=10 M=0 Y=40 K=0 的黄色色板，如图 8.16 所示。

9. 单击粘贴板，确保没有选择页面上的任何对象。

10. 在“色板”面板中，将粉色色板（C=25 M=75 Y=0 K=0）拖曳到页面底部中央包含文本 $75 的文本框架上，如图 8.17 所示。

图8.16

图8.17

11. 单击粘贴板，确保没有选择任何对象。

12. 使用选择工具单击页面顶部的 Orchid Clinic。

13. 在依然选择了“填色”框的情况下，单击名为 C=90 M=70 Y=30 K=10 的蓝色色板，如图 8.18 所示。

图8.18

14. 单击粘贴板，确保没有选择任何对象，选择菜单“视图”>“使页面适合窗口”，为下一个练习做好准备。选择菜单“文件”>“存储”保存文件。

> Id
>
> **提示** 页面顶部的文本 Orchid Clinic 是一个对象，它是通过先选择相应的文本框架，再选择菜单“文字”>“创建轮廓”生成的。使用这种方法将创建一个形状类似于相应文本的框架，并在其中填充无法编辑的图形。

8.5.2 给描边指定颜色

使用“描边”面板（选择菜单“窗口”>“描边”）可给直线、框架和文本添加描边。下面使用控制面板中的选项给一条直线和一个图形框架指定描边颜色。

1. 使用选择工具（ ）单击页面中间的日期上方的直线。
2. 在控制面板中，打开“描边”下拉列表。
3. 必要时调整“色板”面板的尺寸或向下滚动，选择粉色色板（C=25 M=75 Y=0 K=0），如图 8.19 所示。

图8.19

> **注意** 如果将颜色应用到了错误的对象或对象的错误部分，可选择菜单“编辑”>“还原”，再重新操作。

4. 使用选择工具单击包含兰花蓓蕾的图形框架。务必单击内容抓取工具（ ）的外面，以选择框架。
5. 在“色板”面板中单击“描边”框（ ）。
6. 向下滚动并单击蓝色色板（C=90 M=70 Y=30 K=10），如图 8.20 所示。

图8.20

7. 选择菜单“文件”>“存储”保存文件。

8.5.3 将颜色应用于文本

接下来使用文字工具选择文本，并使用“色板”面板和控制面板来指定文本的填充色。

> **提示** 为创建反白字（深色背景上的浅色文字），可将文本的颜色设置得较浅，并将段落背景或文本框架的颜色设置得较深。

1. 使用文字工具（T.）在包含日期 Wednesday • January 8 • 7–10 p.m. 的文本框架中单击，选择其中的所有文本。

在“色板”面板中，可以看到“填色”框发生了变化，反映了选择文本的填充色（T）。

2. 在选择了“填色”框（）的情况下，单击蓝色色板（C=90 M=70 Y=30 K=10）。
3. 使用文字工具单击左边包含文本 Grow. Maintain. Rebloom. 的框架，按住 Ctrl + A（Windows）或 Command + A（macOS）组合键选择段落中的所有文本。
4. 在依然选择了“填色”框的情况下，单击蓝色色板（C=90 M=70 Y=30 K=10）。
5. 使用文字工具在右边包含文本 Urban Oasis Gardens 的文本框架中单击，并快速单击 4 次，选择其中所有的文本。
6. 在控制面板中打开“填色”下拉列表，选择色板 PANTONE 266 C。
7. 选择菜单“窗口”>“属性”，打开“属性”面板。
8. 使用文字工具在页面底部中央包含 $75 的文本框架中单击，选择菜单“编辑”>“全选”，选择其中所有的文本。
9. 在“属性”面板中，在“描边”框旁边的“粗细”文本框中输入“1 点”并按 Enter 键，如图 8.21 所示。
10. 单击“描边”框并选择蓝色色板（C=90 M=70 Y=30 K=10）。
11. 单击“填色”框并选择绿色色板（C=65 Y=25 M=100 K=0）。

单击粘贴板，取消选择文本并查看结果，此时页面的中部如图 8.22 所示。

图8.21

图8.22

12. 选择菜单“编辑”>“全部取消选择”，选择菜单“文件”>“存储”保存文件。

8.6 使用色调色板

色调色板是颜色经过加网而变得较浅的版本，可快速而一致地应用于对象。色调色板存储在“色板”面板及诸如控制面板等面板的颜色下拉列表中。要共享其他文档中的色调色板，可在“色板”面板菜单中选择“载入色板”。下面创建一个浅绿色色调色板，并将其应用于黄色文本框架。

8.6.1 创建色调色板

下面使用一个已有的颜色色板来创建一个色调色板。

1. 选择菜单“视图”>“使页面适合窗口”，使页面位于文档窗口中央。
2. 使用选择工具（ ）单击粘贴板，确保没有选择任何对象。
3. 在“色板”面板中，选择名为 C=25 M=75 Y=0 K=0 的粉色色板。
4. 单击“填色”框（ ），从“色板”面板菜单中选择“新建色调色板”。
5. 在“新建色调色板”对话框中，只有底部的“色调”可以修改。在“色调”文本框中输入“65”，单击“确定”按钮。

> **提示** 色调色板很有用，因为 InDesign 维持色调同其父颜色之间的关系。因此，如果您将父颜色色板改为其他颜色，这个色调色板将变成新颜色的较浅版本。

新建的色调色板出现在色板列表末尾。“色板”面板的顶部显示了选择的色板的信息，其中“色调”文本框中的值表明该颜色为原始颜色的 65%，如图 8.23 所示。

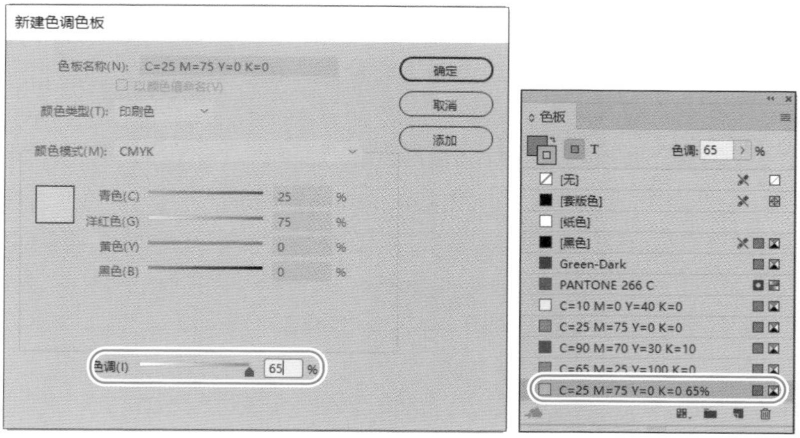

图8.23

8.6.2 应用色调色板

下面将这个色调色板用作填充色。

> **提示** 在“色板”面板菜单中包含各种显示和组织色板的选项，例如，您可显示较大的色板缩览图、按颜色值将色板排序，以及创建颜色组。

1. 使用选择工具（▶）单击页面底部包含文本 $75 的文本框架。
2. 在“色板”面板中，单击“填色”框（ ）。
3. 在“色板”面板中，单击刚创建的色调色板 C=25 M=75 Y=0 K=0 65%，可以看到颜色发生了变化，如图 8.24 所示。

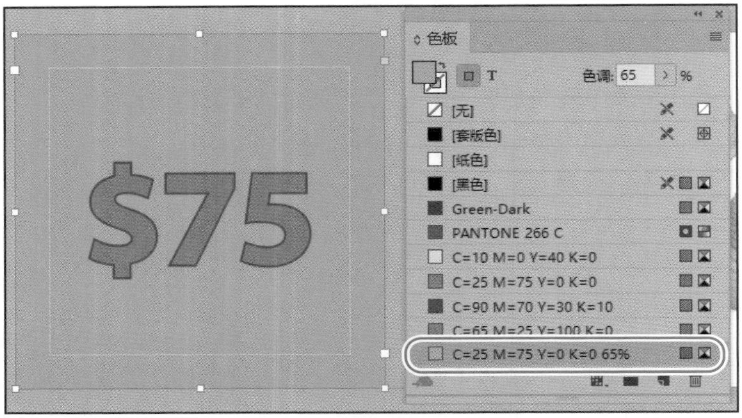

图8.24

4. 选择菜单“文件”>“存储”保存文件。

8.7 使用渐变

渐变是逐渐混合多种颜色或同一种颜色的不同色调。在 InDesign 中可创建线性渐变或径向渐变，如图 8.25 所示。在本节中，您将使用“色板”面板创建一种线性渐变色板，将其应用于一个对象，并使用渐变色板工具调整渐变效果。

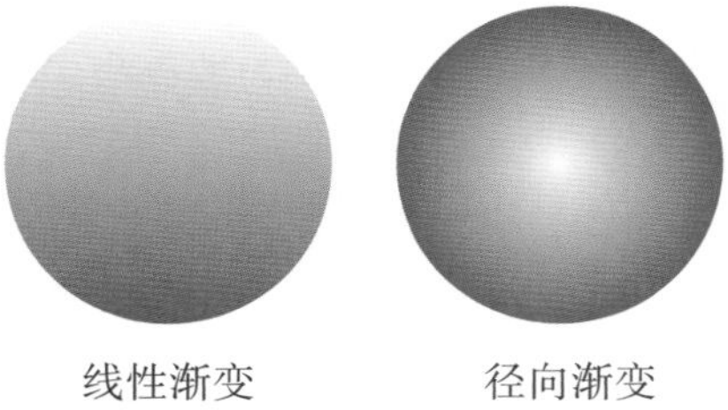

图8.25

> **提示** 最好在目标输出设备（如平板电脑、打印机或印刷机）上对渐变进行测试。

8.7.1 创建渐变色板

在“新建渐变色板”对话框中，渐变是在渐变曲线中使用一系列颜色站点定义的。站点是渐变从一种颜色变成下一种颜色的地方，由位于渐变曲线下方的方块标识。每种 InDesign 渐变都至少有两个颜色站点。通过编辑每个站点的颜色及新增颜色站点，可创建自定义渐变。

1. 选择菜单“编辑”>“全部取消选择”，确保没有选择任何对象。

2. 从“色板”面板菜单中选择“新建渐变色板”。
3. 在“色板名称”文本框中输入“Pink/Yellow”，保留“类型”设置为“线性”。
4. 单击渐变曲线上的左站点图标（ ）。
5. 从“站点颜色”下拉列表中选择“色板”，在色板列表中向下滚动，并选择名为 C=25 M=75 Y=0 K=0 的粉色色板。

可以看到渐变曲线的左端变成了粉色。

6. 在依然选择了左站点的情况下，在“位置”文本框中输入“5”。

> **提示** 要创建使用色调的渐变，必须先在“色板”面板中创建一个色调色板。

7. 单击右站点图标（ ），从“站点颜色”下拉列表中选择“色板”，在色板列表中向下滚动并选择名为 C=10 M=0 Y=40 K=0 的黄色色板，然后在“位置”文本框中输入 70。

渐变曲线显示为粉色和黄色之间的混合，如图 8.26 所示。

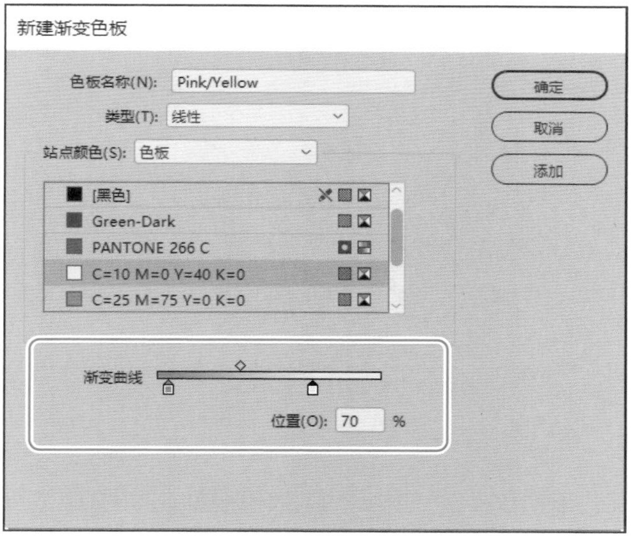

图8.26

8. 单击“确定”按钮，新建的渐变色板将出现在“色板”面板中的列表末尾。
9. 选择菜单“文件”>“存储”保存文件。

8.7.2 应用渐变色板

下面将一个文本框架的填色改为刚创建的这个渐变色板。

1. 使用选择工具（ ）单击左边包含文本 Grow. Maintain. Rebloom. 的文本框架。
2. 在“色板”面板中单击“填色”框（ ）。
3. 在“色板”面板中选择刚创建的渐变色板 Pink/Yellow，如图 8.27 所示。

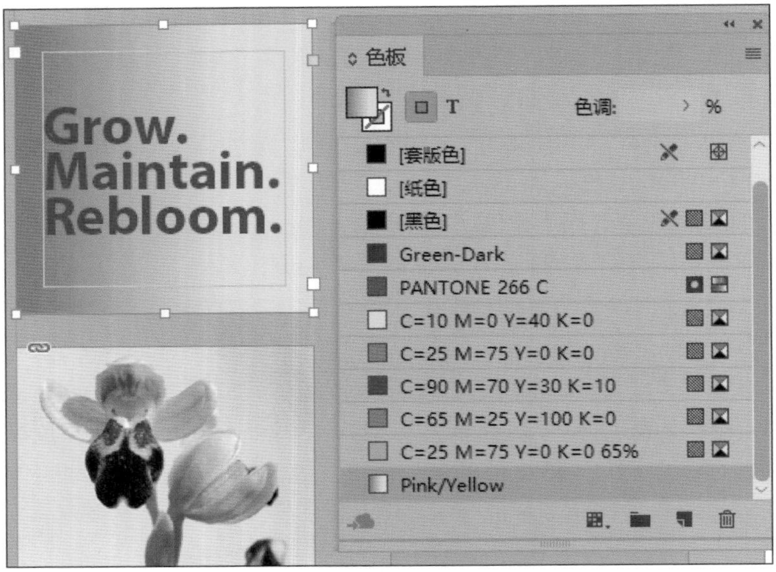

图8.27

4. 选择菜单“文件”>“存储”保存文件。

8.7.3 调整渐变的混合方向

使用渐变填充对象后，可修改渐变。为此，可使用渐变色板工具拖曳出一条虚构的直线，沿该直线重绘渐变。这个工具让您能够修改渐变的方向及起点和终点。下面来修改渐变的方向。

1. 选择包含文本 Grow. Maintain. Rebloom. 的文本框架，按 G 键选择工具面板中的渐变色板工具（ ）。

> **提示** 使用渐变色板工具时，拖曳的起点离对象的外边缘越远，渐变的效果越平滑。

2. 为了创建更急促的渐变效果，将鼠标指针指向选择的文本框架左边缘的内侧并向右拖曳，如图 8.28 所示。

图8.28

松开鼠标后，可以发现从粉色到黄色的过渡比以前更平缓，如图 8.28 所示。

> **提示** 要将渐变的方向限定为水平、垂直或 45°，可在使用渐变色板工具拖曳时按住 Shift 键。

3. 要创建对角方向的渐变，可使用渐变色板工具从文本框架的左上角拖曳到右下角，如图 8.29 所示。继续尝试使用渐变色板工具，直到理解其工作原理为止。

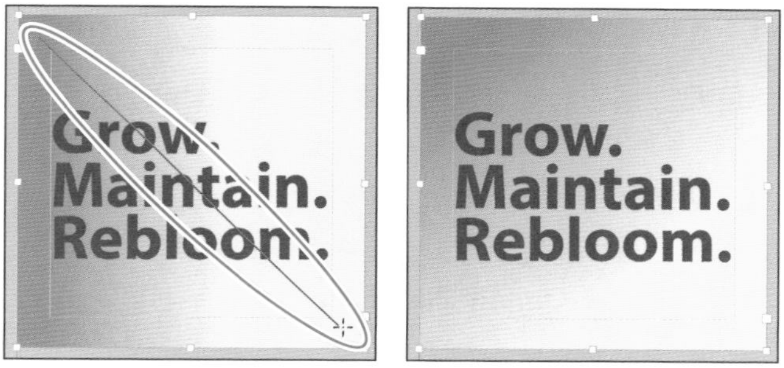

图8.29

4. 试验完毕后，使用渐变色板工具从文本框架的顶端拖曳到底端，如图 8.30 所示。这是对这个文本框架应用的最终渐变效果。

图8.30

5. 选择菜单“文件”>“存储”保存文件。

8.8 使用颜色组

如果文档包含很多具有特殊用途（如用于章节序言或分隔页面）的颜色，可在“色板”面板中将色板分组，这样就可轻松地同其他文档或其他设计人员共享颜色组。

8.8.1 将颜色添加到颜色组中

下面将这个文档使用的颜色放到一个新的颜色组中。

提示 在设计文档时，通常创建的颜色色板数比实际使用的多。确定最终的设计和调色板后，应将未使用的颜色删除。为此，可从“色板”面板菜单中选择“选择所有未使用的样式”，然后单击面板底部的“删除选定的色板 / 组”按钮将其删除。

1. 按 V 键切换到选择工具（▶），单击粘贴板，确保没有选择任何对象。
2. 从“色板”面板菜单中选择“新建颜色组”。
3. 在“新建颜色组”对话框的“名称”文本框中输入“Orchid Clinic Ad”，单击“确定”按钮，如图 8.31 所示。
4. 为将颜色色板、色调色板和渐变色板添加到颜色组 Orchid Clinic Ad 中，选择这些色板并将它们拖曳到其中。

- 为选择这些色板，按住 Shift 键并单击第一个色板和最后一个色板（无须将色板“[无]”“[套版色]”“[纸色]”和“[黑色]”移到这个颜色组中）。
- 将选择的色板拖曳到文件夹 Orchid Clinic Ad 下方，等到出现直线后松开鼠标，如图 8.32 所示。

图8.31

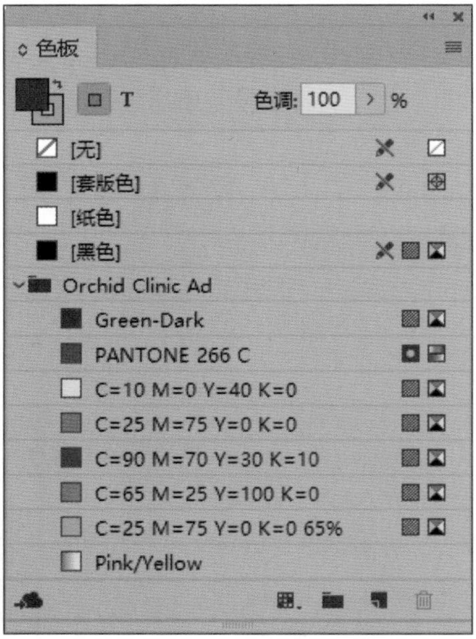

图8.32

5. 选择菜单“文件”>“存储”保存文件。

8.8.2 预览最终的文档

下面对最终的文档进行预览。

1. 选择菜单“视图”>“屏幕模式”>“预览”。

2. 选择菜单“视图”>“使页面适合窗口”。
3. 按 Tab 键隐藏所有的面板并预览您的工作成果，如图 8.33 所示。

图8.33

4. 再次按 Tab 键显示面板。

祝贺您完成了本课！

8.9 练习

请按下面的步骤操作，以便更深入地学习如何使用颜色主题。

8.9.1 创建颜色主题

要创建与文档中使用图像的颜色互补的颜色，可使用 InDesign 颜色主题工具。使用这个工具可对图像或对象进行分析，从中选择有代表性的颜色，并生成 5 个不同的主题。您可选择并应用颜色主题中的色板、将颜色主题中的色板添加到“色板”面板中，以及通过 CC 库共享颜色主题。要创建颜色主题，可用下面 3 种方法。

- 使用颜色主题工具单击图像或对象，从一个很小的区域创建颜色主题。
- 使用颜色主题工具拖曳出一个覆盖图像或对象的方框，并从这些图像或对象创建颜色主题。
- 按住 Alt（Windows）或 Option（macOS）键并使用颜色主题工具单击，可以清除已有的颜色主题并创建新的颜色主题。

8.9.2 查看颜色主题

下面先查看从兰花蓓蕾图像创建的颜色主题，再从中选择要使用的颜色主题。

1. 在工具面板中的吸管工具（）上按住鼠标左键，并从打开的下拉列表中选择颜色主题工具（）。

> **Id** **提示** 要使用键盘选择颜色主题工具，可按 Shift + I 组合键。

2. 找到页面中央的兰花蓓蕾图像。
3. 使用颜色主题工具在这幅图像的任何位置单击。

可以看到显示了颜色主题面板，其中包含从这幅图像中挑选出来的颜色主题，如图 8.34 所示。

4. 在颜色主题面板中，单击"当前主题"下拉列表，并选择"柔色"主题，如图 8.35 所示。

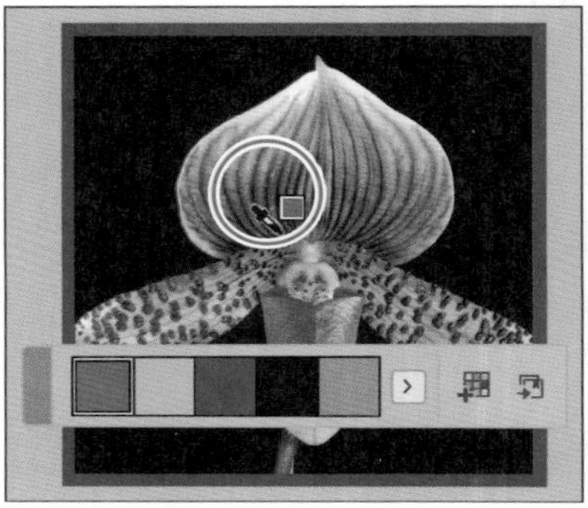

图8.34

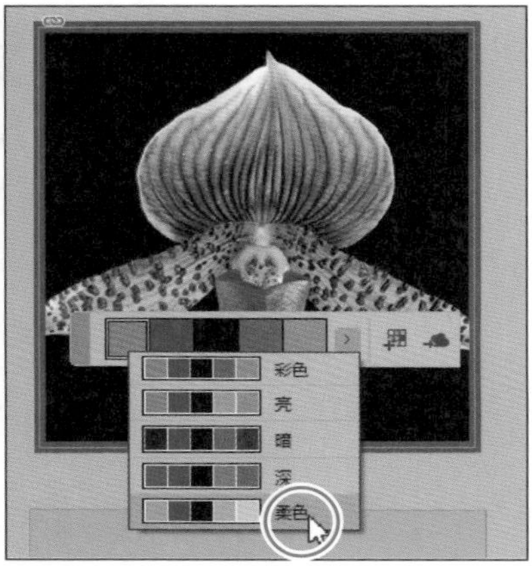

图8.35

您可以选择并使用这里显示的任何色板，但这里不这样做，而是将整个颜色主题都添加到"色板"面板中。

8.9.3 将主题添加到"色板"面板中

可将颜色主题中的特定颜色添加到"色板"面板中。为此，可先在颜色主题面板中选择该色板，再按住 Alt（Windows）或 Option（macOS）键并单击"将此主题添加到色板"按钮。

颜色主题"柔色"最适合用于这里的广告。下面先把它添加到"色板"面板中，并在 Adobe Color Themes 面板中查看它，这个面板可帮助管理主题，然后再与工作组中其他负责制作营销材料的人共享这个颜色主题。

1. 在颜色主题面板中选择"柔色"主题，单击"将此主题添加到色板"按钮（），如图 8.36 所示。

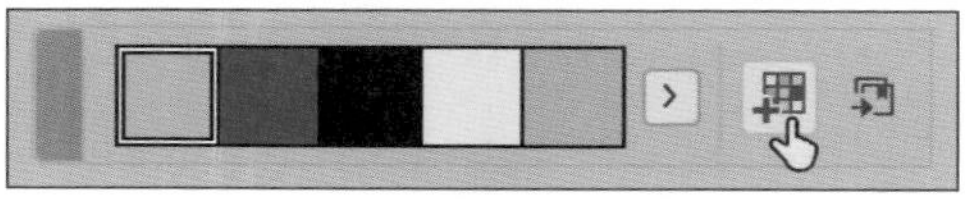

图8.36

2. 如果有必要，选择菜单“窗口”>“颜色”>“色板”，打开“色板”面板。

3. 向下滚动，查看以颜色组的方式添加到“色板”面板中的“柔色 _ 主题”，如图 8.37 所示。

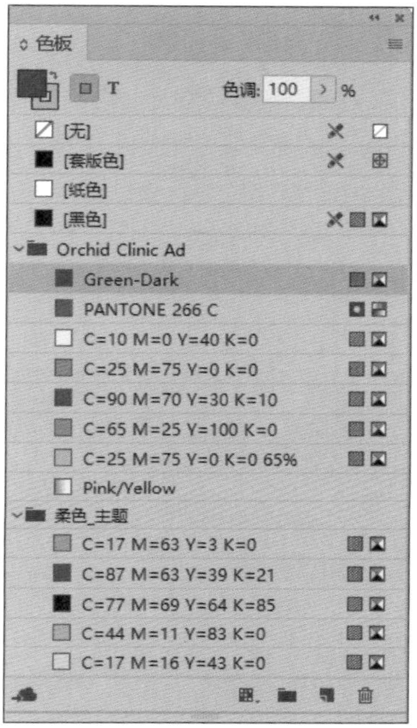

图8.37

注意 您的计算机上的“柔色 _ 主题”中颜色的 CMYK 值可能与这里显示的稍有不同，但这不会影响您完成本课后面的任务。

4. 选择菜单“文件”>“存储”保存文件。

8.9.4 将颜色主题添加到 CC 库中

InDesign 库让您能够轻松地在工作组中共享颜色色板和颜色主题等素材。在多名设计人员协作处理杂志或营销材料时，这可确保创意团队的每位成员都能轻松地访问同样的内容。下面把“柔色”主题添加到 CC 库中。有关 CC 库的更详细信息，请参阅第 10 课。

1. 在颜色主题面板中选择“柔色”主题，单击“将此主题添加到我的当前 CC 库”按钮（ ），如图 8.38 所示。

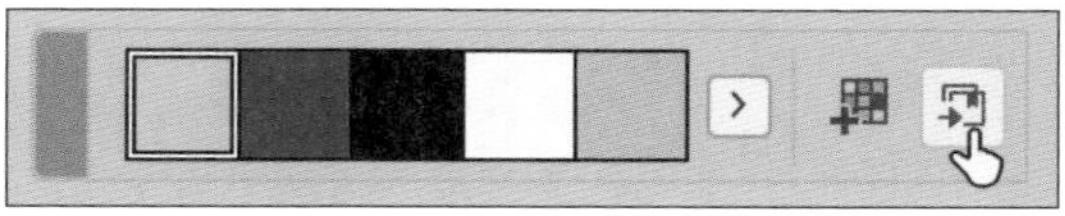

图8.38

注意 要使用 CC 库功能，请确保您的系统正运行着 Creative Cloud 应用程序。

2. 如果有必要，选择菜单“窗口”>“CC Libraries”，打开 CC Libraries 面板，您将看到该颜色主题被添加到了其中，如图 8.39 所示。
3. 打开 CC Libraries 面板菜单，您将看到其中包含一些协作选项，包括“协作”和“共享链接”。
4. 这个颜色主题也被添加到了 Adobe Color Themes 面板中，可选择菜单“窗口”>“颜色”>“Adobe Color Themes”，打开该面板。
5. 在 Adobe Color Themes 面板中，单击标签 My Themes，从库列表中选择“我的库”。

图8.39

注意 如果必要，在 My Themes 选项卡中选择其他库。

6. 选择菜单“窗口”>“颜色”>“Adobe Color Themes”，关闭这个面板。
7. 选择菜单“文件”>“存储”保存文件。

管理颜色主题

在InDesign中，有很多创建和管理颜色主题的方式。使用下面这些工具可在应用程序和项目之间同步颜色，还可方便地与其他用户协作。

Adobe Capture应用程序可在iPad、iPhone和Android上运行，让您能够根据设备相机对准的地方创建颜色主题。

Adobe Color网站让您能够创建自己的颜色主题、探索其他用户的颜色主题，以及查看自己的颜色主题。

Adobe Color Themes面板（选择菜单“窗口”>“颜色”>“Adobe Color Themes”）让您能够在InDesign和其他Creative Cloud应用程序（如Photoshop和Illustrator）中创建和探索颜色主题。

CC Libraries面板（选择菜单“窗口”>“CC Libraries”）让您能够在工作组内共享颜色主题，以及通过复制、移动和删除颜色主题来管理它们，如图8.40所示。

有关这些工具的更详细信息，请参阅InDesign帮助文档。

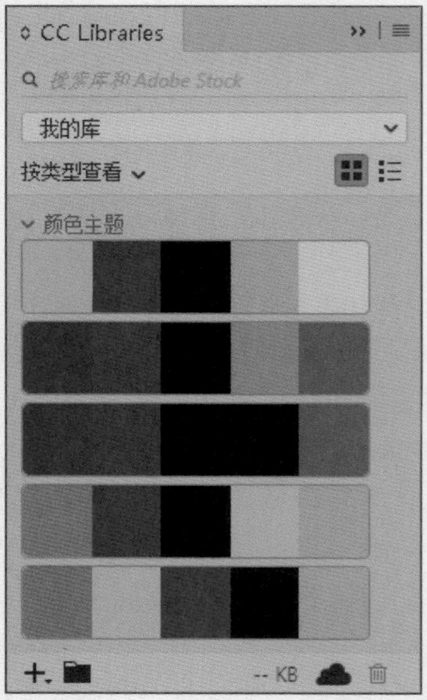

图8.40

8.10　复习题

1. 比起使用“颜色”面板，使用“色板”面板来创建颜色有何优点？
2. 应用颜色色板的 3 个基本步骤是什么？
3. 比起使用印刷色，使用专色有何优缺点？
4. 创建渐变并将其应用于对象后，如何调整渐变的混合方向？

8.11　复习题答案

1. 如果使用“色板”面板将同一种颜色应用于文本和对象，然后发现需要使用另一种颜色，则无须分别更新每个对象，只需在“色板”面板中修改这种颜色的定义，所有这些对象的颜色都将自动更新。
2. 应用颜色色板的基本步骤如下：选择文本或对象；根据要修改描边或填色选择“描边”框或“填色”框；选择颜色。可在各种面板中选择颜色色板，包括“色板”面板、控制面板、“属性”面板和工具面板。
3. 使用专色可确保颜色的准确性。每种专色都需要一个独立的印版，因此使用专色的成本更高。因此当文档使用的颜色非常多，导致使用专色油墨非常昂贵或不现实时（如打印彩色照片时），应使用印刷色。
4. 要调整渐变的混合方向，可使用渐变色板工具沿所需方向拖曳出一条虚构直线，然后沿该直线重新绘制渐变。

第9课 使用样式

在本课中，您将学习以下内容：

- 创建和应用段落样式；
- 创建和应用字符样式；
- 在段落样式中嵌套字符样式；
- 创建和应用对象样式；
- 创建和应用单元格样式；
- 创建和应用表样式；
- 全面更新段落样式、字符样式、对象样式、单元格样式和表样式；
- 载入并应用其他 InDesign 文档中的样式；
- 创建样式组。

学习本课大约需要 60 分钟。

在 InDesign 中，可创建样式（一组格式属性）并将其应用于文本、对象、表等。修改样式时，将自动影响应用了该样式的所有文本或对象。通过使用样式，可快速、一致地设置文档的格式。

9.1 概述

在本课中，您将创建一些样式，并将其应用于 Urban Oasis Gardens 产品目录的一些页面。样式是一组属性，让您能够快速、一致地设置文档中文本和对象的格式。例如，段落样式 Body Text 指定了字体、字体大小、行距和对齐方式等属性。这里的产品目录页面包含文本、表格和对象，您将设置它们的格式，并根据这些内容创建样式。这样，如果以后您置入了更多产品目录内容，只需单击一下鼠标，就可使用样式来设置这些新文本、表格和对象的格式。

1. 为确保您的 InDesign 首选项和默认设置与本课使用的一样，请将文件 InDesign Defaults 移到其他文件夹，详情请参阅“前言”中的“保存和恢复文件 InDesign Defaults”。
2. 启动 InDesign。
3. 在出现的“主页”屏幕中，单击左边的“打开”按钮（如果没有出现“主页”屏幕，就选择菜单“文件” > “打开”）。
4. 打开硬盘文件夹 InDesignCIB\Lessons\Lesson09 中的文件 09_Start.indd。
5. 选择菜单“文件” > “存储为”，将文件重命名为 09_Styles.indd，并将其保存到文件夹 Lesson09 中。
6. 为了以更高的分辨率显示这个文档，请选择菜单“视图” > “显示性能” > “高品质显示”。
7. 确保选择了工作区“[基本功能]”（选择菜单“窗口” > “工作区” > “[基本功能]”），再选择菜单“窗口” > “工作区” > “重置‘基本功能’”。
8. 如果想查看完成后的文档，请打开文件夹 Lesson09 中的 09_End.indd，如图 9.1 所示。选择菜单“版面” > “下一跨页”和“版面” > “上一跨页”，以查看所有的页面。可让该文档保持打开状态，以便工作时参考。

图9.1

查看完毕后，单击文档窗口左上角的标签 09_Styles.indd 切换到该文档。

理解样式

InDesign提供了样式，让您能够自动设置所有文本和对象的格式。无论是段落样式、字符样式、对象样式、表样式还是单元格样式，创建、应用、修改和共享的方式都相同。

> **提示** 在所有样式面板（如“段落样式”面板、“对象样式”面板等）中，面板菜单都包含“载入”选项，可用于从其他 InDesign 文档载入样式。您还可通过 InDesign CC 库在工作组内共享段落样式和字符样式。

基本样式

在新建的InDesign文档中，所有对象的默认格式都由相应的基本样式决定，如图9.2所示。例如，创建新的文本框架时，其格式由对象样式“[基本文本框架]”决定。因此，如果您要让所有新的文本框架都有一点粗的描边，可修改“[基本文本框架]”样式。若要给所有新建的InDesign文档指定不同的默认格式，可在没有打开任何文档的情况下修改基本样式。每当您发现自己在反复执行相同的格式设置任务时，都应停下来想一想，是否应该修改相关的基本样式或创建新的样式。

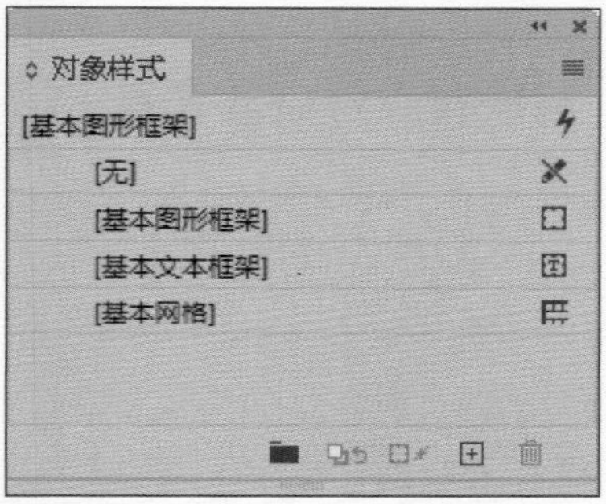

图9.2

应用样式

要应用样式，只需先选择要对其应用样式的对象，再在相关的样式面板中单击样式。例如，要设置表格的格式，可先选择表格，再在“表样式”面板中单击样式。还可设置用于应用样式的快捷键。

> **提示** 使用快捷键来设置文本格式非常方便。若要记住快捷键，一种方法是在样式名中包含一个层级数字，并将快捷键设置为这个数字。例如，如果您创建了一个名为 1 Headline 的段落样式，可将其快捷键设置为 Ctrl + Shift + 1，这样就很容易记住快捷键，因为这通常是您首先应用的样式。

使用样式覆盖手动设置的格式

在大多数情况下，我们都希望对象、表格或文本的格式与样式指定的格式完全一致，为此，需要覆盖所有手动设置的格式。如果选择对象的格式与应用于它的样式不完全一致，样式名旁边将出现一个加号，这被称为“样式优先选项”。例如，如果段落样式规定左对齐文本，但您将段落居中对齐了，那么居中对齐就是一个样式优先选项。

要获悉对象的格式与应用于它的样式有何不同，可将鼠标指针指向样式面板中的样式名，这时将显示工具提示，其中指出了应用的优先选项（要查看文本格式中的优先选项，可从“字符样式”面板菜单或“段落样式”面板菜单中选择“切换样式优先选项高亮工具”。在大多数样式面板的底部，有一个“清除优先选项”按钮，将鼠标指针指向它可获悉如何清除选择的对象的格式优先选项。请注意，应用段落样式时，如果无法清除优先选项，请检查是否对文本应用了字符样式。

修改和重新定义样式

使用样式的一个主要优点是可以用一致的方式应用格式，还可快速地执行全局修改。要修改样式，可在样式面板中双击其名称，这将打开“样式选项”对话框，让您能够对样式进行修改。您还可对应用了样式的文本、表格或对象进行修改，即从样式面板菜单中选择“重新定义样式”。

9.2 创建和应用段落样式

段落样式让用户能够将样式应用于文本和对格式进行全局性修改，这样可提高效率并保持整个设计的一致性。段落样式涵盖了所有的文本格式元素，包含诸如字体、字体大小、字体样式和颜色等字符属性，以及诸如缩进、对齐、制表符和连字等段落属性。段落样式不同于字符样式，它们应用于整个段落，而不仅是字符。

Id

提示 处理图书和产品目录等长文档时，使用样式（而不是手动设置格式）可节省大量的时间。一种常见的做法是先选择文档中的所有文本，并通过单击应用“正文”段落样式，再使用快捷键对有些文本应用标题段落样式和字符样式。

9.2.1 创建段落样式

在本节中，您将创建一种段落样式，并将其应用于选择的段落。您将先手动设置文档中部分文本的格式（不基于样式），再让 InDesign 使用这些格式新建一种段落样式。

1. 切换到文档 09_Styles.indd 的第 2 页，调整缩放比例以便能看清文本。
2. 使用文字工具（T.）单击子标题 Heirloom Vegetable Seeds 并选中它，它位于第一段文本的后面，如图 9.3 所示。

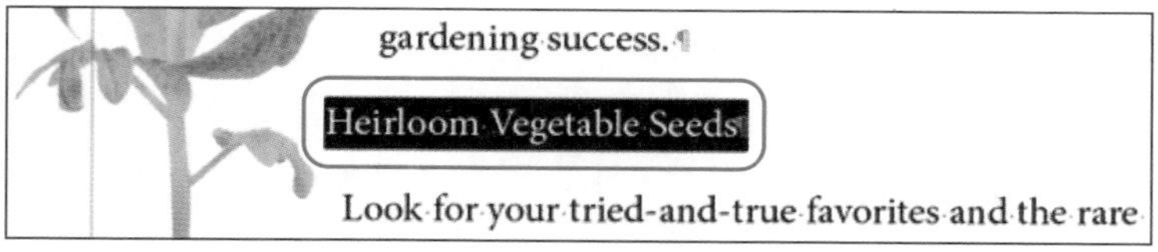

图9.3

Id

提示 创建段落样式的最简单方法是先以局部（不是基于样式）方式设置一个段落的格式，再根据该段落新建一种样式，这让您能够在创建样式前看到其外观。然后，您就可将样式应用于文档的其他部分。

3. 在右边的“属性”面板的“外观”部分，单击“填色”框（ ）并选择色板 Red-Tomato。

4. 在“字符”部分，在“字体大小”文本框中输入“18 点”并按 Enter 键，如图 9.4 所示。

5. 在“段落”部分，单击“更多选项”按钮（ ），将“段前间距”增大到 0.05 英寸，将“段后间距”降低到 0.025 英寸。

图9.4

下面根据这些格式创建一种段落样式，以便使用它来设置文档中其他子标题的格式。

6. 确保依然选择了子标题 Heirloom Vegetable Seeds，选择菜单“文字”>“段落样式”打开这个面板。

> **注意** 在这个文档中，“段落样式”面板已包含多种样式，其中包括默认样式“[基本段落]”。

7. 从“段落样式”面板菜单中选择“新建段落样式”以创建一种新的段落样式，如图 9.5 所示。在出现的“新建段落样式”对话框中，“样式设置”部分显示了您刚给子标题设置的格式。

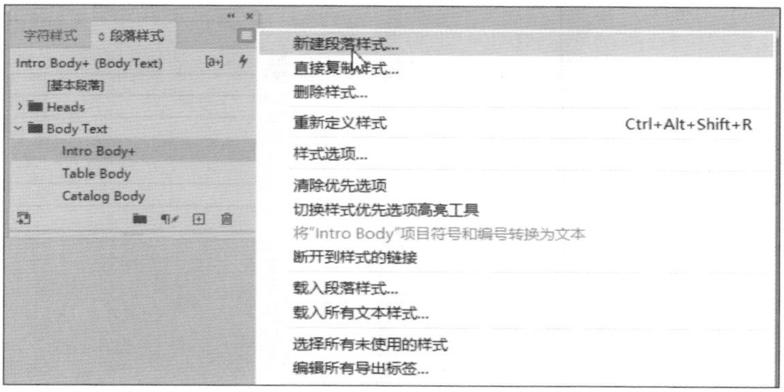

图9.5

8. 在对话框顶部的“样式名称”文本框中，输入“Head 2”，表示该样式用于设置二级标题的格式。

注意新样式基于样式 Intro Body。由于创建样式时，子标题应用了样式 Intro Body，因此新样式自动基于样式 Intro Body。通过使用“新建段落样式”对话框的“常规”部分的“基于”选项，可以现有样式为起点来创建新样式。在这里，样式 Intro Body 与标题样式无关，因此您将把基于样式改为“[无段落样式]”。

> **提示** 如果修改了基于的样式（如修改其字体），将自动更新基于该样式的所有样式，而这些样式的独特特征将保持不变。如果要创建一系列相关的样式，如 Body Copy、Bulleted Body Copy 等，则将样式基于其他样式将很有帮助。在这种情况下，如果您修改了样式 Body Copy 的字体，InDesign 将更新所有相关样式的字体。

9. 从“基于”下拉列表中选择“[无段落样式]”。

在 InDesign 中输入文本时，为快速设置文本的格式，可为“下一样式”指定一种段落样式。当您按 Enter 键时，InDesign 将自动应用“下一样式”。例如，可以在标题后面自动应用正文段落样式。

10. 从“下一样式”下拉列表中选择 Intro Body，表示这是 Head 2 标题后面的文本的样式。

还可指定快捷键，更方便地应用该样式。

11. 在“快捷键”文本框中单击，按住 Ctrl（Windows）或 Command（macOS）键和数字 9 键（InDesign 要求样式快捷键必须包含一个组合键）。
12. 勾选复选框“将样式应用于选区”，如图 9.6 所示，将这种新样式应用于刚设置了其格式的文本。

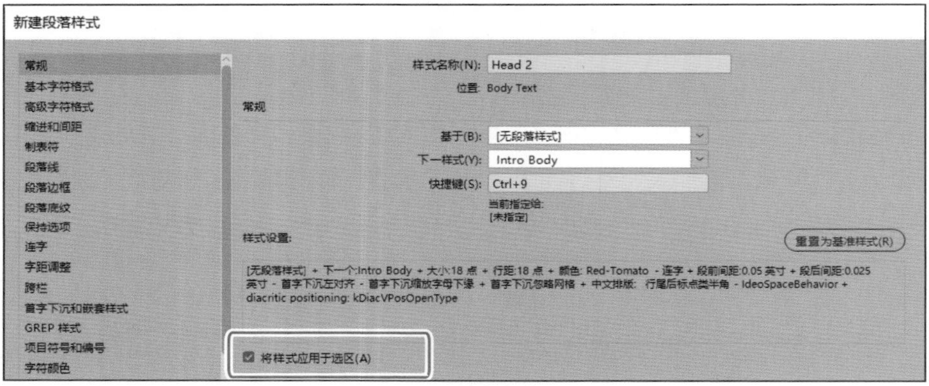

图9.6

> **提示** 如果不勾选复选框“将样式应用于选区”，新样式将出现在“段落样式”面板中，但不会自动应用于用来创建该样式的文本。

13. 如果有必要，取消勾选左下角的复选框“添加到 CC 库”。
14. 单击“确定”按钮，关闭“新建段落样式”对话框。

新样式 Head 2 将出现在“段落样式”面板中且被选中，表明该样式已应用于选择的段落。

15. 在“段落样式”面板中，单击样式组 Head 旁边的箭头，并将样式 Head 2 拖曳到样式 Head 1 和 Head 3 之间。
16. 选择菜单“编辑”>“全部取消选择”，选择菜单“文件”>“存储”保存文件。

9.2.2 应用段落样式

下面将新建的段落样式应用于文档中的其他段落。

1. 如果有必要，向右滚动页面，以便能够看到当前跨页的右对页。
2. 使用文字工具（T.）单击，将光标放在 Fruits & Flowers 中。

3. 在“段落样式”面板中单击样式 Head 2，将其应用于这个段落。文本属性将根据应用的段落样式发生相应变化。
4. 重复第 2-3 步，将样式 Head 2 应用于第 3 页的 Tools & Accessories，如图 9.7 所示。

图9.7

> **注意** 也可使用前面定义的快捷键（Ctrl 或 Command + 9）来应用样式 Head 2。要在 Windows 中应用样式，应确保按的是小键盘中的数字键。

5. 选择菜单“编辑”>“全部取消选择”，选择菜单“文件”>“存储”保存文件。

9.3 创建和应用字符样式

在前一节中，段落样式让您只需单击或按快捷键就能设置字符和段落的格式。同样，字符样式也能让您一次性将多种属性（如字体、字号和颜色）应用于文本。但不像段落样式那样设置整个段落的格式，字符样式只将格式应用于选择的字符，如单词或短语。

字符样式只包含不同于段落样式的属性，如斜体，这让您能够将字符样式与不同的段落样式结合起来使用。例如，假设有一篇新闻稿，要求将图书和电影的名称设置为斜体；同时在这篇新闻稿中，包含使用字体 Minion Pro 的正文段落样式和使用字体 Myriad Pro 的旁注样式。在这种情况下，您只需定义一种指定使用斜体的字符样式，而 InDesign 将使用正确字体的斜体版本。

> **提示** 字符样式可用于设置开头的字符，如项目符号、编号列表中的数字和下沉字母；还可用于突出正文中的文本，例如股票名通常使用粗体和小型大写字母。

9.3.1 创建字符样式

下面创建一种字符样式并将其应用于选择的文本，这将展示出字符样式在提高效率和确保一致性方面的优点。

1. 在第 2 页中滚动到第 1 段文本。
2. 如果“字符样式”面板不可见，选择菜单“文字”>“字符样式”打开它。

该面板中只包含默认样式“[无]”。

与在前一节中创建段落样式一样，这里也将基于现有文本格式来创建字符样式。这种方法可让您在创建样式前就能看到其格式。在这里，您将设置公司名 Urban Oasis Gardens 的格式，并使用这些格式创建一种字符样式，以便能够在整个文档中高效地重复使用它。

3. 使用文字工具（T）选择第 2 页第 1 段开头的文本 Urban Oasis Gardens。
4. 在右侧“属性”面板的“外观”部分，单击字符“填色”框（T）并选择色板 Green-Medium。在“字符”部分，单击“更多选项”（•••）按钮，再单击“小型大写字母”按钮（Tт），如图 9.8 所示。

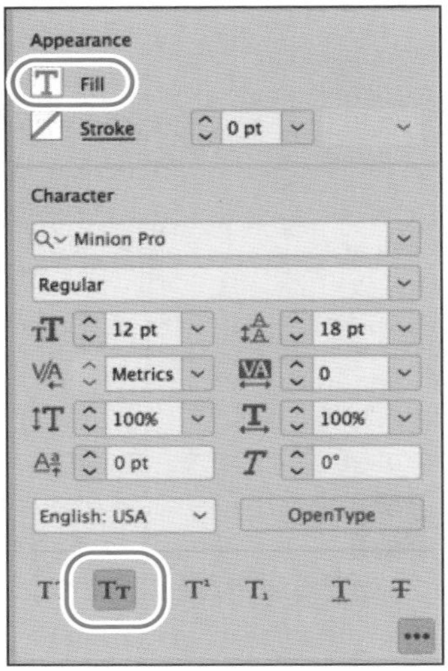

图9.8

设置好文本的格式后，下面来新建一种字符样式。

5. 单击“字符样式”面板底部的“创建新样式”按钮（Tт）。
6. 双击“字符样式”面板中的“字符样式 1”，打开“字符样式选项”对话框。
7. 在对话框顶端的“样式名称”文本框中输入“Garden Name”。

像创建段落样式一样，下面指定快捷键，以方便应用该字符样式。

8. 在“快捷键”文本框中单击，按 Alt + Shift + 8（Windows）或 Command + Shift + 8（macOS）组合键。
9. 可以看到“样式设置”部分列出了这个字符样式设置的格式，如图 9.9 所示。

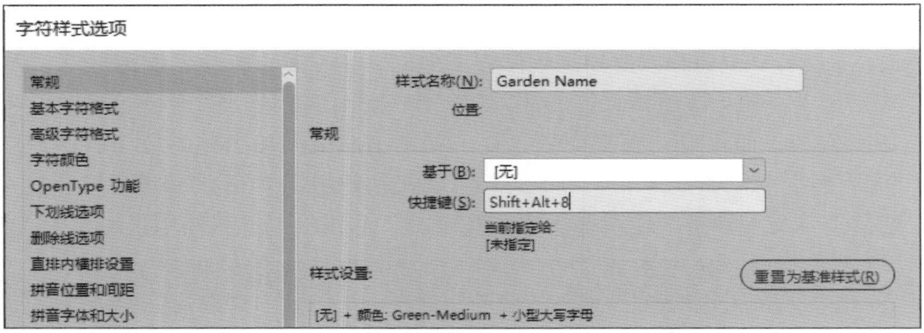

图9.9

提示 如果您使用的是扩展键盘，指定快捷键时请按小键盘上的数字，这可降低指定的快捷键与其他 InDesign 快捷键或系统快捷键发生冲突的可能性。

10. 单击“确定”按钮，关闭“字符样式选项”对话框。新样式 Garden Name 将出现在“字符样式”面板中，并应用到了选择的文本。
11. 选择菜单“编辑”>“全部取消选择”，选择菜单“文件”>“存储”保存文件。

9.3.2 应用字符样式

现在可以将字符样式应用于文档中的文本上了。和段落样式一样，通过使用字符样式，可避免手动将多种相同的文字属性应用于不同的文本。

1. 使用文字工具（ T. ）选择左对页第 2 段正文中的 Urban Oasis Gardens。

为保持公司名的外观一致，您将应用字符样式 Garden Name。

2. 在“字符样式”面板中，单击样式 Garden Name 将其应用于这些文本，可以看到其格式将发生变化。
3. 向右滚动页面，以便能够看到第 1 个跨页的右对页。
4. 使用文字工具选择右对页第 1 段正文中的 Urban Oasis Gardens。

> **提示** 可使用菜单“编辑”>“查找/更改”来搜索特定单词或短语的所有实例，并对其应用字符样式。

5. 在“字符样式”面板中，单击样式 Garden Name 将其应用于这些文本。

> **注意** 也可使用前面定义的快捷键（Shift + Alt + 8 或 Shift + Command + 8）来应用样式 Garden Name。

6. 使用“字符样式”面板或快捷键将字符样式 Garden Name 应用于第 2 段正文中的 Urban Oasis Gardens，如图 9.10 所示。

图9.10

让“字符样式”面板保持打开状态，以便下一个练习中使用。

7. 选择菜单“编辑”>“全部取消选择”，选择菜单“文件”>“存储”保存文件。

使用“快速应用”功能来应用样式

一种应用样式的快捷方式是使用“快速应用”功能，这让您的手无须离开键盘就能应用样式。要使用它，可按Ctrl + Enter（Windows）或Command + Enter（macOS）

组合键，打开“快速应用”对话框，如图9.11所示，输入样式名的前几个字母，直到它得以识别，再使用箭头键选择它并按Enter键。

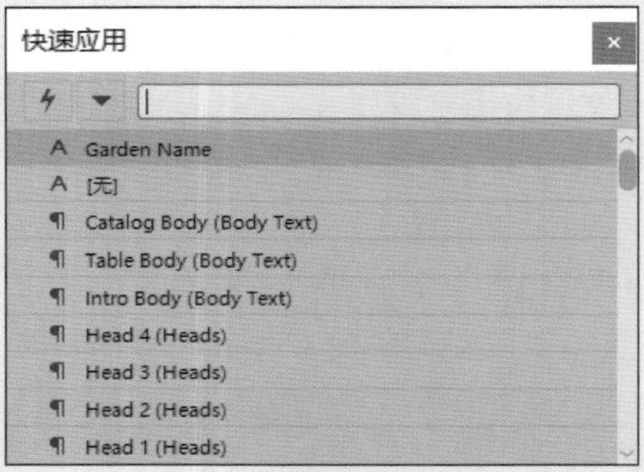

图9.11

也可选择菜单“编辑”>“快速应用”或单击控制面板中的“快速应用”按钮（ ）来打开“快速应用”对话框。

9.4 在段落样式中嵌套字符样式

为使样式使用起来更方便、功能更强大，InDesign 支持在段落样式中嵌套字符样式。这些嵌套样式让用户能够在将字符格式应用于段落的一部分（如第 1 个字符、第 2 个单词或最后一行）的同时应用段落样式。嵌套样式非常适用于接排标题，即一行或一段的开头部分与其他部分使用不同的格式。事实上，每当您在段落样式中定义模式（如应用斜体直到到达第一个句点）时，都可使用嵌套样式来自动设置格式。

提示 通过使用功能极其强大的嵌套样式，可根据一组特定的规则在段落中应用不同的格式。例如，在目录中，可将文本设置为粗体、修改制表符前导符（页码前面的句点）的字偶间距，以及修改页码的字体和颜色。

9.4.1 创建用于嵌套的字符样式

要创建嵌套的样式，首先需要创建一种字符样式和一种嵌套该字符样式的段落样式。在本节中，您将先创建两种字符样式，再将它们嵌套到现有段落样式 Catalog Body 中。

1. 在“页面”面板中双击第 4 页的图标，选择菜单“视图”>“使页面适合窗口”。如果正文太小，无法看清，可放大标题 Bean 下面以 Green: Black Valentine 打头的第 1 段文本。
2. 查看文本和标点。

这里将创建两种嵌套样式，用于将蔬菜种类与蔬菜名称区分开来。

- 当前使用了一个冒号将蔬菜种类和名称分开。
- 蔬菜名称和描述之间有一个句点。

这些字符对本节后面创建嵌套样式来说很重要。

3. 使用文字工具（ T. ）选择第 1 个 Green 及其后面的冒号。
4. 从“字符样式”面板菜单中选择“新建字符样式”。
5. 在“新建字符样式”对话框顶部的“样式名称”文本框中输入“Variety”，表示该样式将应用于蔬菜种类。勾选复选框“将样式应用于选区”。

为使蔬菜种类更醒目，下面来修改字体、字体样式和颜色。

6. 在对话框左边的类别列表中选择“基本字符格式”。
7. 从“字体系列”下拉列表中选择 Myriad Pro，并从“字体样式”下拉列表中选择 Bold，如图 9.12 所示。

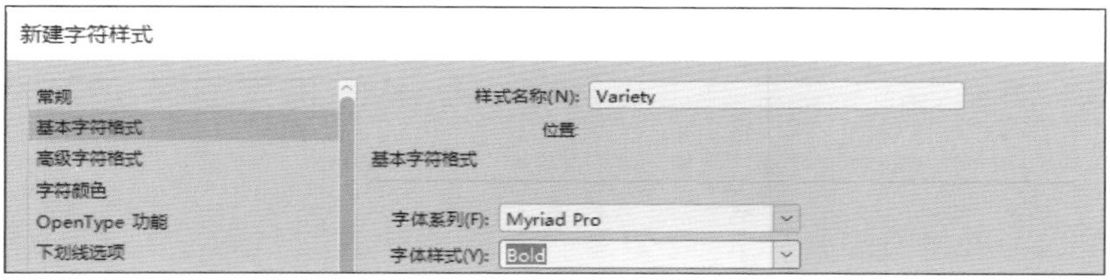

图9.12

8. 在对话框左边的类别列表中选择“字符颜色”。
9. 在对话框右边的“字符颜色”部分，选择色板 Green-Medium，如图 9.13 所示。

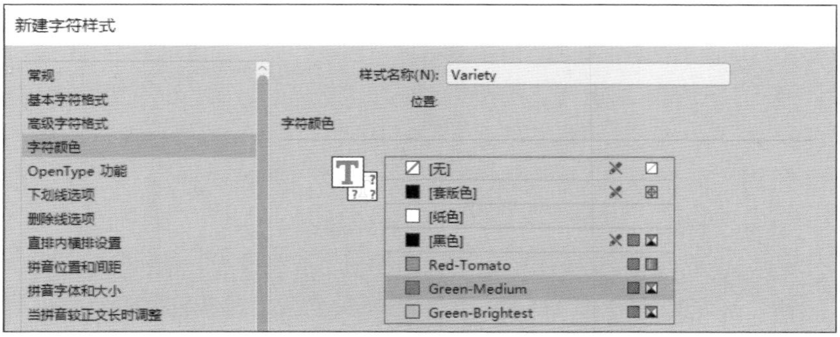

图9.13

10. 如果有必要，取消勾选左下角的复选框“添加到 CC 库”。
11. 单击“确定”按钮关闭“新建字符样式”对话框，新建的样式 Variety 将出现在“字符样式”面板中。

下面创建一种用于嵌套的字符样式。

12. 选择文本 Black Valentine 及其后面的句点，它们位于刚设置过格式的文本 Green: 的右边。在“字符”面板或“属性”面板中，将“字体”改为 Myriad Pro，将“字体样式”改为 Italic。

13. 在依然选择了文本 Black Valentine 及其后面的句点的情况下，从“字符样式”面板菜单中选择“新建字符样式”。

14. 在“样式名称”文本框中输入“Vegetable Name”。

15. 勾选复选框“将样式应用于选区”。

16. 单击“确定”按钮，这将基于第 12 步指定的格式创建一种字符样式，如图 9.14 所示。

17. 选择菜单“编辑”>“全部取消选择”，选择菜单“文件”>“存储”保存文件。

图9.14

您成功地创建了两种新的字符样式，加上早就有的段落样式 Catalog Body，现在可以创建并应用嵌套样式了。

9.4.2 创建嵌套样式

在现有段落样式中创建嵌套样式时，实际上指定了 InDesign 格式化段落时应遵循的一套辅助规则。在本节中，您将使用前面创建字符样式在段落样式 Catalog Body 中创建一种嵌套样式。

> **提示** 除嵌套样式外，InDesign 还提供了嵌套行样式，让用户能够指定段落中各行的格式，如下沉字母后面为小型大写字母，这在杂志文章的第 1 段很常见。如果修改了文本或其他对象的格式，导致文本重排，InDesign 将调整格式，使其只应用于指定的行。创建嵌套行样式的控件位于“段落样式选项”对话框的“首字下沉和嵌套样式”选项卡中。

1. 如果有必要，让第 4 页位于文档窗口中央。
2. 如果“段落样式”面板不可见，请选择菜单“文字”>“段落样式”。
3. 在“段落样式”面板中双击样式 Catalog Body，打开“段落样式选项”对话框。
4. 在左边的类别列表中选择“首字下沉和嵌套样式”。
5. 在“嵌套样式”部分单击“新建嵌套样式”按钮，新建一种嵌套样式。它应用字符样式“[无]”，并有“包括 1 字符”字样，如图 9.15 所示。
6. 单击“[无]”打开一个下拉列表。选择 Variety，这是第 1 个嵌套样式。
7. 单击“包括”打开另一个下拉列表。该列表只包含两个选项：“包括”和“不包括”。由于需要将字符样式 Variety 应用到冒号为止，因此选择“包括”。

> **提示** 通过使用嵌套样式，可自动完成一些非常烦琐的格式设置任务。设置长文档的样式时，应找出其中的规律，这样就能使用嵌套样式自动完成格式设置任务。

8. 单击“字符”显示另一个下拉列表。单击向下的箭头打开该下拉列表，其中包含很多元素选项（包括句子、字符和空格），用于指定要将样式应用于什么元素之前（或包括该元素）。选择并删除“字符”，再输入一个冒号“:”，如图 9.16 所示。

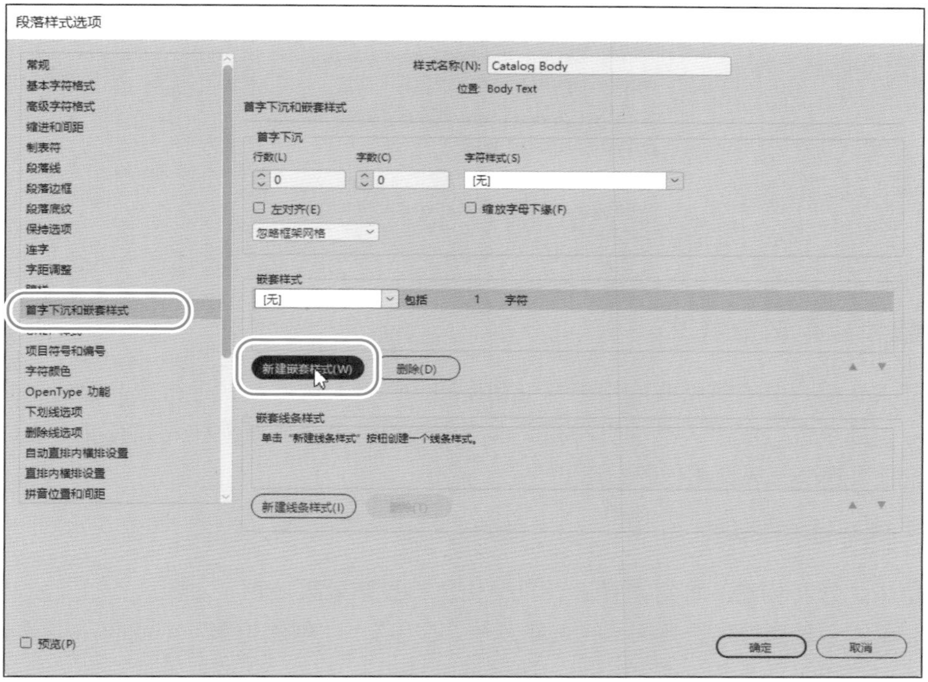

图9.15

9. 勾选左下角的复选框“预览”，并将“段落样式选项”对话框移到一边，以便能够看到文本栏。

下面再添加一种嵌套样式，用于设置蔬菜名称的格式。

10. 单击“新建嵌套样式”按钮新建另一个嵌套样式。

11. 重复第 6-8 步，并采用如下设置创建该嵌套样式，如图 9.17 所示。

- 从第 1 个下拉列表中选择 Vegetable Name。
- 从第 2 个下拉列表中选择“不包括”。
- 保留第 3 个下拉列表的默认设置 1 不变。
- 从第 4 个下拉列表中选择“句子”，表示将格式应用到句点为止。

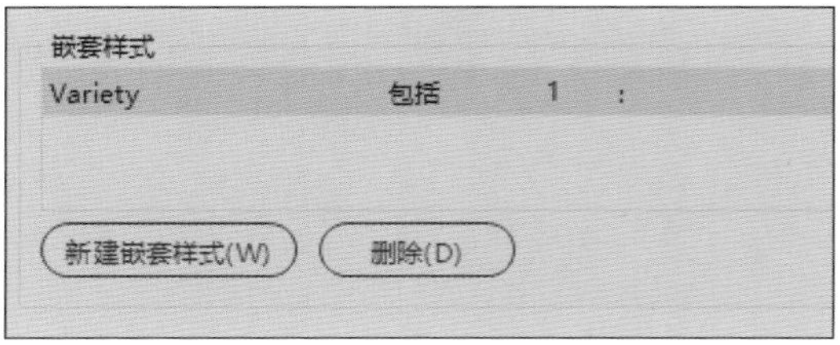

图9.16

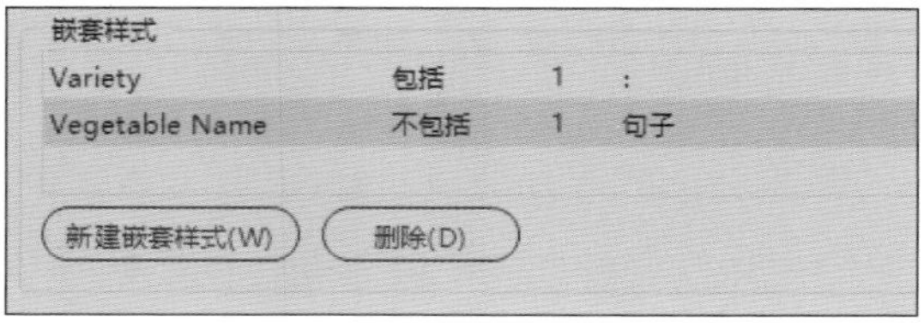

图9.17

12. 查看文本的变化情况，如图 9.18 所示。单击“确定”按钮。

13. 选择菜单“编辑”>“全部取消选择”，选择菜单“文件”>“存储”保存文件。

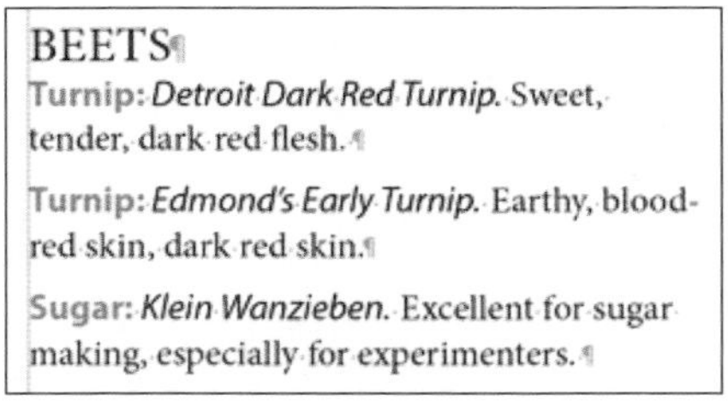

图9.18

9.5 创建和应用对象样式

对象样式让用户能够将格式应用于图形和框架，以及对这些格式进行全局性的更新。通过将格式属性（包括填色、描边、不透明度和文本绕排选项）组合成对象样式，有助于增强整个设计的一致性，还可提高完成烦琐任务的速度。

9.5.1 设置对象的格式

在本节中，您将创建一种对象样式，以便快速将投影效果应用于对象。在这个文档中，标题实际上是对象，它是通过先选择文本再选择菜单“文字”>“创建轮廓”生成的。将文字转换成轮廓后，就不要求用户的系统安装相应的字体也可以显示该字体，这提高了灵活性，如可以将图像置入形状中。

1. 在“页面”面板中双击第 1 页的图标，让该页面位于文档窗口中央。
2. 使用选择工具（▶）单击 Urban Oasis Gardens，选择这个看起来像文本的对象。
3. 选择菜单“对象”>“效果”>“投影”。
4. 注意在左边的列表中勾选了复选框“投影”，保留其他选项的设置为默认值，如图 9.19 所示。
5. 勾选复选框“预览”，查看效果，单击“确定”按钮。

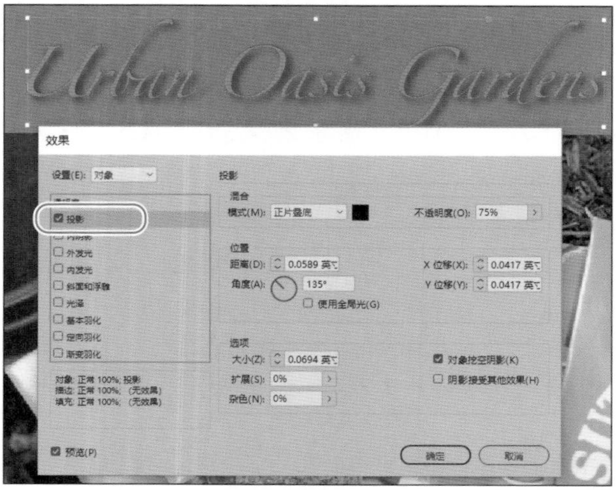

图9.19

6. 选择菜单“编辑”>“全部取消选择”，选择菜单“文件”>“存储”保存文件。

9.5.2 创建对象样式

正确地设置这个对象的格式后，便可基于该格式创建对象样式了。

1. 使用选择工具（ ）单击应用了投影效果的 Urban Oasis Gardens。
2. 选择菜单“窗口”>“样式”>“对象样式”，打开“对象样式”面板。
3. 在“对象样式”面板中，按住 Alt（Windows）或 Option（macOS）键单击右下角的“创建新样式”按钮（ ），如图 9.20 所示。

图9.20

按住 Alt 或 Option 键单击“创建新样式”按钮，将自动打开“新建对象样式”对话框。在这个对话框左边，勾选的复选框指出了使用该样式时将应用哪些属性。

> **提示** 像段落样式和字符样式一样，也可基于一种对象样式来创建另一种对象样式。修改对象样式时，将更新基于它的所有对象样式（这些样式特有的属性将保持不变）。“基于”选项位于“新建对象样式”对话框的“常规”选项卡中。

4. 在“新建对象样式”对话框顶部的“样式名称”文本框中输入“Drop Shadow”以描述该样式的用途。

> **提示** 请依次选择左边的列表项目，看看在对象样式中可设置哪些效果。除基本格式属性（如描边和填色）外，对象样式还可包含大小属性（宽度和高度）和位置属性（X 和 Y）。

5. 勾选复选框“将样式应用于选区”，单击“确定”按钮，如图 9.21 所示。

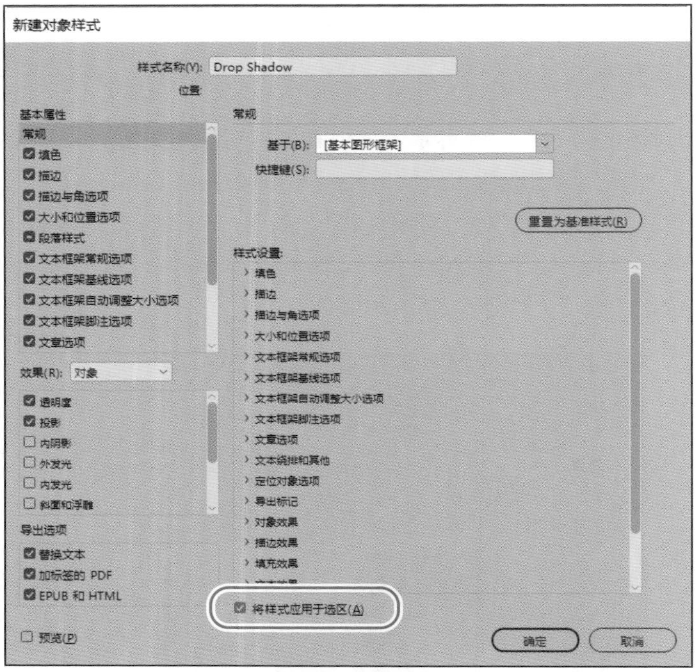

图9.21

9.5.3 应用对象样式

下面将新创建的对象样式应用于封底的标题。别忘了，使用样式的好处在于：当您修改样式后，应用了该样式的文本、表格或对象的格式将自动更新。如果您不希望某些应用了该样式的文本、表格或对象的格式自动更新，可断开它与样式的链接。每个样式面板（如“段落样式”面板、“单元格样式”面板等）的面板菜单中都包含选项“断开与样式的链接”。

1. 在“页面”面板中，双击第 6 页的图标，如图 9.22 所示，在文档窗口中显示该页。
2. 如果有必要，选择菜单“视图”>“使页面适合窗口”。
3. 使用选择工具（ ）选择看起来像文本的对象 How to Grow。

它与前面提及的标题一样，也是通过选择菜单“文字”>“创建轮廓”转换成了曲线。

4. 在“对象样式”面板中选择样式 Drop Shadow，如图 9.23 所示。

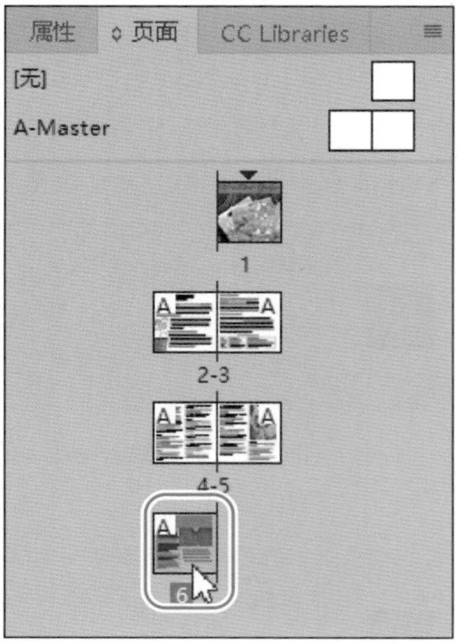

图9.22

5. 如果格式与新样式不匹配，就从“对象样式”面板菜单中选择“清除优先选项”。
6. 选择菜单“编辑”>“全部取消选择”，选择菜单“文件”>“存储”保存文件。

图9.23

9.6 创建和应用表样式与单元格样式

通过使用表样式和单元格样式，可轻松、一致地设置表的格式，就像使用段落样式和字符样式设置文本的格式一样。表样式让用户能够控制表的视觉属性，包括表边框、表前间距和表后间距、行描边和列描边，以及交替填色模式。单元格样式让用户能够控制单元格的内边距、垂直对齐方式、单元格的描边和填色及对角线。第 11 课将更详细地介绍如何创建表。

在本节中，您将创建一种表样式和两种单元格样式，并将其应用于产品目录文档中的表，以帮助区分有关花朵种植的小贴士。

9.6.1 创建单元格样式

首先，您将创建一种单元格样式，用于设置表格表头行的格式，该表格位于第 3 页底部。然后，您将把这种样式嵌套到表样式中，就像本课前面将字符样式嵌套到段落样式中一样。下面来创建这种单元格样式。

1. 在“页面”面板中双击第 3 页的图标。
2. 使用缩放显示工具（🔍）拖曳出一个环绕页面底部表格的方框，放大该区域的表格。
3. 使用文字工具（T.）指向表格第 1 行（该行以 What 打头）的左边，等鼠标变成向右的箭头（→）后单击，以选择整个第 1 行，如图 9.24 所示。

FABULOUS FLOWER TIPS

What	Where to Plant	What to Watch For
Sunflower	Sunny, sheltered soil	Support stems for taller flowers
Marigold	Sunny, fertile soil	Plant around tomato plants to prevent flies
Pansy	Full sun or dappled shade	Deadhead to encourage more blooms
Sweet Pea	Sunny spot, support	Protect from mice

图9.24

4. 选择菜单“表”>“单元格选项”>“描边和填色”。在“单元格填色”部分，从“颜色”下拉列表中选择色板 Green-Brightest，如图 9.25 所示，单击“确定”按钮。

5. 在依然选择了这些单元格的情况下，选择菜单“窗口”>“样式”>“单元格样式”，打开“单元格样式”面板。
6. 从“单元格样式”面板菜单中选择“新建单元格样式”，如图 9.26 所示。

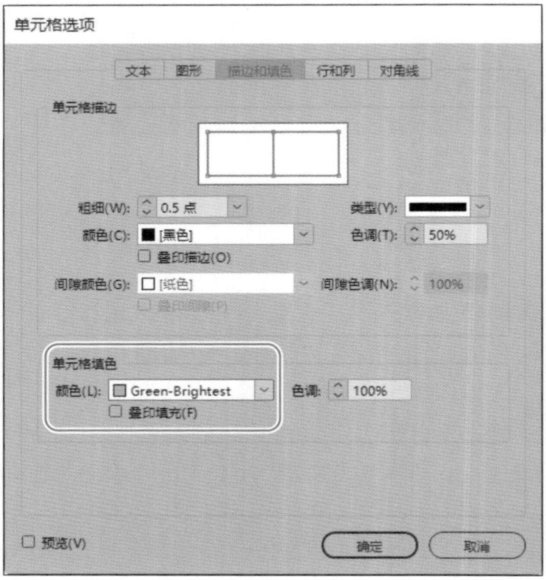

图9.25

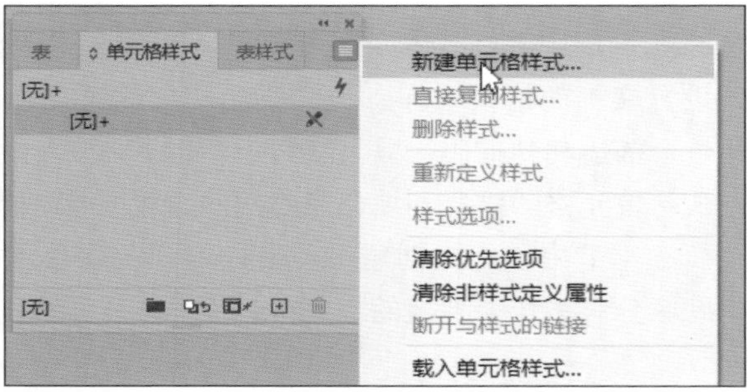

图9.26

> **提示** 在所有 InDesign 样式面板（如“字符样式”面板、“对象样式”面板、“表样式”面板等）中，都可这样创建新样式，即从面板菜单中选择新建样式或单击面板底部的“创建新样式”按钮。

在打开的对话框中，“样式设置”部分显示了前面对选择的单元格应用的单元格格式。另外，注意该对话框左边还有其他单元格格式选项，但这里只指定表头使用的段落样式。

7. 在对话框顶部的“样式名称”文本框中输入“Table Head”。
8. 从“段落样式”下拉列表中选择 Head 4（该段落样式已包含在文档中），单击“确定”按钮，如图 9.27 所示。

新建的单元格样式出现在了“单元格样式”面板中，如图 9.28 所示。

9. 在依然选择了表头行的情况下，在“单元格样式”面板中选择 Table Head，将这种样式应用于表头。
10. 如果样式 Table Head 旁边有加号（表明表头的格式与样式不完全匹配），请从“单元格样式”面板菜单中选择“清除优先选项”。
11. 选择菜单“编辑”>“全部取消选择”，选择菜单“文件”>“存储”保存文件。

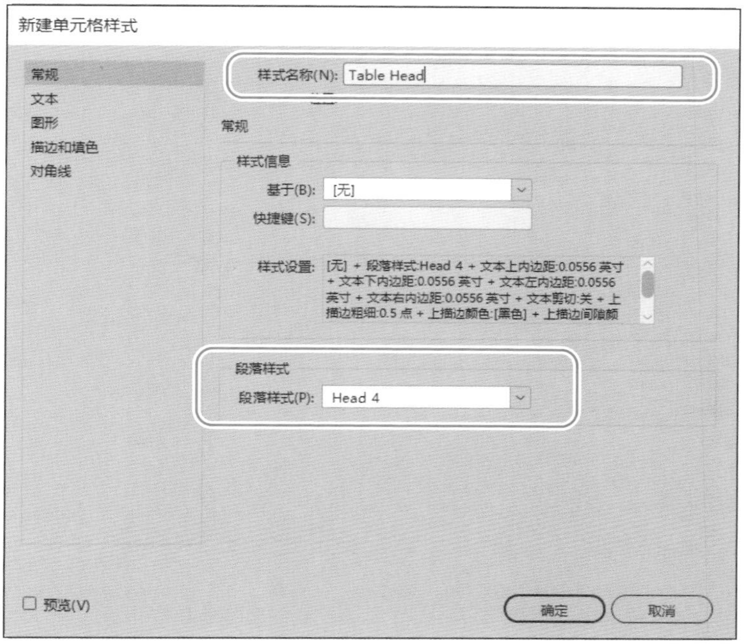

图9.27

图9.28

9.6.2 创建表样式

下面创建一种表样式，用于设置表格的整体外观，并将刚创建的单元格样式应用于表头行。

> **提示** 在所有 InDesign 样式面板（包括“字符样式”面板、“对象样式”面板、“表样式”面板等）中，都可将类似样式放在被称为样式组的文件夹中。要创建样式组，可先单击面板底部的“创建新样式组”按钮，再双击样式组名称以重命名。为组织样式，可将其拖曳到文件夹中，还可通过上下拖曳调整样式在列表中的位置。

1. 使用文字工具（ T. ）在表格的任何位置单击以选择表格。
2. 选择菜单“窗口”>“样式”>“表样式”，打开“表样式”面板，并从“表样式”面板菜单中选择“新建表样式”，如图 9.29 所示。
3. 在“样式名称”文本框中输入“Garden Table”。
4. 在“单元格样式”部分中，从“表头行”下拉列表中选择 Table Head，如图 9.30 所示。

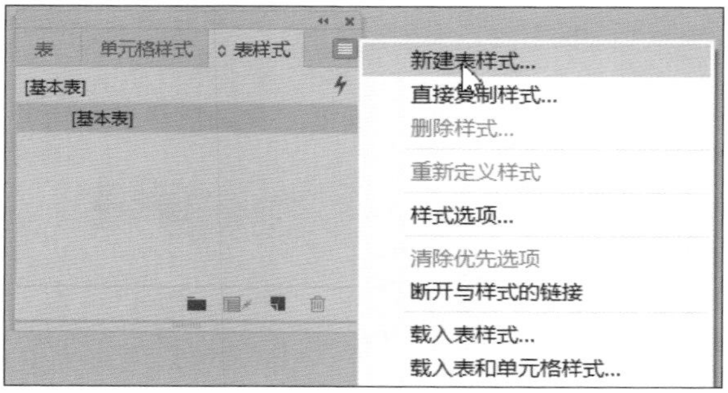

图9.29

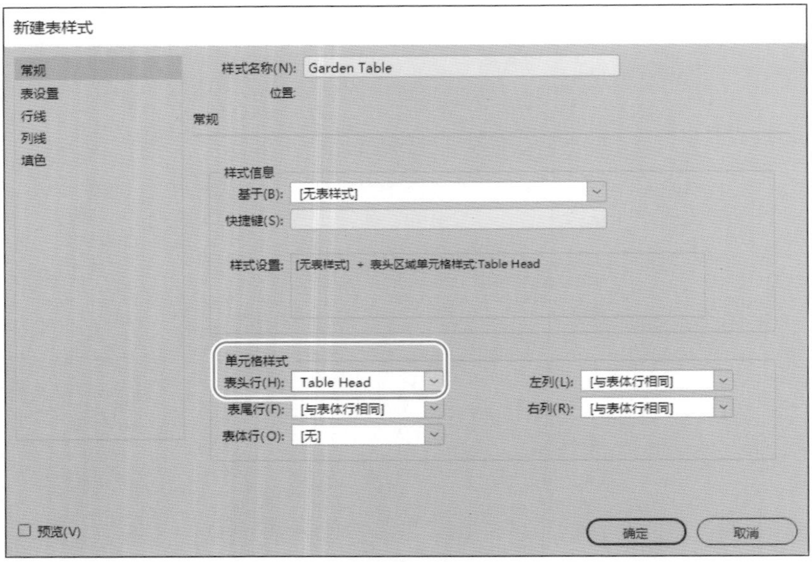

图9.30

下面设置该表样式，使表体行交替改变颜色。

5. 在“新建表样式”对话框中，从左边的列表中选择“填色”。
6. 从“交替模式”下拉列表中选择“每隔一行”，“交替”部分的选项将变得可用。
7. 在“交替”部分的左边，做如下设置。

- 将“前”设置为 1。
- 将“颜色”设置为“[纸色]”。

8. 在“交替”部分的右边，做如下设置，如图 9.31 所示。

- 将“后”设置为 1。
- 将“颜色”设置为 Green-Brightest。
- 将“色调”设置为 30%。

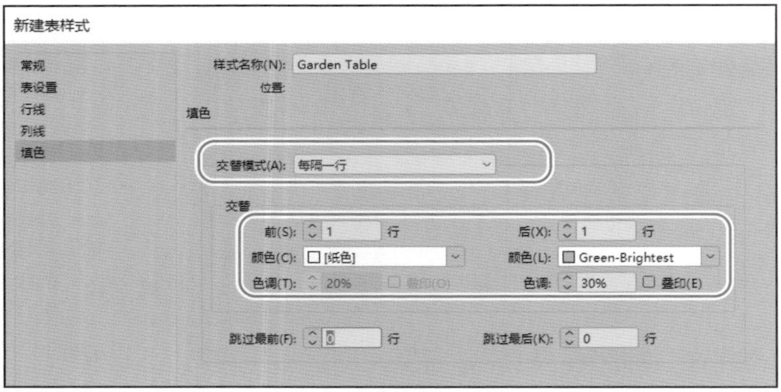

图9.31

9. 单击“确定”按钮，新建的样式 Garden Table 将出现在“表样式”面板中，如图 9.32 所示。

10. 选择菜单“编辑”>“全部取消选择”，选择菜单“文件”>“存储”保存文件。

图9.32

9.6.3 应用表样式

下面将刚创建的表样式应用于文档中的两个表格。

> **提示** 将既有文本转换为表格（选择菜单“表”>“将文本转换为表）时，可在转换过程中应用表样式。

1. 在能够在工作区中看到表格的情况下，使用文字工具（T.）单击，将光标放到表格的任何地方，选择菜单“表”>“选择”>“表”。
2. 选择“表样式”面板中的样式 Garden Table，使用前面创建的表样式和单元格样式重新设置该表格的格式，如图 9.33 所示。

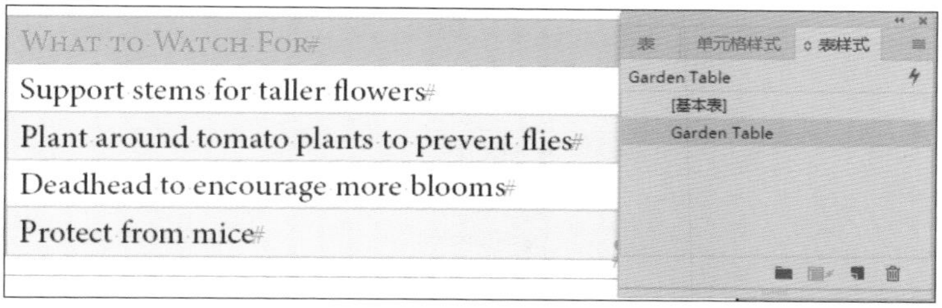

图9.33

3. 在“页面”面板中双击第 6 页的图标，选择菜单“视图”>“使页面适合窗口”。通过单击将光标放在表格 Drop-In Gardening Clinic 的任何地方，选择菜单“表”>“选择”>“表”。
4. 选择“表样式”面板中的样式 Garden Table，使用前面创建的单元格样式和表样式重新设置这个表格的格式，如图 9.34 所示。

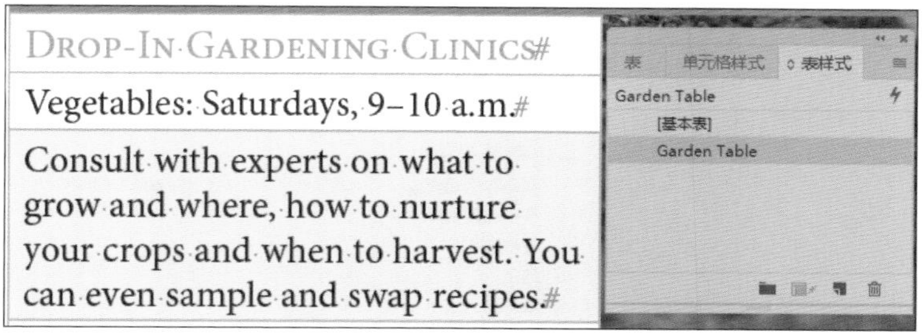

图9.34

5. 如果样式 Garden Head 旁边有加号（这表明格式与样式不完全一致），请从“表样式”面板菜单中选择“清除优先选项”。

6. 选择菜单“编辑”>“全部取消选择”，选择菜单“文件”>“存储”保存文件。

9.7 更新样式

在 InDesign 中，有两种更新段落样式、字符样式、对象样式、表样式和单元格样式的方法。第一种是打开样式选项本身并对格式选项进行修改；另一种更新样式的方法是先通过局部格式化来修改文本，再根据修改后的文本重新定义样式。无论采用哪种方式，应用了样式的对象的格式都将更新。

> **提示** 对文本、对象和表格的外观有大概的想法后，便可以开始创建样式并应用它们。在您尝试不同的设计和修改时，只需使用面板菜单中的“重新定义样式”更新样式的定义，即可自动更新应用了该样式的对象的格式。所有 InDesign 样式面板的面板菜单都包含“重新定义样式”。

在本节中，您将修改样式 Head 3，使其包含段后线。

1. 在“页面”面板中双击第 4 页的图标，选择菜单“视图”>“使页面适合窗口”。
2. 使用文字工具（ T. ）选择第 1 栏开头的子标题 BEANS。
3. 选择菜单“文字”>“段落”，显示“段落”面板，并从面板菜单中选择“段落线”，如图 9.35 所示。

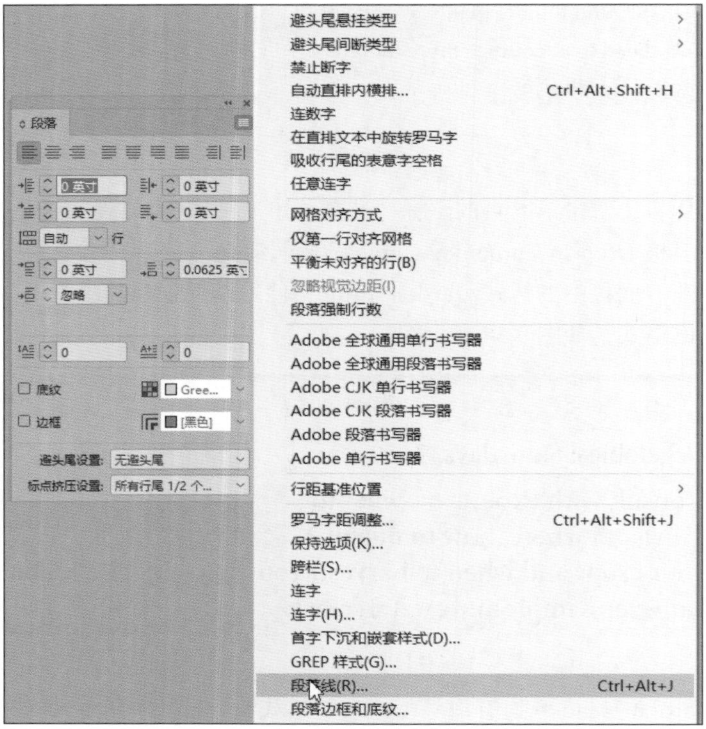

图9.35

4. 在“段落线”对话框中，从顶部的下拉列表中选择“段后线”，并勾选复选框“启用段落线”。确保勾选了复选框“预览”，并将对话框移到一边，以便能够在工作区中看到文本 BEANS。

5. 对段后线做如下设置，如图 9.36 所示。

- 粗细：1 点。
- 颜色：Red-Tomato。
- 位移：0.025 英寸。
- 保留其他选项为默认值。

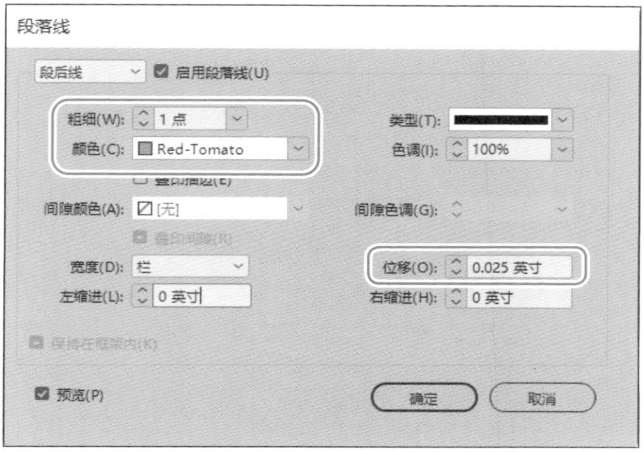

图9.36

6. 单击“确定”按钮，文本 BEANS 下方将出现一条深红色直线。

7. 如果看不到“段落样式”面板，选择菜单“文字”>“段落样式”打开它。

在“段落样式”面板中，可以看到选择了样式 Head 3，这表明对选择的文本应用了该样式。另外，可以看到样式名 Head 3 右边有个加号，这表明除样式 Head 3 外，还对选择的文本设置了局部格式，这些格式覆盖了应用的样式，如图 9.37 所示。

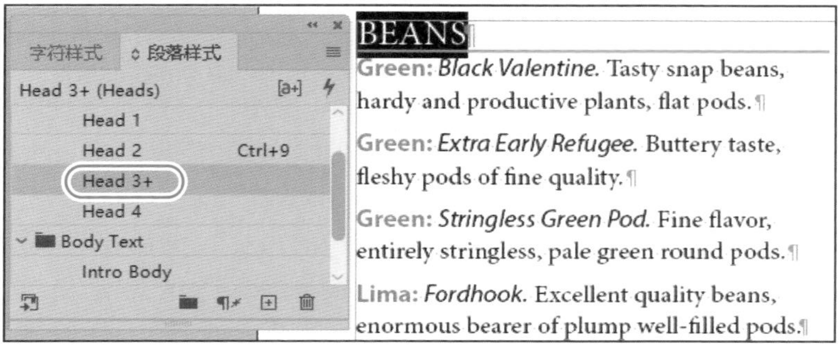

图9.37

下面重新定义这个段落样式，将这种局部修改加入其定义中，从而自动将其应用于使用了样式 Head 3 的所有标题。

8. 从“段落样式”面板菜单中选择“重新定义样式”，如图 9.38 所示。样式 Head 3 右边的加号将消失，而文档中使用了样式 Head 3 的所有标题都将更新为修改后的样式。

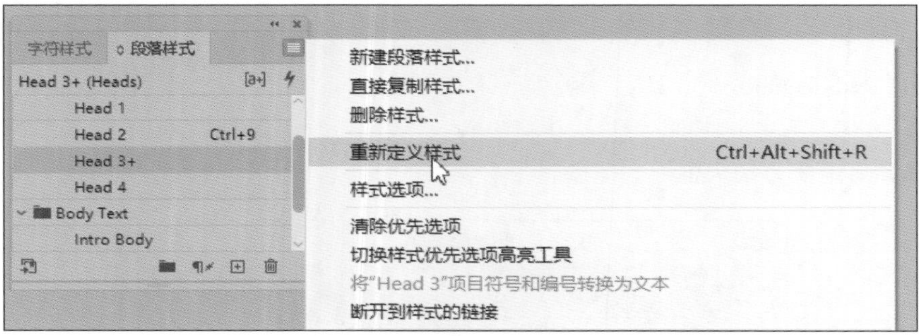

图9.38

> **注意** 可使用第 7-8 步的方法，基于局部格式重新定义任何类型的样式。

9. 选择菜单“编辑”>“全部取消选择”，选择菜单“文件”>“存储”保存文件。

9.8 从其他文档中载入样式

样式只出现在创建它们的文档中，但通过从其他 InDesign 文档中载入样式，可轻松地在 InDesign 文档之间共享样式。在本节中，您将从最终文档 09_End.indd 中载入一种段落样式，并将其应用于第 2 页的第 1 个正文段落。

> **提示** 除从其他文档载入样式外，还可通过 CC 库在多个文档之间共享段落样式和字符样式。为此，可先在“段落样式”面板中选择一种样式，再单击该面板底部的“将选定样式添加到我的当前 CC 库”按钮。要在另一个文档中使用它，可通过 CC 库应用它，这样它将自动添加到该文档的“段落样式”面板中。

1. 在“页面”面板中双击第 2 页的图标，选择菜单“视图”>“使页面适合窗口”。
2. 如果“段落样式”面板不可见，选择菜单“文字”>“段落样式”以显示它。
3. 从“段落样式”面板菜单中选择“载入所有文本样式”。
4. 在“打开文件”对话框中双击文件夹 Lesson09 中的文件 09_End.indd，将出现“载入样式”对话框。
5. 单击“全部取消选中”按钮。您无须载入所有样式，因为大部分样式已包含在当前文档中。
6. 勾选样式 Drop Cap Body，可以看到自动勾选了样式 Drop Cap Body 使用的样式 Drop Cap，如图 9.39 所示。

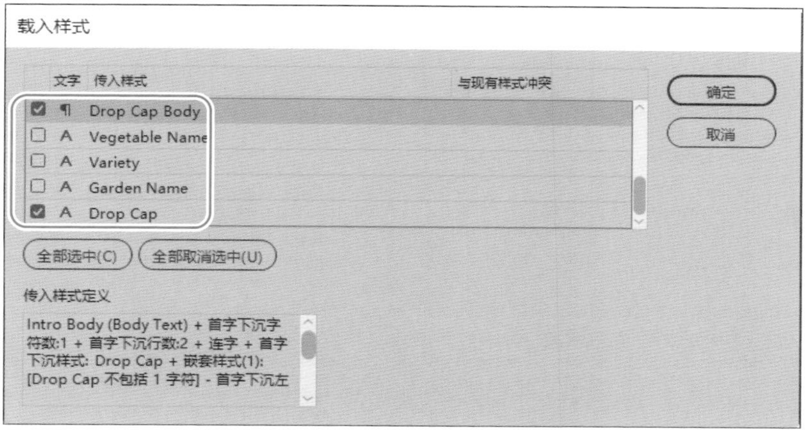

图9.39

由于选择的段落样式 Drop Cap Body 使用了“首字下沉和嵌套样式”功能来自动应用字符样式 Drop Cap，因此也选择了这个字符样式。

7. 单击“确定”按钮载入这两种样式。
8. 使用文字工具（T.）单击，将光标放在第 3 段正文（以 Look for your tried-and-true favorites 打头的段落）中。
9. 在“段落样式”面板中选择样式 Drop Cap Body。Look 的首字母 L 将下沉并变成绿色，且字体为 Myriad Pro Italic，如图 9.40 所示。

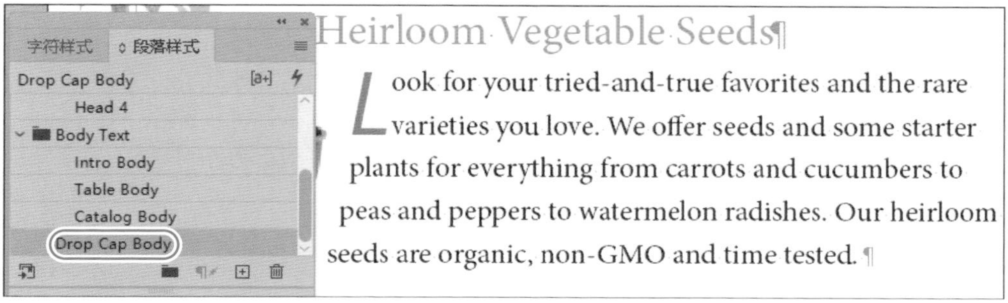

图9.40

10. 选择菜单“编辑”>“全部取消选择”，选择菜单“文件”>“存储”保存文件。

预览最终的文档

下面来预览完成后的文档。

1. 单击工具面板底部的“预览”按钮。
2. 选择菜单“视图”>“使页面适合窗口”。
3. 按 Tab 键隐藏所有面板，并预览最终的文档，如图 9.41 所示。

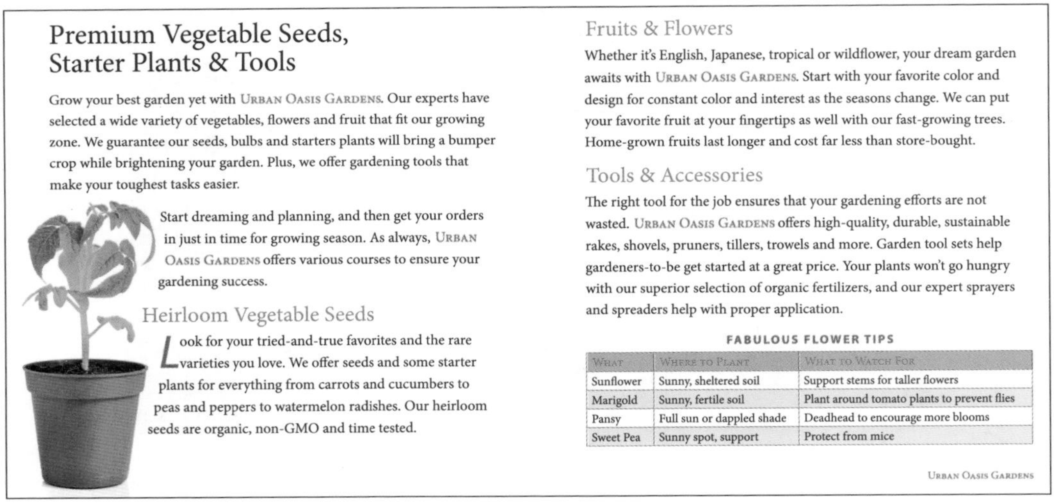

Premium Vegetable Seeds, Starter Plants & Tools

Grow your best garden yet with Urban Oasis Gardens. Our experts have selected a wide variety of vegetables, flowers and fruit that fit our growing zone. We guarantee our seeds, bulbs and starters plants will bring a bumper crop while brightening your garden. Plus, we offer gardening tools that make your toughest tasks easier.

Start dreaming and planning, and then get your orders in just in time for growing season. As always, Urban Oasis Gardens offers various courses to ensure your gardening success.

Heirloom Vegetable Seeds

Look for your tried-and-true favorites and the rare varieties you love. We offer seeds and some starter plants for everything from carrots and cucumbers to peas and peppers to watermelon radishes. Our heirloom seeds are organic, non-GMO and time tested.

Fruits & Flowers

Whether it's English, Japanese, tropical or wildflower, your dream garden awaits with Urban Oasis Gardens. Start with your favorite color and design for constant color and interest as the seasons change. We can put your favorite fruit at your fingertips as well with our fast-growing trees. Home-grown fruits last longer and cost far less than store-bought.

Tools & Accessories

The right tool for the job ensures that your gardening efforts are not wasted. Urban Oasis Gardens offers high-quality, durable, sustainable rakes, shovels, pruners, tillers, trowels and more. Garden tool sets help gardeners-to-be get started at a great price. Your plants won't go hungry with our superior selection of organic fertilizers, and our expert sprayers and spreaders help with proper application.

FABULOUS FLOWER TIPS

What	Where to Plant	What to Watch For
Sunflower	Sunny, sheltered soil	Support stems for taller flowers
Marigold	Sunny, fertile soil	Plant around tomato plants to prevent flies
Pansy	Full sun or dappled shade	Deadhead to encourage more blooms
Sweet Pea	Sunny spot, support	Protect from mice

Urban Oasis Gardens

图9.41

祝贺您学完了本课!

9.9 练习

创建长文档或用于其他文档的模板时，您可能想充分利用各种样式功能。为进一步微调样式，请尝试执行如下操作。

- 在“段落样式”面板中重新排列样式，例如，将刚载入的样式 Drop Cap Body 拖曳到样式组 Body Text 中。
- 尝试修改诸如对象样式、表样式、字符样式和段落样式等样式的格式，例如，修改段落样式的字体或表样式的背景色。
- 新建只修改一个格式属性的字符样式，如创建只应用不同颜色的字符样式。
- 给现有样式添加快捷键。

9.10 复习题

1. 使用对象样式为何能提高工作效率？
2. 要创建嵌套样式，先得创建什么？
3. 对已应用于 InDesign 文档的样式进行全局更新的方法有哪两种？
4. 如何从其他 InDesign 文档载入样式？

9.11 复习题答案

1. 使用对象样式可以组合一组格式属性，并将其快速应用于框架和直线，从而可节省时间。如果需要更新格式，无须分别对使用样式的每个对象进行修改，而只需修改对象样式，所有使用该样式的对象都将自动更新。
2. 创建嵌套样式前，必须先创建一种字符样式，并创建一种嵌套该字符样式的段落样式。
3. 在 InDesign 中更新样式的方法有两种：一种是通过修改格式选项来编辑样式本身；另一种是使用局部格式修改一个实例，再基于该实例重新定义样式。
4. 先从“段落样式”面板、“对象样式”面板、“单元格样式”面板等样式面板的面板菜单中选择“载入样式”，再找到要从中载入样式的 InDesign 文档，将样式载入相应的面板中，即可在当前文档中使用它们。

第10课 置入和修改图形

在本课中，您将学习以下内容：

- 区分矢量图和位图；
- 使用“链接”面板管理置入的文件；
- 调整图形的显示质量；
- 使用各种方法置入使用 Photoshop 和 Illustrator 创建的图形；
- 使用各种调整图形大小的方法；
- 处理各种空白背景；
- 通过操纵路径和图层调整图形的外观；
- 创建定位的图形框架；
- 用图形填充文字；
- 创建和使用对象库。

学习本课大约需要 75 分钟。

通过置入在 Photoshop、Illustrator 或其他图形程序中创建的照片和图稿，可轻松地改善文档。如果这些置入的图形被修改，InDesign 将指出这些图形有新的版本，用户可随时更新或替换置入的图形。

10.1 概述

在本课中，您将置入、处理和管理来自 Photoshop、Illustrator 和 Acrobat 的图形，制作一个 6 页的 CD 封套。印刷并折叠后，该封套将适合 CD 盒的大小。

本课包含可使用 Photoshop 完成的工序——如果您的计算机安装了该软件。

1. 为确保您的 InDesign 首选项和默认设置与本课使用的一样，请将文件 InDesign Defaults 移到其他文件夹，详情请参阅“前言”中的“保存和恢复文件 InDesign Defaults”。
2. 启动 InDesign。选择菜单“文件”>“打开”，打开硬盘文件夹 InDesignCIB\Lessons\Lesson10 中的文件 10_Start.indd。将出现一个消息框，指出该文档中的链接指向的文件已被修改。
3. 单击“不更新链接”按钮，您将在本课后面对此进行修复。
4. 如果有必要，关闭“链接”面板以免它遮住文档。每当用户打开包含缺失或已修改链接的 InDesign 文档时，“链接”面板都将自动打开。
5. 为确保面板和菜单命令与本课使用的相同，请先选择菜单“窗口”>“工作区”>“[高级]”，再选择菜单“窗口”>“工作区”>“重置‘高级’”。
6. 要查看完成后的文档，打开文件夹 Lesson10 中的文件 10_End.indd，如图 10.1 所示。如果有必要，可让该文档保持打开状态，以供工作时参考。查看完毕后，选择菜单“窗口”>“10_Start.indd”或单击文档窗口左上角的标签 10_Start.indd 切换到该文档。

图10.1

7. 选择菜单“文件”>“存储为”，将文件重命名为 10_cdinsert.indd，并将其存储在文件夹 Lesson10 中。

> **注意** 在执行本课的任务时，请根据需要随意移动面板和修改缩放比例。有关这方面的更详细信息，请参阅 1.5 节。

10.2 添加来自其他程序的图形

InDesign 支持很多常见的图形文件格式。虽然这意味着您可以使用在各种图形程序中创建的图形，但 InDesign 同其他 Adobe 专业图形程序（如 Photoshop、Illustrator 和 Acrobat）协作时最顺畅。

默认情况下，置入的图像被链接到 InDesign 文档（而不是嵌入其中），这意味着虽然 InDesign 在版面上显示了图形文件的预览，但并没有将整个图形文件复制到 InDesign 文档中。

链接图形文件的主要优点有 3 个：首先，可缩小 InDesign 文档，因为它们不包含嵌入的图形数据；其次，可使用创建链接的图形的程序编辑它，再在 InDesign 的“链接”面板中更新链接；最后，可节省磁盘空间。更新链接的文件时，将保持图形文件的位置和设置不变，但会使用更新后的图形替换 InDesign 中的预览图像。

“链接”面板（选择菜单“窗口”>“链接”）中列出了链接的所有图形和文本文件，该面板提供了用于管理链接的按钮和命令。打印 InDesign 文档或将其导出为 Adobe 便携式文档格式（PDF）文件时，InDesign 将使用外部存储的置入图形的原始版本以提供尽可能高的品质。

10.3 比较矢量图和位图

绘图工具 InDesign 和 Illustrator 创建的是矢量图形，这种图形是由基于数学表达式的形状组成的。矢量图形由平滑线组成，缩放后依然清晰，适用于插图、图表、文字及诸如徽标等图形。无论放大到多大，矢量图形的质量都不会降低。

位图图像（光栅图像）由像素网格组成，通常使用数码相机拍摄，再使用 Photoshop 等图像编辑程序进行修改，或者直接使用 Photoshop 创建。处理位图图像时，编辑的是像素而不是对象或形状。基于像素的光栅图像适合于连续调图像，如照片或在绘画程序中创建的作品。光栅图像文件通常比类似的矢量文件大。光栅图像的一个缺点是放大后不再清晰且出现锯齿，因此基于像素的图像放大后，品质确实会降低，如图 10.2 所示。

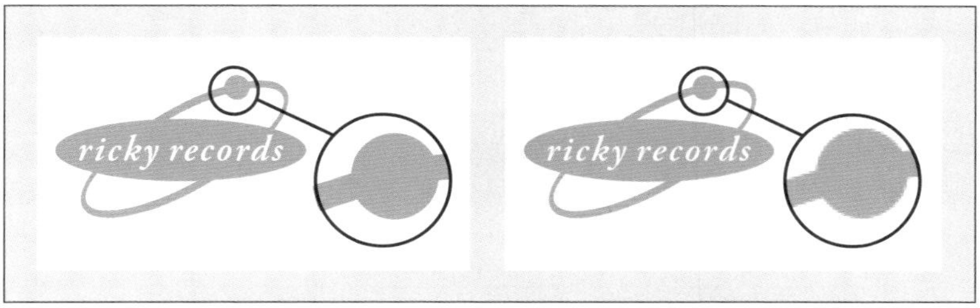

绘制为矢量图形的徽标　　光栅化为300dpi位图图像后

图10.2

一般而言，使用矢量绘图工具来创建线条清晰的线条图（如徽标）或文字，这些徽标放在名片上时可以很小，而放在招贴画上时可以很大。可使用 InDesign 的绘图工具来创建矢量图，也可利用 Illustrator 中品种繁多的矢量绘图工具。可使用 Photoshop 来创建具有绘图或摄影般柔和线条的位图图像、对照片进行修饰或修改，以及对线条图应用特殊效果。

10.4 管理置入文件的链接

打开本课的文档时，您看到了一个警告消息框，指出链接的文件存在的问题。下面使用“链接”面板解决这种问题，该面板提供了有关文档中所有链接的文本和图形文件的完整状态信息。

通过“链接”面板，可以使用众多方式管理置入的文本和图形文件，如更新置入后发生了变化的文本和图形文件、替换文本和图形文件。

> Id **提示** 默认情况下，对于置入的文本文件和电子表格文件，InDesign 不会创建指向它们的链接。要改变这种行为，可在“首选项”对话框的“文件处理”部分勾选复选框“置入文本和电子表格文件时创建链接”。

10.4.1 查找置入的图像

为查找已置入文档中的图像，您将采用两种使用“链接”面板的方法。在本课后面，您还将使用“链接”面板来编辑和更新置入的图形。

1. 从文档窗口左下角的“页面”下拉列表中选择 1，如图 10.3 所示，让该页面在文档窗口中居中显示。选择菜单“视图”>“使页面适合窗口”。
2. 如果“链接”面板不可见，选择菜单“窗口”>“链接”或单击面板停放区中的“链接”面板图标（ ）。
3. 使用选择工具（ ）选择第 1 页的徽标文字 Songs of the Garden。在版面中选择该图形后，注意在“链接”面板中选择了其文件名 Title.ai，如图 10.4 所示。

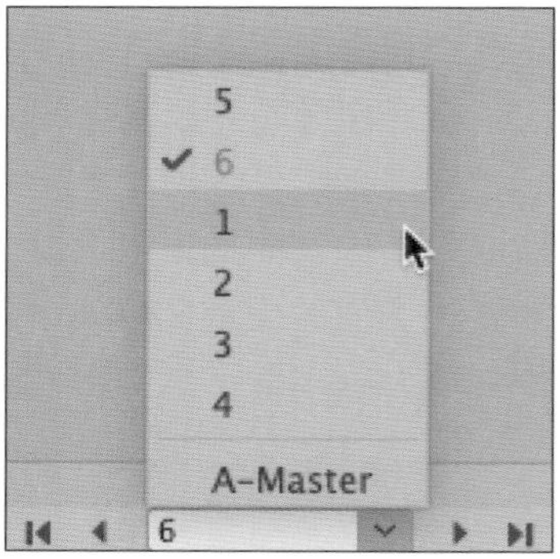

图10.3

下面使用“链接”面板查找版面上的另一个图形。

4. 在“链接”面板中选择 Butterfly-on-flower.psd，单击“转到链接”按钮（ ）。该图形将被选中且位于文档窗口中央。这是一种在文档中快速查找图形的方法。

> Id **提示** 也可在“链接”面板中单击文件名右边的页码来转到链接的图形，并使其位于文档窗口中央。

在本课中或需要处理大量置入的文件时，这些识别和查找链接图形的方法都很有用。

A．文件名栏　B．状态栏　C．页面栏　D．“显示/隐藏链接信息”按钮
E．“从CC库重新链接”按钮　F．“重新链接”按钮　G．“转到链接”按钮
H．“编辑原稿”按钮　I．“在列表中选择下一个链接”按钮
J．“在列表中选择上一个链接”按钮　K．“更新链接”按钮

图10.4

10.4.2　查看有关链接文件的信息

通过使用“链接”面板，处理链接的图形和文本文件，以及显示更多有关链接文件的信息将更容易。

> **提示**　通过拖曳“链接”面板的标签，可将该面板与其所属的面板组分开。将面板分离后，便可通过拖曳其边缘或右下角来调整大小。

1. 在“链接”面板中选择名为 milky-way-background.tif 的图形。如果在不滚动的情况下无法看到所有链接文件的名称，请向下拖曳“链接”面板中间的分隔条以扩大该面板的上半部分，以便能够看到所有链接。“链接”面板的下半部分为“链接信息”部分，显示了有关选择链接的详细信息。
2. 在“链接”面板中，单击“在列表中选择下一个链接”按钮（ ▸ ），可以查看“链接”面板列表中下一个文件（RR-logo.ai）的信息。以这种方式可快速查看列表中所有链接的信息。当前，每个链接的状态栏都显示了一个警告图标（ ⚠ ），这表明存在链接问题，稍后将解决这些问题。查看完各个图像的链接信息后，选择菜单“编辑”>“全部取消选择”，再单击“链接信息”上方的“显示 / 隐藏链接信息”按钮（ ⌄ ）以隐藏“链接信息”部分。

默认情况下，“链接”面板中的文件是按页码排序的，且在文档中被使用多次的文件排在最前面。可以用其他方式对文件列表进行排序，方法是单击栏标题。下面来添加一些其他的栏，让您一眼就能看到更多信息。

注意 在这个文档中，页码是根据折叠后的结果进行编排的。第 1 个跨页为第 5、6 和 1 页，因为它们分别是封面、封底和折页；第 2 个跨页为内页——第 2-4 页。在“链接”面板中，链接的文件正是按这样的顺序（页面 5、6、1、2、3、4）排列的。

3. 要查看链接信息，另一种更快捷的方式是对“链接”面板中各栏显示的信息进行定制。为此，从“链接”面板菜单中选择“面板选项”，勾选“显示栏”下方的复选框“色彩空间”“实际 PPI”“有效 PPI”和“透明度”，单击“确定”按钮（在您的工作流程中，有些信息可能与这里不同）。

注意 对于光栅图像，分辨率的度量单位为像素 / 英寸（PPI）。

提示 有效分辨率是由图像的实际分辨率及其在 InDesign 中的缩放程度决定的。用于高品质打印时，有效分辨率不能低于 300PPI。因此，放大图像时必须小心，确保其有效分辨率不低于 300PPI。

4. 向左拖曳“链接”面板的左边缘，以便能够看到新增的栏。在“链接”面板中，新增的栏中显示了前面指定的信息。向右拖曳第 1 栏的分隔条，让这栏宽到能够显示完整的文件名，如图 10.5 所示。使用这种定制视图，可快速获悉有关置入的图形的重要信息，例如，是否有图像因为放得太大，导致打印出来时很难看，如边缘呈锯齿状、模糊不清或像素化。

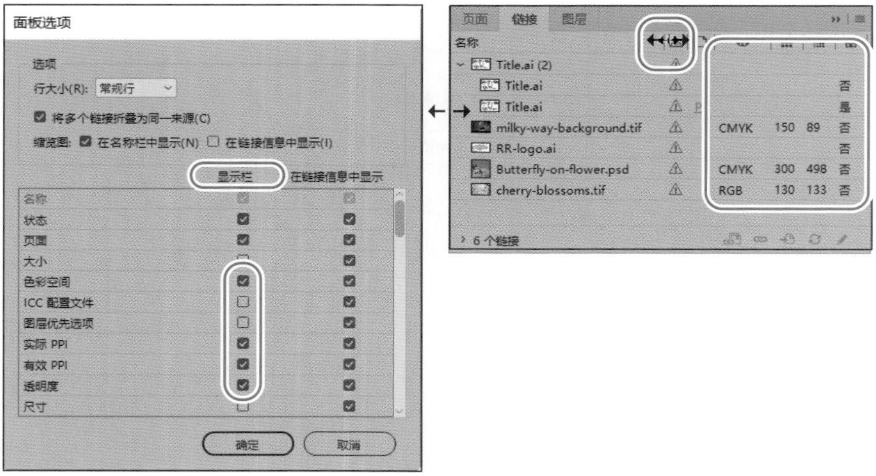

图10.5

在“面板选项”对话框中勾选的复选框对应的信息将出现在“链接”面板的新增的栏中。可以像调整第一栏那样，调整其他各栏的宽度；还可通过拖曳各栏调整它们的排列顺序（在这个练习中，使用的有些图像的分辨率较低，这一点现在很容易看出来）。

10.4.3 在资源管理器（Windows）或 Finder（macOS）中显示文件

虽然“链接”面板提供了有关置入的图形文件的属性和位置等信息，但并不能让用户修改文件或文件名。通过使用“在资源管理器中显示”（Windows）或“在 Finder 中显示”（macOS）功能，可访问置入的图形文件的原始文件。

> **注意** 对于缺失的链接，菜单项“在资源管理器中显示”（Windows）或“在 Finder 中显示”（macOS）不可用。

1. 选择 milky-way-background.tif。从“链接”面板菜单中选择“在资源管理器中显示”（Windows）或“在 Finder 中显示”（macOS），如图 10.6 所示。这将打开链接文件所在的文件夹并选择该文件。该功能对于在硬盘中查找文档很有用。

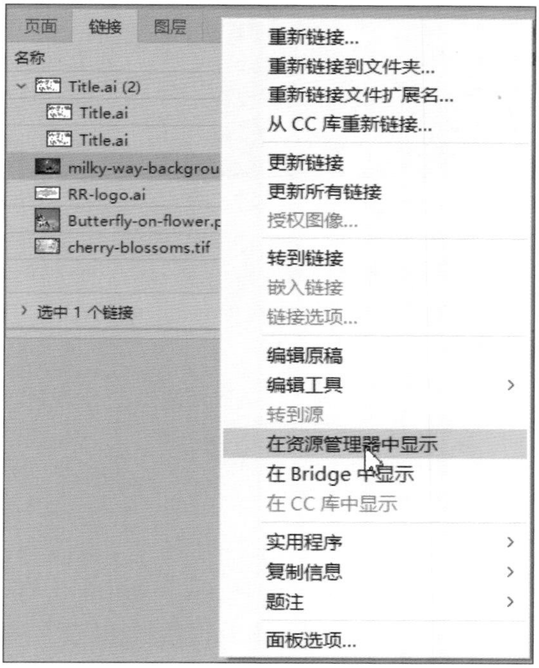

图10.6

> **提示** 要找到置入的图形文件并给它重命名，也可从“链接”面板的面板菜单中选择“在 Bridge 中显示”。

2. 关闭资源管理器或 Finder 并返回 InDesign。

10.5 更新链接

即便文本或图形文件已被置入 InDesign 文档，也可使用其他程序修改这些文件。“链接”面板会指出哪些文件在InDesign外被修改了，让用户能够更新InDesign文档，以便使用这些文件的最新版本。

在“链接”面板中，文件 Title.ai 的状态栏中有一个警告图标（ ），这表明原稿被修改过。正是该文件及其他一些文件导致打开该 InDesign 文档时出现警告消息。下面更新该文件的链接，让 InDesign 文档使用该文件最新的版本。

1. 如果有必要，在“链接”面板中，单击文件 Title.ai 左边的三角形（ ），以显示该置入文件的两个实例。选择位于第 1 页的 Title.ai 文件的实例，并单击“转到链接”按钮（ ），以便在放大的视图下查看该图形，如图 10.7 所示。注意，在页面中，图形框架的左上方也有链接已修改图标（ ）。更新链接时并非一定要执行这一步，但如果要核实将更新的是哪个置入的文件并查看结果，这是一种快速的方法。

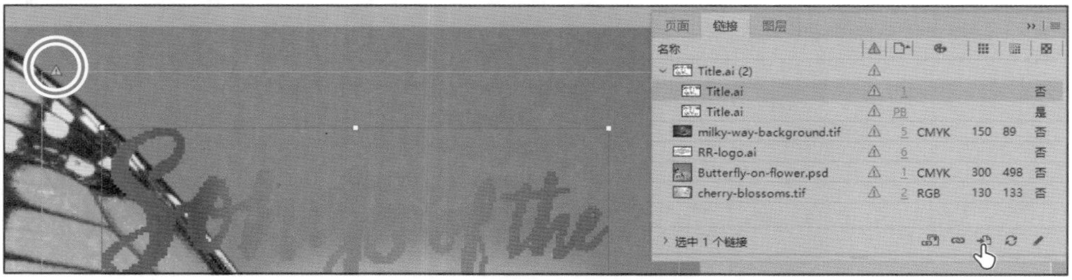

图10.7

> **提示**　要同时更新图形的多个实例，可在没有展开文件列表的情况下进行更新。

> **提示**　如果您在图形左上方没有看到链接已修改图标，请选择菜单“视图”>“其他”>“显示链接徽章”，并确保将屏幕模式设置成了“正常”（选择菜单“视图”>“屏幕模式”>“正常”）。

2. 单击“更新链接”按钮（ ），文档中图像的外观将发生变化，呈现最新的版本。在“链接”面板中，链接已修改图标消失了，同时，在页面中图形框架左上角附近的链接已修改图标（ ）变成了 OK 图标（ ），如图 10.8 所示。

图10.8

> **提示** 要更新链接，也可在“链接”面板中双击链接已修改图标。

3. 单击标题后面的图像，可以看到在这个图形框架的左上角附近，出现了一个与“链接”面板中类似的链接已修改图标。单击这个图标以更新该图像，如图 10.9 所示。
4. 为更新其他所有已修改的图形文件，从“链接”面板菜单中选择“更新所有链接”。

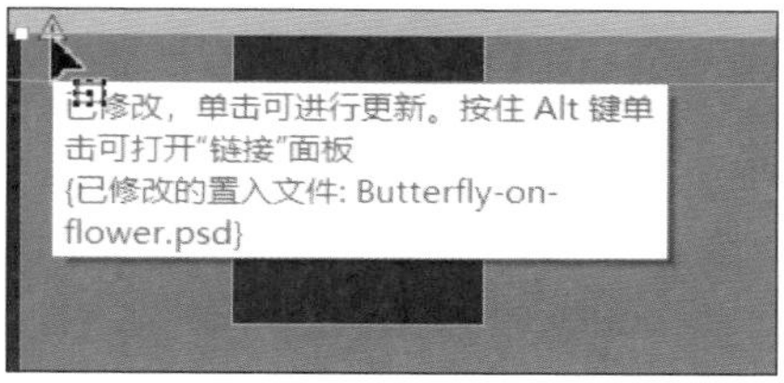

图10.9

下面将第 1 个跨页中的蝴蝶图像替换为另一幅图像。您将使用“重新链接”按钮给这个链接指定另一个图形。

1. 选择菜单“视图”>“使跨页适合窗口”。
2. 如果有必要，使用选择工具（▶）选择第 1 页的图像 Butterfly-on-flower.psd。如果单击内容抓取工具，选择的将是图形而非框架，这里选择什么都行。可根据“链接”面板中选择的文件名来判断是否选择了正确的图像。
3. 在“链接”面板中单击“重新链接”按钮（🔗）。
4. 选择文件夹 Lesson10 中的 Cover-PinkFlower.psd，单击“打开”按钮。新图像将替换原来的图像，“链接”面板也将相应地更新。
5. 单击粘贴板的空白区域，取消选择所有对象。
6. 选择菜单“文件”>“存储”保存所做的工作。

在链接面板中查看链接状态

在“链接”面板的状态栏中，可以用如下方式指出图形的链接状态。

- 对于最新的图形，什么都不显示。
- 对于修改过的文件，显示一个带惊叹号的黄色三角形（⚠）。该图标表明磁盘上的文件版本比文档中的版本新。例如，如果您将一个Photoshop图形置入InDesign中，然后您或其他人使用Photoshop编辑并保存了原始图形，InDesign中将出现该图标。要更新已修改的图形，可在“链接”面板中选择它，再从“链接”面板菜单中选择“更新链接”或单击“更新链接”按钮（⟳），还可单击“链接”面板或图形框架中的链接已修改图标。
- 对于缺失的文件，显示一个带问号的红色六边形（❓）。这个图标意味着文件不在最初置入时所在的位置，它可能在其他地方。如果原始文件置入后，有人将其重命名、删除或移到其他文件夹或服务器中，将出现缺失链接的情形。在找到缺失文件之前，无法知道它是否是最新的。如果在出现该图标时打印或导出文档，相应的图形可能不会以全分辨率打印或导出。

- 对于被嵌入InDesign文档中的图形，显示一个嵌入图标（ ）。要嵌入图形，可在“链接”面板中选择相应的文件名，再从“链接”面板菜单中选择“嵌入链接”。嵌入链接的文件的内容后，将不受对链接执行的管理操作的影响；取消嵌入后，对链接的管理操作将重新发挥作用。

显示性能和GPU

InDesign支持图形卡包含图形处理单元（GPU）的计算机。如果您的计算机安装了兼容的GPU卡，InDesign将自动使用GPU来显示文档，并将默认“显示性能”设置为“高品质显示”。如果您的计算机没有安装兼容的GPU卡，“显示性能”的默认设置将为“典型显示”。本书假设您的计算机没有安装GPU卡，但如果您的计算机安装了兼容的GPU，可忽略要求您切换到“高品质显示”的步骤。有关InDesign对GPU的支持的更详细信息，请参阅官网的帮助文档。

10.6 调整显示质量

解决完所有的文件链接问题后，便可以开始添加其他图形了。但在此之前，将调整本课前面更新的 Illustrator 文件 Title.ai 的显示质量。

用户将图像置入文档时，InDesign 根据当前在“首选项”的“显示性能”部分所做的设置自动创建其低分辨率预览（代理）。当前，该文档中所有的图像都是低分辨率代理，这就是图像的边缘呈锯齿状的原因。降低置入图形的屏幕质量可提高页面的显示速度，而且不会影响最终输出的质量。您可分别设置每幅图像的显示性能，也可设置整个文档的显示性能。

Id **提示** 要修改 InDesign 默认使用的显示性能，可在没有打开任何文档的情况下选择所需的显示性能。

1. 在“链接”面板中，选择您在前一节中更新的图像 Title.ai（在第 1 页上）。单击“转到链接”按钮（ ），使其显示在文档窗口中央。
2. 在图像 Songs of the Garden 上单击鼠标右键（Windows）或按住 Control 键并单击（macOS），从上下文菜单中选择“显示性能” > “高品质显示”。该图像将以全分辨率显示，如图 10.10 所示。通过这种方法，可确定在 InDesign 文档中置入的各个图形的清晰度、外观或位置。选择菜单“编辑” > “全部取消选择”。

使用“典型显示”

使用“高品质显示”

图10.10

3. 为修改整个文档的显示性能，选择菜单“视图”>“显示性能”>“高品质显示”，所有图形都将以高品质显示。如果 InDesign 的反应速度变得很慢，请恢复到“典型显示”。

> **提示** 使用的计算机较旧且文档包含大量置入的图形时，这种设置可能导致屏幕重绘速度变慢。在大多数情况下，明智的选择是将“显示性能”设置为“典型显示”，再根据需要修改某些图形的显示性能。

10.7 置入图形并调整其大小

要在 InDesign 中置入图形，最简单的方式是选择菜单“文件”>“置入”。使用这种功能的方式有多种，本节会一一介绍。

10.7.1 置入、大小和裁剪

1. 导航到第 5 页。单击面板停放区中的“图层”面板图标（ ）打开这个面板，选择图层“Photos”，以便将置入的图像放到这个图层中。选择菜单“文件”>“置入”，切换到文件夹 Lesson10，选择文件 Blue-Hydrangea.psd，单击“打开”按钮，鼠标指针将变成载入光栅图形图标（ ）。

> **注意** 如果有必要，可放大视图并滚动到页面顶部，以便能够看到粘贴板。

2. 将鼠标指针指向页面上方的粘贴板区域并单击，以独立于既有框架的方式置入图形。InDesign 将自动创建一个用于放置该图形的框架，并将图形缩放到实际大小（100%），如图 10.11 所示。

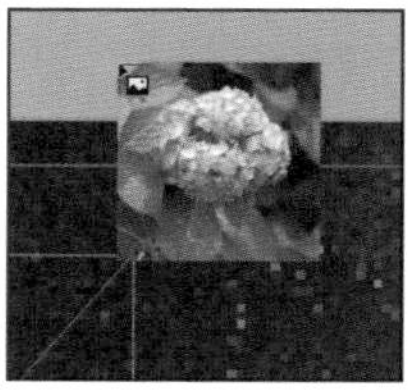

图10.11

3. 在实际尺寸下，这张照片太大了，因此需要缩小它。为此，可在控制面板中输入缩放百分比或尺寸，让 InDesign 根据选择的参考点沿相应的方向将图形缩放到指定尺寸；也可以可视化方式进行缩放。选择选择工具（ ），按住 Shift + Ctrl（Windows）或 Shift + Command（macOS）组合键，并向左上方拖曳右下角的手柄。拖曳时注意观看控制面板中的大小和缩放比例值（或鼠标旁边的灰色框），等到图像的高度大约为 2 英寸时松开鼠标，如图 10.12 所示。拖曳时按住 Ctrl 或 Command 键将同时缩放框架及其包含的图像，而按住 Shift 键可保持图像的高宽比不变，以免图像发生扭曲。

> **注意** 在本课的很多步骤中都使用了控制面板。如果您愿意，也可使用“属性”面板，但在“[高级]”工作区中，默认没有打开这个面板。要打开它，可选择菜单“窗口”>“属性”。为节省屏幕空间，请将其停放到面板停放区，方法是将其标签拖曳到面板停放区底部，这样就可根据需要通过单击来打开或关闭它了。

图10.12

4. 将图像向右下方拖曳，直到出现智能参考线，显示它与左边的空框架顶部对齐后松开鼠标。
5. 现在将大部分叶子裁剪掉。为此，可调整框架的大小，而不调整其包含的图形的大小。向内拖曳右下角的手柄，直到大部分叶子不可见。单击内容抓取工具（ ◎ ），注意图像的定界框（带大小调整手柄）比框架大得多，这表明有一部分图像被框架裁剪掉了。向左上方拖曳图像，让花朵在框架内居中，如图 10.13 所示。

图10.13

10.7.2 将图像置入现有框架并使用框架适合选项

图10.14

第 2 种使用菜单“文件”>“置入”的方式是将图形置入现有框架中。

1. 单击图像 Blue-Hydrangea.psd 左边的空框架。选择菜单“文件”>“置入”，选择 Sunflower.jpg，单击“打开”按钮，这次图像被置入选择的框架中。同样，它也是以实际大小（100%）显示的，这显然太大了，这里的目标是只显示花朵。
2. 选择菜单“对象”>“适合”>“使内容适合框架”，结果如图 10.14

所示。从结果可知，图像确实在框架内，但向日葵发生了扭曲（沿垂直方向拉伸）。为确认这一点，单击框架中央的内容抓取工具（以便能够查看有关图像而不是框架的数据），再查看控制面板或“属性”面板中的缩放值。水平缩放值和垂直缩放值差别很大，如图 10.15 所示，这表明图像确实发生了扭曲。

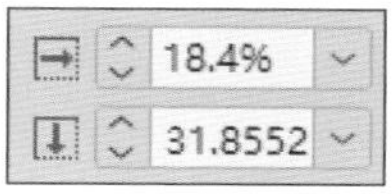

图10.15

> **提示** 所有框架适合选项都以按钮的方式显示在控制面板和“属性”面板中，如图 10.16 所示。

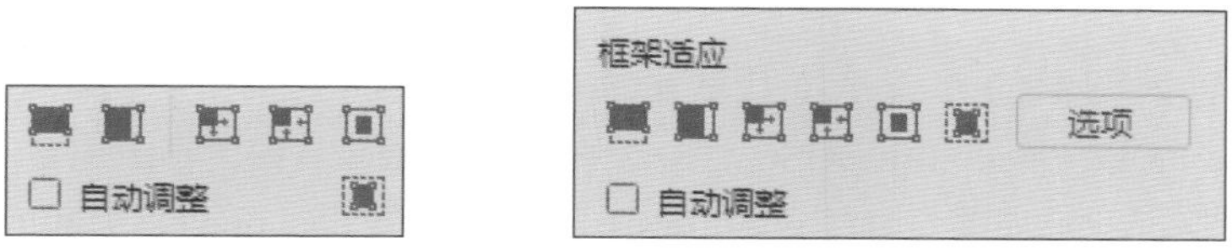

控制面板中的框架适合选项　“属性”面板中的框架适合选项

图10.16

3. 为了能在不扭曲的情况下缩放图像，选择菜单“对象”>“适合”>“按比例适合内容”。图像没有发生扭曲，但太小了。选择菜单“对象”>“适合”>“按比例填充框架”，这个选项不会导致图像扭曲，但如果图像与框架的形状不同（这里就是这样），图像将被裁剪掉一部分。然而，花朵的主要部分都在框架外，被裁剪掉了，如图 10.17 所示。
4. 选择菜单“对象”>“适合”>“内容识别调整”，这个选项会在您将图像置入框架时对图像各部分进行评估，并将最佳的部分显示在框架中。向日葵几乎在框架中居中，如图 10.18 所示。如果您愿意，可微调花朵的位置。

图10.17

图10.18

5. 选择左下角的圆形图形框架，并置入图像 Calla-Lilly.psd。这个框架被设置成以 100% 的比例显示图像，并让图像在框架中居中。然而，虽然图片居中了，但其中的主体（花朵）并不在图片中央。选择圆形框架或其中的图像，再选择菜单“对象”>“适合”>“内容识别调整”，现在花朵位于圆形框架中央了，如图 10.19 所示。可以看到 InDesign 不仅移动了图像，还缩放了它。

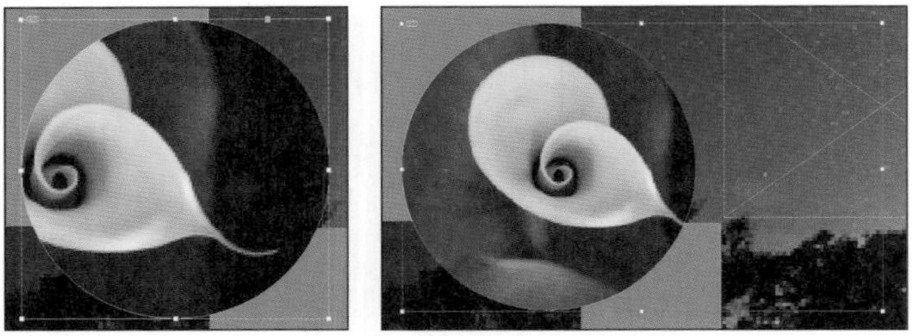

图10.19

10.7.3 通过从桌面拖曳图形将其置入现有框架中

1. 另一种置入图形的方式是将其从桌面拖曳到页面框架中。请切换到文件资源管理器（Windows）或 Finder（macOS），并打开文件夹 Lesson10，其中包含文件 Startflower.jpg。

根据需要调整资源管理器窗口（Windows）或 Finder 窗口（macOS）和 InDesign 窗口的大小，并重新排列它们，以便能够同时看到文件夹 Lesson10 中的文件列表和 InDesign 文档窗口，确保能够看到第 5 页的右边。

2. 选择菜单“编辑” > “全部取消选择”，将文件 Startflower.jpg 拖曳到圆形框架右边的空框架上，松开鼠标，如图 10.20 所示。

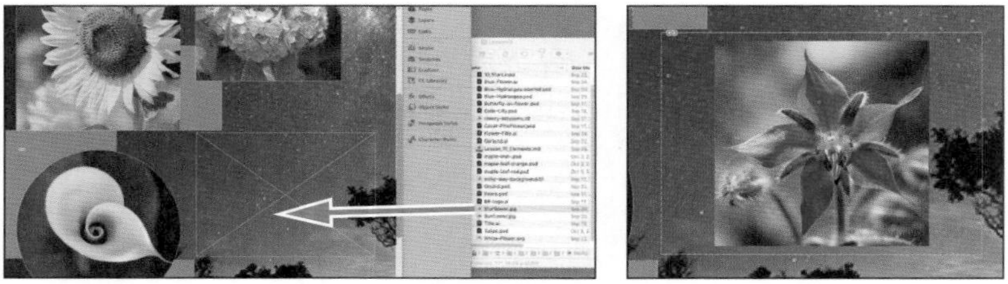

图10.20

3. 这张照片比框架小，因此选择框架，再选择菜单“对象” > “适合” > “使框架适合内容”，然后将照片拖曳到您认为合适的地方。拖曳到合适的位置后，选择菜单“编辑” > “全部取消选择”。

10.7.4 使用 Adobe Bridge 置入图形

Adobe Bridge 是一个独立的应用程序，安装了任何 Adobe 应用程序的 Creative Cloud 的用户都可以使用它。它是一个跨平台应用程序，让用户能够在本地计算机和网络上查找图形，再将其置入 InDesign。置入文件只是 Bridge 提供的众多功能之一。如果您没有安装 Adobe Bridge，可通过从桌面拖曳图标来完成本节的任务，但需要将文件夹视图设置为图标。

1. 导航到第 1 页。选择菜单“文件” > “在 Bridge 中浏览”启动 Adobe Bridge，Adobe Bridge 将自动打开当前 InDesign 文档或当前选定图形所在的文件夹。如果 Adobe Brige 没有这样做，请单击左上角的“文件夹”标签，再切换到文件夹 Lesson10，如图 10.21 所示。

Adobe Bridge 让您能够查看所有图像的缩览图，使用窗口底部的滑块可增大或缩小缩览图。

图10.21

> **注意**　如果您没有安装 Adobe Bridge，当您选择菜单项“在 Bridge 中浏览”时，Creative Cloud 将安装它。在 InDesign 中首次启动 Adobe Bridge 时，将出现一个对话框，询问您是否要启用 Adobe Bridge 扩展，请单击“是”按钮启动这个扩展。

2. Adobe Bridge 提供了一种查找并重命名文件的简单途径。由于能够看到预览，因此即便不知道图形的名称，也能够找到它。单击名为 maple-leaf-.psd 图形，如图 10.22 所示，再单击文件名以选择它。将这个文件重命名为 maple-leaf-yellow，按 Enter 键提交修改。

图10.22

> **提示**　要更深入地了解使用 Adobe Bridge 可以做什么，请参阅 Adobe 网站的 Bridge 页。

3. 如果有必要，可拖曳右下角来缩小 Adobe Bridge 窗口，再调整其位置，以便能够看到 InDesign 文档的第 1 页（封面）。将文件 maple-leaf-yellow.psd 拖曳到 InDesign 文档中深蓝色矩形上方的粘贴板上。如图 10.23 所示，在粘贴板上单击，切换到 InDesign 并将图像以 100% 的比例置入。

图10.23

4. 使用选择工具（ ）将这个枫叶图形放到第 1 页左上角的深蓝色空框架上面。按住 Shift + Ctrl（Windows）或 Shift + Command（macOS）组合键拖曳框架的一角，将框架及其内容缩放到比深蓝色框架稍大，再使其上边缘和右边缘分别与深蓝色框架的上边缘和右边缘对齐。

将图形从 Adobe Bridge 拖曳到 InDesign 的一个很大的优点是可快速修改框架中的图片，且能够同时在 Adobe Bridge 和 InDesign 中看到图像和结果。这在版面重复但需要置入不同的图片时很有用。下面就来尝试这样做。

5. 选择黄色枫叶，切换到 Adobe Bridge 并选择文件 maple-leaf-red.psd。将其拖曳到黄色枫叶上，InDesign 将保持缩放比例不变。您只用了几秒钟，就使用一幅图像替换了另一幅图像，并保持图像的位置不变。请尝试再将图像替换为 maple-leaf-orange.psd。通过单击内容抓取工具（ ）选择这幅图像，在控制面板、“变换”面板或“属性”面板中将参考点设置为中心位置（ ），再在框架内将图像向左旋转一点点（大约 20°）。通过拖曳将图像替换为红色枫叶图像，可以看到缩放比例和旋转角度都没变，如图 10.24 所示。

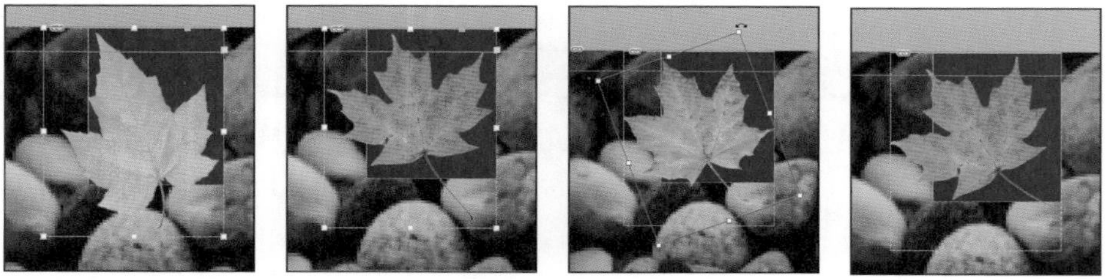

图10.24

> **提示** 要替换图像，也可从资源管理器或 Finder 将图像拖曳到 InDesign 中的图像上。如果这样做不管用，请检查是不是锁定了要替换的图像所在的图层。

6. 为了搞明白参考点对旋转中心的影响，尝试选择不同的参考点（如左上角或右下角）并旋转图像。
7. 选择菜单“文件” > “存储”保存所做的工作。

10.8 编辑置入的图片

在 InDesign 中工作时，要修改置入的图形，最快的方式是使用“编辑原稿”功能。这将在相应的程序（通常是 Illustrator 或 Photoshop）中打开图形。您可做所需的修改，等您保存文件后，所有的修改将自动在 InDesign 中反映出来。

1. 如果“链接”面板没有打开，选择菜单“窗口” > “链接”或单击面板停放区中的“链接”面板图标（ ）打开它。
2. 在“链接”面板中，选择文件名 Blue-Hydrangea.psd，再单击右边的页码，让这幅图像显示在文档窗口中央。
3. 单击“链接”面板底部的“编辑原稿”按钮（ ），如图 10.25 所示。这将在可用来查看或编辑这幅图像的程序中打开它。这幅图像是在 Photoshop 中存储的，因此如果您的计算机中安装了 Photoshop，InDesign 将启动 Photoshop，并打开这幅图像。

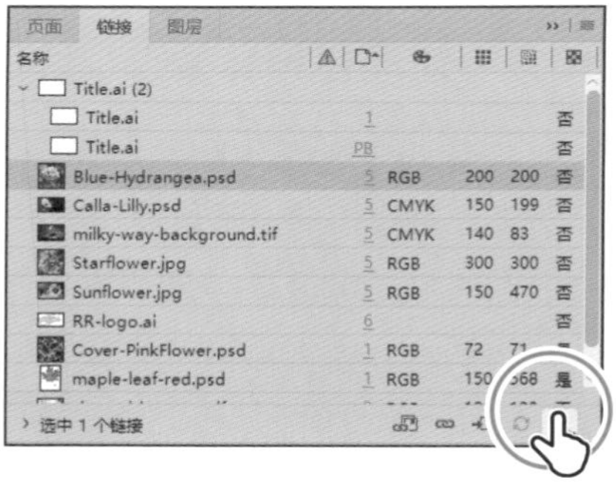

图10.25

> **注意** 单击“编辑原稿”按钮时，启动的可能不是 Photoshop 或最初用来创建这幅图像的应用程序。当您安装软件时，有些安装程序会修改操作系统中将文件类型与应用程序关联的设置，而“编辑原稿”按钮将根据这些设置将文件关联到应用程序。要修改这些设置，请参阅您使用的操作系统的帮助文档。

4. 在 Photoshop 中修改这幅图像，如应用滤镜或调整图层做重大修改，然后存储文件，InDesign 将自动更新它。在文件 10_End.indd 中，通过应用滤镜让背景更模糊了。

同时重新链接多个文件

在很多工作流程中，都会遇到这样的情况，即项目链接的文档被移到其他地方了。在这种情况下，当您打开InDesign文档时，“链接”面板中很多或全部图像的状态栏都会显示缺失图标（ ）。InDesign能够以两种不同的方式处理这种问题。

一种方式是当您重新链接某幅图像后，InDesign会在您重新链接时指定的文件夹中查找其他所有缺失的图像。在“重新链接”对话框中，务必勾选复选框“在此文件夹中搜索缺失的链接”（它默认被勾选）。

另一种方式是在“链接”面板中选择缺失的图像，再从面板菜单中选择“重新链接到文件夹”，切换到缺失图像所在的文件夹，单击“选择文件夹”按钮。如果链接的图像被移到了不同的文件夹，可重复这个过程来选择多个文件夹。

提示 在“链接”面板中，文件可按状态排序，这样所有缺失链接都将出现在列表开头，让您能够轻松地选择它们。要按状态排序，可单击状态栏的栏标题。

10.9 处理各种背景

带背景的图像分为两大类，它们都使用广泛。这两类图像的差别在于前景和背景之间的边缘是清晰还是模糊的。具体使用哪类边缘取决于图像的内容。

对于前景和背景之间边缘清晰的图像，可使用矢量路径将前景和背景分开，这种路径被称为剪切路径。

提示 蒙版是用来包含和裁剪图像的形状，位于蒙版形状内的图像部分可见，而位于蒙版形状外面的图像部分不可见。

- 将包含矢量路径的 Photoshop 文件置入 InDesign 后，可在 InDesign 中启用路径，还可选择同一幅图像中的不同路径。
- 如果图像背景的颜色很淡或为白色，或者主体颜色较淡而背景颜色较深，InDesign 将能够自动检测出主体和背景之间的边缘并创建剪切路径。正如第 4 课介绍的那样，这种方法最适合用于简单形状或创建用于文本绕排的路径。

对于前景和背景之间的边缘不清晰的图像，若要在 Photoshop 中删除背景，需要使用不透明度和柔和画笔。

10.9.1 在 InDesign 中使用在 Photoshop 中创建的剪切路径

1. 在“页面”面板中双击第 4 页的图标切换到该页，选择菜单“视图”>“使页面适合窗口”。
2. 在“图层”面板中，确保选择了图层 Photos，以便将置入的图像放在该图层中。您可锁定图层 Background photos，以防不小心在背景照片框架或蓝色方框内单击。选择菜单“文件”>“置入”，双击文件夹 Lesson10 中的文件 Pears.psd，鼠标指针将变成载入光栅图形图标（）。
3. 将鼠标指针指向第 4 页中央的蓝色方框外面，即该方框上边缘的左下方一点（确保没有将鼠标指针放在该方框内），单击以置入一幅包含两个梨子的图像。必要时调整图形框架的位置，使其如图 10.26 所示。

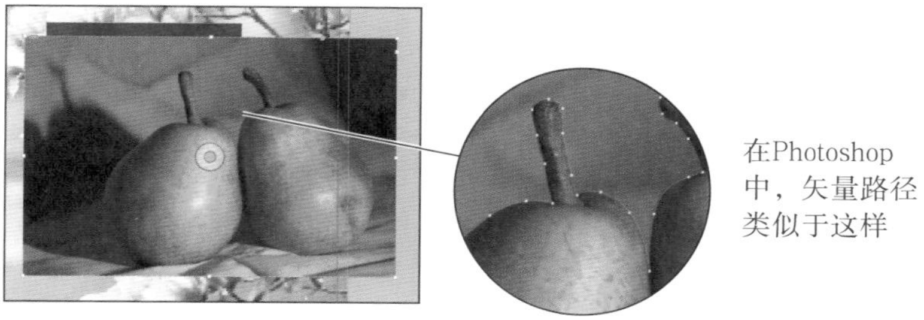

图10.26

> **提示** 如果不小心在现有框架内单击了，请选择菜单“编辑”>“还原‘置入’”，再重新操作。

4. 选择菜单“对象”>“剪切路径”>“选项”。如果有必要，可拖曳“剪切路径”对话框，以便能够看到梨子图像。
5. 从“类型”下拉列表中选择“Photoshop 路径”。如果没有勾选复选框“预览”，就勾选它。从“路径”下拉列表中选择 Two Pears，这条路径将背景隐藏起来（裁剪掉）了，如图 10.27 所示，单击“确定”按钮。

图10.27

6. 选择菜单“对象”>“适合”>“使框架适合内容”。
7. 切换到选择工具（▶），单击右下角的手柄，按住 Shift + Ctrl（Windows）或 Shift + Command（macOS）组合键并向左上方拖曳，同时缩小框架及其内容。将梨子缩小到图 10.28 所示的尺寸，将其拖曳蓝色方框底部。

> **提示** 若要切换到选择工具，可按 V 键。

图10.28

8. 按住 Alt（Windows）或 Option（macOS）键并向右上方拖曳，将复制这幅图像。选择菜单“对象”>“剪切路径”>“选项”，从“类型”下拉列表中选择“Photoshop 路径”，选择路径 Right Pear 并单击“确定”按钮。选择菜单“对象”>“适合”>“使框架适合内容”。切换到选择工具并单击选择框架，使用前面的方法将这个梨子缩小到大约为原来的 80%（当您缩放对象时，控制面板和“属性”面板会显示缩放比例）。您也可在控制面板或“属性”面板中的“X 缩放比例”文本框中输入“80”并按 Enter 键，将水平和垂直方向的缩放比例都设置为 80%。最后，将鼠标指针指向定界框的外面，等鼠标指针变成旋转图标（ ）后向右旋转大约 −28°，将这幅图像稍微向下移一点，放在蓝色方框内，如图 10.29 所示。

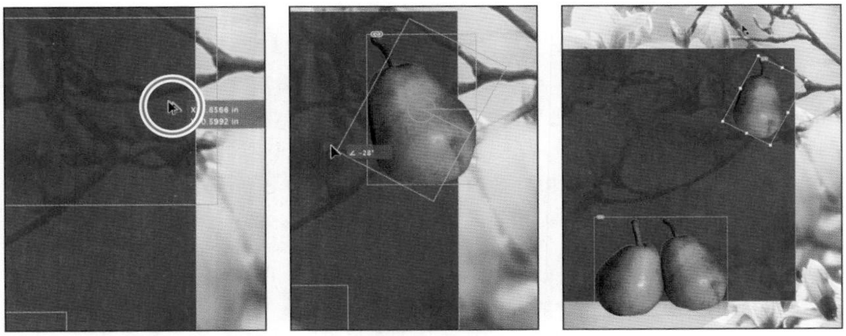

图10.29

> **注意** 当按住 Alt（Windows）或 Option（macOS）键单击对象时，会出现一个双箭头，这表明如果此时拖曳，将复制一个对象，而原来的对象将留在原地。

9. 按住 Alt（Windows）或 Option（macOS）键并向左下方拖曳单梨图像，以复制单梨。选择菜单“对象”>“剪切路径”>“选项”，从“类型”下拉列表中选择“Photoshop 路径”，这次选择路径 Left Pear，单击“确定”按钮。选择菜单“对象”>“适合”>“使框架适合内容”。切换到选择工具，将鼠标指针指向定界框的外面，等鼠标指针变成旋转图标（ ）后向左旋转大约 22°，将这幅图像稍微向下移一点，如图 10.30 所示。

图10.30

> **提示** 也可在控制面板或“属性”面板中的“旋转角度”文本框中输入“22”并按Enter键。

10. 注意通过使用剪切路径，可让图像与其他多个对象重叠。您还可将图像拖曳到其他对象前面或后面，请花点时间尝试这样做。
11. 选择菜单“文件”>“存储”将文件存盘。

10.9.2 在InDesign中使用在Photoshop中创建的透明背景

1. 切换到当前跨页中最左边的页面（第2页），方法是按住Space键，等鼠标指针变成抓手图标（![抓手]）后向右拖曳，直到第2页位于文档窗口中央。
2. 在工具面板中选择矩形框架工具（⊠），在页面底部绘制一个框架，它跨过了第2和3页之间的边界，并延伸到了文档页面下方的粘贴板中。
3. 可在置入图形前指定框架的适合设置。选择菜单“对象”>“适合”>“框架适合选项”，在“框架适合选项”对话框中，从“适合”下拉列表中选择“按比例适合内容”，在“对齐方式”部分单击上边缘中间的参考点，单击“确定”按钮，如图10.31所示。

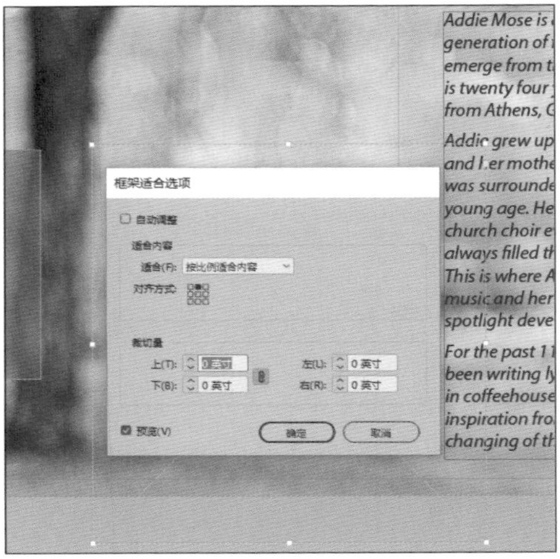

图10.31

4. 选择菜单“文件”>“置入”，并双击文件夹Lesson10中的文件Tulips.psd，InDesign将按比例调整图像，使其适合框架，如图10.32所示。选择菜单“编辑”>“全部取消选择”。
5. 下面在不缩放框架的情况下缩放图片。切换到选择工具（▶），将鼠标指针指向刚置入的图片，单击出现的圆形内容抓取工具（ ），选择框架的内容——郁金香照片。可以看到显示了照片的定界框及其手柄，且该定界框的颜色与框架定界框的颜色是互补的。在控制面板或“属性”面板中，将参考点设置为顶部中间（ ），在“缩放比例”文本框中输入“70”并按 Enter 键。注意，照片缩放时顶部中心位置保持不变，因此在放大时向两边和下方延伸。按 Esc 键切换回选择框架，并在必要时使用选择工具加大框架。图像的大部分将被裁剪掉，只有位于上面的花朵和叶子部分显示在框架内，因此显示在页面上的图像部分更少了，如图 10.33 所示。

图10.32

图10.33

> **Id** | **提示** 在选择了内容的情况下，按 Esc 键将切换到选择工具并选择框架。若要在选择内容和选择框架之间切换，还可使用选择工具双击。

6. 比起前面的梨子图像，郁金香图像与背景的边缘完全不同。在这里，郁金香的边缘完全融合到了背景中，这正是在 Photoshop 中使用透明度（而不是矢量路径）来删除背景的目的，即创建图像和背景之间的柔和边缘。

10.10 置入 Adobe 原生图形文件

在 InDesign 中置入使用 Adobe 应用程序创建的文件后，如 Photoshop 文件（.psd）、Illustrator 文件（.ai）和 Acrobat 文件（.pdf），可以独特的方式（不能用于其他文件格式的方式）处理它们，如调整图层的可视性。

10.10.1 置入带图层的 Photoshop 文件

下面来处理一个包含多个图层的 Photoshop 文件，并调整每个图层的可视性。如果您在前一节锁定了图层 Background photos，请在“图层”面板中将其解锁。

1. 在“链接”面板中单击文件 Cover-PinkFlower.psd 的链接，再单击“转到链接”按钮（ ）以选择该图像并使其位于文档窗口中央。这个文件是您在本课前面重新链接的，它包含 4 个图层。
2. 选择菜单“对象”>“对象图层选项”，打开“对象图层选项”对话框。在这个对话框中，可显示或隐藏图层。
3. 拖曳“对象图层选项”对话框，以便能够看到尽可能多的选择的图像。勾选复选框“预览”，这让您能够在不关闭“对象图层选项”对话框的情况下看到变化。
4. 在“对象图层选项”对话框中，单击图层 Cobblestones 左边的眼睛图标（ ），隐藏这个图层，只留下图层 Pink flower 可见。
5. 在图层 Green texture 左边的方框中单击以显示该图层，如图 10.34 所示。隐藏图层 Green texture，并显示图层 Blue sky，单击“确定”按钮。
6. 选择菜单“文件”>“存储”保存所做的工作。

图10.34

10.10.2 创建定位的图形框架

如果编辑时导致文本重排，定位的图形框架将随之移动。在本小节中，您将把 CD 封套徽标定位到第 3 页的文本框架中。

1. 在“页面”面板中双击第 2 个跨页，选择菜单“视图”>“使跨页适合窗口”。在粘贴板底部有徽标 Songs of the Garden，下面将该图形插入该页的一个段落中。
2. 按住 Z 键暂时切换到缩放显示工具（ ）或选择缩放显示工具（ ），单击放大视图，以便能够看清这个徽标及其上方的文本框架。
3. 使用选择工具（ ）单击该徽标（务必单击内容抓取工具外面，以选择框架而不是其中的图形）。可以看到该框架右上角附近有个小型的红色方块，可通过拖曳它将对象定位到文本中。

> **提示** 选择这个徽标后，如果看不到表示定位对象控件的红色方块，请选择菜单“视图”>“其他”>“显示定位对象控件”。

4. 选择菜单“文字”>“显示隐含的字符”，显示文本中的空格和换行符。这将有助于您确定要将框架定位到哪里。

> **注意** 置入定位的图形时，并非必须显示隐含的字符，这里这样做是为了帮助您了解文本的结构。

5. 选择文字工具（T.），并在第 2 段开头的单词 Addie 前面单击。按 Enter 键新建一个空段落。
6. 使用选择工具单击前面选择的徽标，按住 Shift 键（按住 Shift 键可将徽标内嵌在文本内，而不是浮动在文本框架外面）并拖曳徽标右上角附近的红色方块，将徽标拖曳到空段落开头。出现很粗的光标（指出图形将插入什么地方）后，松开鼠标，如图 10.35 所示。将图形定位后，图形框架上的红色方块变成了定位图标（⚓），如图 10.36 所示。现在如果编辑第 1 个段落，这个图形将依然停留在两个段落之间，而无须调整其位置（如果在第 1 个段落中添加了文本，图形将下移；如果删除了文本，图形将上移）。

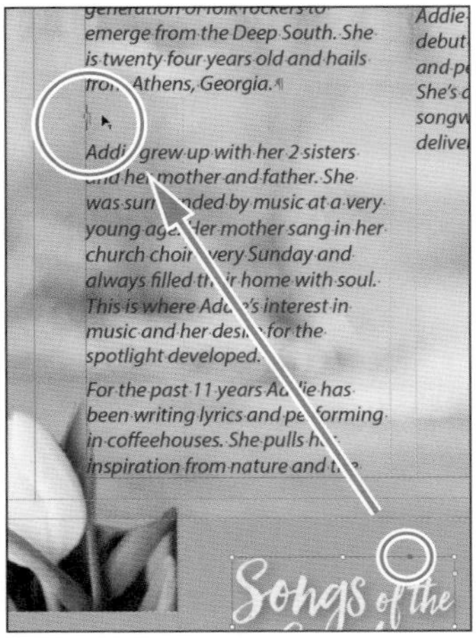

图10.35

定位图形后，就可使用文字工具选择它，并应用影响其位置的文本属性。下面通过设置段前间距增大图形与其周围的文本的间距。

图10.36

7. 使用文字工具单击内嵌图形的右边，将光标放在这个段落中。
8. 在控制面板中单击“段落格式控制”按钮（段）。按住 Shift 键并单击“段前间距”（段前间距图标）文本框旁边的上箭头 4 次，将值改为 1 英寸。当您增大这个值时，定位的图形框架及其后面的文本将下移，如图 10.37 所示。

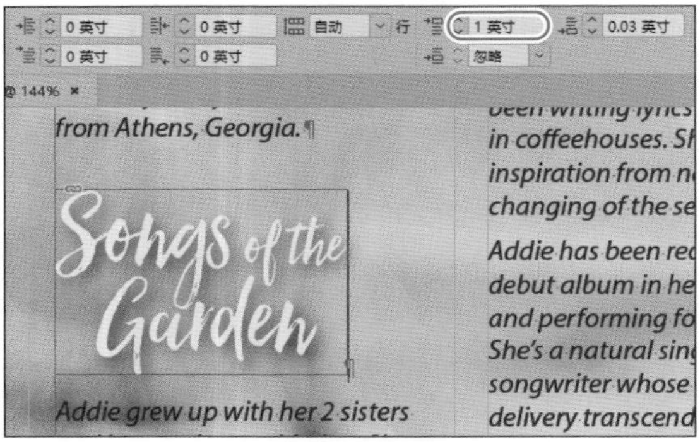

图10.37

> 提示　当段落的行距被设置为自动时，内嵌图形将不会与它上方或下方的任何文本重叠。

> 提示　单击箭头时如果按住 Shift 键，可增大 InDesign 调整数值时的增量。具体的增量随使用的度量单位而异。如果度量单位为英寸，则按住 Shift 键时增量为 0.25 英寸，而不按 Shift 键时为 0.0625 英寸；如果度量单位为毫米，则按住 Shift 键时增量为 10 毫米，而不按 Shift 键时为 1 毫米。

9. 编辑文本时，定位的图形将相应地移动。例如，单击第 1 段末尾的句点右边，并按 Enter 键两次。注意，每当您按下 Enter 键时，定位的图形都将向下移动。按 BackSpace（Windows）或 Delete（macOS）键两次，将删除刚才添加的换行符，注意，图形又向上移到了原来的位置。
10. 选择菜单“文件”>“存储”保存所做的工作。

10.10.3 给定位的图形框架设置文本绕排

可定制段落文本沿定位的图形框架绕排的方式。文本绕排让您能够沿图形框架或其中的图形排文，并可使用众多不同的选项。

1. 使用选择工具（▶）选择刚定位的包含徽标 Songs of the Garden 的图形框架。
2. 按住 Ctrl + Shift（Windows）或 Command + Shift（macOS）组合键，并向右上方拖曳框架右上角的手柄，直到将这个图形及其框架放大到大约有 20% 位于第 2 栏中，再将图形向下拖曳，使其上边缘位于第一个段落下方，如图 10.38 所示。
3. 选择菜单“窗口”>“文本绕排”打开“文本绕排”面板；调整这个面板的位置，以便指定设置时能够看到变化。在“文本绕排”面板中单击“沿对象形状绕排”按钮（▣），让文本沿图形绕排。
4. 为增大图形定界框与环绕文本的间距，单击“上位移”（▤）文本框旁边的上箭头 3 次，将值增大到 0.1875 英寸，如图 10.39 所示。

图10.38

图10.39

也可让文本沿图形形状而不是其矩形定界框绕排。

5. 在“文本绕排”面板中，从“类型”下拉列表中选择“检测边缘”。边缘检测生成一条矢量路径，因此文本的绕排情况取决于图形中对象（这里是字母）的形状，如图 10.40 所示。
6. 为了更清楚地查看文档，选择菜单“编辑”>“全部取消选择”，再选择菜单“文字”>“不显示隐藏字符”以隐藏换行符和空格。
7. 使用选择工具选择包含徽标 Songs of the Garden 的图形框架。
8. 在“文本绕排”面板中，尝试选择“绕排至”下拉列表中的各个选项，并最终选择“最大区域”，文字将移到文本绕排边界的空间较大的一侧。

图10.40

使用轮廓选项“检测边缘”时，生成的路径是可编辑的。例如，可手动拖曳调整锚点的位置；还可使用钢笔工具（ ）添加或删除锚点，以及在角点和平滑点之间转换。可使用直接选择工具（ ）调整锚点的手柄，从而修改曲线的形状。

9. 使用直接选择工具单击该图形，查看用于文本绕排的锚点，如图 10.41 所示。尝试拖曳各个锚点，这将导致文本重排。
10. 查看文件 10_End.indd 中的这条路径，可以看到在图形底部的很多锚点都被删除了，这是为了更好地控制下一个段落中第 1 行的排列。

图10.41

> **提示** 在选择了钢笔工具的情况下，将鼠标指针指向锚点时，鼠标指针将包含一个减号，表示单击该锚点可将其删除。

11. 关闭“文本绕排”面板。
12. 选择菜单“文件”>“存储”保存文件。

10.10.4 置入 Illustrator 文件

InDesign 可以充分地利用矢量图形（如来自 Illustrator 的矢量图形）的平滑边缘。在 InDesign 中使用“高品质显示”时，在任何尺寸或放大比例下，矢量图形和文字的边缘都是平滑的。在本小节中，您将把一个 Illustrator 图形置入 InDesign 文档中。

1. 在“图层”面板中选择图层 Graphics。选择菜单“编辑”>“全部取消选择”，以确保没有选择文档中的任何对象。
2. 选择菜单“视图”>“使跨页适合窗口”，以便能够看到整个跨页。
3. 选择菜单“文件”>“置入”，选择文件夹 Lesson10 中的 Illustrator 文件 Garland.ai，确保没有勾选复选框“显示导入选项”，单击“打开”按钮，鼠标指针将变成置入矢量图形图标（ ）。

4. 单击跨页的左上角，将这个 Illustrator 文件置入页面中，再使用选择工具（▶）将其拖曳到图 10.42 所示的位置。在 Illustrator 中创建的图形的背景默认是透明的。

图10.42

> **注意** 如果置入的 Illustrator 文件带白色背景，则应将其删除并重新置入，并在“置入”对话框中勾选复选框“显示导入选项”，再在“置入 PDF”对话框中勾选复选框“透明背景”。

5. 选择菜单“文件”>“存储”保存所做的工作。

10.10.5 置入包含多个图层的 Illustrator 文件

可以将包含图层的 Illustrator 文件置入 InDesign 版面中，并控制图层的可视性，以及调整图形的位置。

1. 单击文档窗口中的粘贴板以确保没有选择任何对象。单击跨页最左边的红色框左边的空框架。
2. 选择菜单“文件”>“置入”，在“置入”对话框的左下角，勾选复选框“显示导入选项”，再选择文件 Flower-Title.ai 并单击“打开”按钮。勾选了复选框“显示导入选项”时，将打开“置入 PDF”对话框，这是因为 Illustrator 文件使用的是 PDF 文件格式。
3. 在“置入 PDF”对话框中，确保勾选了复选框“显示预览”。在“常规”选项卡中，从“裁切到”下拉列表中选择“定界框（所有图层）”，并确保勾选了复选框“透明背景”。
4. 单击标签“图层”以查看图层。该文件包含 3 个图层：由花朵构成的背景图层（Layer 3）、包含英文文本的图层（English Title），以及包含西班牙语文本的图层（Spanish Title），如图 10.43 所示。

虽然在这里可指定要在置入的图形中显示哪些图层，但过小的预览区域会使结果难以看清。

5. 在版面中选择要显示哪些图层，单击“确定”按钮。
6. 按 Ctrl + =（Windows）或 Command + =（macOS）组合键两三次，放大这个图形并使其位于文档窗口中央。

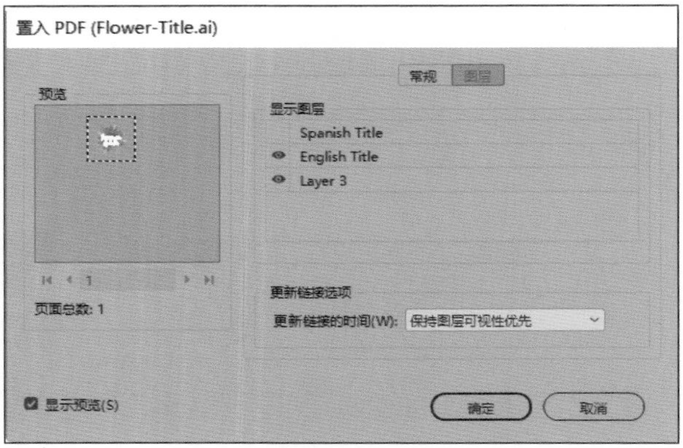

图10.43

7. 在控制面板或“属性”面板中，将参考点设置为中心（ ），再单击这个图形的内容抓取工具（ ）。单击“X 缩放比例”或“Y 缩放比例”文本框右边的箭头并选择 75%。InDesign 将缩放这个图形并使其在框架内居中，如图 10.44 所示。

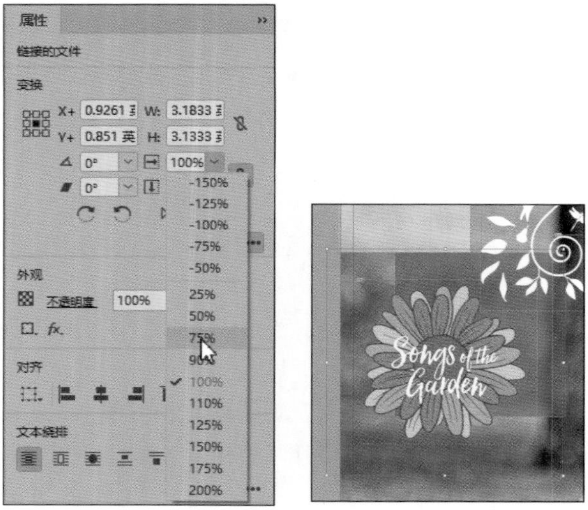

图10.44

8. 按 Esc 键选择框架，并通过拖曳（或使用方向键）将这个图形放置到红色框的中央。
9. 在依然选择了这个图形的情况下，选择菜单“对象”>“对象图层选项”。如果有必要，拖曳“对象图层选项”对话框，以便能够看到文档中的图形。
10. 勾选复选框“预览”，单击图层 English Title 左边的眼睛图标（ ）将该图层隐藏。
11. 单击图层 Spanish Title 左边的空框显示该图层，如图 10.45 所示。单击“确定”按钮，选择菜单“编辑”>“全部取消选择”。

使用包含多个图层的 Illustrator 文件让您能够便捷地将插图用于不同的用途，而无须根据每种用途创建不同的文档。

图10.45

12. 选择菜单“文件”>“存储”保存文件。

10.11 使用图形填充文字

一种引人注目的设计手法是：使用诸如照片或矢量图等图形来填充标题或其中要突出的字母。下面就来介绍这种手法。

1. 在工具面板中选择文字工具（ T. ），也可按 T 键。
2. 在图形 Flower-Title 左边绘制一个大型文本框架（大部分位于粘贴板上），并在其中输入大写字母“A”，按 Esc 键。
3. 在“字符”面板、控制面板或“属性”面板中，将“字体”和“样式”分别设置为 Myriad Pro 和 Bold，并将“字体大小”设置为 150 点。修改字体大小后，如果框架右下角出现了红色加号，请拖曳框架上的手柄，让框架大到足以容纳这个很大的字母。
4. 选择菜单“文字”>“创建轮廓”，InDesign 将把文字转换为矢量图形。像大写字母 A 这样的字母将变成复合路径，而您可透过这个字母内部的三角形看到背景，如图 10.46 所示。
5. 在“色板”面板、控制面板或“属性”面板中，将“填色”设置为“[无]”。
6. 选择菜单“文件”>“置入”，在“置入”对话框中，取消勾选左下角的复选框“显示导入选项”，双击文件 Blue-Hydrangea.psd 置入这幅图像，用这幅图像填充字母 A，但里面被挖空的三角形区域除外。
7. 将鼠标指针指向字母 A 所在的框架，并单击内容抓取工具（ ◎ ）。
8. 在控制面板或“属性”面板中，使用下拉列表或通过输入值将缩放比例设置为 200%，单击“水平翻转”按钮（ ▷◁ ），如图 10.47 所示。

图10.46

图10.47

9. 再次单击内容抓取工具并拖曳，根据自己的喜好调整图像在字母中的位置。
10. 在偏离内容抓取工具的地方单击，并将框架拖曳到红色图形 Flower-Title 的右上方，选择菜单“对象”>“排列”>“置为底层”。

可以看到字母图形移到了花环图形的后面，但位于背景图像的前面，如图 10.48 所示。这是因为“排列”命令是在图层内，而不是图层间移动对象。在字母图形后面的图像位于另一个图层（Background photos）中，而这个图层在图层 Graphics 的下面。

图10.48

11. 选择菜单“编辑”>“全部取消选择”，选择菜单“文件”>“存储”保存文件。

10.12 使用 InDesign 库管理对象

InDesign 库让您能够存储和组织常用的图形、文本和设计元素。InDesign 库作为文件存储在硬盘或共享设备中。也可以将标尺参考线、网格、绘制的形状和编组的图像加入库中。每个库都出现在一个独立的面板中，您可以根据喜好将其同其他面板编组。可根据需要创建任意数量的库，如每个项目或客户一个库。在本节中，您将置入一个存储在库中的图形，再创建自己的库。

> Id **提示** 可使用库来存储模板元素、出版物撰稿人的照片，以及常用的页面元素（如徽标或带标注的图像）等。

1. 滚动到前一节中创建的字母图形左边，直到看到一个半透明的淡蓝色方框。
2. 选择菜单“视图”>“使页面适合窗口”，以便能够看到整个页面。
3. 选择菜单“文件”>“打开”，选择文件夹 Lesson10 中的文件 Lesson_10_Elements.indl，单击“打开”按钮打开这个库文件，如图 10.49 所示。

图10.49

> **注意** 打开 Lesson_10_Elements 库时，它可能与默认库“样本按钮和表单”组合在一起。您可将这个默认库拖离这个面板组，再关闭它。

4. 在 Lesson_10_Elements 库面板菜单中，选择“显示子集”。在“显示子集”对话框中，在“参数”部分的最后一个文本框中输入“flower”，单击“确定”按钮。InDesign 将在库中搜索所有名称包含 flower 的对象，最终找到了 3 个这样的对象，如图 10.50 所示。

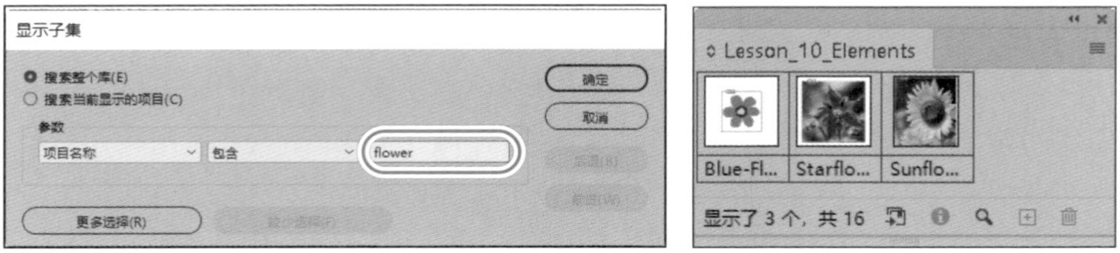

图10.50

5. 在“图层”面板中确保选择了图层 Graphics。
6. Lesson_10_Elements 库面板中有 3 个可见的对象，将其中的 Blue-Flower.ai 拖曳到当前页面的任何地方，将这幅图像将加入当前页面中。打开“链接”面板，可以看到文件名出现在了“链接”面板中。

> **注意** 由于您将 Blue-Flower.ai 从原始位置复制到了硬盘中，因此将它拖曳到页面中后，“链接”面板可能会显示一个链接缺失图标（ ）或链接已修改图标（ ）。要消除这种警告，可单击“链接”面板中的“更新链接”按钮或“重新链接”按钮，再切换到文件夹 Lesson10 并选择文件 Blue-Flower.ai。

7. 使用选择工具（ ）拖曳图像 Blue-Flower.ai，将其放在页面最左端的淡蓝色背景框架上面，如图 10.51 所示。

图10.51

8. 选择菜单“文件”>“存储”保存所做的工作。

创建 InDesign 库

接下来您将创建自己的库，并向其中添加文本和图形。将图形加入 InDesign 库中时，InDesign

并不会将原始文件复制到库中，而是建立一个到原始文件的链接。要以高分辨率显示和打印存储在库中的图形，需要使用高分辨率的原始文件。

1. 选择菜单“文件”>“新建”>“库”（如果出现“CC 库”对话框，询问您是否要立即尝试使用 CC 库，单击“否”按钮），将库文件命名为 CD Projects，切换到文件夹 Lesson10 并单击“保存”按钮。

> **注意** 有关 CC 库的更详细信息，请参阅后面的内容。

2. 切换到第 6 页（CD 封套的封底），使用选择工具（▶）将徽标 Ricky Records 拖曳到刚创建的库中，如图 10.52 所示。这个徽标将存储在 CD Projects 库中，让您能够在其他 InDesign 文档中使用它。
3. 在 CD Projects 库面板中双击徽标 Ricky Records，在“项目名称”文本框中输入“Ricky Records Logo”，单击“确定”按钮，如图 10.53 所示。

图10.52

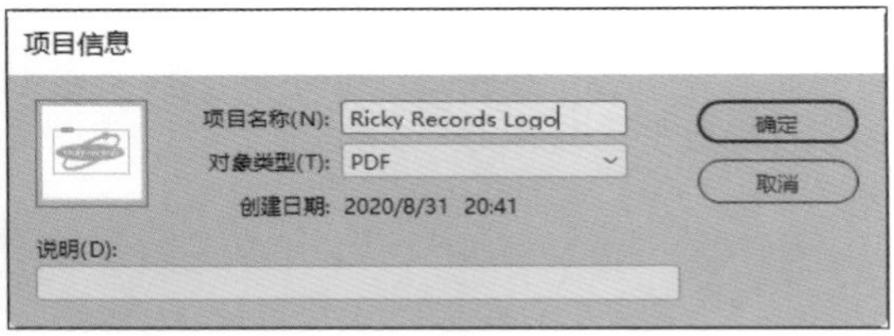

图10.53

> **提示** 将对象拖曳到库中时，按住 Alt（Windows）或 Option（macOS）键可打开“项目信息”对话框，让您能够给在添加项目的同时给它命名。

4. 使用选择工具将地址文本框架拖曳到库面板 CD Projects 中。
5. 在库面板中双击该地址文本框架，在“项目名称”文本框中输入“Ricky Records Address”，单击“确定”按钮。从 CD Projects 库面板菜单中选择“大缩览视图”，以便更容易看清项目，如图 10.54 所示。

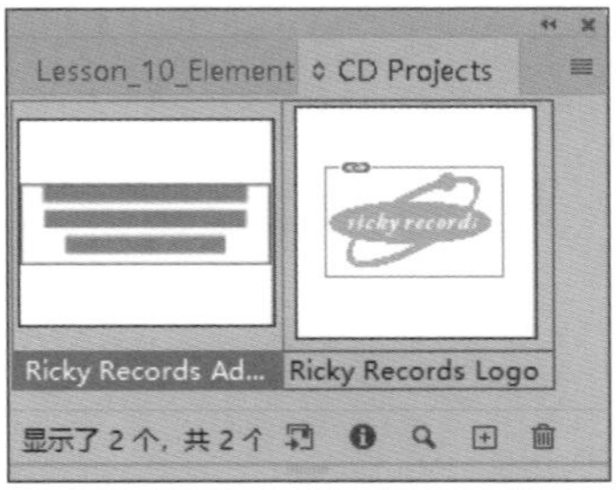

图10.54

现在，这个库包含文本和图形。对库进行修改后，InDesign 将立刻存储所做的修改。

6. 单击库面板组右上角的“关闭”按钮（✖），将两个库面板都关闭。

祝贺您完成了本课！

创建和使用CC库

Creative Cloud库能够让您在任何地方使用喜欢的素材。在Creative Cloud桌面应用程序和移动应用中，您可使用CC库来创建并共享颜色、字符和段落样式、图形、Adobe Stock素材，并在需要时在其他Creative Cloud应用程序中访问它们。您还可与任何有Creative Cloud账户的人分享库，从而轻松地进行协作、确保设计的一致性，乃至制定供多个项目使用的样式指南。

CC库的工作原理与InDesign库很像，要新建CC库，可采取如下步骤。

1. 选择菜单“窗口”>“CC Libraries”，打开 CC Libraries 面板，也可单击 CC Libraries 面板图标（ ）来打开它。
2. 从 CC Libraries 面板菜单中选择“新建库”。

> **提示** CC Libraries 面板菜单包含多个创建和管理 CC 库，以及指定如何在面板中显示库元素（包括对元素进行编组）的命令。

3. 在“库名称”文本框中输入“CD Elements”，单击“创建”按钮。
4. 使用选择工具（ ）选择第 6 页底部包含地址的文本框架，并将其拖曳到 CC Libraries 面板中，这些带格式的文本将被添加到 CD Elements 库中。通过单击 CC Libraries 面板底部的加号，可选择添加各种不同的元素，如段落样式，如图 10.55 所示。
5. 在文档窗口中向右滚动，选择封面上的图形 Songs of the Garden，并将其拖曳到 CC Libraries 面板中。双击名称“图稿 1”，并将名称改为 Songs of the Garden logo。请务必双击名称（而不是表示图形的图标）。将“文本 1”重名为 Company Address。再将一个图形（如封面顶部的红色枫叶）拖曳到库中，并给它命名。看看库中的素材是如何组织的，如图 10.56 所示。

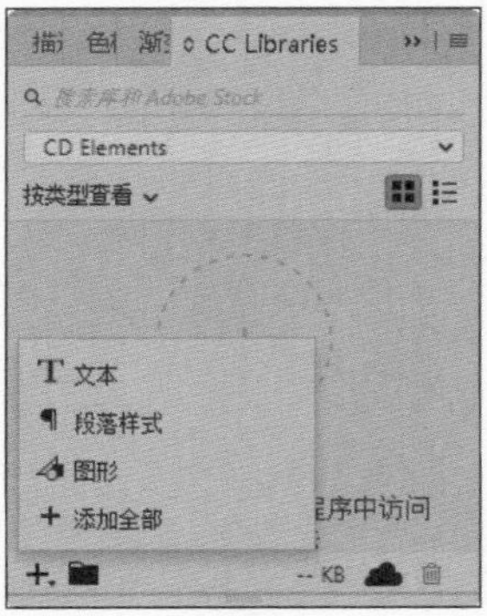

图10.55

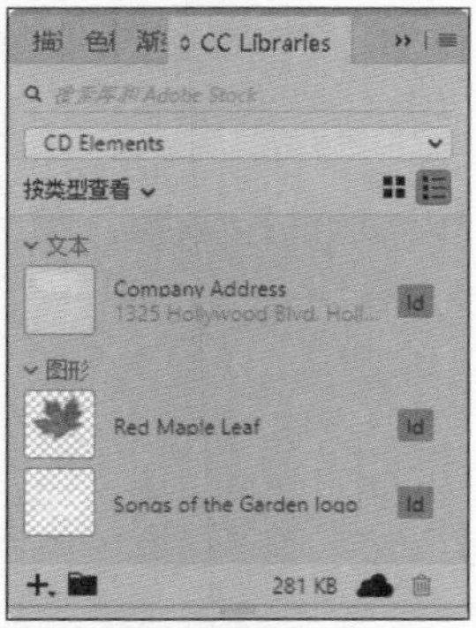

图10.56

将素材存储到CC库中后，就可在其他InDesign文档，以及诸如Photoshop和Illustrator等其他Adobe应用程序中使用它们。

6. 选择菜单“文件”>“新建”>“文档”，单击“边距和分栏”按钮，再单击“确定”按钮，使用默认设置新建一个文档。
7. 将素材 Company Address 从 CC Libraries 面板拖曳到页面中。由于段落样式 Centered White 将填色设置为“[纸色]”，因此要看到这些白色文本，就必须给文本框架指定填色。段落样式 Centered White 也将添加到“段落样式”面板的段落样式列表中。
8. 将素材 Songs of the Garden logo 从 CC Libraries 面板拖曳到页面中，鼠标指针将变成载入图形图标，单击以置入该图形。
9. 关闭这个文档，但不保存所做的修改，返回前面一直在处理的文档。

您还可与小组成员及其他同事共享CC库，有关这方面的更详细信息，请参阅10.13节。

使用片段

片段是一个文件，用于存放对象并描述对象在页面或跨页中的相对位置。使用片段可以方便地重用和定位页面对象。通过将对象导出为扩展名为.idms的片段文件，可创建片段。在InDesign中置入片段文件时，可决定是将对象按原始位置放置，还是将对象放在鼠标单击的位置。可将片段存储在InDesign库中，也可存储在硬盘中。在InDesign中，添加到CC Libraries面板中的图稿也会被存储为片段。

要创建片段，有以下两种方法。

- 使用选择工具（▶）选择一个或多个对象，选择菜单“文件”>“导出”。从“保存类型”（Windows）或“存储格式”（macOS）下拉列表中选择“InDesign片段”。输入文件名称，单击“保存”按钮。
- 使用选择工具选择一个或多个对象，将所选对象拖曳到桌面，将创建一个片段文件，重命名该文件。

要将片段添加到文档中，可执行如下步骤。

1. 选择菜单“文件”>“置入”。
2. 选择一个或多个片段文件，单击“打开”按钮，鼠标指针将变成载入片段图标。
3. 在希望片段文件左上角出现的位置单击。

如果光标位于文本框架中，片段将作为定位对象置于该文本框架中。

置入片段后，其中的所有对象都保持被选中状态。通过拖曳可调整所有对象的位置。

4. 如果置入了多个片段，可按箭头键切换到不同的片段文件，单击可置入当前片段文件。

可以将片段对象按其原始位置置入，而不是根据单击位置置入片段对象。例如，如果文本框架在作为片段的一部分导出时出现在页面中间，则将该文本框架作为片段置入时，它将出现在同样的位置。

要将片段置入到原始位置，有以下两种方法。

- 选择菜单“编辑”>“首选项”>“文件处理”，在“片段导入”部分，从“位置”下拉列表中选择“原始位置”。
- 在鼠标指针变成载入片段图标后，按住Alt（Windows）或Option（macOS）键并单击，这将覆盖当前的片段置入设置。换句话说，如果在首选项中设置的是当前位置，片段将置入原始位置。

10.13 练习

有了一些处理置入文件的经验后，请您独自完成下面的练习。

1. 置入不同格式的文件，在“置入”对话框中勾选复选框“显示导入选项”，以了解对于每种格式将出现哪些导入选项。您可使用本书的任何图形文件，还可使用其他可获得的图形文件。有关每种格式的所有导入选项的完整描述，请参阅 InDesign 帮助文档。
2. 置入一个多页 PDF 文件（或包含多个画板的 Illustrator 文件），在“置入”对话框中勾选复选框“显示导入选项”，以便置入该 PDF（Illustrator）文件中的不同页面（画板）。
3. 打开文件夹 Lesson10\RR_logo 中的 InDesign 文档 Vector-Raster.indd。这个文档包含 Ricky Records 徽标的矢量版本和光栅版本，它们都被放大到 300%。看看它们的清晰度有何差别，进一步尝试放大这两个版本的徽标，您将发现，不管放大到多大，矢量徽标都是清晰的。
4. 在本课中，您创建了一个名为 CD Elements 的 CC 库。在 CC Libraries 面板中，除访问使用多个 Adobe 图形应用程序创建的素材外，还可与小组成员和其他同事共享素材，以确保每个人使用的素材都是最新的。

选择菜单“窗口”>“CC Libraries”，打开 CC Libraries 面板，从该面板顶部的下拉列表中选择 CD Elements。从面板菜单中选择“协作”，再在浏览器打开的“邀请协作者”窗口中输入您要与之共享库的同事的电子邮件地址。从下拉列表中选择“可编辑”或“可查看”，以指定收件人是能够查看并编辑元素（“可编辑”），还是只能查看元素（“可查看”），单击“邀请”按钮。收件人将收到协作开发库的电子邮件邀请函。

5. 要将 Illustrator 图形置入 InDesign，另一种方法是在 Illustrator 中复制矢量形状，然后切换到 InDesign 并粘贴它们，Illustrator 矢量对象将转换为 InDesign 矢量对象。对于这些对象，您可以将它们当作是在 InDesign 中绘制的一样使用它们。如果您安装了 Illustrator，可尝试这样做：将对象粘贴到 InDesign 中后，将其颜色修改为 InDesign“色板”面板中的颜色，再使用钢笔工具（ ）选择锚点并修改矢量形状。

如果您没有安装 Illustrator，可使用文件 Start.indd 中的蝴蝶矢量图形来完成这个练习，它位于第 1 个跨页左边的粘贴板中，如图 10.57 所示。

图10.57

10.14 复习题

1. 如何获悉置入文档中的图形的文件名？
2. 使用剪切路径来删除背景与使用不透明度来删除背景有何不同？
3. 更新文件的链接和重新链接文件有何不同？
4. 当图形的更新版本可用时，如何确保在 InDesign 文档中的该图形是最新的？
5. 如何同时缩放置入的图形及其框架？
6. 使用什么方法可快速复制对象并将其放到所需的位置？

10.15 复习题答案

1. 先选择图形，再选择菜单“窗口”>“链接”，并在“链接”面板中查看被选择的文件名。如果图形是通过选择菜单“文件”>“置入”或从资源管理器（Windows）、Finder（macOS）、Bridge 中拖曳到版面中来置入的，其文件名将出现在“链接”面板中。
2. 剪切路径是矢量路径，用它来删除背景时，生成的边缘清晰而锐利。在 Photoshop 中使用不透明度来删除背景时，生成的边缘柔和而模糊。
3. 更新文件的链接只是使用“链接”面板来更新工作区中的图形，使其呈现原稿的最新版本。重新链接是使用“置入”命令在该图形的位置插入另一个图形。例如，您可能通过重新链接将 .png 图形替换为其 .jpg 版本。
4. 在“链接”面板中，确保没有针对该文件的链接已修改图标。如果有链接已修改图标，则只需选择对应的链接并单击“更新链接”按钮（如果文件没有移到其他地方）；如果文件被移到了其他地方，在“链接”面板的状态栏中将出现缺失链接图标，必须单击“重新链接”按钮并找到它。
5. 按住 Shift + Ctrl（Windows）或 Shift + Command（macOS）组合键，并通过拖曳来缩放图形及其框架。
6. 按住 Alt（Windows）或 Option（macOS）键，并使用选择工具将对象拖曳到所需的位置。这将在指定的位置复制对象，而原始对象还留在原来的位置。

第11课 制作表格

在本课中，您将学习以下内容：

- 将文本转换为表格、从其他应用程序置入表格，以及新建表格；
- 修改表格的行数和列数；
- 重新排列表格的行和列；
- 调整表格的行高和列宽；
- 使用描边和填色设置表格的格式；
- 为跨页的长表格指定重复的表头和表尾；
- 在单元格中置入图形；
- 创建和应用表样式和单元格样式。

学习本课大约需要 45 分钟。

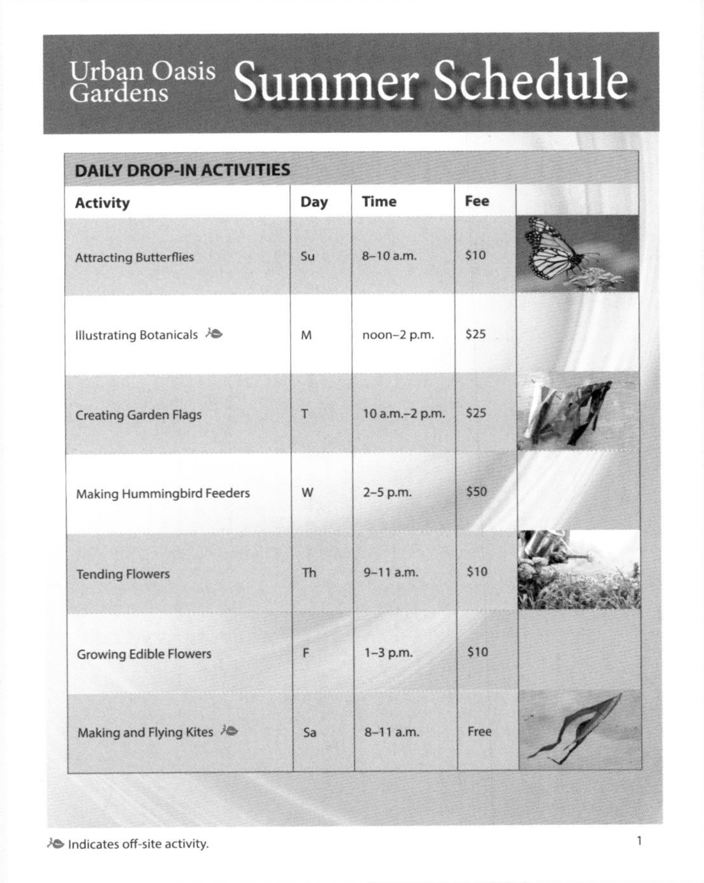

Urban Oasis Gardens Summer Schedule

DAILY DROP-IN ACTIVITIES

Activity	Day	Time	Fee
Attracting Butterflies	Su	8–10 a.m.	$10
Illustrating Botanicals	M	noon–2 p.m.	$25
Creating Garden Flags	T	10 a.m.–2 p.m.	$25
Making Hummingbird Feeders	W	2–5 p.m.	$50
Tending Flowers	Th	9–11 a.m.	$10
Growing Edible Flowers	F	1–3 p.m.	$10
Making and Flying Kites	Sa	8–11 a.m.	Free

Indicates off-site activity.

1

在 InDesign 中，可轻松地创建表格、将文本转换为表格或置入在其他程序中创建的表格；还可将众多格式选项（包括表头、表尾、行和列的交替模式等）存储为表样式和单元格样式。

11.1 概述

在本课中将处理一个虚构的植物园传单，让该传单具有吸引力、易于使用和修改。下面会先将文本转换为表格，再使用“表”菜单和各种面板中的选项设置表格的格式（如果这个表横跨多页，将包括重复的表头行），最后创建一个表样式和一个单元格样式，以便能够快速、一致地设置其他表格的格式。

1. 为确保您的 InDesign 首选项和默认设置与本课使用的一样，请将文件 InDesign Defaults 移到其他文件夹，详情请参阅“前言”中的“保存和恢复文件 InDesign Defaults”。
2. 启动 InDesign。
3. 在出现的“主页”屏幕中，单击左边的“打开”按钮（如果没有出现“主页”屏幕，就选择菜单“文件”>“打开”）。
4. 打开硬盘文件夹 InDesignCIB\Lessons\Lesson11 中的文件 11_Start.indd。
5. 选择菜单“文件”>“存储为”，将文件重命名为 11_Tables.indd，并存储到文件夹 Lesson11 中。
6. 为确保面板和菜单命令与本课使用的相同，请先选择菜单“窗口”>“工作区”>“[高级]”，再选择菜单“窗口”>“工作区”>“重置‘高级’”。
7. 为了以更高的分辨率显示这个文档，请选择菜单“视图”>“显示性能”>“高品质显示”。
8. 如果要查看最终的文档，可打开文件夹 Lesson11 中的文件 11_End.indd，如图 11.1 所示。可让该文件保持打开状态，以供工作时参考。

图11.1

11.2 处理表格

表格是一组排成行和列的单元格。要创建表格，有以下几种方法：将既有文本转换为表格，在文本框架的插入点插入新表格（这将把表格锚定在文本中），创建独立的表格或从使用其他应用程序创建的文件中置入表格。

下面使用文字工具来编辑表格并设置其格式。在菜单“表”、“表”面板、“属性”面板和控制面板中，都包含用于设置表格格式的选项。

在本课中，您将尝试各种选择表格元素及修改表格的方式。熟悉处理表格的各种方式后，您就可使用最适合自己的方式来处理表格了。

11.3 将文本转换为表格

通常，表格使用的文本已经以“用制表符分隔的文本”形式存在，即各列之间用制表符分隔，各行之间用换行符分隔。本课要处理的文档是一个虚构的植物园传单，下面选择这些文本并将其转换为表格。

1. 使用文字工具（ T. ）在包含文本 DAILY DROP-IN ACTIVITIES 的文本框架中单击。
2. 选择菜单“编辑”>“全选”，如图 11.2 所示。

图11.2

> **注意** 请根据您的显示器尺寸和使用习惯调整缩放比例。

3. 选择菜单“表”>“将文本转换为表”。

在“将文本转换为表”对话框中，可以看到选择文本当前是如何分隔的。由于在“文字”菜单中选择了“显示隐含的字符”，因此可以看到列是由制表符（ » ）分隔的，而行是由换行符（ ¶ ）分隔的。

> **注意** 如果看不到换行符、制表符和空格，请选择菜单“文字”>“显示隐含的字符”。

4. 从“列分隔符”下拉列表中选择“制表符”，从“行分隔符”下拉列表中选择“段落”。
5. 确认“表样式”被设置为“[无表样式]”，单击“确定”按钮，如图 11.3 所示。

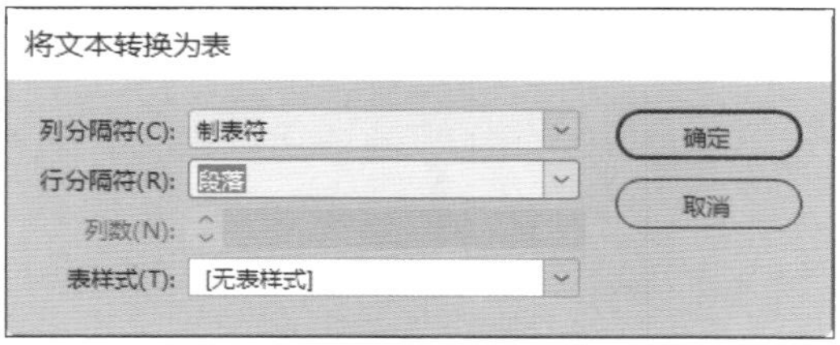

图11.3

新表格将自动锚定在包含文本的文本框架中，如图 11.4 所示。

6. 选择菜单“文件”>“存储”保存文件。

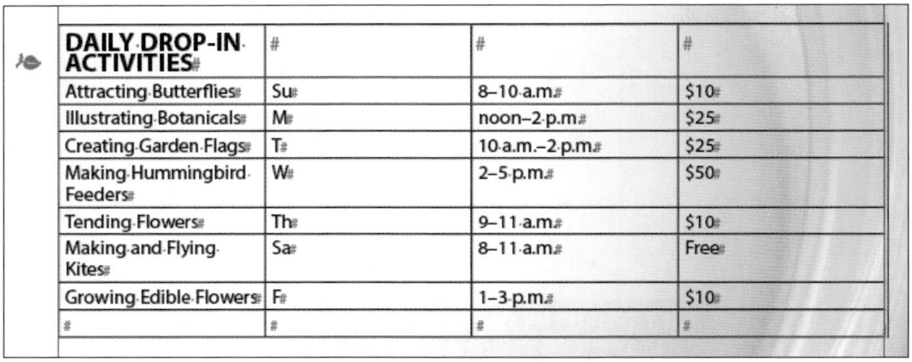

DAILY DROP-IN ACTIVITIES			
Attracting Butterflies	Su	8–10 a.m.	$10
Illustrating Botanicals	M	noon–2 p.m.	$25
Creating Garden Flags	T	10 a.m.–2 p.m.	$25
Making Hummingbird Feeders	W	2–5 p.m.	$50
Tending Flowers	Th	9–11 a.m.	$10
Making and Flying Kites	Sa	8–11 a.m.	Free
Growing Edible Flowers	F	1–3 p.m.	$10

图11.4

11.4 修改行和列

将客户提供的数据转换为表格时，通常需要在表格中添加一些行、重新排列文本等。创建表格后，可轻松地添加行和列、删除行和列、重新排列行、调整行高和列宽，以及指定单元格的内边距。本节将确定这个表格的整体布局。

11.4.1 添加行和列

可以在选择的行的上方或下方添加行。添加或删除列的控件与添加和删除行的一样。下面在表格顶部添加一行，用于显示列标题。

1. 使用文字工具（T.）单击表格第一行（该行以 DAILY 打头），激活一个单元格。您可在任何单元格中单击。
2. 选择菜单“表”>“插入”>“行”。
3. 在“插入行”对话框中，在“行数”文本框中输入“1”，选择单选按钮“下”，如图 11.5 所示，单击“确定”按钮，即可添加一行。

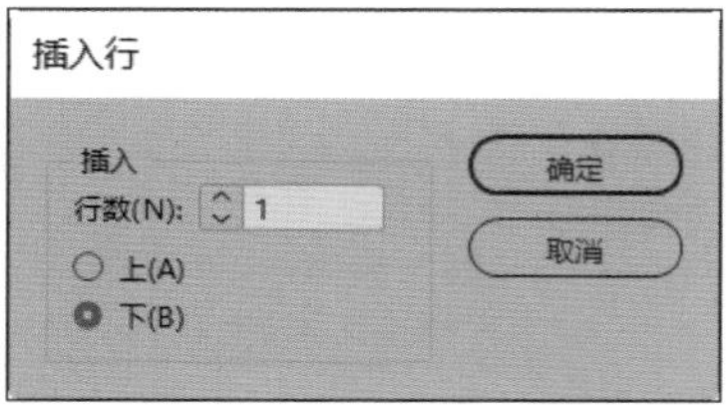

图11.5

4. 在新建行的第 1 个单元格中单击，并输入“Activity”。为了在余下的单元格中添加列标题，可使用文字工具单击每个空单元格，或按 Tab 键从一个单元格跳到下一个单元格。在各个单元格中输入如下文本，如图 11.6 所示。
- 第 2 个单元格：Day。
- 第 3 个单元格：Time。
- 第 4 个单元格：Fee。
5. 使用文字工具在第 2 行的第 1 个单元格中单击，再向右拖曳以选择所有包含列标题的单元格。
6. 选择菜单“文字”>“段落样式”。如果有必要，单击样式组 Table Styles 旁边的箭头将其展开。

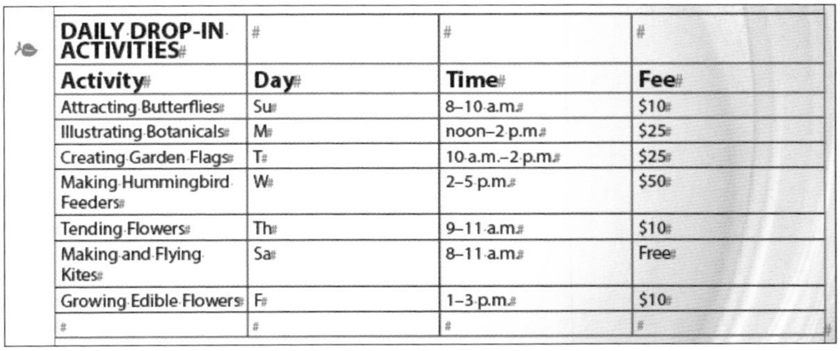

DAILY DROP-IN ACTIVITIES			
Activity	Day	Time	Fee
Attracting Butterflies	Su	8–10 a.m.	$10
Illustrating Botanicals	M	noon–2 p.m.	$25
Creating Garden Flags	T	10 a.m.–2 p.m.	$25
Making Hummingbird Feeders	W	2–5 p.m.	$50
Tending Flowers	Th	9–11 a.m.	$10
Making and Flying Kites	Sa	8–11 a.m.	Free
Growing Edible Flowers	F	1–3 p.m.	$10

图11.6

7. 在“段落样式”面板中，单击样式 Table Column Heads，如图 11.7 所示。

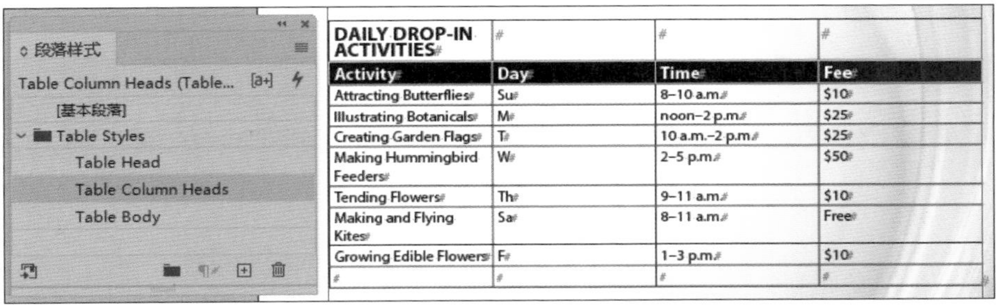

DAILY DROP-IN ACTIVITIES			
Activity	Day	Time	Fee
Attracting Butterflies	Su	8–10 a.m.	$10
Illustrating Botanicals	M	noon–2 p.m.	$25
Creating Garden Flags	T	10 a.m.–2 p.m.	$25
Making Hummingbird Feeders	W	2–5 p.m.	$50
Tending Flowers	Th	9–11 a.m.	$10
Making and Flying Kites	Sa	8–11 a.m.	Free
Growing Edible Flowers	F	1–3 p.m.	$10

图11.7

8. 单击包含单词 Fee 的单元格以激活它。

下面在该列右边添加一列，用于放置图像。

9. 选择菜单“表”>“插入”>“列”。

10. 在“插入列”对话框中，在“列数”文本框中输入“1”，选择单选按钮“右”，如图 11.8 所示，单击“确定”按钮，即可添加一列。

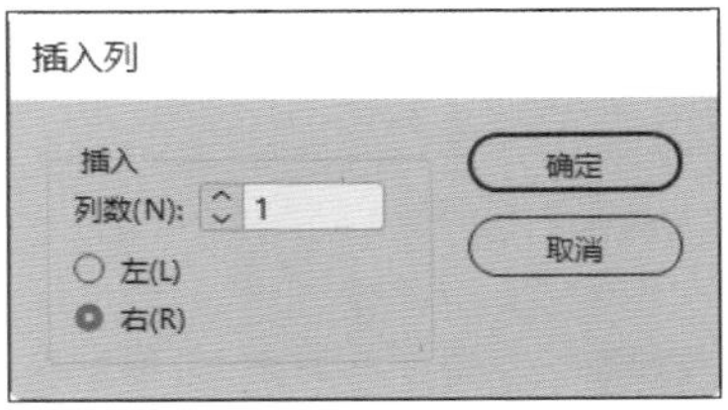

图11.8

现在表格比框架和页面都要宽，如图 11.9 所示，这个问题将在后面解决。

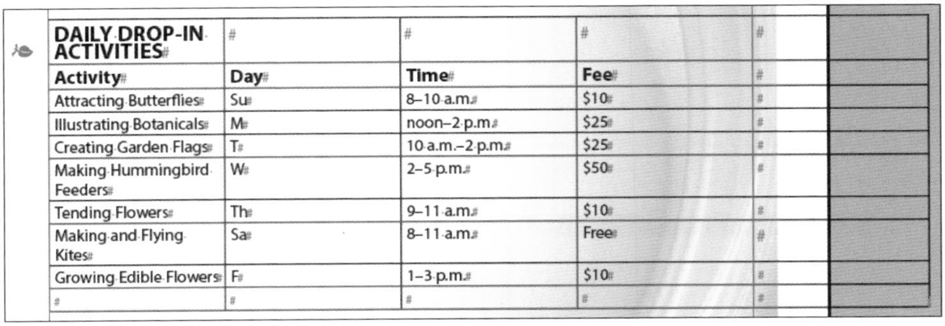

DAILY DROP-IN ACTIVITIES				
Activity	Day	Time	Fee	
Attracting Butterflies	Su	8–10 a.m.	$10	
Illustrating Botanicals	M	noon–2 p.m.	$25	
Creating Garden Flags	T	10 a.m.–2 p.m.	$25	
Making Hummingbird Feeders	W	2–5 p.m.	$50	
Tending Flowers	Th	9–11 a.m.	$10	
Making and Flying Kites	Sa	8–11 a.m.	Free	
Growing Edible Flowers	F	1–3 p.m.	$10	

图11.9

11. 选择菜单“文件”>“存储”保存文件。

11.4.2 删除行

可删除选择的行和列。下面删除表格末尾的空行。

> **提示** 要激活行或列，可在其中单击。要选择多行以便将它们删除，可选择文字工具，将鼠标指针指向表格左边缘，出现箭头后单击并拖曳以选择多行。要选择多列以便将它们删除，可选择文字工具，将鼠标指针指向表格上边缘，出现箭头后单击并拖曳以选择多列。

1. 选择文字工具（ T. ），将鼠标指针指向最后一行的左边缘，出现右箭头（ ➜ ）后单击选择该行，如图 11.10 所示。

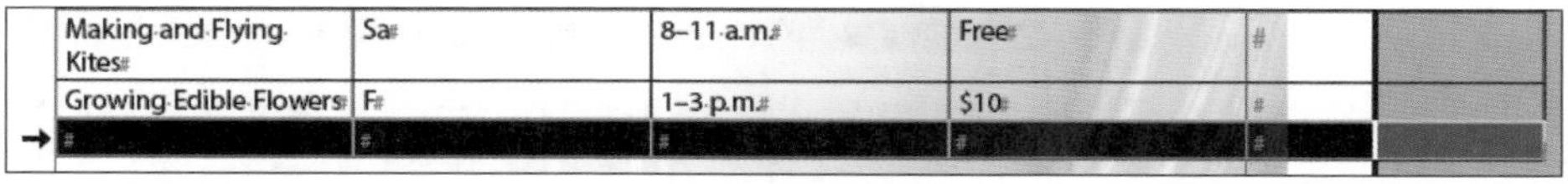

图11.10

2. 选择菜单“表”>“删除”>“行”。
3. 选择菜单“文件”>“存储”保存文件。

11.4.3 重新排列行和列

在处理表格时，有时可能发现将信息按不同的顺序排列更合适，或者发现表格有错需要重新排列。在这种情况下，可将行或列拖曳到不同的地方。这个表格是根据周一至周五的顺序排列的，但周五对应行所处的位置不正确。

> **提示** 要拖曳行或列，必须选择整行或整列。要将行或列复制到不同的地方，可按住 Alt（Windows）或 Option（macOS）键并拖曳。

1. 找到表格的最后一行，其第一个单元格的内容以 Growing 打头。
2. 选择文字工具（ T. ），将表格指向这行的左边缘，出现水平箭头（ ➜ ）后单击选择这一行。
3. 在选择的行上单击并将其向上拖曳到 Tending Flowers 行的下面，蓝色粗线指出了选择的行将插入的位置，如图 11.11 所示。

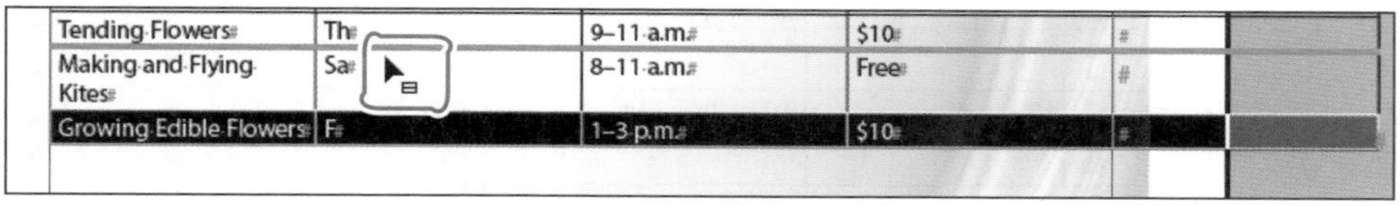

图11.11

4. 选择菜单“文件”>“存储”保存文件。

11.4.4 调整行高、列宽和文本位置

在 InDesign 中编辑表格时，经常需要根据内容和设计微调表格的行高、列宽及文本的位置。默认情况下，表格中的单元格会向垂直方向扩大以容纳其内容，因此如果不断地在一个单元格中输入文字，该单元格就会不停增高。在 InDesign 中，可指定固定的行高或列宽，也可在表格中创建高度相等的行和宽度相等的列。要让所有的列都等宽或所有的行都等高，可选择菜单“表”>“均匀分布列”或“表”>“均匀分布行”。

下面先手动调整列宽，再修改文本在单元格中的位置。

1. 选择文字工具（T.），将鼠标指针指向两列之间的垂直分隔条，出现双箭头图标（↔）后单击并向左或右拖曳，以调整列宽。
2. 选择菜单“编辑”>“还原”。多次尝试调整列宽，熟悉这种方法，每次尝试后都选择菜单“编辑”>“还原”。拖曳时注意看文档窗口顶部的水平标尺，如图 11.12 所示。

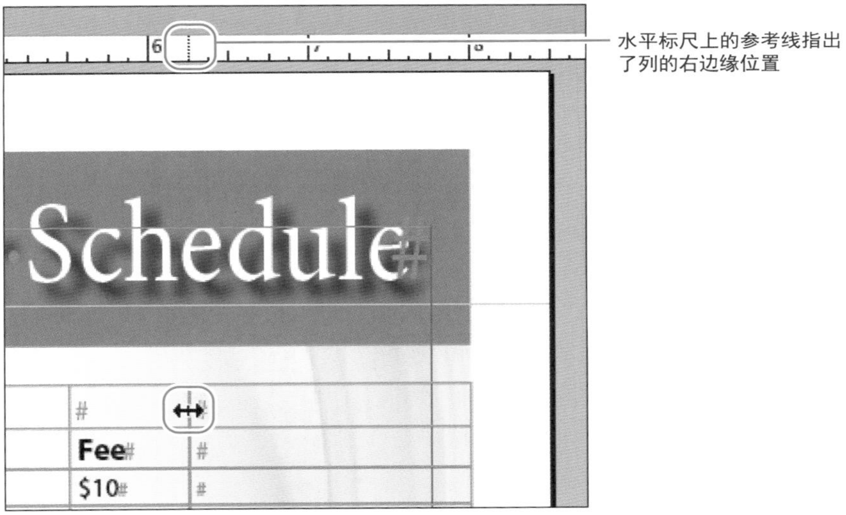

图11.12

3. 拖曳每列的右边缘，根据文档窗口顶部的水平标尺将各列的右边缘拖曳到如下位置，如图 11.13 所示。

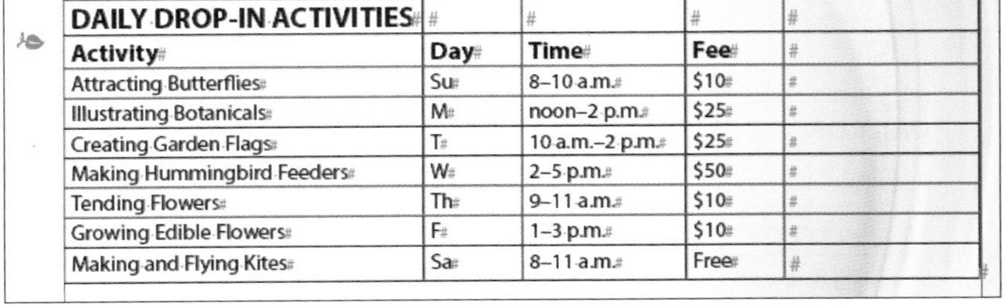

DAILY DROP-IN ACTIVITIES#	#	#	#	#
Activity#	Day#	Time#	Fee#	#
Attracting Butterflies#	Su#	8–10 a.m.#	$10#	#
Illustrating Botanicals#	M#	noon–2 p.m.#	$25#	#
Creating Garden Flags#	T#	10 a.m.–2 p.m.#	$25#	#
Making Hummingbird Feeders#	W#	2–5 p.m.#	$50#	#
Tending Flowers#	Th#	9–11 a.m.#	$10#	#
Growing Edible Flowers#	F#	1–3 p.m.#	$10#	#
Making and Flying Kites#	Sa#	8–11 a.m.#	Free#	#

图11.13

- Activity 列：3.5 英寸。
- Day 列：4.25 英寸。
- Time 列：5.5 英寸。
- Fee 列：6.25 英寸。
- 空的图像列：7.75 英寸。

> **提示** 拖曳列分界线可调整列宽，而右边的所有列都将相应地向右或左移动（这取决于是向左还是向右拖曳）。为确保在拖曳列分界线时整个表格的宽度不变，可在拖曳时按住 Shift 键，这样分界线两边的列一个将更宽、一个将更窄，而整个表格的宽度保持不变。

让列宽更适合文本后，下面增大文本和单元格边框的距离。以下操作只修改选择的单元格的设置。

4. 选择菜单“窗口”>“文字和表”>“表”，打开“表”面板。
5. 在表格的任何地方单击，选择菜单“表”>“选择”>“表”。
6. 在“表”面板中，在“上单元格内边距”（ ）文本框中输入“0.125 英寸”，并按 Enter 键。如果有必要，单击“将所有设置设为相同”按钮（ ），将单元格每边的内边距都增大。

> **提示** 可单击文本框旁边的箭头来增大或减小其值。

7. 选择表格，单击“表”面板中的“居中对齐”按钮，如图 11.14 所示，让每个单元格中的文本都垂直居中对齐。
8. 在表格内的任何地方单击以取消选择单元格。
9. 选择菜单“文件”>“存储”保存文件。

图11.14

11.4.5 合并单元格

可将选择的几个相邻单元格合并成一个单元格。下面合并第 1 行的单元格，让表头 DAILY DROP-IN ACTIVITY 横跨整个表格。

1. 使用文字工具（ T. ）在第 1 行的第 1 个单元格中单击，再向右拖曳以选择该行的所有单元格。
2. 选择菜单“表”>“合并单元格”，单击粘贴板以取消选择单元格，结果如图 11.15 所示。

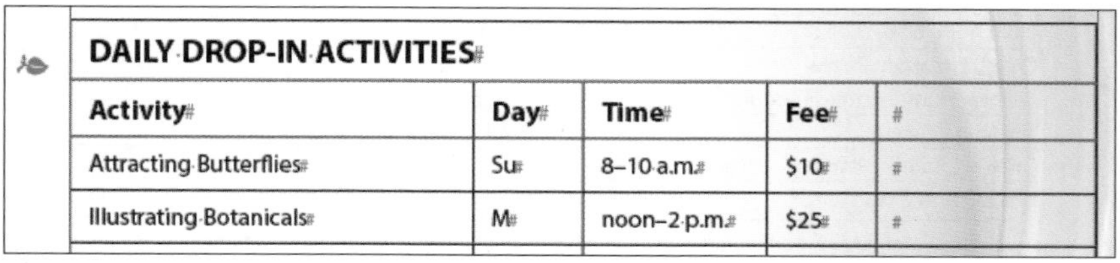

DAILY DROP-IN ACTIVITIES				
Activity	Day	Time	Fee	
Attracting Butterflies	Su	8–10 a.m.	$10	
Illustrating Botanicals	M	noon–2 p.m.	$25	

图11.15

> **提示**　在“属性”面板和控制面板中，也有“合并单元格”按钮（ ）。

3. 选择菜单“文件”>“存储”保存文件。

置入表格

在InDesign中，可置入在其他应用程序（包括Word和Excel）中创建的表格。置入表格时，可创建到源文件的链接，这样如果更新了Word或Excel文档，也可轻松地在InDesign文档中更新相应的信息。

要在InDesign中置入表格，可采取如下步骤。

1. 使用文字工具（ T. ）单击，将光标放在文本框架中。
2. 选择菜单“文件”>“置入”。
3. 在“置入”对话框中，勾选左下角的复选框“显示导入选项”。
4. 选择包含表格的 Word 文档（.doc 或 .docx）或 Excel 文档（.xls 或 .xlsx）。
5. 单击“打开”按钮。
6. 在“导入选项”对话框中，指定如何处理 Word 或 Excel 表格的格式。对于 Excel 文档，可指定要置入的工作表和单元格范围，以及如何处理格式，如图 11.16 所示。

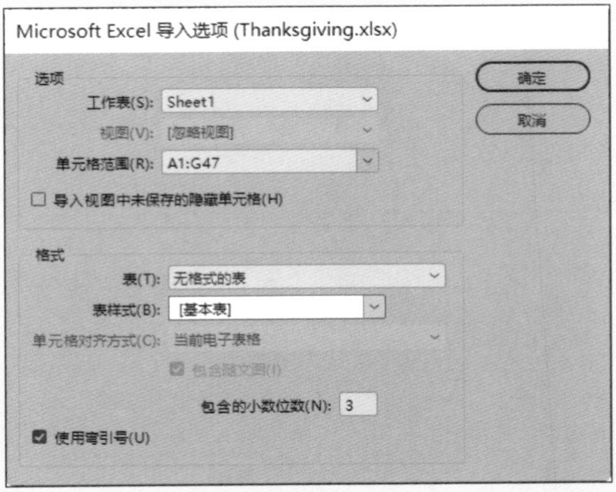

图11.16

要在置入表格时链接到源文件，可采取如下做法。

1. 选择菜单“编辑”>“首选项”>“文件处理”（Windows）或“InDesign”>“首选项”>“文件处理”（macOS）。

2. 在“链接”部分，勾选复选框“置入文本和电子表格文件时创建链接”，单击“确定”按钮。
3. 如果源文件中的数据发生了变化，可使用“链接”面板更新 InDesign 文档中的表格。

请注意，若要确保Excel文档更新后，链接的InDesign表格的格式保持不变，必须使用单元格样式和表样式给InDesign表格中的所有单元格指定格式；更新链接后，必须重新指定表头行和表尾行的格式。

11.5 设置表格的格式

表格边框是指整个表格周围的描边。单元格描边是指表格内部将各个单元格彼此分隔的线条。InDesign 包含很多易于使用的表格格式设置选项，使用这些选项可让表格更具吸引力且让浏览者更容易找到所需的信息。本节将设置表格的填色和描边。

11.5.1 添加填色模式

在 InDesign 中，可给行或列指定填色模式，以实现诸如每隔一行应用填色等效果。可指定模式的起始位置，从而将表头行排除在外。当添加、删除或移动行和列时，模式将自动更新。下面在这个表格中每隔一行应用填色。

1. 选择文字工具（T.）单击表格的任何地方以激活它。
2. 选择菜单“表”>“表选项”>“交替填色”。
3. 从“交替模式”下拉列表中选择“每隔一行”，保留其他选项的默认设置不变，如图 11.17 所示。

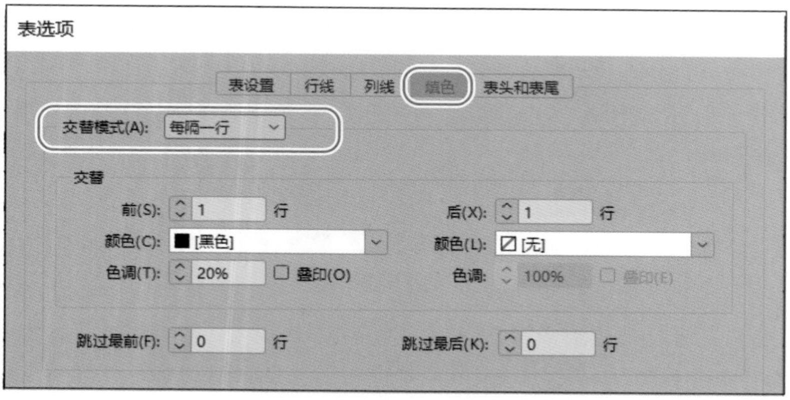

图11.17

4. 单击“确定”按钮，每隔一行显示灰色背景，如图 11.18 所示。

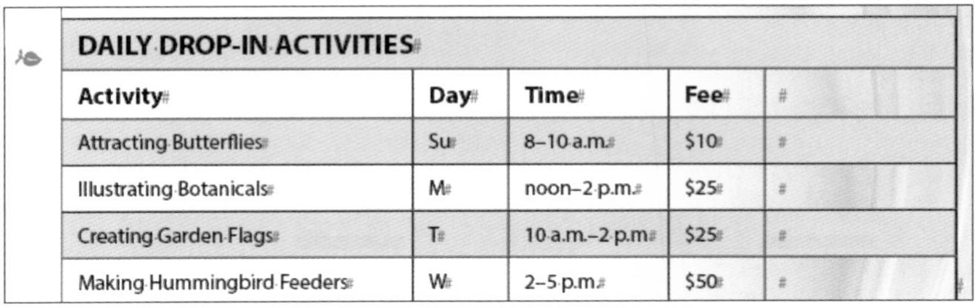

DAILY DROP-IN ACTIVITIES				
Activity	Day	Time	Fee	
Attracting Butterflies	Su	8–10 a.m.	$10	
Illustrating Botanicals	M	noon–2 p.m.	$25	
Creating Garden Flags	T	10 a.m.–2 p.m.	$25	
Making Hummingbird Feeders	W	2–5 p.m.	$50	

图11.18

5. 选择菜单“文件”>“存储”保存文件。

11.5.2 对单元格应用填色

整个表格可以应用填色，而每个单元格也可以应用自己的填色。通过使用文字工具进行拖曳，可选择相连的单元格，以便对它们应用填色。本节将对表头行应用填色，使其中的灰色文本更容易看清楚。

1. 选择文字工具（T.），将鼠标指针指向 DAILY DROP-IN ACTIVITIES 行的左边缘，出现水平箭头（➜）后单击以选择这行。
2. 选择菜单“窗口”>“颜色”>“色板”。
3. 在“色板”面板中，单击“填色”框（ ），选择色板 Purple Cool。

> **提示** 也可使用控制面板中的“填色”框给单元格指定填色。

4. 将“色调”滑块拖曳到 50%，如图 11.19 所示。
5. 选择菜单“编辑”>“全部取消选择”以便能够看清颜色，选择菜单“文件”>“存储”保存文件。

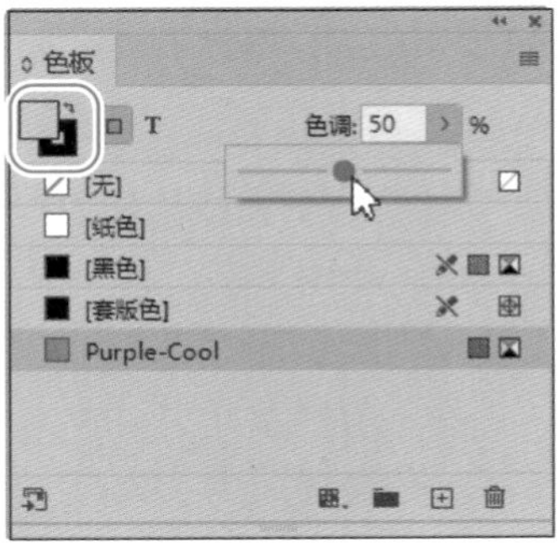

图11.19

11.5.3 编辑单元格描边

单元格描边是各个单元格的边框。您可以删除或修改选择的单元格或整个表格的描边。本节将删除所有水平描边，因为填色的交替模式足以将不同的行区分开来。

1. 选择文字工具（T.），单击表格的任何地方，再选择菜单“表”>“选择”>“表”。
2. 在控制面板的中央找到描边预览（ ）。

其中每条水平线和垂直线都表示行描边、列描边或边框描边，您可通过单击来选择或取消选择这些线条。选择线条后，可设置相应描边的格式。

3. 单击描边预览中的全部 3 条水平线以选择它们。在描边预览中，确保选择了所有水平线，同时没有选择任何垂直线。选择的线条呈蓝色。

4. 在控制面板的“描边”文本框中输入“0”并按 Enter 键。
5. 在描边预览中单击全部 3 条垂直线以选择它们，再取消选择所有的水平线。
6. 在控制面板的“描边”下拉列表中选择 0.5 点，如图 11.20 所示。

将水平线的描边粗细指定为0　　将垂直线的描边粗细指定为0.5点

图11.20

7. 选择菜单“编辑”>“全部取消选择”以查看结果，如图 11.21 所示。

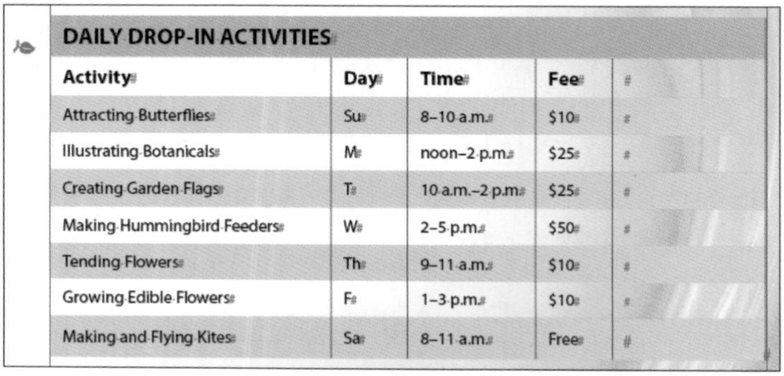

DAILY DROP-IN ACTIVITIES				
Activity	Day	Time	Fee	
Attracting Butterflies	Su	8–10 a.m.	$10	
Illustrating Botanicals	M	noon–2 p.m.	$25	
Creating Garden Flags	T	10 a.m.–2 p.m.	$25	
Making Hummingbird Feeders	W	2–5 p.m.	$50	
Tending Flowers	Th	9–11 a.m.	$10	
Growing Edible Flowers	F	1–3 p.m.	$10	
Making and Flying Kites	Sa	8–11 a.m.	Free	

图11.21

8. 选择菜单“文件”>“存储”保存文档。

11.5.4　添加表格边框

表格边框是指表格周围的描边。与其他描边一样，在此也可定制边框的粗细、样式和颜色。本节将给这个表格添加边框。

1. 使用文字工具（T.）单击表格的任何地方。
2. 选择菜单“表”>“选择”>“表”。
3. 选择菜单“表”>“表选项”>“表设置”，打开“表选项”对话框，单击“表设置”选项卡。
4. 勾选左下角的复选框“预览”。
5. 在“表设置”选项卡的“表外框”部分，从“粗细”下拉列表中选择 0.5 点，如图 11.22 所示。
6. 单击“确定”按钮，选择菜单“编辑”>“全部取消选择”。

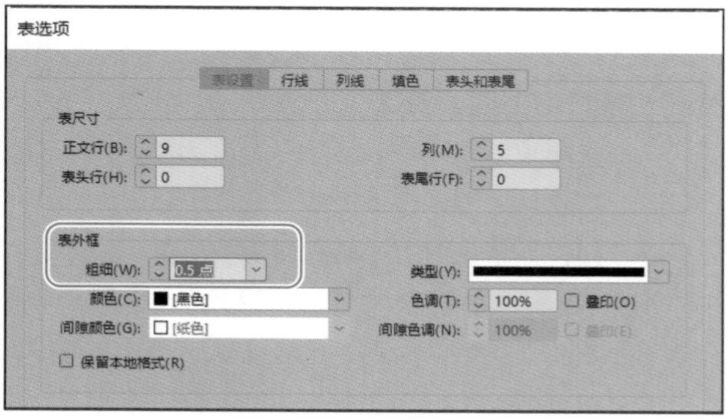

图11.22

7. 选择菜单“视图”>“屏幕模式”>“预览”，以查看格式设置结果。
8. 选择菜单“视图”>“屏幕模式”>“正常”，选择菜单“文件”>“存储”保存文件。

11.6 在单元格中添加图形

在 InDesign 中，可使用表格高效地将文本、照片和插图组合在一起。默认情况下，单元格实际上就是一个小型文本框架。可将文本单元格转换为图形单元格，这样的单元格实际上就是一个大小受表格控制的图形框架。本节将在一些课程描述中添加照片。

> **提示** 除将单元格转换为图形单元格外，还可将对象和图像定位到单元格内的文本中。

11.6.1 将单元格转换为图形单元格

本节将使用“表”菜单和“表”面板将一个选择的单元格转换为图形单元格，然后您将看到，通过置入图像可自动地将单元格转换为图形单元格。

1. 使用文字工具（ T. ）单击第 1 个表体行（包含 Attracting Butterflies 的行）中最右边的单元格。
2. 选择菜单“表”>“选择”>“单元格”，以选择该单元格。
3. 选择这个单元格后，选择菜单“表”>“将单元格转换为图形单元格”，结果如图 11.23 所示。

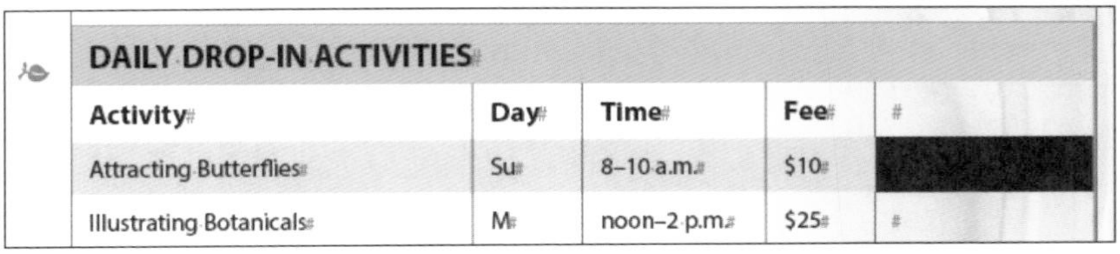

图11.23

> **提示** 只需在文本单元格中置入图像，就可将其转换为图形单元格。但如果您是要创建模板，指出要将图像放置在什么地方，就可采取上面介绍的方法将单元格转换为图形单元格。

4. 选择转换后的单元格，选择菜单“表”>“单元格选项”>“图形”，以查看用于指定图形在单元格中位置的选项，如图 11.24 所示。

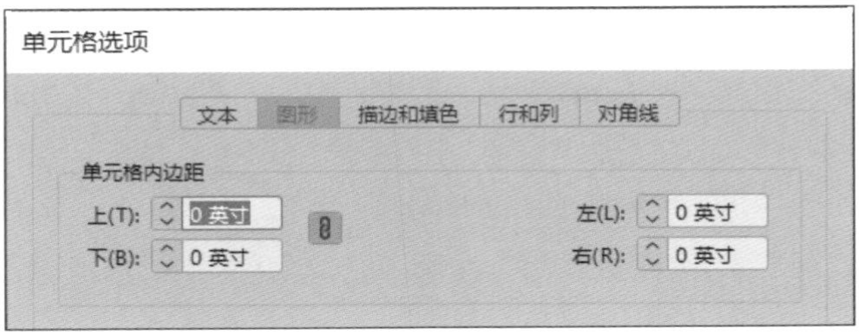

图11.24

5. 在“单元格选项”对话框中查看“图形”选项卡中的选项后，单击“取消”按钮。
6. 在第 3 个表体行（包含 Creating Garden Flags 的行）最右边的单元

格中单击并向右拖曳，以选择这个单元格。

7. 如果有必要，选择菜单“窗口”>“文字和表”>“表”，打开“表”面板。
8. 从“表”面板菜单中选择“将单元格转换为图形单元格”，如图 11.25 所示。

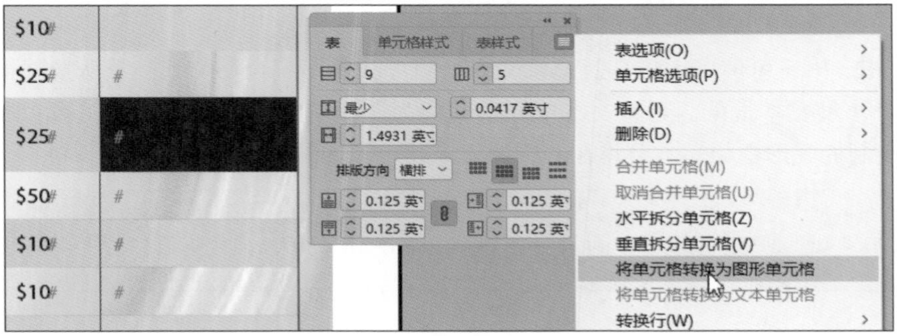

图11.25

> **提示** 要设置单元格的格式或修改单元格的类型，必须先选择单元格。要使用文字工具选择图形单元格，可在其中单击并拖曳。

11.6.2 在图形单元格中置入图像

下面先在这两个被转换为图形单元格的单元格中置入图像；再在两个文本单元格中置入图像，自动将它们转换为图形单元格。

1. 使用选择工具（▶）在 Attracting Butterflies 行的图形单元格中单击。
2. 选择菜单“文件”>“置入”，在“置入”对话框中勾选左下角的复选框“替换所选项目”。

> **注意** 如果有必要，在“置入”对话框中取消勾选复选框“显示导入选项”。

3. 切换到文件夹 Lesson11，选择文件 Butterfly.jpg，单击“打开”按钮。
4. 为了让单元格适合图像，选择菜单“对象”>“适合”>“使框架适合内容”，结果如图 11.26 所示。

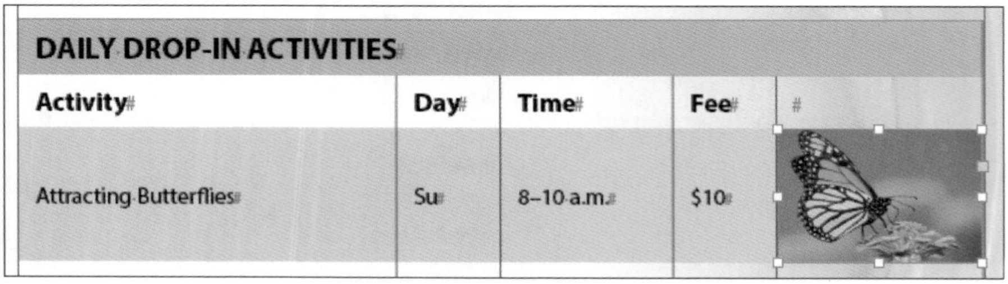

图11.26

提示 要调整图像的大小及其在单元格中的位置，可使用控制面板或“属性”面板中诸如“按比例适合内容”等选项。

5. 在 Creating Garden Flags 行的图形单元格中单击。
6. 选择菜单“文件”>“置入”，在“置入”对话框中选择文件夹 Lesson11 中的文件 GardenFlag.jpg，单击“打开”按钮。
7. 为了让单元格适合图像，可使用菜单项“使框架适合内容”的快捷键，即按 Ctrl + Alt + C（Windows）或 Command + Option + C（macOS）组合键。
8. 选择菜单“文件”>“置入”，在“置入”对话框中选择文件 WateringCan.jpg，按住 Ctrl（Windows）或 Command（macOS）键并单击文件 Kite.jpg，以加载这两个文件。单击“打开”按钮，鼠标指针将变成载入图形图标（）。
9. 在 Making and Flying Kites 行最右边的单元格中单击。
10. 在 Creating Garden Flags 行最右边的单元格中单击。

注意 如果在单元格中置入了错误的图像，可选择菜单“编辑”>“还原”，再重新操作。

11. 使用选择工具单击洒水壶图像，选择菜单“对象”>“适合”>“使框架适合内容”或使用其快捷键让单元格适合图像。使用选择工具单击风筝图像，在控制面板中单击“框架适合内容”按钮（），如图 11.27 所示。
12. 选择菜单“文件”>“存储”保存文件。

图11.27

11.6.3 调整行高

由于前面置入的图像的高度都是 1 英寸，因此下面将所有表体行的高度都设置为 1 英寸。

1. 如果有必要，选择菜单“窗口”>“文字和表”>“表”，打开“表”面板。
2. 选择文字工具（T.），并将鼠标指针指向第 1 个表体行的左边缘。
3. 等出现水平箭头（➜）后，从第 1 个表体行（其第 1 个单元格包含 Attracting Butterflies）拖曳到最后一个表格行（其第 1 个单元格包含 Making and Flying Kites）。
4. 选择所有表体行，在“表”面板中的“行高”下拉列表中选择“精确”，再在右边的“行高”文本框中输入“1 英寸”并按 Enter 键，如图 11.28 所示。
5. 选择菜单“编辑”>“全部取消选择”以查看结果，如图 11.29 所示。
6. 选择菜单“文件”>“存储”保存文件。

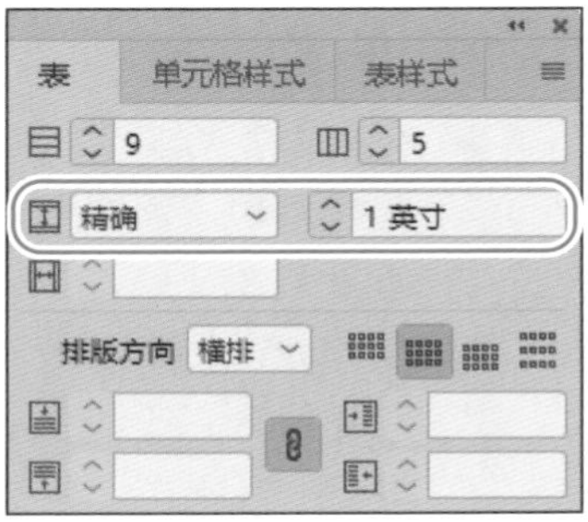

图11.28

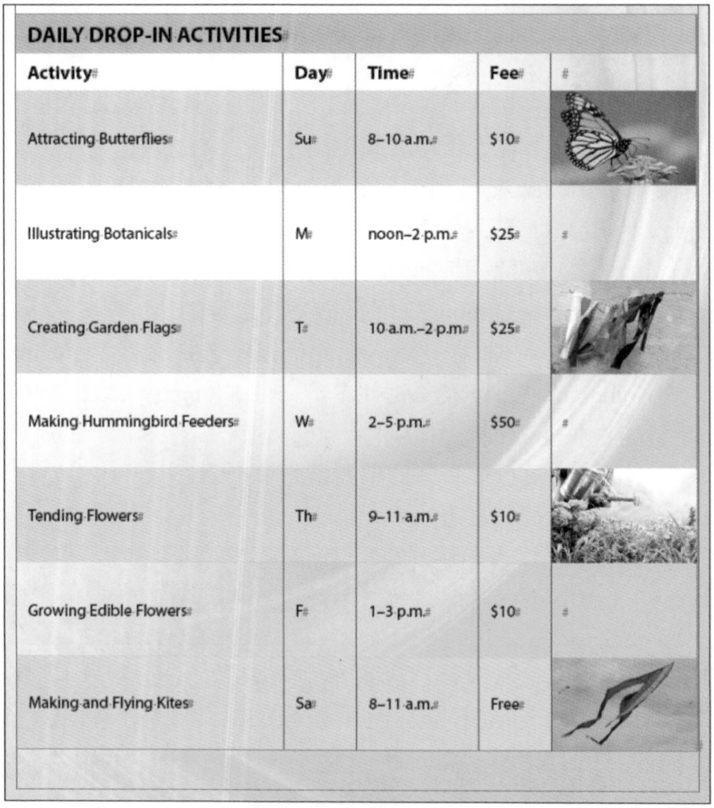

DAILY DROP-IN ACTIVITIES				
Activity	Day	Time	Fee	
Attracting Butterflies	Su	8–10 a.m.	$10	
Illustrating Botanicals	M	noon–2 p.m.	$25	
Creating Garden Flags	T	10 a.m.–2 p.m.	$25	
Making Hummingbird Feeders	W	2–5 p.m.	$50	
Tending Flowers	Th	9–11 a.m.	$10	
Growing Edible Flowers	F	1–3 p.m.	$10	
Making and Flying Kites	Sa	8–11 a.m.	Free	

图11.29

11.6.4 将图形定位到单元格中

通过将图形定位到文本中，可在单元格中同时包含文本和图形。下面置入校外课程表格旁边的叶子图标。

图11.30

1. 选择菜单“视图”>“使页面适合窗口”，让第 1 页显示在文档窗口中央。
2. 使用选择工具（ ）选择表头行旁边的叶子图标，如图 11.30 所示。
3. 选择菜单“编辑”>“剪切”。
4. 选择文字工具（ T. ），或在表格中双击自动切换到文字工具。
5. 在第 2 个表体行中 Illustrating Botanicals 的后面单击，再输入一个空格。
6. 选择菜单“编辑”>“粘贴”，结果如图 11.31 所示。
7. 在 Making and Flying Kites 后面单击并输入一个空格，选择菜单“编辑”>“粘贴”。
8. 选择菜单“文件”>“存储”保存文件。

图11.31

11.7 创建表头行

在 InDesign 中编辑表格时，通常会对表格名称和列标题应用格式，使其在表格中更突出。为此，可选择包含表头信息的单元格并设置其格式。如果表格横跨多页，可能需要重复表头信息。在 InDesign 中，可以指定表格延续到下一栏、下一个框架或下一页时需要重复的表头行和表尾行。下面设置表格前两行（表格名称和列标题）的格式，并将它们指定为要重复的表头行。

> **提示** 编辑表头行的文本时，其他表头行的文本将自动更新。您只能编辑源表头行的文本，因为其他表头行被锁定了。

1. 选择文字工具（ T. ），将鼠标指针指向第一行的左边缘，直到鼠标指针变成水平箭头（ ➜ ）。
2. 单击以选择第一行，拖曳鼠标以选择前两行，如图 11.32 所示。

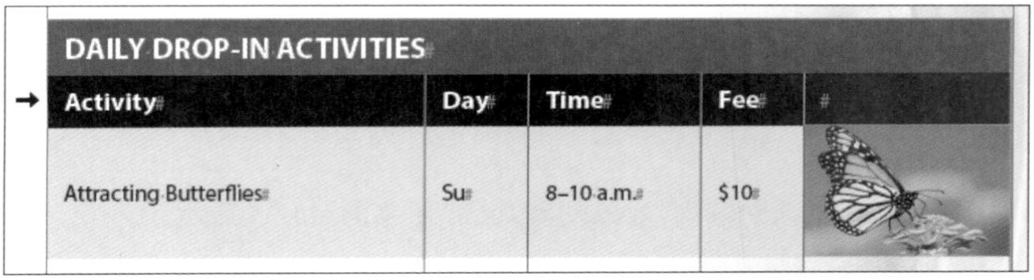

图11.32

3. 选择菜单“表” > “转换行” > “到表头”。
4. 使用文字工具单击表格的最后一行。
5. 选择菜单“表” > “插入” > “行”。
6. 在“插入行”对话框中，在“行数”文本框中输入“4”，选择单选按钮“下”，单击“确定”按钮。
7. 选择菜单“版面” > “下一页”以查看第 2 页。注意，表格延续到第 2 页时，重复了表头行，如图 11.33 所示。

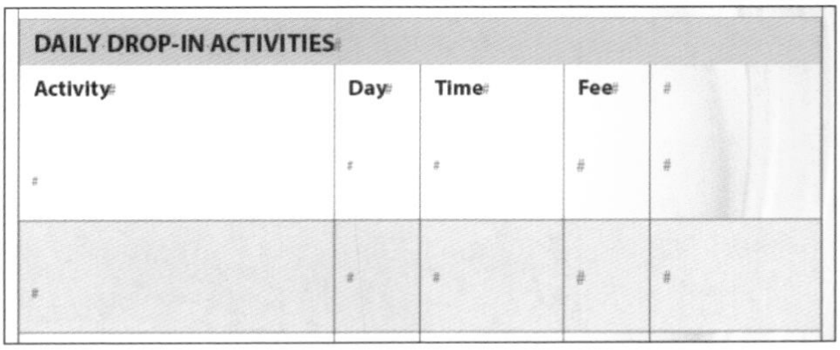

图11.33

> **注意** 您可使用这些空行来练习在单元格中输入文本。别忘了，使用文字工具时，按 Tab 键可跳到下一个单元格，按 Shift + Tab 组合键可跳到前一个单元格。

8. 选择菜单“版面” > “上一页”返回第 1 页，选择菜单“文件” > “存储”保存文件。

11.8 创建并应用表样式和单元格样式

为快速而一致地设置表格的格式，可创建表样式和单元格样式。表样式应用于整个表格，而单元格样式应用于选择的单元格、行和列。下面创建一个表样式和一个单元格样式，以便将这种格式迅速应用于其他表格。

11.8.1 创建表样式和单元格样式

本节将创建一种表样式（用于设置表格的格式）和一种单元格样式（用于设置表头行的格式）。这里将基于表格使用的格式创建样式，而不是指定样式的格式。

1. 使用文字工具（T.）单击第 1 页表格的任何地方。
2. 选择菜单“窗口”>“样式”>“表样式”，从“表样式”面板菜单中选择“新建表样式”，如图 11.34 所示。

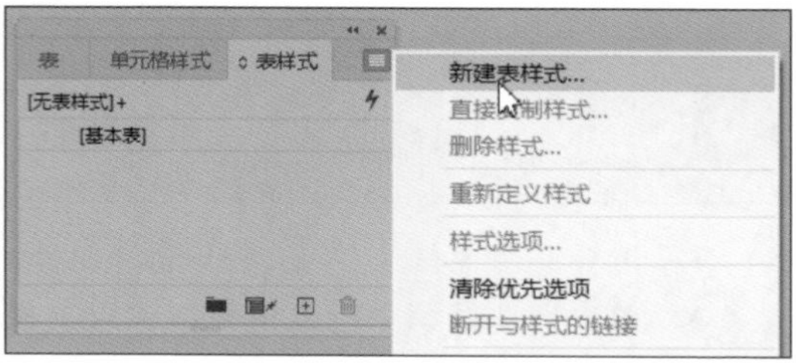

图11.34

> **提示** 默认情况下，“表”面板、“表样式”面板和“单元格样式”面板位于一个面板组中。

3. 在“样式名称”文本框中输入“Activity Table”，如图 11.35 所示。

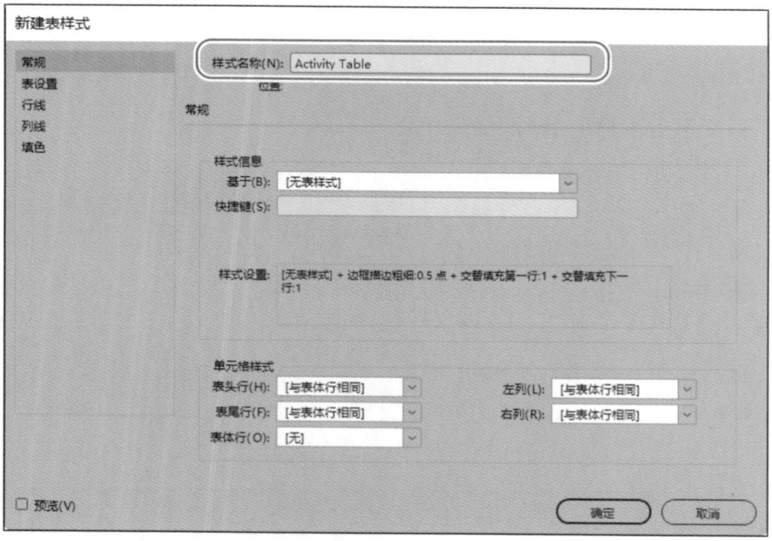

图11.35

4. 单击“确定”按钮，新建的样式将出现在“表样式”面板中。
5. 使用文字工具在表格第一行（其中包含 DAILY DROP-IN ACTIVITIES）中单击。
6. 选择菜单“窗口”>“样式”>“单元格样式”，单击“单元格样式”面板底部的“创建新样式”按钮（⊞），如图 11.36 所示。
7. 双击新建的样式“单元格样式 1”，打开“单元格样式选项”对话框。在“样式名称”文本框中输入“Table Header”。

下面修改单元格样式 Table Header 的段落样式。

8. 从“段落样式”下拉列表中选择 Table Head，如图 11.37 所示，这是已应用于表头行文本的段落样式。

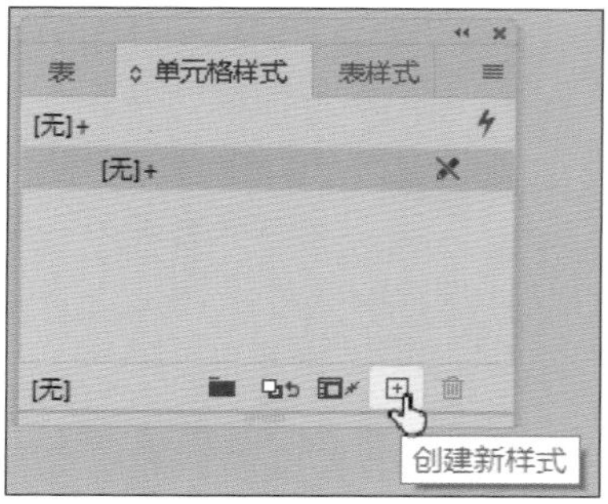

图11.36

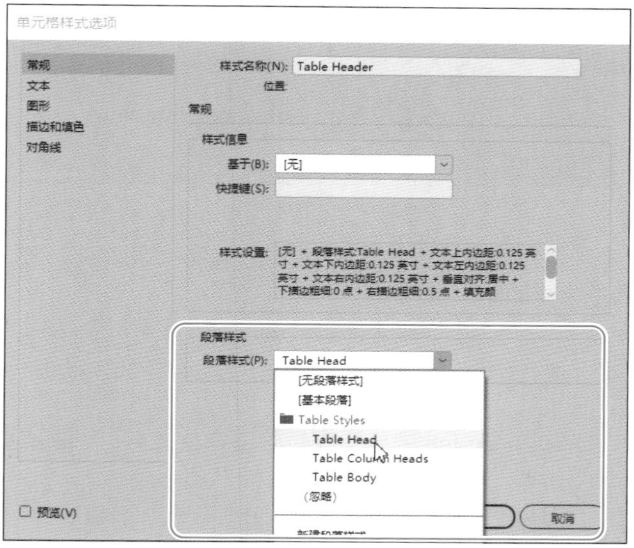

图11.37

9. 单击“确定”按钮。

10. 选择菜单“文件”>“存储”保存文件。

11.8.2 应用表样式和单元格样式

下面将这些样式应用于表格。这样以后要对表格的格式进行全面修改时，只需编辑表样式或单元格样式就可以了。

> **提示** 为自动设置格式，可在表样式中给表头行指定段落样式。

1. 使用文字工具（ T. ）在表格内的任何地方单击。
2. 在“表样式”面板中单击样式 Activity Table。
3. 使用文字工具在第一个表头行中单击，再选择菜单“表”>“选择”>“行”以选择这行。
4. 在“单元格样式”面板中单击样式 Table Header，如图 11.38 所示。为了查看差别，可在“单元格样式”面板中先单击“[无]”，再单击 Table Header。

下面预览这张传单。要完成这张传单，可在第 2 页的空单元格中输入数据，并在必要时添加更多的行。

5. 选择菜单“编辑”>“全部取消选择”，再选择菜单“视图”>“使页面适合窗口”。

6. 单击工具面板底部的“屏幕模式”按钮（ ）并选择“预览”，如图 11.39 所示。按 Tab 键隐藏所有的面板。

图11.38

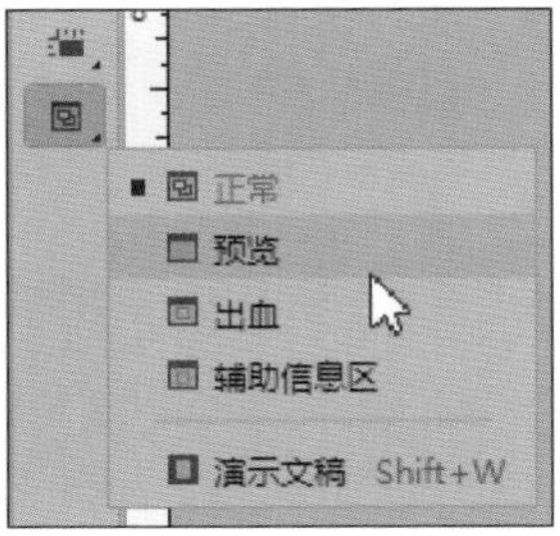

图11.39

7. 选择菜单“文件”>“存储”保存文件。

祝贺您学完了本课!

11.9 练习

掌握在 InDesign 中处理表格的基本技能后，下面来尝试创建一个独立的表格。

1. 切换到第 2 页。
2. 选择菜单“表”>“创建表”，在“创建表”对话框中输入所需的行数和列数。如果您愿意，也可从“表样式”下拉列表中选择一种样式，单击“确定”按钮，如图 11.40 所示。鼠标指针将变成表格创建图标（ ）。

> **提示** 鼠标指针变成表格创建图标后，如果在栏参考线之间单击，创建的表格将与当前分栏同宽。

3. 在页面中单击并拖曳，松开鼠标后，InDesign 将创建一个表格，其尺寸与您绘制的矩形相同，如图 11.41 所示。

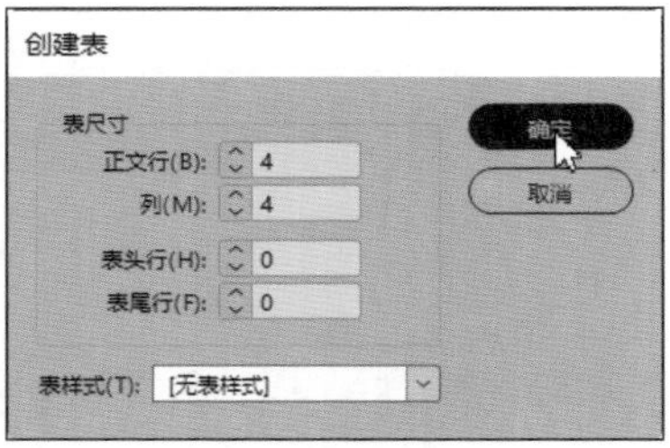

图11.40

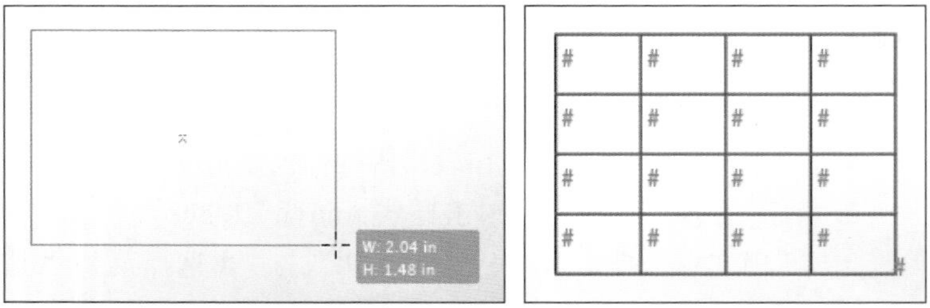

图11.41

4. 使用选择工具（ ）在第 1 个单元格中单击，输入内容；若要切换到其他单元格，可按箭头键。
5. 要将表格转换为文本，可选择菜单“表”>“将表转换为文本”。您可以使用制表符来分隔同一行中不同列的内容，使用换行符来分隔不同行的内容，也可以修改这些设置。

11.10 复习题

1. 比起输入文本并使用制表符将各列分开，使用表格有何优点？
2. 在表格横跨多页时，如何让表格标题和列标题重复？
3. 处理表格时最常用的是哪种工具？

11.11 复习题答案

1. 表格提供了更大的灵活性，格式化起来更容易。在表格中，文本可在单元格中自动换行，因此无须添加额外的行，单元格就能容纳很多文本。另外，可给选择的单元格、行或列指定样式（包括字符样式和段落样式），因为每个单元格都是一个独立的文本框架。
2. 先选择要重复的标题行，再选择菜单“表”>“转换行”>“到表头”。如要重复表尾行，可选择菜单“表”>“转换行”>“到表尾”。
3. 要对表格做任何处理，都必须使用文字工具。虽然可以使用其他工具来处理单元格中的图形，但要处理表格本身，如选择行或列、插入文本或图形、调整表格的尺寸等，都必须使用文字工具。

第12课 处理不透明度

在本课中，您将学习以下内容：

- 给置入的灰度图像着色；
- 修改在 InDesign 中绘制的对象的不透明度；
- 给置入图形指定不透明度设置；
- 给文本指定不透明度设置；
- 设置重叠对象的混合模式；
- 给对象应用羽化效果；
- 给文本添加投影效果；
- 将多种效果应用于对象；
- 在对象之间复制效果；
- 将效果应用于 Photoshop 文件的特定图层；
- 编辑和删除效果。

学习本课大约需要 75 分钟。

InDesign 提供了一系列的不透明度功能，以满足用户的想象力和创造力，包括控制不透明度、特殊效果和颜色混合。用户还可置入带不透明度设置的文件并对其应用其他不透明度效果。

12.1 概述

本课的项目是一家虚构餐厅 edible blossoms Bistro & Bar 的菜单。您将使用一系列图层来应用不透明度效果，创建出视觉效果丰富的设计。

1. 为确保您的 InDesign 首选项和默认设置与本课使用的一样，请将文件 InDesign Defaults 移到其他文件夹，详情请参阅“前言”中的“保存和恢复文件 InDesign Defaults”。
2. 启动 InDesign。在“主页”屏幕中，单击“打开”按钮或选择“文件”>“打开”，打开硬盘文件夹 InDesignCIB\Lessons\Lesson12 中的文件 12_Start.indd。
3. 选择“文件”>“存储为”，将文件重命名为 12_Menu.indd，并存储到文件夹 Lesson12 中。

由于所有包含对象的图层都被隐藏，因此该菜单呈现为一个空页面。您将在需要时显示各个图层，以便能够将注意力集中在特定对象及本课要完成的任务上。

4. 为确保面板和菜单命令与本课使用的相同，请选择菜单“窗口”>“工作区”>“[高级]”，再选择菜单“窗口”>“工作区”>“重置‘高级’”。
5. 如果想查看最终的文档，可打开文件夹 Lesson12 中的文件 12_End.indd，如图 12.1 所示。

图12.1

6. 查看完毕后，可关闭文件 12_End.indd，也可让它保持打开状态，以供工作时参考。要返回到课程文档，可选择菜单“窗口”>“12_Menu.indd”，也可单击文档窗口左上角的标签 12_Menu.indd。

12.2 置入灰度图像并给它着色

通过应用不透明度效果，可创建半透明对象，让您能够透过它看到后面的对象。本节将首先处理菜单的 Background 图层，该图层用作带纹理的菜单背景，将透过它上面的带不透明度设置的对象显示出来。

图层 Background 位于图层栈的最下面，后面没有可通过应用不透明效果显示出来的对象，因此这里不对该图层中的对象应用不透明效果。但这个图层中的对象将与它上面的对象交互。

> **注意** 在本课的很多步骤中，使用的都是控制面板中的选项。如果您愿意，也可使用“属性”面板中相应的选项。在“[高级]”工作区中，默认没有显示这个面板。要打开它，可选择菜单“窗口”>“属性”。为节省屏幕空间，请将其停放到面板停放区，为此可将其标签拖曳到面板停放区底部，这样您就可根据需要打开或关闭它。

1. 选择菜单“窗口”>“图层”打开“图层”面板，也可单击面板停放区中的“图层”面板图标（ ）。
2. 如果有必要，在“图层”面板中向下滚动，找到并选择位于最下面的图层 Background，您将把置入的图像放到该图层中。
3. 确保该图层可见（有眼睛图标 ）且没有被锁定（没有图层锁定图标 ），如图 12.2 所示。图层名右边的钢笔图标（ ）表明置入的对象和新建的框架将放在该图层中。
4. 选择菜单“视图”>“网格和参考线”>“显示参考线”，您将使用页面中的参考线来对齐置入的背景图像。
5. 选择菜单“文件”>“置入”，打开文件夹 Lesson12 中的文件 12_Background.tif，这是一个灰度 TIFF 图像。

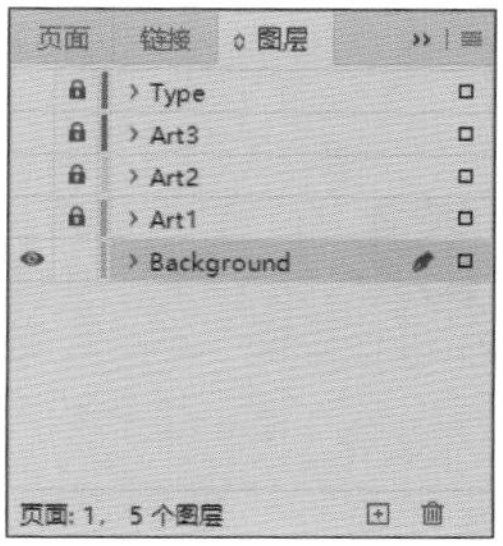

图12.2

> **提示** TIFF 指的是标签图像文件格式（Tag Image File Format），这是一种常见的位图图形格式，常用于印刷出版。

6. 鼠标指针将变成光栅图形图标（ ），将其指向页面左上角的外面，并单击红色出血参考线的交点。这样置入的图像将占据整个页面，包括页边距和出血区域。让图形框架处于选中状态，如图 12.3 所示。
7. 选择菜单“窗口”>“颜色”>“色板”或单击面板停放区中的“色板”面板图标（ ）。下面使用存储在“色板”面板中的颜色给这幅图像及其所在的图形框架着色。
8. 在“色板”面板中，选择“填色”框（ ）。向下滚动色板列表，找到色板 Green-Bright-Medium 并选择它。单击“色调”框右边的箭头，并将滑块拖曳到 80% 处。

图12.3

> **提示** InDesign 提供了很多应用颜色的方式，可双击工具面板底部的“填色”框来选择填色，还可在控制面板或“属性”面板中从“填色”下拉列表中选择填色。

图形框架的白色背景变成了 80% 的绿色，但灰色区域没有变化，如图 12.4 所示。

9. 使用选择工具（ ）双击图像以选择图形而不是框架，您也可先将鼠标指针指向框架内，再单击内容抓取工具（ ）。在“色板”面板中选择 Green-Medium 替换图像中的灰色，但框架的填色不会变。将图像颜色的色调设置为 73%，结果如图 12.5 所示。

给框架应用填色和色调后

图12.4

给内容（图像）应用填色和色调后

图12.5

> **提示** 也可使用直接选择工具来选择图形，方法是将鼠标指针指向框架内，等鼠标指针变成手形后再单击。

在 InDesign 中，可将颜色应用于下述格式的灰度和位图图像：PSD、TIFF、BMP 和 JPEG。如果先选择了图形框架中的图形再应用填色，填色将应用于图像的灰色部分，而不是框架的背景。

10. 在“图层”面板中单击图层名 Background 左边的空框将该图层锁定，如图 12.6 所示。让图层 Background 可见，以便能够看到在其他图层中置入透明度对象的结果。

11. 选择菜单“文件”>“存储”保存所做的工作。

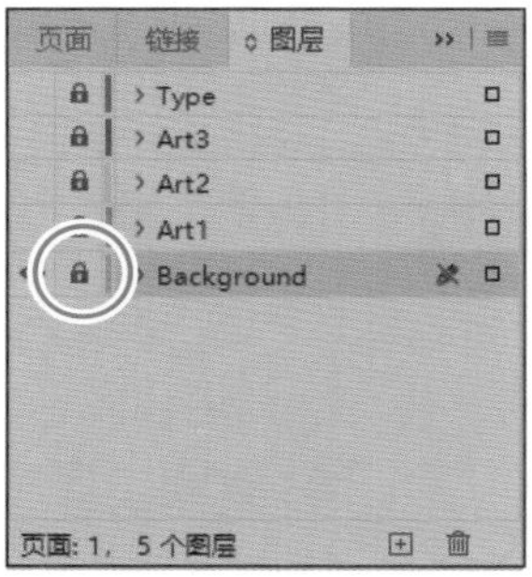

图12.6

本节您学习了给灰度图像快速着色的方法。虽然这种方法在有些情况下很有效，但对于设计最终的作品而言，Photoshop 的颜色控制功能可能更有效。

12.3 设置不透明度

InDesign 有大量不透明度选项，通过将其应用于对象，可显示后面的对象，以及改变当前对象与后面的对象的交互方式。另外，还有其他的不透明度功能，如投影和其他效果，它们提供了大量的选项，让您能够创建特殊视觉效果，本课后面将介绍这些功能。

> **提示** 通过指定混合模式，可改变重叠对象的颜色混合方式。

在本节中，您将对菜单中不同图层的几个对象使用各种不透明度选项。

12.3.1 “效果”面板简介

使用“效果”面板（可选择菜单“窗口”>“效果”打开它）可指定对象或对象组的不透明度

和混合模式、应用不透明度效果、对特定组执行分离混合，以及挖空组中的对象，如图 12.7 所示。

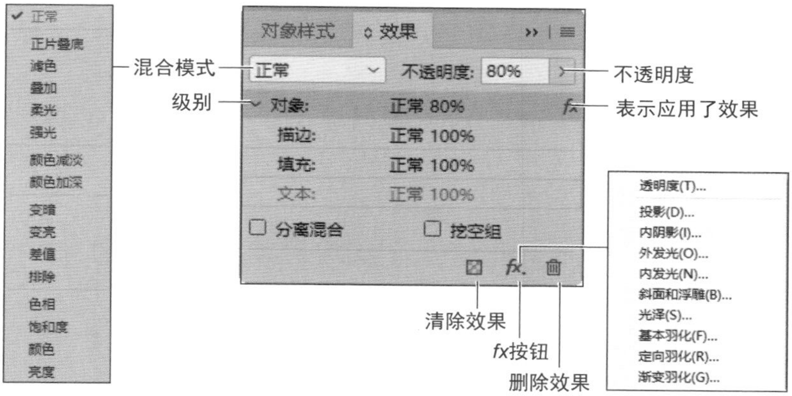

图12.7

Id 提示 在“[高级]”工作区中，“效果”面板也包含在停放区域中。

“效果”面板选项介绍

- 混合模式：指定如何混合重叠对象的颜色。
- 不透明度：决定了对象、描边、填色或文本的不透明度，取值为100%（完全不透明）到0%（完全透明）。降低对象的不透明度时，对象将变得更透明，因此它下面的对象将更清晰。
- 级别：指出选择的页面元素（对象、描边、填色或文本）的不透明度设置，以及是否应用了不透明度效果。例如，对象的描边的不透明度可能为20%，且对其应用了一种效果，而填色没有不透明度设置。单击字样“对象”（“组”或“图形”）左侧的三角形按钮可隐藏或显示这些级别设置。为某级别应用不透明度设置后，该级别将显示*fx*图标，双击该*fx*图标可编辑这些设置。
- 清除效果：清除对象（描边、填色或文本）的效果，将“混合模式”设置为“正常”，并将选择的整个对象的“不透明度”更改为100%。
- *fx*按钮：打开透明度效果列表。
- 删除效果：删除应用于对象的效果，但不删除混合模式和不透明度。
- 分离混合：勾选此复选框，可将混合模式应用于选择的对象组。
- 挖空组：勾选此复选框，可使组中各个对象的不透明度和混合属性挖空或遮蔽组中的底层对象，但应用于对象组的效果依然会与组外的对象交互。

12.3.2 修改纯色对象的不透明度

处理好背景图形后，便可给它上面的图层中的对象应用不透明度效果了。首先处理一系列使用 InDesign 绘制的简单形状。

1. 在“图层”面板中，选择图层“Art1”使其成为活动图层，再单击图层名左边的锁图标（🔒）解除对该图层的锁定。单击图层“Art1”最左边的方框以显示眼睛图标（👁），这表明该图层是可见的，如图 12.8 所示。

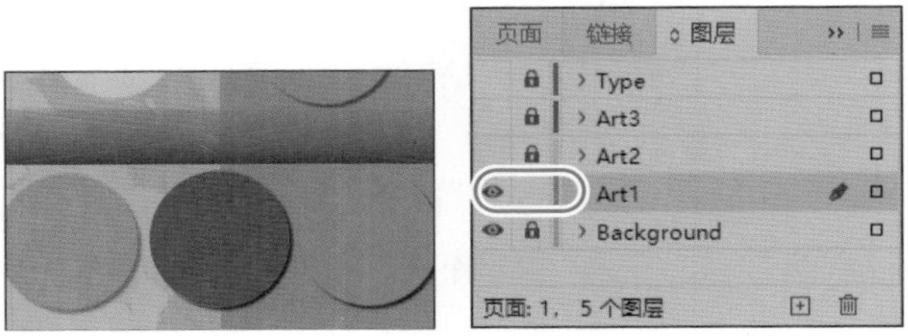

图12.8

2. 使用选择工具（▶）单击页面中央使用颜色 Red-Dark 填充的圆，这是一个在 InDesign 中绘制的使用 100% Red-Dark 填充的椭圆形框架。

> **注意** 本课提到形状时，均使用填充它的颜色色板作为名称。如果“色板”面板没有打开，可选择菜单“窗口”>“颜色”>“色板”打开它。

3. 选择菜单“窗口”>“效果”，打开“效果”面板，也可在文档窗口右边的面板停放区中单击“效果”面板图标（fx）。
4. 在“效果”面板中，单击“不透明度”下拉列表右边的箭头，打开不透明度滑块。将该滑块拖曳到 70%，如图 12.9 所示。也可在“不透明度”文本框中输入“70%”并按 Enter 键。

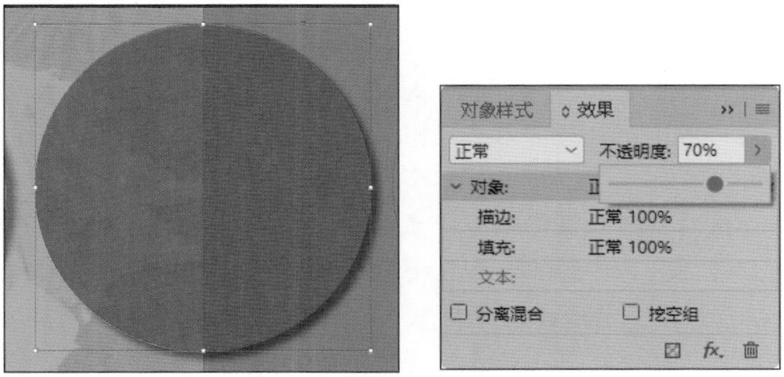

图12.9

调整圆 Red-Dark 的不透明度后，它将变成半透明的，最终的颜色是由圆的填充色 Red-Dark 和它下面覆盖页面右半部分的矩形，以及背景图像混合而成的。

5. 选择页面左上角使用 Green-Brightest 填充的半圆，在“效果”面板中将“不透明度”设置为 50%。由于这个半圆是半透明的，因此在背景的影响下，其颜色发生了细微的变化，如图 12.10 所示。

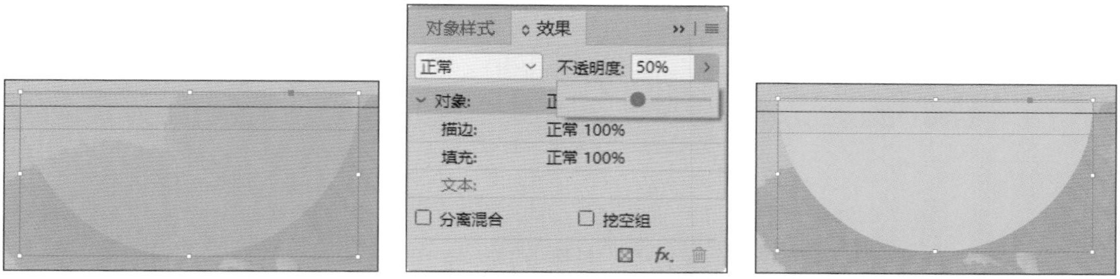

将“不透明度”设置为50%之前　　将“不透明度”设置为50%之后

图12.10

6. 选择左下角使用颜色 Green-Medium 填充的圆，将“不透明度”设置为 60%。
7. 选择菜单“文件”>“存储”保存所做的工作。

12.3.3 指定混合模式

修改不透明度后，将得到当前对象颜色及其下面的对象颜色组合而成的颜色。混合模式用于指定不同图层中对象的交互方式。

在本节中，您将给页面中的对象指定混合模式。

1. 使用选择工具（▶）选择页面中央使用 Red-Dark 填充的圆。
2. 在“效果”面板中，从“混合模式”下拉列表中选择“叠加”，并注意颜色有何变化，如图 12.11 所示。

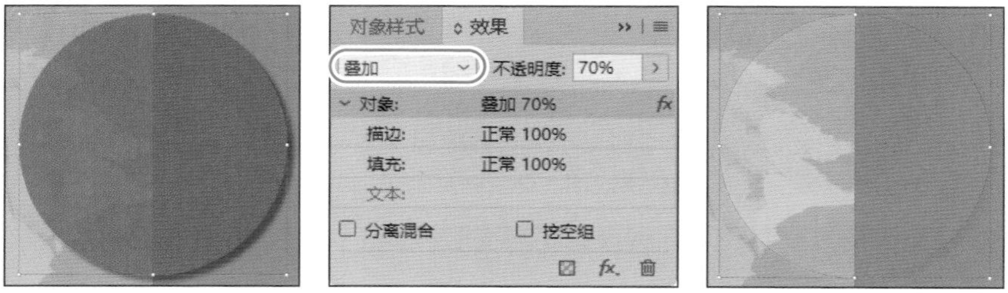

“不透明度”为70%，“混合模式”为“正常”　　“不透明度”为70%，“混合模式”为“叠加”

图12.11

3. 选择页面左上角使用 Green-Brightest 填充的半圆（前面将其“不透明度”设置成了 50% 的那个半圆），在“效果”面板中，从“混合模式”下拉列表中选择“正片叠底”，如图 12.12 所示。
4. 选择菜单“文件”>“存储”保存文件。

有关各种混合模式的更详细信息，请参阅 InDesign 帮助文档中的“指定颜色混合方式”。

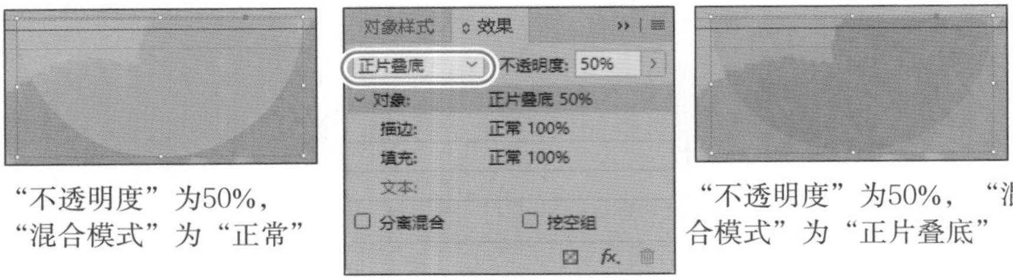

"不透明度"为50%，"混合模式"为"正常"

"不透明度"为50%，"混合模式"为"正片叠底"

图12.12

12.4 对置入的矢量和位图图形应用不透明度效果

本课前面给在 InDesign 中绘制的对象指定了各种不透明度设置，对于使用其他程序（如 Illustrator 和 Photoshop）创建并被置入的图形，也可设置其不透明度和混合模式。

12.4.1 设置矢量图形的不透明度

1. 在"图层"面板中，解除对图层 Art2 的锁定并使其可见。
2. 在工具面板中，确保选择了选择工具（▶）。在页面左边选择包含绿色螺旋图像的图形框架，方法是在这个框架内单击。这个图形框架位于使用颜色 Green-Medium 填充的圆的前面。
3. 在选择了绿色螺旋框架的情况下，按住 Shift 键并单击以选择页面右边包含黑色螺旋的框架。这个框架位于使用颜色 Purple-Cool 填充的圆的前面。现在，两个包含螺旋的图形框架都被选中了。
4. 在"效果"面板中，从"混合模式"下拉列表中选择"颜色减淡"，并将"不透明度"设置为 30%，结果如图 12.13 所示。

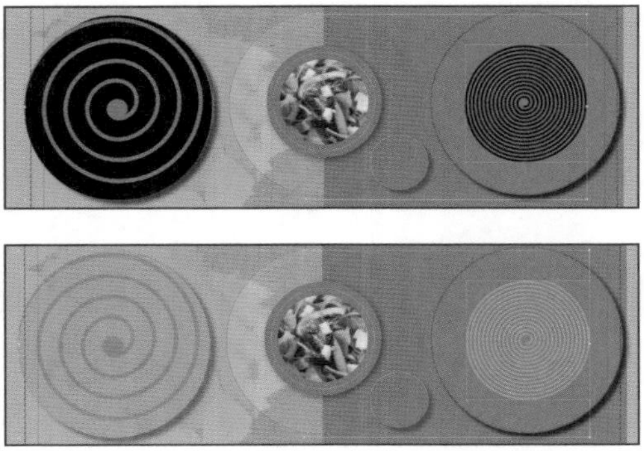

设置混合模式和不透明度前，先选择框架

设置混合模式和不透明度后

图12.13

> **注意** 使用"高品质显示"时，效果将更明显，但这可能会降低计算机显示图形的速度。要让整个文档都使用"高品质显示"，可选择菜单"视图">"显示性能">"高品质显示"；要让特定的对象使用"高品质显示"，可选择菜单"对象">"显示性能">"高品质显示"。

下面设置描边（而不是整个对象）的混合模式。

1. 使用选择工具（▶）选择页面中央包含沙拉图像的圆形图形框架。
2. 在“效果”面板中单击“对象”下方的“描边”，这样对不透明度或混合模式所做的修改将应用于选择的对象的描边。

级别可以是整个对象，也可以是对象的一部分（如描边、填色或文本），它指出了相应部分的不透明度设置和混合模式，以及是否应用了透明度效果。这意味着可对同一个对象的描边、填色和文本应用不同的不透明度设置。

> **提示** 在“效果”面板中，要隐藏或显示这些级别设置，可单击“对象”（“组”或“图形”）左边的三角形按钮。

3. 从“混合模式”下拉列表中选择“强光”，可以看到位于不同背景上的描边完全不同，如图 12.14 所示。请比较这个圆的描边的左半部分和右半部分，同时将它们与描边内部的区域（框架的内容）进行比较。每个区域与它后面的内容交互，且不同的混合模式生成的交互结果不同。

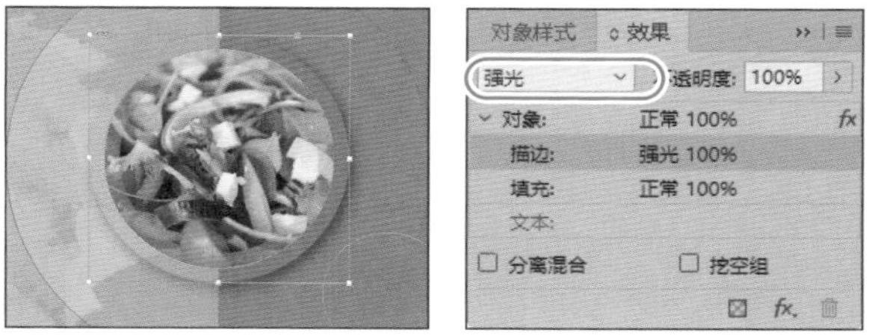

图12.14

4. 选择菜单“编辑”>“全部取消选择”，选择菜单“文件”>“存储”保存所做的工作。

12.4.2 设置位图图形的不透明度

下面设置置入的位图图形的不透明度。虽然这里使用的是单色图像，但在 InDesign 中也可设置彩色照片的不透明度，方法与设置其他 InDesign 对象的不透明度相同。

1. 在“图层”面板中选择图层 Art3，解除对该图层的锁定并使其可见。可锁定图层 Art1 和 Art2 以便处理起来更容易。
2. 使用选择工具（▶）选择页面中央包含黑色星爆式图像的图形框架。由于它位于图层 Art3 中，因此框架边缘为蓝色（图层 Art3 的颜色）。
3. 在“效果”面板中，在“不透明度”文本框中输入“70%”并按 Enter 键，结果如图 12.15 所示。

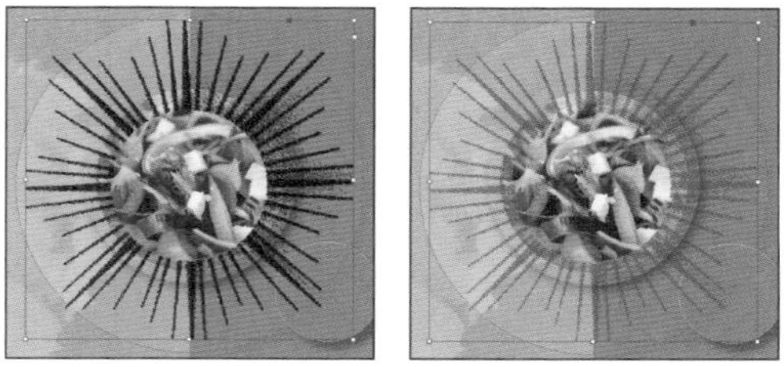
图12.15

4. 双击黑色星爆式图像以选择其内容而非框架，也可单击内容抓取工具来选择内容。当选择了内容而非框架时，定界框将指出内容的大小，且定界框的颜色与图层颜色互补。
5. 在“色板”面板中，单击“填色”框（），选择色板 Red-Bright，用红色替换图像中的黑色。
6. 在“效果”面板中，从“混合模式”下拉列表中选择“滤色”，保留“不透明度”为

100%。星爆式图像将根据其下面可见的图层改变颜色，如图 12.16 所示。

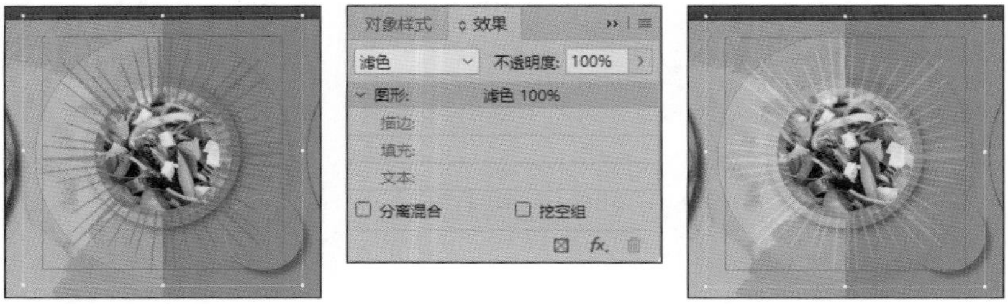

选择内容并设置填色后　　对内容应用效果后

图12.16

7. 选择菜单“编辑”>“全部取消选择”，再选择菜单“文件”>“存储”保存所做的工作。

12.5 置入并调整使用了不透明度设置的 Illustrator 文件

用户将 Adobe Illustrator（.ai）文件置入 InDesign 文档时，InDesign 能够识别并保留在 Illustrator 中应用的不透明度设置。在 InDesign 中，用户可调整其不透明度设置、添加混合模式和应用其他不透明度效果。

下面置入一幅玻璃杯矢量图像（在 Illustrator 中设置了该图像的不透明度），并调整其不透明度设置。

1. 如果有必要，选择菜单“视图”>“使页面适合窗口”。
2. 在“图层”面板中，确保图层 Art3 处于活动状态，且图层 Art3、Art2、Art1 和 Background 都可见。
3. 锁定图层 Art2、Art1 和 Background 以防不小心修改它们，如图 12.17 所示。
4. 选择工具面板中的选择工具（▶）。选择菜单“文件”>“置入”，在“置入”对话框中找到文件夹 Lesson12 中的文件 12_Glasses.ai，按住 Shift 键并双击它（也可先选择它，再按住 Shift 键并单击“打开”按钮）。通过按住 Shift 键，无须在“置入”对话框中勾选复选框“显示导入选项”，就可打开“导入选项”对话框。
5. 在“置入 PDF”对话框中，从“裁切到”下拉列表中选择“定界框 (所有图层)”，并确保勾选了复选框“透明背景”，如图 12.18 所示。

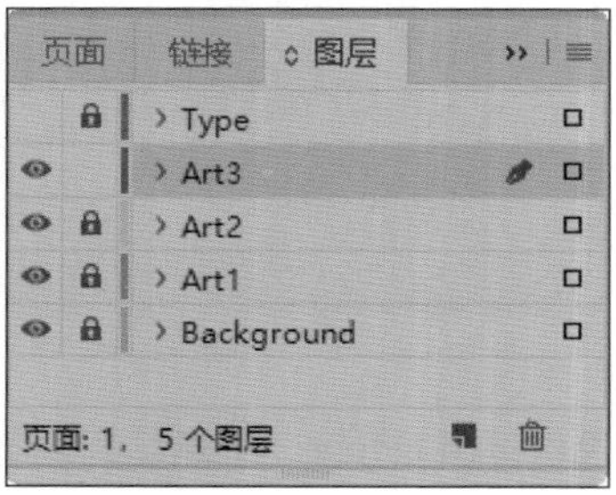

图12.17

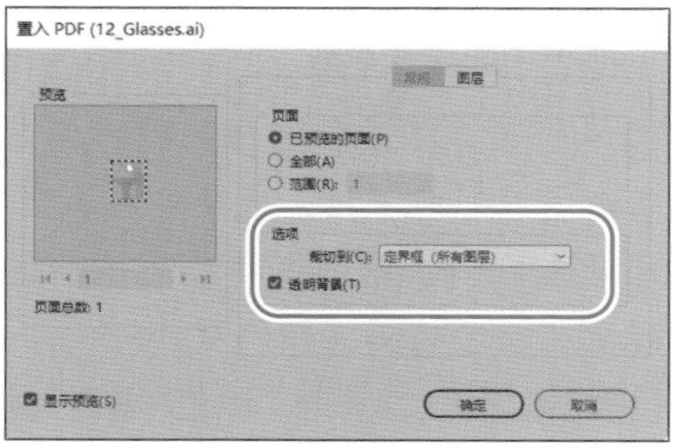

图12.18

6. 单击“确定”按钮关闭对话框，鼠标指针将变成载入矢量图形图标（ ），其中包含被置入的文件的预览。

7. 将鼠标指针指向页面右边用 Purple-Cool 填充的圆，再单击以实际尺寸置入图像。如果有必要，拖曳该图形框架使其大概位于紫色圆的中央（框架居中时会出现智能参考线），如图 12.19 所示。

> **提示** 调整该图像的位置时，可利用智能参考线让它位于紫色圆的正中央。

8. 在“图层”面板中隐藏图层 Art2、Art1 和 Background，使只有图层 Art3 可见，这样能够看清置入的 Illustrator 图像的不透明度（在 InDesign 中没有对其应用效果），如图 12.20 所示。

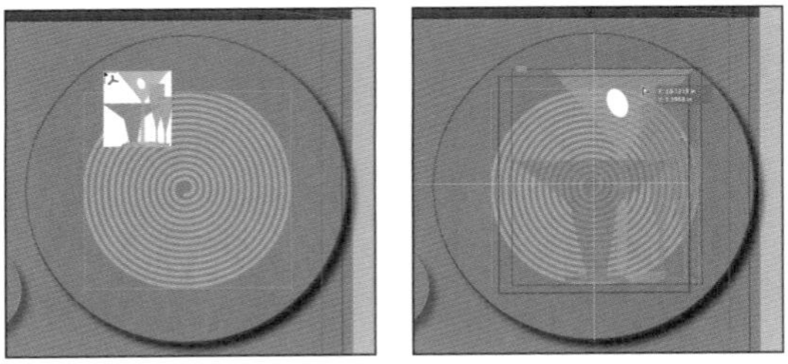

图12.19

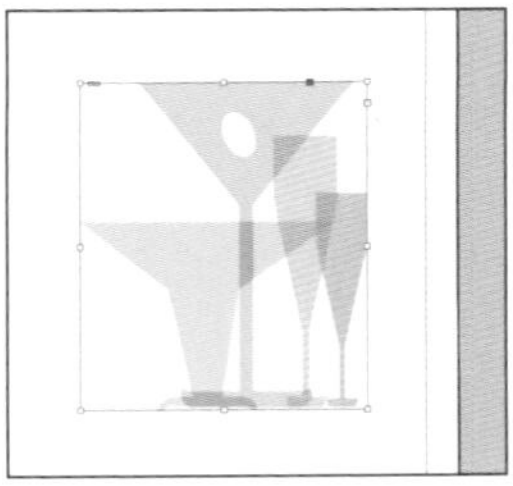

图12.20

> **提示** 要显示图层 Art3 并隐藏其他所有图层，可按住 Alt（Windows）或 Option（macOS）键，并单击图层 Art3 的可视性图标。

9. 在“图层”面板中使图层 Art2、Art1 和 Background 可见。注意白色橄榄形状完全不透明，而其他玻璃杯形状是部分透明的。

10. 选择玻璃杯图像，在“效果”面板中将“不透明度”设置为 60%，将“混合模式”设置为“颜色加深”，注意图像的最终颜色完全不同了，且橄榄形状变成了完全透明的，如图 12.21 所示。

11. 选择菜单“编辑”>“全部取消选择”，再选择菜单“文件”>“存储”保存文件。

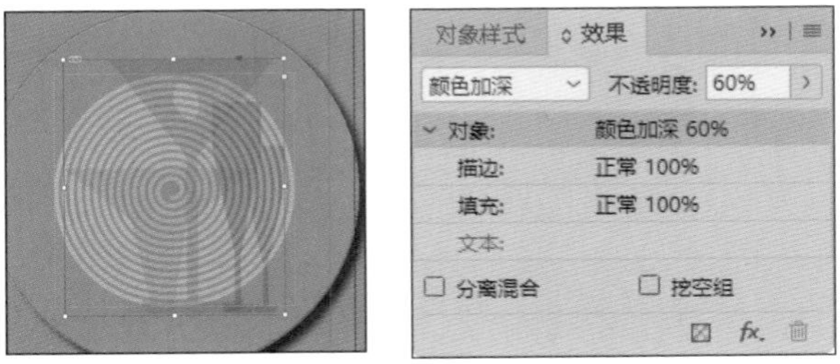

图12.21

12.6 设置文本的不透明度

修改文本的不透明度就像对图形对象应用不透明度设置一样容易。下面修改一些文本的不透明度，这将改变文本的颜色。

1. 在“图层”面板中锁定图层 Art3，解除对图层 Type 的锁定并使其可见。单击图层 Type 使其成为活动图层。
2. 选择工具面板中的选择工具（▶），再单击左下角包含 URBAN OASIS GARDENS 的文本框架。如果有必要，放大视图以便能够看清文本。

要对文本或文本框架及其内容应用不透明度设置，必须使用选择工具选择框架。如果使用文字工具选择文本，将无法指定不透明度设置。

3. 在“效果”面板中选择“文本”级别，以确保对不透明度或混合模式所做的修改只影响文本。
4. 从“混合模式”下拉列表中选择“叠加”，并将“不透明度”设置为 70%，如图 12.22 所示。

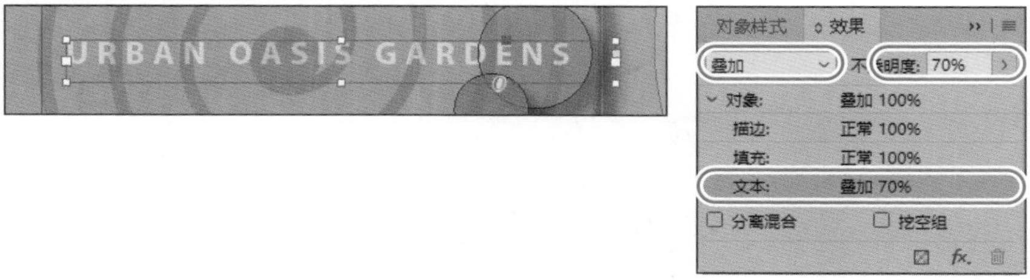

图12.22

5. 双击抓手工具（✋）使页面适合窗口，再选择菜单“编辑”>“全部取消选择”。

下面修改一个文本框架的填色（而不是文本）的不透明度。

1. 使用选择工具（▶）单击页面底部包含文本 Breakfast | Lunch | Dinner | Events | Catering 的文本框架。如果有必要，放大视图以便能够看清文本。
2. 在“效果”面板中选择“填充”级别，并将“不透明度”改为 70%。注意白色背景发生了变化，但文本还是黑色的，如图 12.23 示。

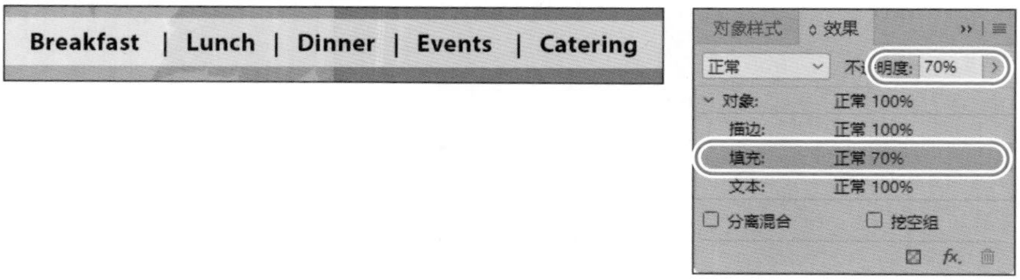

图12.23

3. 在选择了“对象”级别的情况下尝试同样的设置，注意这次文本也变成灰色的了，如图 12.24 所示，但这不是我们想要的效果。

图12.24

您现在明白了将不透明度应用于对象不同部分的优点吧。选择菜单“编辑”>“还原‘设置透明度属性'”。

4. 选择菜单“编辑”>“全部取消选择”，再选择菜单“文件”>“存储”保存文件。

12.7 使用效果

本课前面介绍了如何修改在 InDesign 中绘制的对象、置入的图形、文本的混合模式和不透明度。另一种应用透明度设置的方法是使用 InDesign 提供的 9 种效果。

下面尝试使用一些透明度效果来调整菜单。

12.7.1 应用“基本羽化”效果

通过羽化，可在对象边缘创建从不透明到透明的平滑过渡效果，从而能够透过羽化区域看到下面的对象或页面背景。InDesign 提供了以下 3 种羽化效果。

- 基本羽化：对指定距离内的对象边缘进行柔化或渐隐。
- 定向羽化：通过将指定方向的边缘渐隐为透明来柔化边缘。
- 渐变羽化：通过渐隐为透明来柔化对象的区域。

下面对图像边缘应用“基本羽化”效果。

1. 在“图层”面板中，如果图层 Art1 被锁定，则解除对该图层的锁定，并确保它为活动图层。
2. 如果有必要，选择菜单“窗口”>“使页面适合窗口”，以便能够看到整个页面。
3. 使用选择工具（▶）选择页面右上角用颜色 Purple-Warm 填充的圆。
4. 选择菜单“对象”>“效果”>“基本羽化”，打开“效果”对话框，其中左边是透明度效果列表，而右边是配套的选项。

> Id **提示** 也可使用“效果”面板菜单来打开“效果”对话框。

5. 在“选项”部分做如下设置。

- 在“羽化宽度”文本框中输入“0.375 英寸”并按 Enter 键。
- 将“收缩”和“杂色”都设置为 10%。
- 保留“角点”设置为“扩散”。

透明度效果

在“效果”面板中，可添加如下效果，如图12.25所示。

- 投影：在对象、描边、填色或文本的后面添加阴影。
- 内阴影：紧靠在对象、描边、填色或文本的边缘内添加阴影，使其具有凹陷的外观。

- 外发光/内发光：添加从对象、描边、填色或文本的边缘外或内发射出来的光。
- 斜面和浮雕：添加各种高亮和阴影的组合，使文本和图像有三维外观。
- 光泽：添加形成光滑光泽的内部阴影。
- 基本羽化/定向羽化/渐变羽化：通过使对象的边缘渐隐为透明，实现边缘柔化。

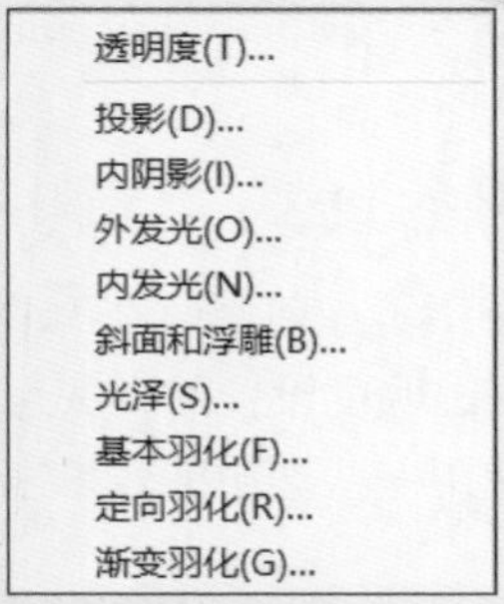

图12.25

6. 确保勾选了复选框“预览”。如果有必要，将对话框移到一边以便查看效果。可以看到紫色圆的边缘出现了投影，因此更具立体感，如图 12.26 所示。

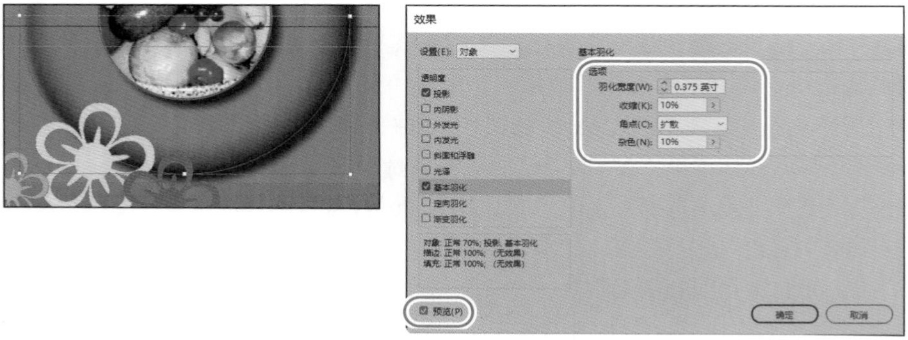

图12.26

7. 单击“确定”按钮让设置生效并关闭“效果”对话框。
8. 选择菜单“文件”>“存储”保存文件。

12.7.2 应用“渐变羽化”效果

可使用“渐变羽化”效果让对象区域从不透明逐渐变为透明。

> **注意** 要应用不透明度效果，可以选择菜单“对象”>“效果”中的子菜单项，还可从“效果”面板菜单中选择效果或单击“效果”面板底部的 *fx* 按钮，从子菜单中选择一种效果。

1. 使用选择工具（▶）单击用颜色 Purple-Warm 填充的垂直矩形，它覆盖了页面的右半部分。
2. 单击“效果”面板底部的 *fx* 按钮（*fx.*）并从下拉列表中选择“渐变羽化”，如图 12.27 所示。这将打开“效果”对话框，并显示渐变羽化的选项。
3. 在“效果”对话框的“渐变色标”部分，单击“反向渐变”按钮（⇆）以反转纯色和透明的位置，如图 12.28 所示。

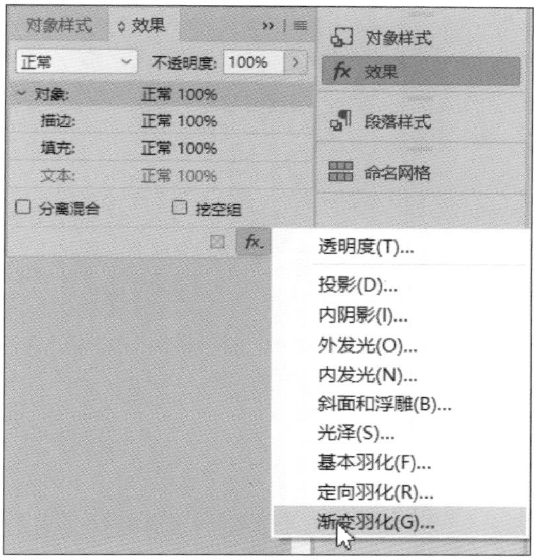

图12.27

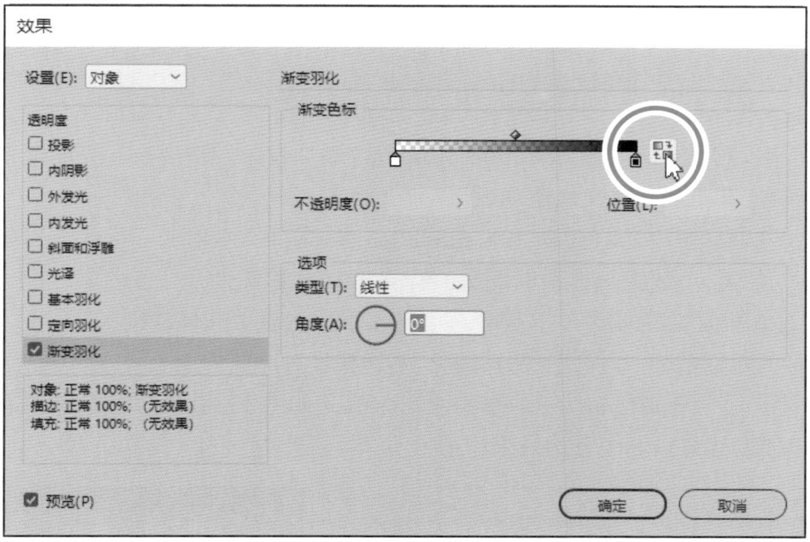

图12.28

4. 单击“确定”按钮。紫色矩形将从右到左渐隐为透明。

下面使用渐变羽化工具调整渐隐的方向。

5. 在工具面板中选择渐变羽化工具（ ），请小心不要错选渐变色板工具（ ）。按住 Shift 键并从紫色矩形底部向上拖曳以修改渐变方向（拖曳距离大约为紫色矩形高度的 2/3），如图 12.29 所示。按住 Shift 键，可将渐变方向限制为垂直方向。
6. 选择菜单“编辑” > “全部取消选择”，再选择菜单“文件” > “存储”保存文件。

在左边，渐变羽化的方向为水平从右到左，即在最右边填充是纯色，向左渐隐为透明的；在右边，渐变羽化的方向变成了垂直的，即在最上面填充是纯色，向下渐隐为透明的。

图12.29

12.7.3 应用“投影”效果

给对象添加“投影”效果后，将让对象看起来像漂浮在页面上，并在页面和下面的对象上投射阴影，从而呈现出三维效果。可给任何对象添加投影，还可单独地给对象的描边、填色或文本框架中的文本添加投影。

> **注意** 在“效果”对话框中，指出了哪些效果（对话框左边被选中的效果）已应用于选择的对象，用户可将多种效果应用于同一个对象。

下面尝试使用这种效果，给文本 edible blossoms 添加投影。请注意，只能给整个文本框架添加效果，而不能只给其中的某些文本添加效果。

1. 使用选择工具（ ）选择包含文本 edible blossoms 的文本框架。按住 Z 键暂时切换到缩放显示工具（ ），放大该框架以便能够看清其中的文本。
2. 单击“效果”面板底部的 *fx* 按钮（ ）并从下拉列表中选择“投影”。
3. 在“效果”对话框的“混合”部分，将“不透明度”设置为 55%；在“选项”部分，将“大小”和“扩展”分别设置为 0.125 英寸和 20%，如图 12.30 所示。确保勾选了复选框“预览”，以便能够在页面中看到效果。

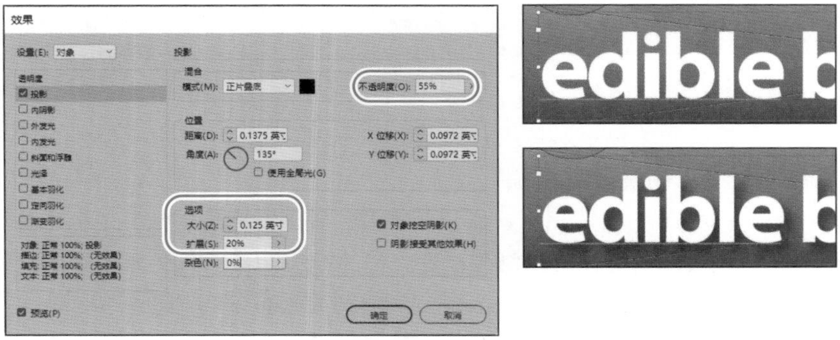

图12.30

> **注意** 也可在“位置”部分调整投影的角度，可直接输入度数，也可拖曳圆内的线条来设置角度。

4. 单击“确定”按钮将投影效果应用于文本。
5. 选择菜单“文件”>“存储”保存所做的工作。

12.7.4 将多种效果应用于同一个对象

可将多种效果应用于同一个对象，例如，可使用“斜面和浮雕”效果让对象看起来是凸出的，还可使用“外发光”效果让对象周围发光。

下面将“斜面和浮雕”效果及“外发光”效果应用于页面中的两个矢量对象。

1. 选择菜单“视图”>“使页面适合窗口”，在“图层”面板中隐藏图层 Art3。
2. 使用选择工具（▶）选择页面左上角用颜色 Green-Brightest 填充的半圆。
3. 单击“效果”面板底部的 *fx* 按钮（*fx*）并从下拉列表中选择“斜面和浮雕”。
4. 在“效果”对话框中，确保勾选了复选框“预览”，以便能够在页面上查看效果。在“结构”部分做如下设置，如图 12.31 所示。

- 大小：0.3125 英寸。
- 柔化：0.3125 英寸。
- 深度：60%。

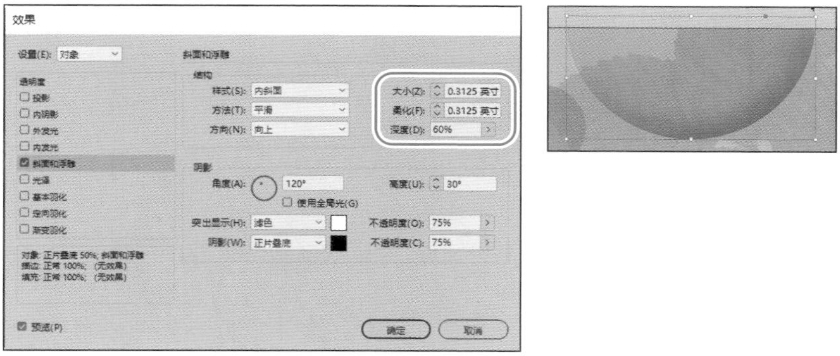

图12.31

5. 保留其他设置不变，但不要关闭对话框。
6. 勾选“效果”对话框左边的复选框“外发光”，给选择的半圆再添加一种效果。对话框右侧将显示这种效果的各个选项，在其中做如下设置，如图 12.32 所示。

- 模式：正片叠底。
- 不透明度：80%。
- 大小：0.25 英寸。
- 扩展：10%。

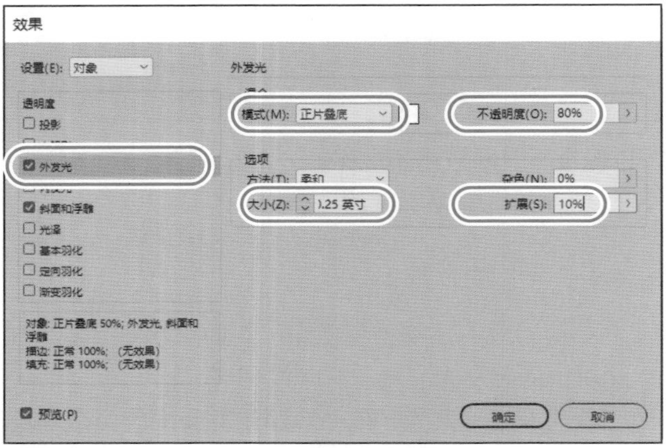

图12.32

7. 单击“模式”下拉列表右边的“设置发光颜色”色板（■）。在出现的“效果颜色”对话框中，确保从“颜色”下拉列表中选择了“色板”，从颜色列表中选择“[黑色]”。
8. 单击“确定”按钮，将多种效果应用于选定对象，如图 12.33 所示。

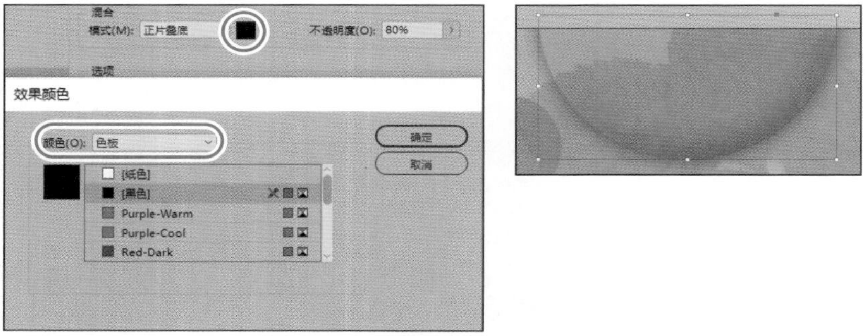

图12.33

下面将同样的效果应用于页面中的另一个圆，方法是将“效果”面板中的 *fx* 按钮拖曳到这个圆上。

12.7.5 在对象之间复制效果

1. 如果有必要，双击抓手工具（✋）让页面适合窗口。
2. 如果有必要，使用选择工具（▶）选择页面左上角的绿色半圆。
3. 确保“效果”面板可见，并将其中的“对象”级别右边的 *fx* 按钮拖曳到绿色半圆左边的绿色小圆上，等鼠标指针变成带加号的紧握手形图标后松开鼠标，如图 12.34 所示。
4. 选择菜单“编辑”>“全部取消选择”，单击工具面板底部的“屏幕模式”按钮（▣）并选择“预览”，如图 12.35 所示，在没有参考线和框架边缘影响的情况下查看结果。查看完毕后返回“正常”模式。

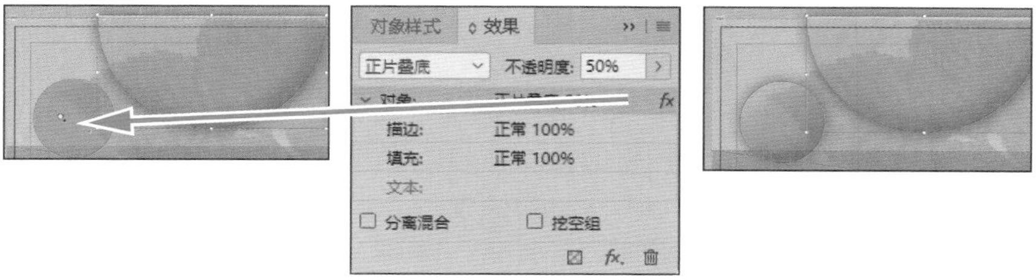

图12.34

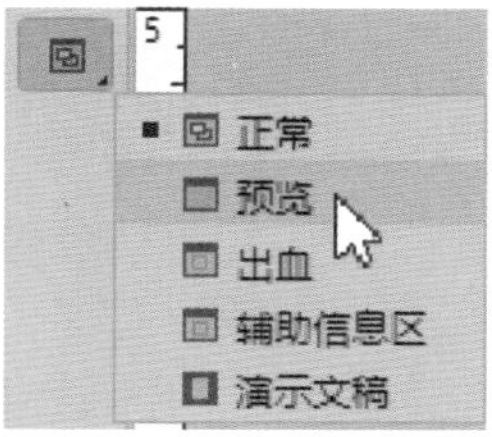

图12.35

> **提示** 在没有选择任何对象的情况下（选择菜单“编辑”>“全部取消选择”），可按 W 键在“预览”模式和前一个屏幕模式之间切换。

5. 选择菜单“文件”>“存储”保存文件。

使用这种方法也可将效果应用于其他文档中的对象。

1. 选择菜单“文件”>“打开”，并打开文件 12_Start.indd。如果您为了方便参考没有关闭文件 12_End.indd，现在将其关闭。
2. 选择菜单“窗口”>“排列”>“双联垂直”，并排地显示文件 12_Menu.indd 和 12_Start.indd。
3. 在文件 12_Start.indd 中，选择图层 Background（它没有锁定）。
4. 使用绘图工具绘制一个形状，如矩形框架或椭圆框架，并在“色板”面板中为其指定任何一种填色。
5. 切换到文件 12_Menu.indd，并选择页面左上角用 Green-Brightest 填充的半圆——前面对其应用了多种效果。
6. 使用本小节前面介绍的方法，将“效果”面板中“对象”级别右边的 *fx* 按钮拖曳到刚才绘制的形状上，如图 12.36 所示。等鼠标指针变成带加号的紧握手形图标后松开鼠标，即可将同样的效果应用于另一个文档中的对象。

图12.36

7. 关闭文件 12_Start.indd，但不保存所做的修改。

要将同样的效果应用于其他对象，另一种方法是创建对象样式，这在第 9 课中介绍过。创建对象样式后，就可在其他文档中载入它，方法是从“对象样式”面板菜单中选择“载入对象样式”。

不透明度设置和选项

在不同的效果中，许多不透明度设置和选项是相同的。常用不透明度设置和选项如下。

- 角度和高度：确定应用效果的光源角度。值为0° 时表示与底边相平；值为90° 时表示在对象的正上方。可以单击并拖曳角度半径或输入度数来修改角度。如果您要为所有对象使用相同的光源角度，请勾选复选框“使用全局光”。
- 混合模式：指定透明对象中的颜色如何与其下面的对象相互作用。
- 收缩：与大小设置一起，确定阴影或发光的不透明程度。设置的值越大，不透明度越高；设置的值越小，不透明度越低。
- 距离：指定投影、内阴影或光泽效果的位移距离。
- 杂色：指定输入值或拖曳滑块时发光不透明度或阴影不透明度中随机元素的数量。
- 不透明度：确定效果的不透明度。通过拖曳滑块或输入百分比值进行操作（请参阅设置对象的不透明度）。
- 大小：指定阴影或发光应用的量。
- 跨页：确定大小设置中所设定的阴影或发光效果中模糊的不透明度。百分比越高，模糊就越不透明。
- 方法：用于确定不透明效果的边缘是如何与背景颜色相互作用的。外发光效果和内发光效果都可使用“柔和”和“精确”方法。“柔和”方法将模糊应用于效果的边缘，在较大尺寸时，不保留详细的特写。“精确”方法将保留效果的边缘，包括其角点和其他锐化细节，其保留特写的能力优于“柔和”方法。
- 使用全局光：将全局光设置应用于阴影。
- X位移和Y位移：在x轴或y轴上按指定的偏移量偏离阴影。

更多设置和选项，请参阅InDesign帮助文档。

12.7.6 将效果应用于置入图像的图层

第 10 课介绍了如何显示或隐藏置入的 Photoshop 文件中的图层，这里将使用这种方法，同时将 InDesign 效果应用于一个图层。

1. 在“图层”面板中，确保图层 Art3 可见且解除了锁定。
2. 使用选择工具（▶）单击文本 edible blossom 上方的南瓜花图像，按 Ctrl + =（Windows）或 Command + =（macOS）组合键几次放大该图像。

可以看到该图像的投影看起来不正确，灰色投影位于背景色上面，而没有与之混合，如图 12.37 所示。为修复这种问题，需要有两个完全重叠的南瓜花图像。

3. 确保选择了南瓜花图像（Squash-Blossom.psd）所在的框架，先选择菜单“编辑”>“复制”，再选择菜单“编辑”>“原位粘贴”。现在有两个完全重叠的南瓜花图像了。
4. 选择菜单“对象”>“隐藏”，将上面的那个图像隐藏起来。
5. 选择余下的图像，选择菜单“对象”>“对象图层选项”。隐藏图层 Foreground，只留下图层 Shadow 可见，单击“确定”按钮，如图 12.38 所示。

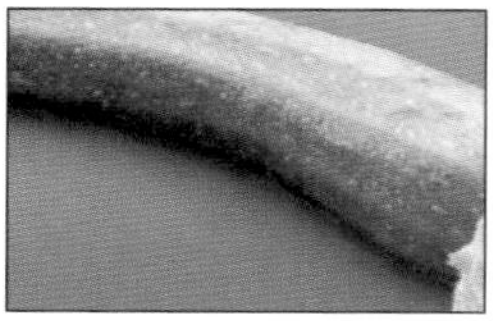

图12.37

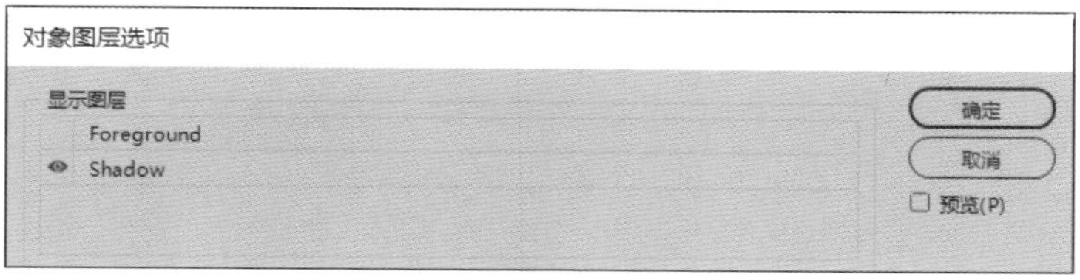

图12.38

6. 打开“效果”面板，将“混合模式”改为“正片叠底”。可以看到图层 Shadow 中的灰色与下面的颜色的重叠效果发生了变化，如图 12.39 所示。

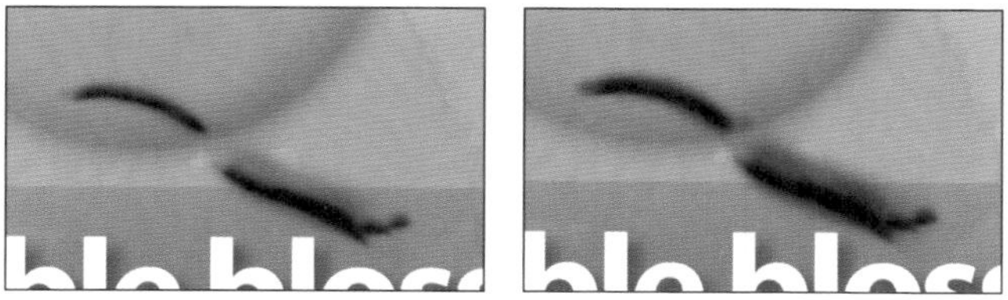

图12.39

> **注意** 为了能清晰地看到结果，请按 W 键切换到“预览”模式。查看完毕后再按 W 键返回“正常”模式，以便能够看到框架边缘。

7. 选择菜单“对象”>“显示跨页上的所有内容”，第二个南瓜花图像又可见了。现在需要确保选择的是上面的南瓜花图像，一种简单方式是，先选择其他对象，再单击南瓜花图像。这时将选择复制的南瓜花图像，因为它在上面。
8. 选择菜单“对象”>“对象图层选项”，这次隐藏图层 Shadow，单击“确定”按钮。现在，只有前面将其混合模式设置成了“正片叠底”的投影是可见的，结果看起来赏心悦目多了，如图 12.40 所示。

> **注意** 在“对象图层选项”对话框中，可见性设置的工作原理与“图层”面板中的相同。要让图层可见，就显示其眼睛图标；要让图层不可见，就隐藏其眼睛图标。

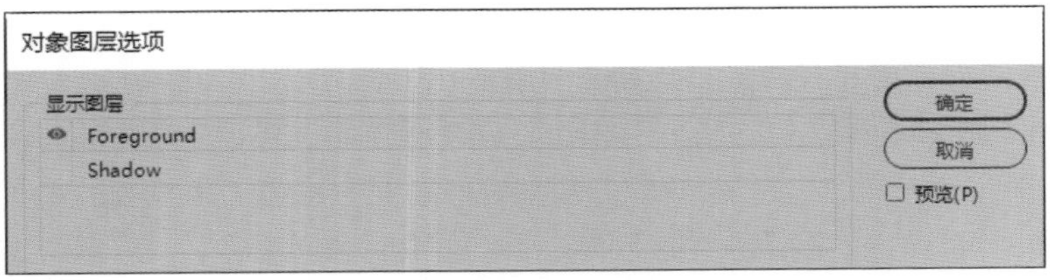

图12.40

9. 锁定图层 Art3 下面的所有图层，使用选择工具拖曳出一个与南瓜花图像有重叠部分的方框。由于两个南瓜花图像几乎是完全重叠的，因此将同时选择这两个图像。选择菜单“对象”>“编组”将这两个图像编组，以便在调整它们的位置时，可轻松地确保它们依然是完全重叠的。

10. 尝试将这个对象组移到其他背景上面。例如，在选择了这个对象组的情况下，打开“图层”面板，并将图层 Art3 右边的蓝色方框拖曳到图层 Type 上，再向下移动南瓜花图像，让部分投影位于白色文本 edible blossoms 上面，如图 12.41 所示。

图12.41

注意，仅当背景为白色时，投影看起来才是黑色的；而当背景为绿色时，投影将与背景色混合。这就是只使用黑色通道来创建投影的原因所在。

> **提示** 在 Photoshop 中创建南瓜花图像的投影时，只使用了黑色通道，这样打印出的投影将为中性灰。通过使用这种技巧，可将投影与背景色混合，同时确保投影背景为白色（纸张）时，打印它只需使用黑色油墨。

11. 将对像组移回图层 Art3 中，调整其位置，使其位于文本 edible blossoms 的上方。

12. 选择菜单“文件”>“存储”保存文件。

12.7.7 编辑和删除效果

可轻松地编辑和删除应用的效果，还可快速获悉对象是否应用了效果。

下面先编辑餐馆名后面的渐变填充，再删除应用于一个圆的效果。

1. 在“图层”面板中，确保图层 Art1 未锁定、可见且处于活动状态。如果您在前面切换到了“预览”模式，请返回“正常”模式。选择菜单“视图”>“使页面适合窗口”。
2. 使用选择工具（ ）单击文本 edible blossoms 后面使用灰色渐变填充的框架。
3. 选择菜单“窗口”>“属性”，打开“属性”面板。在这个面板中，列出的属性之一便是效果。这里的效果为“渐变羽化”，它显示在 *fx* 按钮（ ）右边，且带下划线，如图 12.42 所示。请单击 *fx* 按钮，在打开的下拉列表中，“渐变羽化”旁边有勾号，表明将这种效果应用到了选择的对象。单击带下划线的字样“渐变羽化”，打开“效果”对话框。
4. 在“效果”对话框中，勾选复选框“预览”。如果有必要，将这个对话框移到一边，以便能够看到当前选择的对象。在“选项”部分，将类型改为“径向”。在“渐变色标”部分，单击渐变曲线的中点（渐变曲线上方的小菱形），将其左右拖曳，看看效果将如何变化：黑色从中央向外扩散的距离将更远或更近。中点的设置为百分比值，显示在“位置”文本框中。将“位置”设置为大约 35%，如图 12.43 所示。

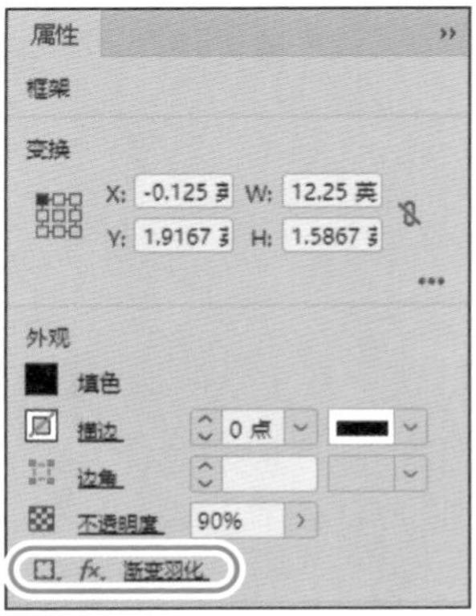

图12.42

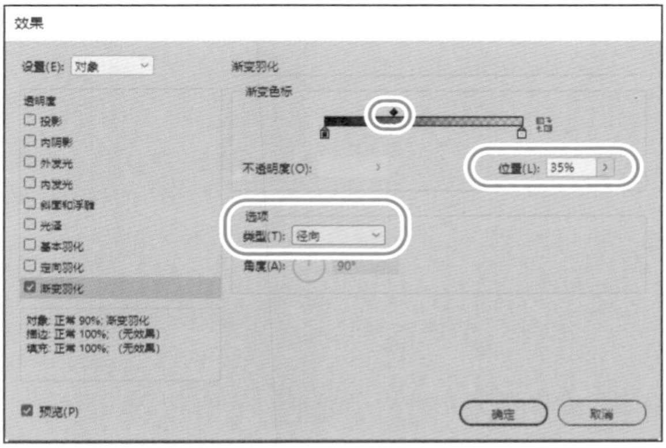

图12.43

5. 单击“确定”按钮更新渐变羽化效果。

> **提示** 要快速获悉文档中的哪些页面包含透明度效果，可从“页面”面板菜单中选择“面板选项”，再勾选复选框“透明度”。这样，如果页面包含透明度效果，则其页面图标右边将出现一个小图标（ ）。

6. 在“属性”面板的“外观”部分，单击“填色”框（□），再将“填色”设置为 Blue-Dark。选择菜单“编辑”>“全部取消选择”，结果如图 12.44 所示。

图12.44

合理使用不透明度和色调

不透明度和色调是极佳的创意工具，但确实会导致文件更复杂。因此应该有目的地使用它们，如果能够以更简单的方式实现所需的视觉效果，就不要使用它们。

一种常见的情形是，您要让框架的颜色变淡一些，而这个框架后面并没有需要显露出来的东西，如框架位于白色背景上，如图12.45所示。在这种情况下，应设置颜色的色调，而不使用不透明度。为此，可使用“颜色”面板或“色板”面板中的“色调”滑块，也可使用“色调”色板。有关色调的更详细信息，请参阅第8课。

色调为100%的颜色　　位于白色背景上的色调　　对位于白色背景上的颜色设置不透明度

图12.45

提示　如果您喜欢使用“不透明度”滑块来查看颜色变化，在“颜色”面板中也可使用这种功能：单击“色调”值右边的三角形按钮，拖曳出现的滑块，如图 12.46 所示。

图12.46

下面删除应用于一个对象的所有效果。

1. 在“图层”面板中，让所有图层都可见，并对所有图层都解除锁定。
2. 按住 Ctrl（Windows）或 Command（macOS）键，使用选择工具（▶）单击页面底部中央用 Purple-Warm 色板填充的小圆，它位于沙拉图像的右下方。第 1 次单击时，可能选择它前面的矩形框架。在这种情况下，可往右边一点再次单击以选择这个小圆，也可锁定图层 Art3（刚才说的矩形位于这个图层），这样处理位于它下面的图层 Art2 中的对象时将更容易。

提示　按住 Ctrl（Windows）或 Command（macOS）键并单击重叠的对象时，第 1 次单击将选择最上面的对象，再次单击时，将按照堆叠顺序依次选择下一个对象。

3. 从“效果”面板菜单中选择“清除效果”，将应用于这个圆的所有效果都删除，如图 12.47 所示。

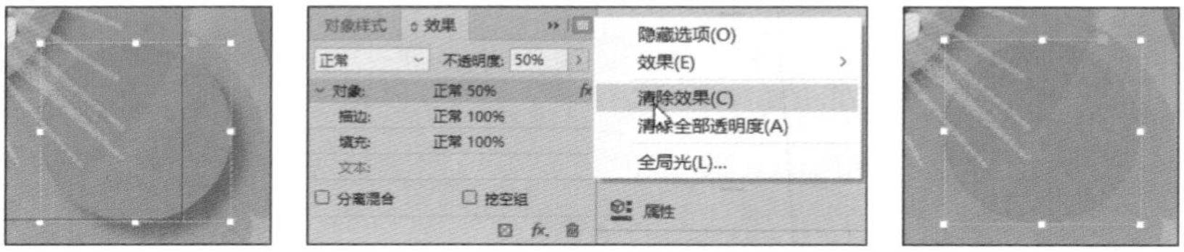

图12.47

> **注意** “效果”面板底部有“清除效果”按钮（⊠），单击它也能清除效果，同时还将导致对象的“混合模式”和“不透明度”设置分别恢复到“正常”和 100%。

4. 选择菜单“文件”>“存储”保存文件。
5. 双击抓手工具（✋）使页面适合窗口，切换到“预览”屏幕模式并查看结果。

祝贺您学完了本课！

12.8 练习

尝试下列使用 InDesign 不透明度的方法。

1. 切换到第 2 页，尝试修改应用于页面底部的文本框架和对象的混合模式和效果。这个文本框架是使用渐变填充的，但文本是活动的，因此您可以选择它们，根据喜好输入任何文本，如图 12.48 所示。

图12.48

2. 在一个新图层中创建一些形状（使用绘画工具、复制第 1 页的对象或置入本课使用的一些图像文件）。对不包含内容的形状应用填色，并调整形状的位置，让它们至少部分重叠，然后做以下操作。

- 选择堆叠在最上面的形状，并在“效果”面板中尝试使用其他混合模式，如“亮度”“强光”和“差值”。然后选择其他对象并在“效果”面板中选择相同的混合模式，并对结果进行比较。
- 在“效果”面板中修改一些对象的不透明度，然后选择其他对象，并分别选择菜单“对象”>“排列”>“后移一层”和“对象”>“排列”>“前移一层”来查看结果。

- 尝试将不同的不透明度和混合模式组合应用于对象，再将同样的组合应用于与该对象部分重叠的其他对象，以探索可创建的各种效果。

3. 在“页面”面板中，双击第 1 页的图标让该页位于文档窗口中央。打开“图层”面板，尝试每次隐藏或显示一个 Art 图层，看看当后面的对象不同或没有对象时，不透明度效果的结果有何不同。
4. 在“图层”面板中，确保所有图层都没有被锁定。在文档窗口中选择玻璃杯图像，使用“效果”面板对其应用“投影”效果。
5. 选择页面左下角的红花，它展示了“斜面和浮雕”效果的另一种用途。请打开“效果”面板，并尝试进行不同的设置。

12.9 复习题

1. 如何将不透明度设置或效果应用于对象的不同部分？
2. 将不透明度效果应用于对象后，要将这些效果应用于其他对象，最简单的方法是什么？
3. 处理不透明度时，图层及其中的对象的堆叠顺序有何重要意义？
4. 要删除对对象应用的多种不透明度效果，最简单、最快捷的方式是什么？
5. 对文本应用效果时有何限制？
6. 在什么情况下，使用色调比使用不透明度设置更合适？

12.10 复习题答案

1. 在“效果”面板中，选择一个级别。例如，可选择“对象”，将设置应用于整个对象；还可选择“描边”“填充”或“文本”，以对描边、填色和文本应用不同的设置。
2. 先选择对其应用了不透明度效果的对象，再将“效果”面板中对象右边的 *fx* 按钮拖曳到另一个对象上。
3. 对象的不透明度决定了它后面（下面）的对象是否可见。例如，透过半透明的对象，可看到它下面的对象，就像彩色胶片后面的对象一样。不透明的对象会遮住它后面的对象，而不管这些对象的不透明度是否更低，也不管羽化设置、混合模式和其他效果如何。
4. 选择该对象，单击“效果”面板底部的“清除效果”按钮，这将清除效果、混合模式和不透明度设置。如果只想清除效果，可单击删除按钮或从“效果”面板菜单中选择“清除效果”；如果只想清除“混合模式”和“不透明度”设置，可从“效果”面板菜单中选择“清除全部透明度”。
5. 效果只能应用于整个文本框架，而不能应用于文本框架中的各个文本。
6. 在对象后面没有可以与不透明度效果交互的东西时（如对象位于白色背景上），使用色调更合适。换言之，如果只想让对象的颜色变淡一些，且后面没有要透过它显示的对象，则使用色调更合适。

第13课 打印及导出

在本课中，您将学习以下内容：

- 检查文档是否存在潜在的印刷问题；
- 管理文档使用的颜色；
- 确认 InDesign 文档及其元素可以打印；
- 打印前在屏幕上预览文档；
- 生成用于校样和印刷的 Adobe PDF 文件；
- 创建可用于印刷的 Adobe PDF 预设；
- 为字体和图形选择合适的打印设置；
- 打印文档校样；
- 创建打印预设以实现自动化打印；
- 收集所有必需的文件以便打印或交给印刷服务提供商；
- 导出图形以便用于 Web 和其他数字发布。

学习本课大约需要 45 分钟。

不管输出设备是什么，都可使用 InDesign 的高级打印和印前检查功能来管理打印设置，轻松地将文档输出到激光打印机或喷墨打印机，还可将其输出为用于屏幕校样和印刷的 PDF 文件。

13.1 概述

在本课中，您将对一个杂志封面做印前处理，该杂志封面中有彩色图像并使用了专色。您将使用彩色喷墨打印机或激光打印机打印校样，并在高分辨率印刷设备（如印版机或胶印机）上印刷。打印前，先把文件导出为 Adobe PDF 文件，以便用于审阅。

1. 为确保您的 Adobe InDesign 首选项和默认设置与本课使用的一样，请将文件 InDesign Defaults 移到其他文件夹，详情请参阅“前言”中的“保存和恢复文件 InDesign Defaults”。
2. 启动 InDesign。选择菜单“文件”>“打开”，打开硬盘文件夹 InDesignCIB\Lessons\Lesson13 中的文件 13_Start.indd。
3. InDesign 将出现一个消息框，指出文档包含缺失或已修改的链接。单击“不更新链接”按钮，本课后面将修复这种问题。

当您打印 InDesign 文档或生成用于打印的 Adobe PDF 文件时，InDesign 必须使用置入版面中的原稿。如果原稿已移动、名称已修改或不存在，InDesign 将发出警告，指出找不到原稿或原稿已被修改。这种警告会在文档打开、打印或导出，以及使用“印前检查”面板对文档进行印前检查时发出。InDesign 在“链接”面板中显示打印所需的所有文件的状态。

4. 为确保面板和菜单命令与本课使用的相同，请先选择菜单“窗口”>“工作区”>“[印刷和校样]”，再选择菜单“窗口”>“工作区”>“重置‘印刷和校样’”。
5. 选择菜单“文件”>“存储为”，将文件重命名为 13_Press.indd，并将其存储到文件夹 Lesson13 中。
6. 如果想查看最终的文档，可打开文件夹 Lesson13 中的文件 13_End.indd。在本课中，仅通过预览无法看到起始文件和最终文件的差别；要看到这些差别，需要查看“链接”面板、“颜色”面板和“色板”面板。
7. 查看完毕后，可关闭文件 13_End.indd，也可让它保持打开状态，以供工作时参考。要返回到课程文档，可选择菜单“窗口”>“13_Press.indd”，也可单击文档窗口左上角的标签“13_Press.indd”。

13.2 印前检查

在 InDesign 中，在打印文档、将文档交给印刷服务提供商或以数字方式出版前，您可对文档质量进行检查，这被称为印前检查。在第 2 课的“在工作时执行印前检查”一节，已经介绍了如何使用 InDesign 的实时印前检查功能，这让您能够在制作文档期间对其进行监视，以防发生潜在的问题。

可通过“印前检查”面板核实文件使用的所有图形和字体都可用且没有溢流文本。下面将使用“印前检查”面板，找出示例文档中两个缺失的图形及溢流文本。

1. 选择菜单“窗口”>“输出”>“印前检查”，也可单击面板停放区中的“印前检查”面板图标（ ）。

> **提示** 要打开“印前检查”面板，也可双击文档窗口底部的字样“3 个错误”，还可从字样“3 个错误”右边的下拉列表中选择“印前检查面板”。

2. 在“印前检查”面板中，确保勾选了复选框“开”并从“配置文件”下拉列表中选择了“[基本](工作)”。可以看到列出了两种错误（链接错误和文本错误），括号内的数字表明有两个与链接相关的错误及一个与文本相关的错误。
3. 单击“链接”和“文本”左边的三角形按钮，以显示有关错误的更详细信息。单击“缺失的链接”左边的三角形按钮，这将显示缺失的图形文件的名称。双击链接名 GardenNews-Masthead-Spring.ai，该图形将显示在文档窗口中央，且其所属的图形框架会被选中。如果您仔细观察包含杂志名的框架，将发现其左上角有一个包含问号的红圈（ ），这表明缺失原始图形文件。在“印前检查”面板底部，“信息”部分显示了有关问题的详细信息及修复它的方法，如图 13.1 所示。

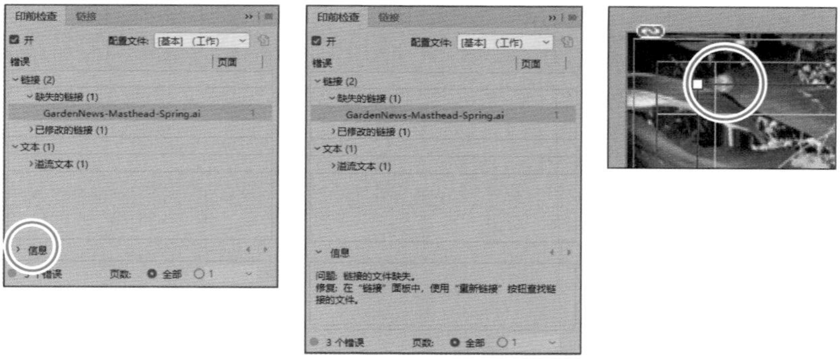

图13.1

4. 在制作过程中，经常会遇到的一个问题是已修改本期杂志名的颜色，但 InDesign 文档链接的依然是使用原来颜色的图形，因此需要链接到新版本的杂志名。为修复这种错误，打开“链接”面板并向下滚动，直到在链接列表中看到文件 GardenNews-Masthead-Spring.ai。
5. 选择文件 GardenNews-Masthead-Spring.ai。向左拖曳“链接”面板的左边缘以加宽这个面板，再像第 10 课介绍的那样加宽第 1 栏，以便能够看到完整的文件名。可以看到状态栏中有一个包含问号的红圈（ ），这表明缺失链接的文件。从面板菜单中选择“重新链接”，切换到文件夹 Lesson13\Links，并双击文件 GardenNews-Masthead-Summer.ai。现在链接的是新文件，而不是原始文件。

> **提示** 无论当前的“显示性能”设置如何，已修改或缺失的图形都以较低的分辨率显示。

重新链接后，杂志名的颜色变了。另外，左上角包含问号的红圈变成了链接符号（ ），“链接”

面板的状态栏中也不再有问号，这意味着图形已链接到 InDesign 文档，不再处于缺失或已修改状态。

6. 为了以高分辨率显示文档，选择菜单“对象”>“显示性能”>“高品质显示”，如图 13.2 所示。在为输出而检查文档质量时，最好以“高品质显示”方式查看文档。

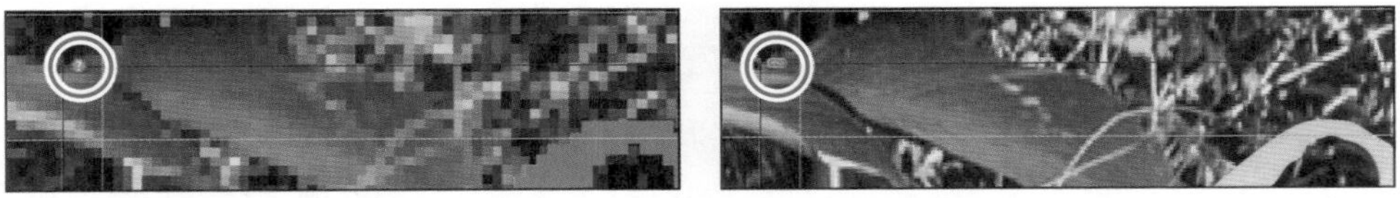

重新链接前缺失图形　　重新链接并选择菜单项“高品质显示”后

图13.2

> **提示**　在“首选项”对话框的“显示性能”部分，可修改格栅图像、矢量图形和应用了透明度的对象的默认显示品质。要打开“首选项”对话框，可选择菜单“编辑”>“首选项”>“显示性能”（Windows）或“InDesign”>“首选项”>“显示性能”（macOS）。

7. 单击“链接”面板顶部的状态图标（ ），按状态而不是名称或所在的页面对链接进行排序。状态包括链接是否缺失、已修改或嵌入的。按状态排序时，可能有问题的图形将排在列表前面。滚动到列表开头，您将看到文件 Lily.jpg 显示了已修改警告图标（ ）。单击这个文件名右边的页码，InDesign 将切换到该图形所在的页面，选择该图形并使其显示在工作区中央。

8. 可以看到选择的图形框架的左上角也有已修改警告图标。要更新这个图形，可单击这个警告图标（链接徽标），也可双击“链接”面板中的警告图标。

更新链接后，文件 Lily.jpg 的颜色变了。

在制作过程中，经常会遇到的另一种情形是对照片做了颜色校正，但没有在 InDesign 文档中更新它。另外，可以看到左上角的已修改警告图标变成了链接符号，这意味着图形已链接到 InDesign 文档，不再处于缺失或已修改状态，如图 13.3 所示。

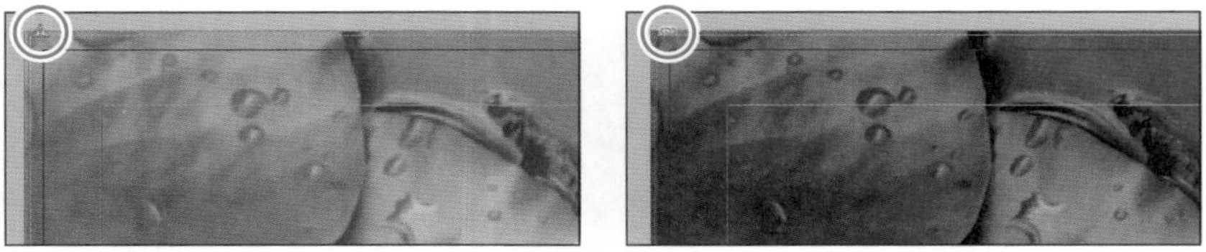

更新之前　　更新之后

图13.3

9. 单击面板停放区的“印前检查”面板图标，再次打开这个面板，可以看到现在只有一个与文本相关的错误。下面来查看该错误。先像定位缺失或已修改的图形那样定位这种错误：单击“溢流文本 (1)”左边的三角形按钮，再单击列出的文本框架右边的页码，切换到相应的页面，选择这个文本框架并让它显示在文档窗口中央，如图 13.4 所示。

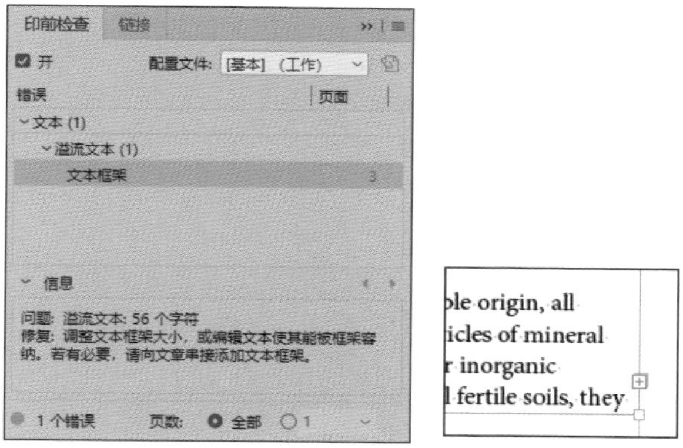

图13.4

10. 包含加号的红色方框（⊞）表明这个框架中有溢流文本。对于要用于审阅、发布或印刷的文件，不应有溢流文本。
11. 使用选择工具（▶）向下拖曳这个文本框架下边缘中央的手柄，直到显示了最后一行。
12. 现在“印前检查”面板底部显示的状态为“无错误”。执行完印前检查后，必须确保“印前检查”面板中显示的状态为“无错误”。
13. 选择菜单“文件”>“存储”保存对文档所做的修改，关闭“印前检查”面板和“链接”面板。

Id **注意** 如果此时还有已修改的链接，请从“链接”面板菜单中选择“更新所有链接”。

创建印前检查配置文件

启用了实时印前检查功能（在“印前检查”面板中勾选了复选框“开”）时，将使用默认的印前检查配置文件（“[基本](工作)”）对文档进行印前检查。该配置文件用于检查基本的输出条件，如缺失或已修改的图形文件、未解析的字幕变量、无法访问的URL链接、溢流文本和缺失字体。

用户也可自己创建印前检查配置文件，还可载入印刷服务提供商或他人提供的印前检查配置文件。创建自定义的印前检查配置文件时，可定义要检查的条件。下面创建一个配置文件，它将在文档使用了非CMYK颜色时发出警告。

1. 如果没有打开“印前检查”面板，选择菜单“窗口”>“输出”>“印前检查”打开它，从“印前检查”面板菜单中选择“定义配置文件”。
2. 单击“印前检查配置文件”对话框左下角的“新建印前检查配置文件”按钮（+），以新建一个印前检查配置文件，如图13.5所示。在“配置文件名称”文本框中输入“CMYK Colors Only”。

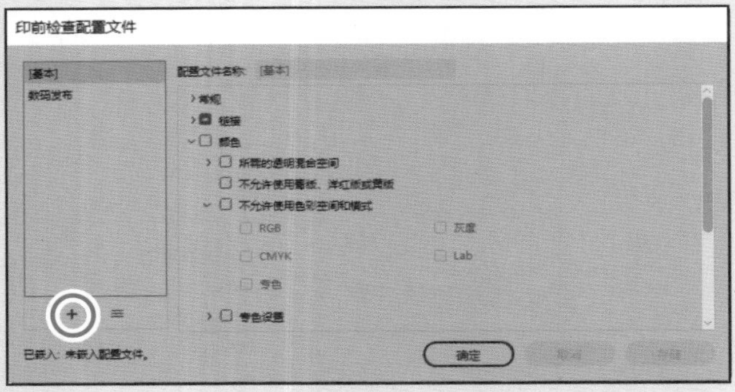

图13.5

3. 单击“颜色”左边的三角形按钮以显示与颜色相关的选项，勾选复选框“不允许使用色彩空间和模式”。
4. 单击复选框“不允许使用色彩空间和模式”左边的三角形按钮，勾选除“CMYK”和“灰度”外的其他所有复选框（“RGB”“Lab”和“专色”），如图 13.6 所示。之所以在 CMYK 印刷中可以使用灰色，是因为它只印刷到黑色印版。取消勾选复选框“不允许使用青版、洋红版或黄版”（仅当为只使用专色打印的文档创建印前检查配置文件时，才应勾选这个复选框）。

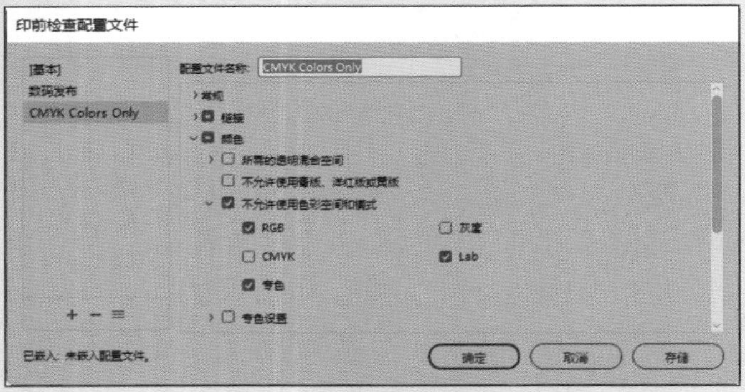

图13.6

5. 保留“链接”“图像和对象”“文本”和“文档”的印前检查条件不变，单击“存储”按钮，单击“确定”按钮。
6. 在“印前检查”面板中，从“配置文件”下拉列表中选择 CMYK Colors Only，可以看到“错误”部分列出了其他错误。
7. 单击“颜色”左边的三角形按钮，单击“不允许使用色彩空间”左边的三角形按钮，将看到一个列表，其中列出了没有使用 CMYK 颜色模式的对象。确保“印前检查”面板中的“信息”部分可见，如果看不到“信息”部分，单击

“信息”左边的三角形按钮以显示该部分。单击各个对象，以查看有关问题及如何修复的信息。

8. 查看完毕后，在“印前检查”面板中，从“配置文件”下拉列表中选择“[基本]（工作）”，返回本课使用的默认配置文件。

13.3 预览分色

如果文档需要进行商业印刷，可使用“分色预览”面板来核实是否为特定的印刷方式设置好了文档使用的颜色。例如，使用CMYK印刷油墨还是专色油墨来印刷文档？这个问题的答案决定了需要检查和修复哪些方面。下面来尝试使用这种功能。

1. 切换到第1页，选择菜单“窗口”>“输出”>“分色预览”，打开“分色预览”面板，也可单击面板停放区的“分色预览”面板图标（ ）来打开这个面板。
2. 在“分色预览”面板中，从“视图”下拉列表中选择“分色”。拖曳这个面板以便能够看到页面，调整面板的高度以便能够看到列出的所有颜色。如果有必要，可选择菜单“视图”>“使页面适合窗口”。
3. 单击CMYK颜色左边的眼睛图标（ ），隐藏所有使用CMYK颜色的元素，只显示使用专色（PANTONE颜色）的元素，如图13.7所示。

图13.7

提示 在“分色预览”面板中，如果从“视图”下拉列表中选择“油墨限制”，InDesign将以红色显示超过了指定最大油墨百分比（默认“油墨限制”值为300%）的区域。

4. 您可能注意到了，这个文档使用的两种PANTONE颜色的名称中的数字相同（都为PANTONE 136）。它们表示相同的油墨，差别在于印刷到不同的纸张：蜡光纸（Coated，C）和无涂层纸（Uncoated，U）。在大部分使用专色油墨印刷的项目中，每种油墨只使用一个印版。因此，如果要使用PANTONE 136油墨印刷这个文件，就需要确保只制作一个136

印版（分色）。这意味着文件中只能有这种颜色的一个实例，本课后面将使用“油墨管理器”修复这种问题。

> **提示** 在印刷过程中，有时可以通过使用专色油墨印刷两次来实现特殊效果，这被称为叠印（Second hit），这种效果必须在文件中作为额外的颜色进行设置。

5. 单击 PANTONE 136 C 旁边的眼睛图标，杂志名消失了，这意味着杂志名使用的是 PANTONE 136 C 油墨。单击 PANTONE 136 C 左边的空框以显示使用这种颜色的元素。

蜡光纸和无涂层纸

图13.8所示为将同样的CMYK颜色印刷到蜡光纸（左）和无涂层纸（右）时，结果有何不同。对于包括PANTONE油墨在内的所有油墨，都存在这样的差异。

这种差异是由纸张的物理特征导致的。比起蜡光纸，无涂层纸吸收的油墨更多，导致油墨干后不那么有光泽。同样的颜色在无涂层纸上显得更暗，而在蜡光纸上显得更亮。

图13.8

6. 单击 PANTONE 136 U 旁边的眼睛图标，右下角的文本消失了，这意味着它使用的是这个版本的油墨。如果要使用 CMYK 和 PANTONE 136 油墨印刷这个文件，必须对文件进行校正，确保使用一个 136 印版来印刷这两项内容。单击 PANTONE 136 U 左边的空框以显示使用这种颜色的元素。
7. 单击 CMYK 旁边的眼睛图标以显示所有的颜色，切换到第 2 页。单击“黑色”旁边的眼睛图标，可以看到标题消失了，但有些正文依然可见，如图 13.9 所示。这意味着正文将使用多个印版印刷，但我们的本意是只使用黑色印版印刷正文。

图13.9

8. 为找出其中的原因并修复问题，单击“黑色”旁边的空框。向左移动第 2 页，以便能够看到第 3 页的部分正文。您可能会以为第 3 页的正文与第 2 页的正文一样，但实际情况并非如此。打开“段落样式”面板（选择菜单“窗口”>“样式”>“段落样式”），并在第 3 页的正文中单击，高亮显示的样式为 Body Copy No Indent。在第 2 页的正文中单击，可以看到高亮显示的样式为“[基本段落]”，这说明没有对这些文本应用段落样式。

选择第 1 段末尾的一些文本，将其拖曳到第 3 段开头，然后单击段落样式 Body Copy No Indent 以应用它，如图 13.10 所示。

图13.10

9. 按Esc键切换到选择工具（▶）。在“分色预览”面板中，单击“黑色”旁边的眼睛图标。现在，所有您期望为黑色的文本都消失了。这是因为这个段落样式包含字符颜色，并将其设置成了100% 黑色。由此可知，使用段落样式可避免很多错误，包括文本的颜色不一致这样的错误。
10. 在“分色预览”面板中，从“视图”下拉列表中选择“关”以显示所有颜色，然后关闭这个面板。关闭“段落样式”面板。
11. 选择菜单“文件”>“存储”保存文件。

13.4 管理颜色

为确保文件可用于商业印刷，一种有效方式是确保“色板”面板显示且只显示实际使用的颜色，这是印刷服务提供商收到您的文件后首先做的检查之一。

1. 选择菜单“窗口”>“颜色”>“色板”，打开“色板”面板。可以看到这个文件中有多种黄色，其中包含一个 RGB 版本。在设计过程中，经常会出现这样的情况，但设计者的本意是要在整个文档中都使用同一种黄色，因此这种问题必须修复。要快速找出所有未使用的颜色，可从“色板”面板菜单中选择“选择所有未使用的样式”，结果如图 13.11 所示。然后，就可从面板菜单中选择“删除色板”，将所有未使用的色板都删除。

> **提示** 可以看到有一种名为 TRUMATCH 8-b 的颜色。TRUMATCH 是 InDesign 内置的专用于 CMYK 印刷的颜色色板库。

2. 下面找出这个文件使用的未保存为色板的颜色。从“色板”面板菜单中选择“添加未命名颜色”，将出现 3 种之前未出现的颜色（您在“颜色”面板中创建颜色并使用它们，但没有将它们添加到“色板”面板，这些颜色就是未命名颜色），如图 13.11 所示。重要的是判断这些颜色使用的是否是这个文件允许的油墨，可以看到它们都是 CMYK 颜色，因此没有任何问题。

选择所有未使用的样式　　　　添加未命名颜色

图13.11

选择合适的色板库

色板库中提供了大量的颜色，但必须注意的是有些色板库包含自定义油墨，如果印刷文档时没有使用这些油墨，可能无法得到期望的效果。目前流行的自定义油墨色板库是Pantone Solid Coated。Pantone油墨（和所有专色）类似于自己混合的颜料，它们不是通过混合CMYK油墨得到的，有些可能能够通过混合CMYK油墨得到，但很多都不能。您应了解用于输出文档的印刷方式，并学会使用合适的色板库。

使用油墨管理器

油墨管理器让您能够控制输出时使用的油墨。使用油墨管理器所做的修改将影响输出，但不会影响文档中的颜色定义。

“油墨管理器”选项很有用，它让您能够指定如何使用油墨，从而避免回过头去修改置入的图形。例如，使用 CMYK 印刷色印刷使用了专色的出版物时，油墨管理器提供了将专色转换为等价 CMYK 印刷色的选项。如果文档中包含两种相似的专色，但只有一种专色是必不可少的，或如果一种专色有两个名称时，油墨管理器能够将这些变种映射到一种专色（这被称为油墨别名）。

下面学习如何使用油墨管理器将专色转换为 CMYK 印刷色，还将创建油墨别名，以便在对文档进行分色以创建印版时创建所需的分色数。

1. 如果有必要，再次打开“色板”面板，从“色板”面板菜单中选择“油墨管理器”。

> **提示** 要打开油墨管理器，也可从“分色预览”面板菜单中选择“油墨管理器”。要打开“分色预览”面板，可选择菜单“窗口”>“输出”>“分色预览”。

2. 在“油墨管理器”对话框中，单击颜色色板 PANTONE 136 C 左边的专色图标（），它将变成 CMYK 图标（）。这样，该颜色将以 CMYK 颜色组合的方式印刷，而不是在独立的印版上印刷。单击“确定”按钮关闭“油墨管理器”对话框。
3. 打开“分色预览”面板并从“视图”下拉列表中选择“分色”。可以看到其中不再包含 PANTONE 136 C，但 PANTONE 136 U 依然显示为一种独立的油墨，如图 13.12 所示。下面来处理它。

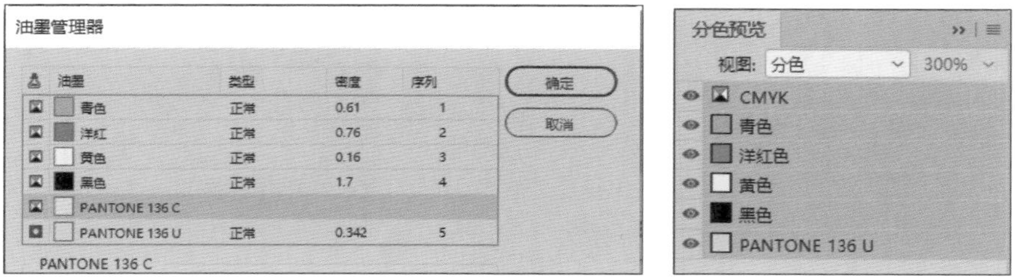

图13.12

在“油墨管理器”对话框的底部，有一个复选框“所有专色转换为印刷色”，让您能够将所有专色都转换为印刷色。这是一种不错的解决方案，可将印刷限制为使用 4 种印刷色，而无须在置入图形的源文件中修改专色。然而，如果专色图形使用了不透明度效果，油墨管理器的转换结果将不可靠。在这种情况下，必须使用最初用来创建图形的应用程序打开源文件，并将专色改为印刷色。事实上，当您存储包含专色和不透明度效果的文件时，Illustrator 将发出图 13.13 所示的警告。

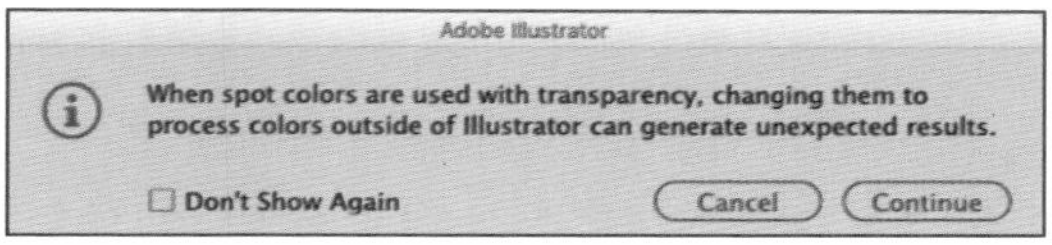

图13.13

> **提示** 如果文件将使用专色油墨印刷，使用不透明度效果不会有任何问题，但必须确保效果与文件的其他部分使用的油墨相同。

在很多工作流程中，都有同一个素材的 CMYK 版本和专色版本，以便根据文档的印刷方式链接正确的版本。如果项目将使用 CMYK 油墨印刷，而置入的图形使用了专色和不透明度效果，将不能在 InDesign 中将它们转换为 CMYK 印刷色，因为这种转换将引发错误。例如，效果应用的区域变成了白色框，这就是前述警告中所说的“意外结果”。在这种情况下，必须使用置入图形的 CMYK 版本。

4. 现在来合并相同专色的两个版本，以便只生成一个专色油墨印版。如果您要使用 CMYK 印刷油墨和 PANTONE 136 油墨印刷这个文档，就必须这样做。打开“油墨管理器”对话框，并单击色板 PANTONE 136 C 左边的 CMYK 图标（ ），将其转换为专色油墨。单击 PANTONE 136 U，并从“油墨别名”下拉列表中选择 PANTONE 136 C。这将重新映射所有使用颜色 PANTONE 136 U 的对象，使其与 PANTONE 136 C 印刷到同一个印版。单击“确定”按钮。
5. 切换到第 1 页，在“分色预览”面板中关闭 PANTONE 136 C。现在杂志名图形和文本都是白色的，如图 13.14 所示。这是因为它们使用的油墨关闭了，这意味着它们将印刷到同一个印版。

图13.14

6. 在“分色预览”面板中，从“视图”下拉列表中选择“关”，再选择菜单“文件”>“存储”保存文件。

13.5 预览不透明度效果

以前，如果对文档中的对象应用了不透明度效果（如投影和混合模式），则在打印或输出这些文档时，需要进行一种叫作拼合的处理，因为以前的商业印刷机的图像处理器无法处理不透明度效果。拼合将透明作品分割成基于矢量的区域和光栅化区域，而这些区域被进一步分割成被称为贴片（tile）的方块。然而，即便在拼合时使用“高分辨率”设置，光栅化区域的分辨率也比商业印刷机的图像处理器支持的分辨率低得多，因此印刷效果没有不拼合时那么好。

现代图像处理器能够处理不透明度效果，因此不需要拼合（保留实时不透明度）。要获得最佳结果，就不应在制作过程中进行拼合。在 InDesign 中，可使用“拼合预览”面板来确定哪些对象应用了不透明度效果，这让您能够确保您是有意（而不是不小心）使用了它们，还让您能够快速找出应用了不透明度效果的对象并检查其设置。

在这个杂志封面中，有些对象应用了不透明度效果。接下来，您将使用“拼合预览”面板来确定哪些对象应用了不透明度效果，以及这些效果将影响页面的哪些区域。

1. 如果有必要，切换到第 1 页并选择菜单“视图”>“使页面适合窗口”。
2. 选择菜单“窗口”>“输出”>“拼合预览”或单击停放区中的“拼合预览”面板图标（ ），再调整“拼合预览”面板的位置，以便能够看到整个页面。
3. 在“拼合预览”面板中，从“突出显示”下拉列表中选择“透明对象”，单击“刷新”按钮。除应用了不透明度效果的区域外，整个页面都呈灰色。
4. 如果有必要，从“预设”下拉列表中选择“[高分辨率]”，如图 13.15 所示。

图13.15

可以看到使用红色突出显示了页面顶部的杂志名，这是因为它应用了诸如混合模式或投影等特殊效果（这里是投影）。这种突出显示让您能够找出版面中使用了不透明度效果的区域，进而检查每个对象的不透明度设置，还可找出可能无意间对其应用了不透明度效果的对象。

> Id **提示** 不透明度设置可能是在 Photoshop、Illustrator 或 InDesign 中指定的。无论不透明度设置是在 InDesign 中指定的还是置入的，“拼合预览”面板都能识别。

5. 切换到下一个跨页，注意这个跨页没有使用红色突出任何对象，就像没有启用拼合预览一样。这是因为没有对这个跨页中的任何对象应用不透明度效果。
6. 从“突出显示”下拉列表中选择“无”以禁用拼合预览，关闭“拼合预览”面板。

13.6 预览页面

前面预览了分色和版面的透明区域，下面预览页面以了解杂志封面印刷出来的效果。

1. 在工具面板底部的“屏幕模式”按钮（ ）上按住鼠标左键，并从下拉列表中选择“预览”，如图 13.16 所示，这将隐藏所有参考线、框架边缘、不可见字符、粘贴板和其他非打印项目。要了解文档印刷并裁剪后是什么样的，这是最合适的屏幕模式。
2. 在“屏幕模式”按钮上按住鼠标左键，并从下拉列表中选择“出血”，这将显示最终文档周围的区域。这种模式用于确认需要出血的对象

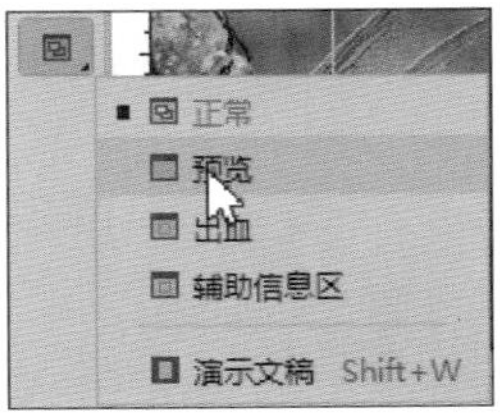

图13.16

是否延伸到了文档边缘外面。杂志封面打印出来后，将根据最终文档大小裁剪掉多余的区域。

> **注意** 有关出血的更详细信息，请参阅 3.12 节。

3. 打印或导出前，浏览整个文档，并检查各个方面。除了可在预览模式下检查各个对象外，还可在出血模式下确定位于文档边缘的对象是否延伸到了粘贴板。再次确认印前检查状态为“无错误”。
4. 从“屏幕模式”下拉列表中选择“正常”，再选择菜单“文件”>“存储”保存文件。

确认文档的外观没有问题后，便可打印了。

13.7 创建 PDF 校样

如果文档需要由他人审阅，可用 InDesign 轻松地创建 PDF（便携文档格式）文件以便传输和共享。您将 PDF 文件与人共享后，对方就可在没有 InDesign 及使用的字体和链接的情况下审阅项目了。使用 PDF 文件格式有多个优点：文件被压缩得更小；所有字体和链接都包含在单个复合文件中；不管在 macOS 还是 Windows 系统中打开文件，屏幕上显示的效果和打印的文件都相同。InDesign 可将文档直接导出为 PDF 文件。

印刷时，将出版物导出为 PDF 文件也有很多优点：将创建一个紧凑而可靠的文件，其中包含 InDesign 文档中的所有元素（包括高分辨率的图形和所有字体）；您或印刷服务提供商利用这个文件可获得与使用 InDesign 文档一样的高品质结果；印刷服务提供商还可使用各种工具对导出的 PDF 文件执行印前检查、陷印、整版、分色等操作。

将 InDesign 文档导出为 PDF 文件的目的有两个，它们的需求不同：您可使用预设来存储适合不同目的的设置，这样就无须在每次导出时都在“导出”对话框中选择多个选项，换言之，预设让您能够根据不同的目的确定需求，并在导出时直接使用它们；您还可与同事共享预设，确保所有人导出为 PDF 文件时使用的设置都相同。

下面使用内置预设创建用于审阅和校样的 PDF 文件。

1. 选择菜单“文件”>“导出”。
2. 从“保存类型”（Windows）或“格式”（macOS）下拉列表中选择“Adobe PDF(打印)”，并在“文件名”文本框中输入“13_Press_Proof”。如果有必要，切换到文件夹 Lesson13，单击“保存”按钮，将出现“导出 Adobe PDF”对话框。
3. 从“Adobe PDF 预设”下拉列表中选择“[高质量打印]”。该设置用于创建适合在屏幕上显示的校样，以及在桌面打印机上输出的 PDF 文件。使用它生成的文件不太大，因此易于分享，同时分辨率不太低，可对光栅图形进行校样。

> **注意** “Adobe PDF 预设”下拉列表中的预设可用于创建各种 PDF 文件，从适合在屏幕上观看的小文件到适合高分辨率印刷或输出的文件都可以。

勾选复选框“导出后查看 PDF”，这样导出后将直接在 Acrobat 中打开生成的 PDF 文件（如果安装了 Acrobat 的话）。保留其他所有默认设置不变，如图 13.17 所示。

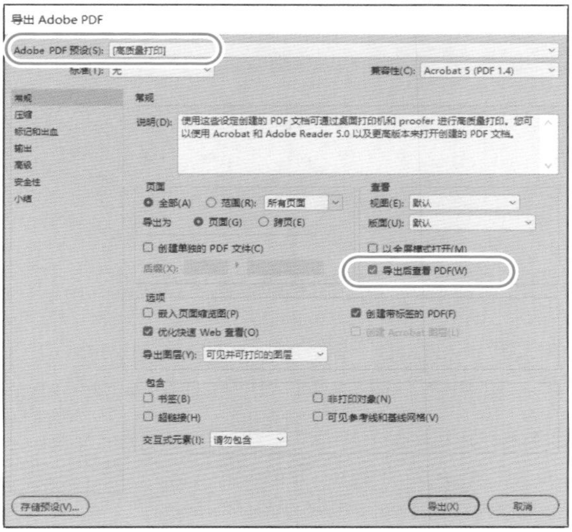

图13.17

> **注意** 在 InDesign 中，导出 PDF 文件是在后台完成的，这让您在创建 PDF 文件时还能继续工作。在这个后台进程结束前，如果您试图关闭文档，InDesign 将发出警告。

4. 单击“导出”按钮，将生成一个 PDF 文件，并在 Acrobat Pro DC 或 Acrobat Reader DC 中打开它。

> **提示** 要查看 PDF 文件的导出进度，可选择菜单“窗口”>“实用程序”>“后台任务”，打开“后台任务”面板。

5. 检查 PDF 文件。这种 PDF 文件的适合与同事或客户分享，或者使用办公打印机打印，以便进行审阅。

6. 返回 InDesign。在屏幕上可能出现“PDF 注释”面板，如图 13.18 所示。对审阅操作来说，这是一项重要的功能，让您能够在 InDesign 中直接处理在 Acrobat 中创建的注释，而无须在 InDesign 和 Acrobat 之间切换。“PDF 注释”面板让您能够从 InDesign 创建的 PDF 文件中导入注释。当您单击注释时，InDesign 将导航到相应的对象。

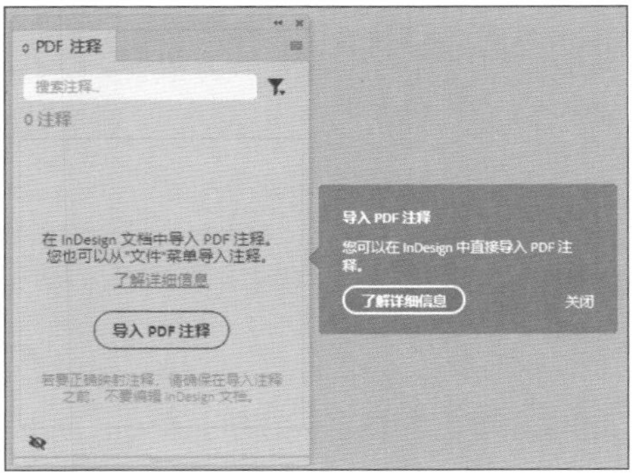

图13.18

7. 关闭小贴士和“PDF 注释”面板，选择菜单“文件”>“存储”保存文件。

> **注意** 如果没有出现“PDF 注释”面板也没有关系，您只需阅读第 6 步和第 7 步，再保存文件即可。

> **提示** 有关如何在 InDesign 中使用 PDF 注释的更详细信息，请参阅 InDesign 在线帮助。

13.8 创建可用于印刷的 PDF 文件并保存 PDF 预设

对于要印刷的 InDesign 文档，可以把原始文件提交给印刷服务提供商（这将在本课后面介绍），也可以把可用于印刷的 PDF 文件提交给他们。可用于印刷的 PDF 文件必须是高分辨率的，并包含出血区域。下面介绍如何创建可用于商业印刷的 PDF 文件。

InDesign 提供了一个名为“[印刷质量]”的 PDF 导出预设，其中定义了大部分必要的设置，但不适合包含出血对象的文档。下面以该预设为基础，创建一个包含出血的、可用于印刷的预设。

1. 选择菜单“文件”>“Adobe PDF 预设”>“定义”。向下滚动到“[印刷质量]”并选择它，单击“新建”按钮。这让您能够以预设“[印刷质量]”设置的选项为基础创建新的预设。
2. 在顶部的文本框中，将“预设名称”改为 Press Quality with Bleed。
3. 单击左边列表中的“标记和出血”，做如下修改：在“标记”部分，从“类型”下拉列表中选择“默认”，勾选复选框“裁切标记”，将“位移”设置为 0.125 英寸；在“出血和辅助信息区”部分，将“上”出血设置为 0.125 英寸，并确保按下了“将所有设置设为相同”图标（ ），让所有出血设置都相同，如图 13.19 所示。

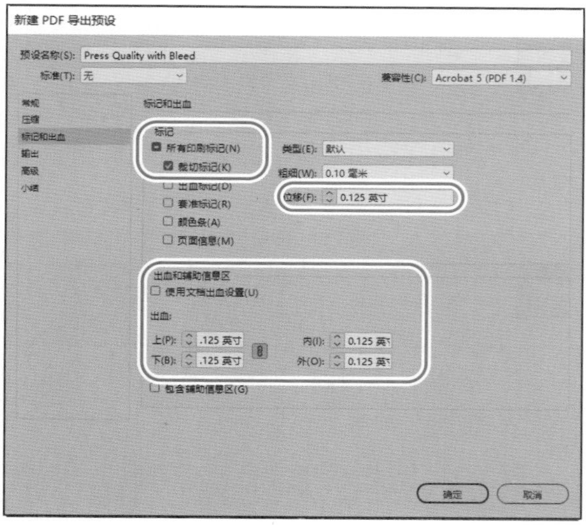

图13.19

> **注意** 也可勾选复选框“使用文档出血设置”，通过在预设中设置出血量，即便文档没有设置出血量，导出时也将包含指定的出血区域。

4. 单击“确定”按钮，单击“完成”按钮。以后每当您要将 InDesign 文档导出为 PDF 文件时，都可使用这个预设。

5. 选择菜单“文件” > “Adobe PDF 预设” > “Press Quality with Bleed”。比起选择菜单“文件” > “导出”，这种使用 PDF 预设的方式更快捷。将文件命名为 13_Press_HighRes.pdf，单击“保存”按钮。在打开的“导出 Adobe PDF”对话框中，确保勾选了复选框“导出后查看 PDF”，单击“导出”按钮。

导出的 PDF 文件在 Acrobat 中打开后，可以看到封面照片延伸到了裁切标记外面，如图 13.20 所示。裁切标记指出了在将杂志封面裁切为最终尺寸时，刀片将沿纸张的什么地方裁切。这里将在印刷出来的图像内裁切，避免边缘出现没有图像的空白区域。

创建用于印刷的 PDF 预设时，重要的设置如下。

- 栅格图形为高分辨率。
- 包含出血。
- PDF 兼容性至少为 Acrobat 5，这样才不会拼合不透明度效果。

图13.20

刚才创建的预设满足上述所有要求，但您可能想编辑它。例如，您可能想提高 Acrobat 兼容性版本。

要核实 PDF 预设包含实时不透明度还是对其进行了拼合，可查看“兼容性”设置为 Acrobat 4 和更高版本时可设置的选项。

1. 返回到 InDesign，选择“文件” > “Adobe PDF 预设” > “定义”，从“预设”列表中选择 Press Quality with Bleed，并单击“编辑”按钮。
2. 从左边的列表中选择“高级”。可以看到“透明度拼合”设置呈灰色，表示它无法修改，这意味着不会拼合不透明度效果。将“兼容性”设置改为 Acrobat 4，“透明度拼合”设置将变得可用，如图 13.21 所示。因为导出为 Acrobat 4 意味着导出为一种不支持不透明度效果的文件格式，因此必须拼合不透明度效果。单击“取消”按钮，单击“完成”按钮，关闭“Adobe PDF 预设”对话框。

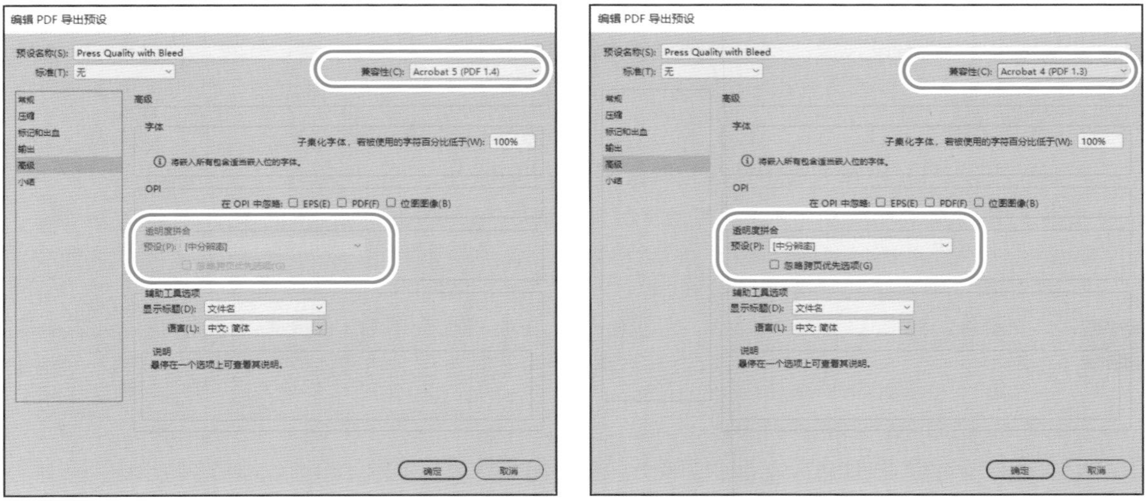

图13.21

> **提示** 要创建可用于印刷的拼合 PDF，可先在“导出 Adobe PDF”对话框中单击左边列表中的“高级”，再在“透明度拼合”部分从“预设”下拉列表中选择“[高分辨率]”。

分享预设

1. 选择菜单“文件” > “Adobe PDF 预设” > “定义”，打开“Adobe PDF 预设”对话框。选择 Press Quality with Bleed，单击“存储为”按钮。
2. 给这个预设指定文件名，切换其存储位置，单击“保存”按钮。现在就可以与人分享这个预设了。

要载入预设，可在“Adobe PDF 预设”对话框中单击“载入”按钮。

3. 选择菜单“文件”>“Adobe PDF 预设”>“定义”，在“Adobe PDF 预设”对话框中单击“载入”按钮，切换到文件夹 Lesson13，选择文件 Proof-Facing-Pages.joboptions 并单击“打开”按钮。单击“完成”按钮关闭“Adobe PDF 预设”对话框。现在就可以使用这个预设了。

这个预设用于创建高品质校样，在 Acrobat 中打开时，将在工作区中并排显示跨页的左右对页。

4. 选择菜单“文件” > “Adobe PDF 预设” > “Proof Facing Pages”，再次导出当前文件（您可根据自己的喜好给导出的文件命名）。在 Acrobat 中，向下滚动到封面后面的第 1 个跨页，注意，显示的是跨页而不是单页。以这样的方式控制视图，可确保审阅者查看文档时与读者翻阅纸版杂志时的情形最接近。

13.9 打印校样并保存打印预设

InDesign 让使用各种输出设备打印文档变得非常容易。在本节中，您将创建一种打印预设来存储设置，这样以后在使用相同的设备打印时，无须分别设置每个选项，从而节省时间。保存打印预设与保存 PDF 预设很像，这里的预设供办公打印机打印校样时使用——假定该打印机只使用 Letter 或 A4 纸张。

1. 选择菜单“文件” > “打印”。
2. 从“打印机”下拉列表中选择您要使用的打印机。

在本节中，您看到的选项随选择的设备而异，请尽可能使用您的打印机来完成这里的步骤。

> **注意** 如果您的计算机没有连接打印机，可从“打印机”下拉列表中选择“PostScript 文件”；如果连接了打印机，可选择一种 Adobe PDF PPD（如果有的话）并完成下面的全部步骤。如果没有其他 PPD，可将 PPD 设置为“设备无关”，但本节介绍的一些控件将无法使用。

3. 单击“打印”对话框左边的“设置”，并做如下设置，如图 13.22 所示。

- 将“纸张大小”设置为 Letter（或 A4）。

- 将“页面方向”设置为纵向。
- 选择单选按钮“缩放以适合纸张”。

4. 单击“打印”对话框左边的“标记和出血”，做如下设置，如图 13.23 所示。

- 勾选复选框“裁切标记”。
- 在文本框“位移”文本框中输入“0.125 英寸”。
- 勾选复选框“页面信息”。
- 在“出血和辅助信息区”部分，在“上”文本框中输入“0.125 英寸”并按 Enter 键，单击“将所有设置设为相同”图标（ ），将其他文本框中的值都设置为 0.125 英寸。

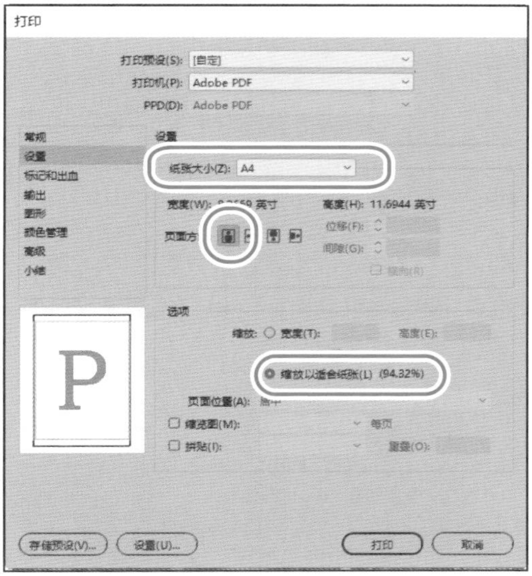

图13.22

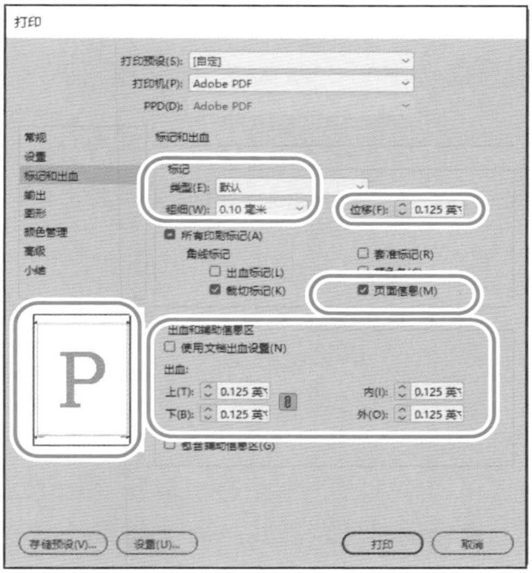

图13.23

注意 在“位移”文本框中输入值之前，需要确保从“类型”下拉列表中选择了“默认”；在“上”文本框中输入值之前，需要确保取消勾选复选框“使用文档出血设置”。

请注意对话框左下角的预览，它指出了您启用的选项及文档在纸张上的位置。裁切标记打印在页面区域的外面，指出了打印最终文档后应在什么地方进行裁切，就像我们在可印刷的 PDF 中看到的一样。勾选了复选框“页面信息”时，将在文档底部自动添加文档名、页码，以及打印日期和时间。由于当前文档的尺寸已经是 Letter，而裁切标记和页面信息打印在页面边缘的外面，因此需要选择单选按钮“缩放以适合纸张”，这样 Letter 或 A4 纸张才能容纳页面、出血区域和标记。

勾选复选框“使用文档出血设置”将导致 InDesign 打印超出页面区域边缘的对象，这时无须指定要打印的额外区域，因为这个值已经在“文档设置”中指定了。如果在文档设置中没有指定出血值，就需要在这里指定。

5. 选择“打印”对话框左边的“输出”，从“颜色”下拉列表中选择“复合 RGB”或“复合 CMYK”。如果要打印到黑白打印机，请选择“复合灰度”。

选择“复合 CMYK”将导致打印时任何 RGB 颜色（包括 RGB 图像中的 RGB 颜色）都转换为 CMYK 颜色。该设置不会修改置入图形的原稿，也不会修改应用于对象的任何颜色。具体该选择什么样的设置取决于您使用的打印设备。

提示 如果文档包含将在打印时被拼合的不透明度设置，请在“打印”对话框的“输出”部分勾选复选框“模拟叠印”，以获得最佳的打印效果。

6. 选择“打印”对话框左边的“图形”，从“发送数据”下拉列表中选择“优化次像素采样”。

选择“优化次像素采样”后，InDesign 只发送在“打印”对话框中选择的打印机所需的图像数据，这可缩短为打印而发送文件所需的时间。若要将高分辨率图像的完整信息发送给打印机（这可能增长打印时间），就从“发送数据”下拉列表中选择“全部”。

注意 如果将 PPD 设置为“设备无关”，将不能选择“优化次像素采样”，因为这种通用的驱动程序无法确定选择的打印机需要哪些信息。

7. 从“下载”下拉列表中选择“子集”，这将导致只将打印文档实际使用的字体和字符发送给输出设备，从而提高单页文档和文本不多的短文档的打印速度。根据选择的打印设备不同，这个选项可能呈灰色（不可用）。
8. 在“颜色管理”和“高级”部分，保留默认设置不变。
9. 单击“打印”对话框底部的“存储预设”按钮，将预设命名为 Proof Fit To Page，单击“确定”按钮，如图 13.24 所示。InDesign 将返回“打印”对话框，其中的设置还在。以后您要使用这些设置时，只需选择相应的预设即可。

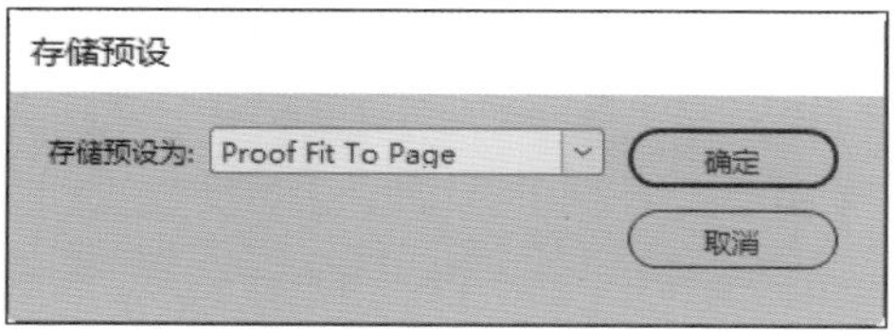

图13.24

提示 要使用预设快速打印，可从菜单“文件”>“打印预设”中选择一种设备预设。如果这样做时按住了 Shift 键，将使用选择的预设中的设置直接打印，而不显示“打印”对话框。

10. 单击“打印”按钮打印文档，也可单击“取消”按钮。

通过创建打印预设，可存储打印设置，这样就无须每次使用相同的设备打印时都分别设置每个选项。可创建多种预设，以满足每种设备和不同项目的各种质量需求。以后要使用这些设置时，可从“打印”对话框顶部的“打印预设”下拉列表中选择相应的预设。您还可与同事分享打印预设。

打印小册子

对于要装订成小册子的文档，一种很有用的校样方式是使用“打印小册子”功能。这让您能够创建结构与印刷出来的小册子类似的校样。以这种方式打印文档时，可将一系列打印出来的纸张对折，在书脊上装订，再通过翻页进行审阅。

1. 选择菜单“文件”>“打印小册子”，打开“打印小册子”对话框。
2. 单击“打印设置”按钮，在“打印”对话框左边的列表中选择“设置”，将“页面方向”改为横向（水平），单击“确定”按钮返回“打印小册子”对话框。
3. 保留“小册子类型”的默认设置“双联骑马订”，选择左边列表中的“预览”，如图13.25所示。注意最后一页在封面旁边，如图13.26所示，这被称为打印机跨页（这里是封面和封底）。

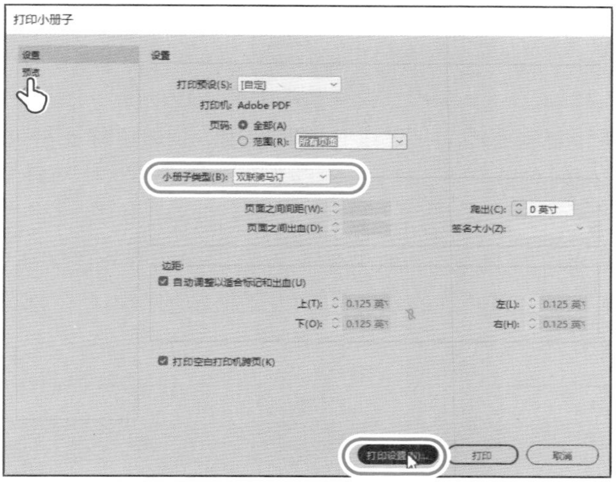

图13.25

由课程文件中封面和封底组成的打印机跨页

图13.26

4. 单击“取消”按钮（如果您要打印该文档，可单击“打印”按钮）。打开文件13_SixteenPager.indd，选择菜单“文件”>“打印小册子”，再执行前面的第2和3步。单击预览窗口底部的滑块在跨页之间切换。这个文档包含很多页，让您能够明白页面是如何组合成打印机跨页的，如图13.27所示。单击“取消”按钮（如果您要打印该文档，可单击“打印”按钮），关闭文件13_SixteenPager.indd。

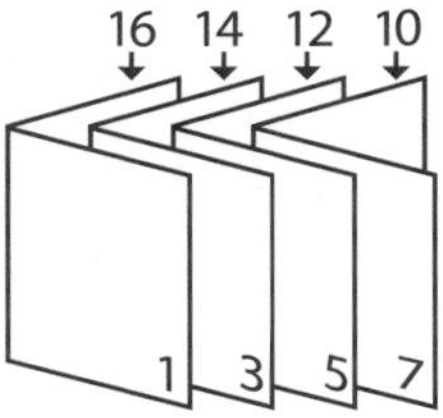

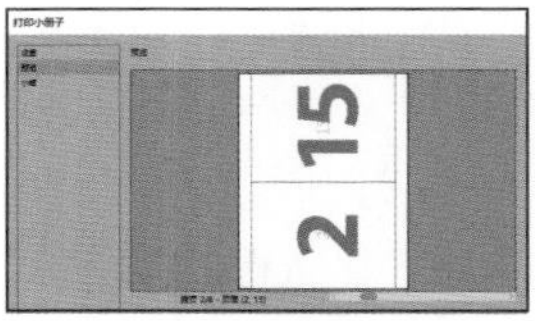

包含16页示例文档中封面和封底的打印机跨页

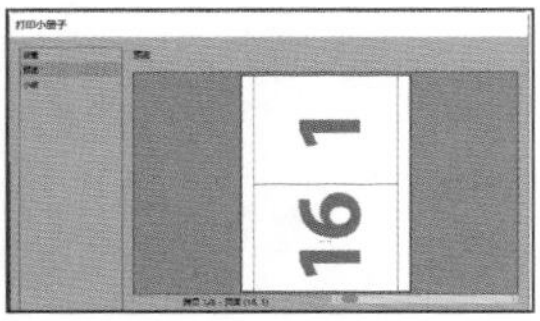

包含16页示例文档中一个内跨页的打印机跨页

图13.27

13.10 将文件打包

可使用“打包”功能将InDesign文档及其链接的项目（包括图形）组合到一个文件夹中。当您将文档打包时，InDesign还将复制所需的字体供打印时使用。打包可确保提供输出时所需的所有文件。打包文件和创建可用于印刷的PDF是将InDesign项目提供给印刷服务提供商进行印刷的两种标准方式。

“打包”还可用于将项目的各个组成部分收集起来，以便与人分享项目或将项目归档。

下面将这份杂志使用的文件打包，以便将它们发送给印刷服务提供商。

1. 选择菜单“文件”>“打包”，在“打包”对话框中的“小结”部分，指出了另外一个印刷方面的问题，如图13.28所示。

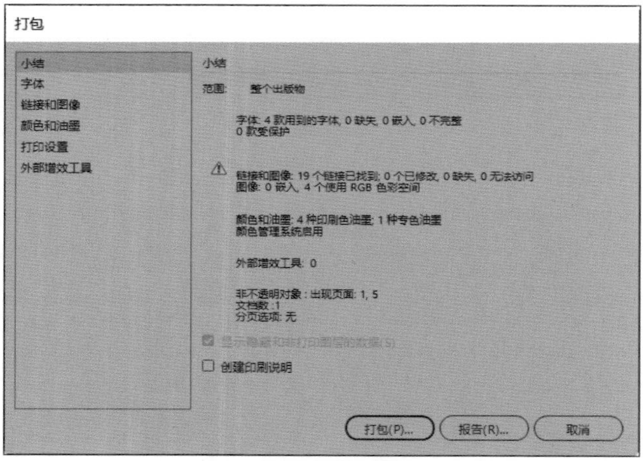

图13.28

这个文档包含RGB图形，InDesign指出了这一点。这种警告是标准做法，因为有些印刷服务提供商会要求您在提交文件前将所有图像都转换为CMYK图像。但有些印刷服务提供商要使用自己的标准将RGB转换为CMYK，因此请注意这种警告，但不要做任何修改。一种通常的方案是，询问印刷服务提供商喜欢哪种做法。

> Id **注意** Creative Cloud成员可使用Adobe Fonts提供的字体，但使用“打包”功能时，不会包含这些字体。

2. 不要勾选复选框“创建印刷说明”。

InDesign 可创建包含印刷说明和联系信息的文本文件，并将其同 InDesign 文档、链接和字体一起存储在包文件夹中。接收方可根据该文件了解您要做什么，以及有问题时该如何与您联系。

3. 单击“打包”按钮，如果 InDesign 询问是否要保存 InDesign 文档，单击“存储”按钮。
4. 在“打包出版物”对话框中，切换到文件夹 Lesson13。可以看到为这个包创建的文件夹名称为 13_Press，InDesign 自动根据本课开始时指定的文档名给该文件夹命名，但如果您愿意，也可对其进行修改。
5. 确保勾选了下列复选框。

- 复制字体 (从 Adobe Fonts 中激活的字体和非 Adobe CJK 字体除外)。
- 复制链接图形。
- 更新包中的图形链接：将打包的 InDesign 文档重新链接到打包的 Links 文件夹中的文件。
- 包括 IDML：让人能够在必要时使用以前的 InDesign 版本打开这个文件。
- 包括 PDF(打印)：以防忘记随原生文件发送 PDF 校样。

注意 IDML 指的是 InDesign 标记语言（InDesign Markup Language）。IDML 文件可在较早的 InDesign 版本中打开。

提示 如果“打包出版物”对话框中勾选了复选框“复制字体（C）(从 Adobe Fonts 中激活的字体和非 Adobe CJK 字体除外)”，InDesign 将在包文件夹中生成一个名为 Document fonts 的文件夹。如果打开与 Document fonts 文件夹位于同一个文件夹中的文件，InDesign 将自动为您安装这些字体，且这些字体只能用于该文件。

6. 从“选择 PDF 预设”下拉列表中选择“[高质量打印]”，如图 13.29 所示。

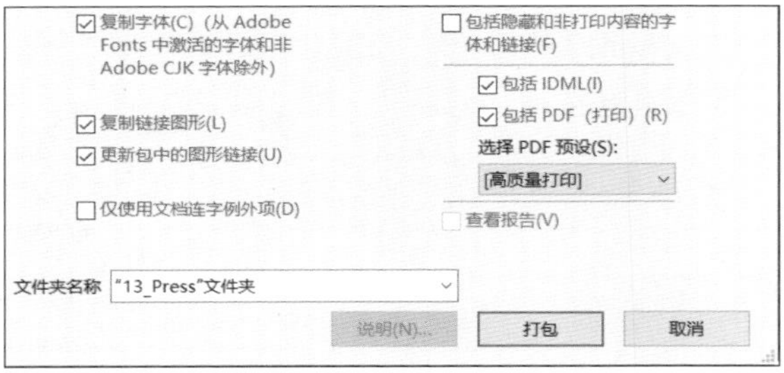

图13.29

7. 单击“打包”按钮。
8. 阅读出现的“警告”消息框（其中指出了许可限制可能影响您能否复制字体），单击“确定”按钮。
9. 打开资源管理器（Windows）或 Finder（macOS），切换到硬盘中的文件夹 InDesignCIB\

Lessons\Lesson13，并打开文件夹"'13_Cover'文件夹"。

注意，InDesign 创建了 InDesign 文档及其 IDML 和 PDF 版本，将所有字体都复制到了文件夹 Document fonts 中，并将高分辨率打印所需的图形和其他链接文件复制到了文件夹 Links 中。由于勾选了复选框"更新包中的图形链接"，因此该 InDesign 文档链接的是包文件夹中的图形文件，而不是原来链接的文件。这让印刷服务提供商更容易管理该文档，同时使包文件夹适合用于存档和分享。

10. 查看打包过程中创建的 PDF 文件，确认所有的文本和图形都正确无误。查看完毕后，关闭文件夹"'13_Cover'文件夹"并返回 InDesign。通常，将这个文件夹压缩并发送给印刷服务提供商时，其中的 PDF 文件将作为校样，供印刷服务提供商用来检查印刷情况。

13.11 导出图形供 Web 和其他数字发布使用

在 InDesign 中，可将图形导出到文件中，供 Web 开发人员使用或以其他数字方式使用。这样做的优点是，可避免开发人员花时间重复您做的工作，同时可让您确信：您在 InDesign 中花大量的时间和心思创建的对象将在网页、移动设备和电子邮件图形中正确地呈现。

对于那些将使用您的文件的开发人员，您应与他们交流，询问他们有什么样的要求。例如，在分辨率方面，以前的 Web 标准是 72 dpi，但对于要在现代平板电脑上显示的项目，这样的标准可能不适用，因为现代平板电脑的屏幕分辨率要高得多。

下面将完成两个使用常规设置的示例。

1. 切换到第 5 页。这里有两个包含 InDesign 对象和文字的图形，其中红色的那个还应用了 InDesign 效果。
2. 选择黄色图形，选择菜单"文件">"导出"，并从"保存类型"（Windows）或"格式"（macOS）下拉列表中选择 PNG。这种格式更适合用于边缘清晰的图形，如这里的圆和文字；对于照片型对象，请使用 JPEG 格式。将文件命名为 Tomatoes-Peas-Carrots-Yellow.png，并将其保存到文件夹 Lesson13 中。
3. 在"导出"部分，选择单选按钮"选区"。在"图像"部分做如下设置。

- 品质：最大值。
- 分辨率 (ppi)：150。
- 色彩空间：RGB。

在"选项"部分，勾选如下复选框，如图 13.30 所示。

- 透明背景：因为在这个对象内部挖掉了一个圆。
- 消除锯齿：让边缘更平滑。
- 模拟叠印：旨在保留效果。

然后单击"导出"按钮。

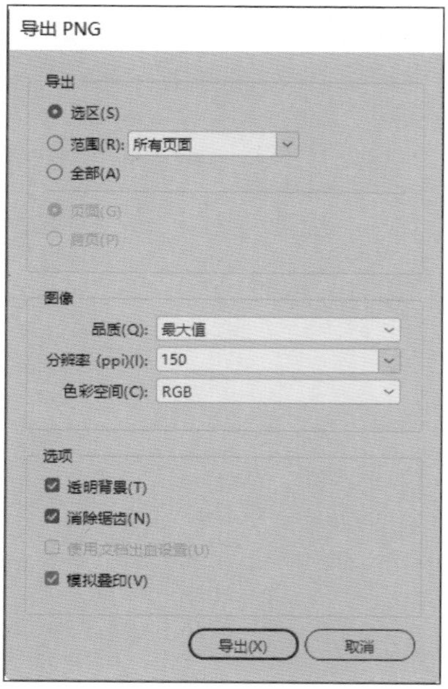

图13.30

4. 切换到桌面，找到刚导出的文件，并将其拖曳到 Web 浏览器图标上，在 Web 浏览器中查看它。如果您安装了 Photoshop，也可在 Photoshop 中打开它。
5. 切换到 InDesign 并选择红色图形。重复第 2 ～ 4 步，并将文件命名为 Tomatoes-Peas-Carrots-Red.png。当您在 Web 浏览器或 Photoshop 中查看导出的文件时，将发现保留了应用的效果，例如圆圈中央是透明的，如图 13.31 所示。

InDesign中的原始对象　　Photoshop中导出的PNG文件

图13.31

另一种方法是同时导出多个对象。为此，将使用两项您以前可能没有使用过的功能。一是“导出到 HTML”，您无须对 HTML 编码有任何了解就可使用它来导出图形，后面使用这项功能时将只获取它生成的图像。二是“文章”面板，它让您能够组织 InDesign 文档中的元素，以便将其用于诸如 EPUB 或网页等数字输出。

1. 切换到第 4 页，方法是按住 Space 键并单击，等鼠标指针变成手形图标后向下拖曳，直到看到第 4 页的图像后再依次松开鼠标和 Space 键。在这个页面中，有一些来自第 10 课的图像。
2. 使用选择工具（▶）拖曳出方框选择全部 4 幅图像。
3. 选择菜单“窗口”>“文章”，打开“文章”面板。当前，这个面板只包含一些说明文字。
4. 将选择的图像拖曳到“文章”面板上，等鼠标指针变成带加号的紧握手形后松开鼠标。将出现一个对话框，让您能够给文章命名，请输入“Flowers”，单击“确定”按钮。“文章”面板中将显示文章名，以及前面选择的 4 幅图像，如图 13.32 所示。

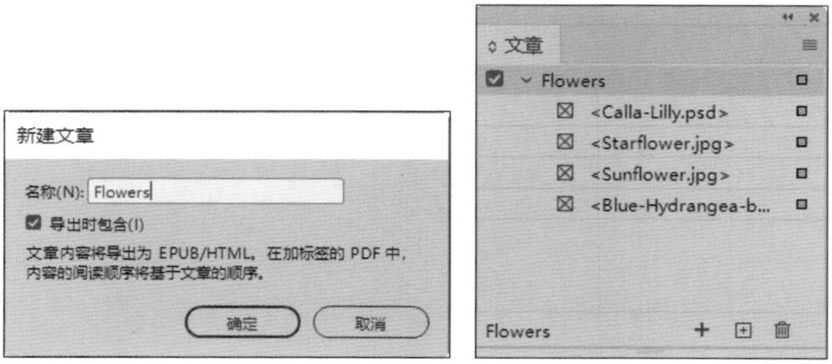

图13.32

5. 选择菜单“文件”>“导出”，并从“保存类型”（Windows）或“格式”（macOS）下拉列表中选择“HTML”。将文件命名为Flowers-for-web，切换到文件夹Lesson13，单击“保存”按钮，将打开“HTML 导出选项”对话框。
6. 在第一个选项卡（“常规”）的“内容顺序”部分，选择单选按钮“与文章面板相同”，如图 13.33 所示。

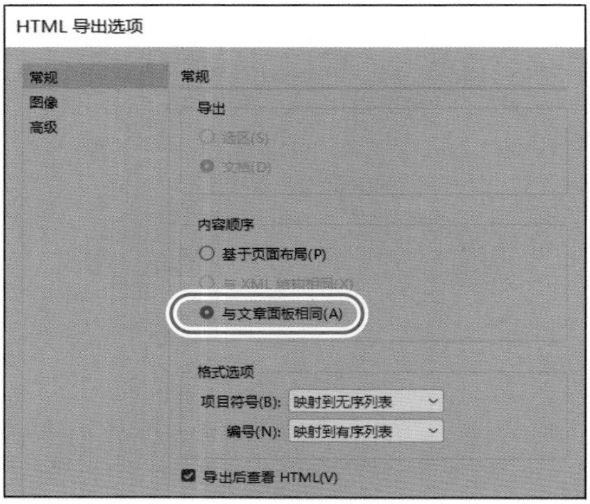

图13.33

7. 从左边的列表中选择“图像”。从“复制图像”下拉列表中选择了“优化”（默认设置）；勾选复选框“（对图形 / 媒体对象）保留版面外观”，这将保留裁剪、大小调整，以及图像在框架中的位置等外观，还有您可能应用了的 InDesign 效果。从“分辨率”和“图像转换”下拉列表中分别选择 150 和 PNG，如图 13.34 所示。通过使用 PNG 文件格式，将保留不透明度设置，使不是矩形的对象被导出时带透明背景。您将在下面的圆形图片框架中看到这一点。

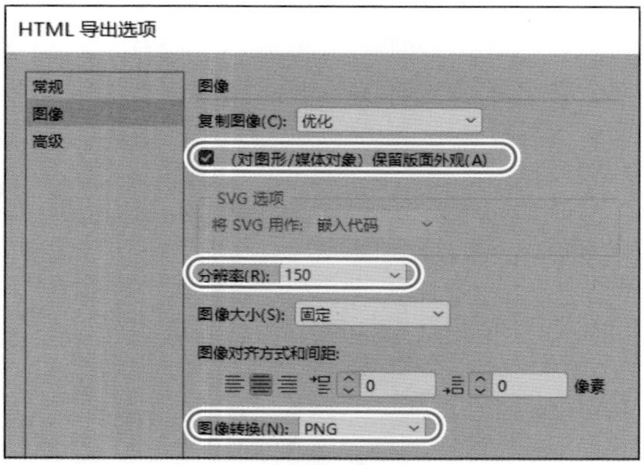

图13.34

8. 单击“确定”按钮，将在默认 Web 浏览器中打开导出的图像，因为导出为 HTML 时，默认勾选了复选框“导出后查看 HTML”。关闭浏览器，切换到桌面，打开文件夹 Lesson13，您将发现其中有一个名为 Flowers-for-web-web-resources 的文件夹，还有一个名为 Flowers-For-Web.html 的文件。

9. 打开文件夹 Flowers-for-web-web-resources，并打开其中的文件夹 image。在这个文件夹中，包含前面您添加到“文章”面板中的 4 幅图像，它们被转换为 PNG 格式，以及符合 Web 要求的其他特征（如 RGB 颜色），可直接用于数字发布。您可删除导出为 HTML 时生成的其他文件。
10. 如果您安装了 Photoshop，可使用它来查看这些图像。注意，导出的图像与 InDesign 中完全相同（裁剪、尺寸和在框架中的位置），且在图片框架中，位于圆形外面的部分是透明的，如图 13.35 所示。

图13.35

也可导出整个页面，作为模板供开发人员使用。

1. 选择菜单“文件”>“导出”，从“保存类型”（Windows）或“格式”（macOS）下拉列表中选择 PNG。将文件命名为 Summer-Issue-Mockup.png，单击“保存”按钮。在“导出”部分，选择单选按钮“范围”并输入“1-3”，单击“导出”按钮。
2. 切换到桌面，打开导出的文件所在的文件夹，其中有 3 个文件，每个对应一个页面。您可在 Web 浏览器或 Photoshop 中查看它们。

祝贺您学完了本课！

13.12 练习

1. 通过选择菜单“文件”>“打印预设”>“定义”来创建一种新的打印预设。使用打开的对话框，创建用于特大型打印或各种可能使用彩色或黑白打印机的打印预设。例如，如果您的打印机使用小报纸张，创建一个让您能够以全尺寸打印 Letter 页面并包含出血的预设。或者创建一个预设，让您能够在不缩放的情况下将小型页面（如明信片）打印到 Letter 纸张上。
2. 练习使用本课存储的预设 Press Quality with Bleed 来打印其他文档，如本书其他课程中的文档或您自己的文件。
3. 练习使用“打包”功能将其他文档打包，如本书其他课程中的文档或您自己的文件。查看生成的文件夹的内容，以熟悉将文件发送给印刷服务提供商时，需要提供哪些内容。

4. 练习如何打开置入的文件，以修复存在的印刷问题。在“链接”面板中单击一个图形，在“链接”面板菜单中选择“编辑工具”，再选择 Photoshop（如果要打开的是栅格图像）或 Illustrator（如果要打开的是矢量图形）。对置入的文件进行修改，然后保存并关闭它，回到 InDesign 后可以看到链接更新了。

5. 打开第 12 课的最终文件 12_End.indd。这个文件版面很复杂，如果让 Web 开发人员重新创建它，将耗费大量时间。请将第 1 页导出为 PNG 文件，并使用前一节导出为 PNG 文件时使用的设置。导出为 PNG 文件后，就可在数字媒体中使用它了。

13.13 复习题

1. 在“印前检查”面板中，使用配置文件“[基本](工作)”进行印前检查时，InDesign 将检查哪些问题？
2. InDesign 打包时会收集哪些元素？
3. 对于可用于印刷的 PDF 文件来说，3 个重要的特征是什么？
4. 油墨管理器提供了哪些功能？
5. 为生成要发送给印刷服务提供商的最终文件，有哪两种标准方式？

13.14 复习题答案

1. 默认情况下，使用配置文件“[基本](工作)”检查文档中的所有字体及所有置入的图形是否可用，它还将查找链接的图形文件和链接的文本文件，看它们在置入后是否被修改，并在图形文件缺失、字幕变量未解析、URL 链接无法访问、缺失字体或文本框架有溢流文本时发出警告。
2. InDesign 打包时会收集 InDesign 文档及其使用的所有字体和图形的副本，而保留原文件不动。如果您勾选了复选框“包括 IDML”，InDesign 将创建文档的 IDML 版本，这种文件可在较早的 InDesign 版本中打开。如果您勾选了复选框“包括 PDF(打印)”，InDesign 将创建文档的 Adobe PDF 版本。勾选了复选框“包括 PDF(打印)”时，还可选择 PDF 预设。
3. 最重要的 3 个特征：确保栅格图形为高分辨率、包含出血、使用较晚的 Acrobat 版本（Acrobat 5 或更高的版本）作为文件格式以保留透明度效果（不被拼合）。
4. 油墨管理器让您能够控制输出时使用的油墨，包括将专色转换为印刷色，以及将油墨颜色映射到其他颜色（而无须在 InDesign 或置入的图形中修改颜色）。
5. 两种标准方式是生成包含出血的、可用于印刷的 PDF，以及使用 InDesign 的“打包”功能生成一个文件夹，其中包含所有需要的文件（InDesign 文档、字体和链接的图形）。

第14课 创建包含表单域的PDF文件

在本课中，您将学习以下内容：

- 定制表单创建工作区；
- 添加并配置各种表单域；
- 了解不同表单域的差别；
- 使用预制的表单元素；
- 设置表单域的跳位顺序；
- 在表单中添加提交按钮；
- 导出包含表单域的 Adobe PDF 交互式文件；
- 在 Adobe Acroabat Reader 中测试表单。

学习本课大约需要 45 分钟。

InDesign 提供了创建简单表单所需的全部工具，但用户依然可使用 Adobe Acrobat Pro DC 来添加 InDesign 未提供的功能。

14.1 概述

在本课中，您将在一个志愿者登记表中添加多个类型各异的表单域，将其导出为 Adobe PDF 交互式文件，再在 Adobe Acrobat Reader 中打开导出的文件并对使用 InDesign 创建的表单域进行测试。

1. 为确保您的 InDesign 首选项和默认设置与本课使用的一样，请将文件 InDesign Defaults 移到其他文件夹，详情请参阅“前言”中的“保存和恢复文件 InDesign Defaults”。
2. 启动 InDesign，选择菜单“文件”>“打开”，并打开硬盘文件夹 InDesignCIB\Lessons\Lesson14 中的文件 14_Start.indd。这个单页文档是一张登记表。
3. 为确保面板和菜单命令与本课使用的相同，请先选择菜单“窗口”>“工作区”>“[交互式 PDF]”，再选择菜单“窗口”>“工作区”>“重置‘交互式 PDF’”。如果出现一个警告对话框，指出文档链接的原文件已修改，请单击“更新修改的链接”按钮。
4. 要查看最终文档，可打开硬盘文件夹 Lesson14 中的文件 14_End.indd，如图 14.1 所示。

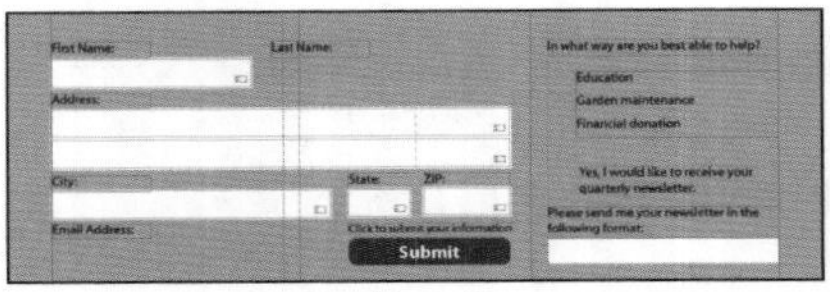

初始文件

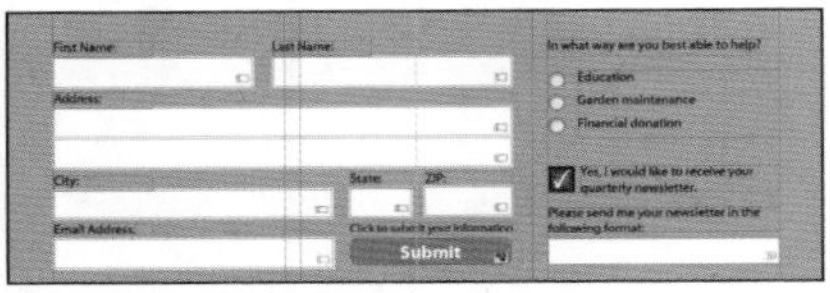

最终文档

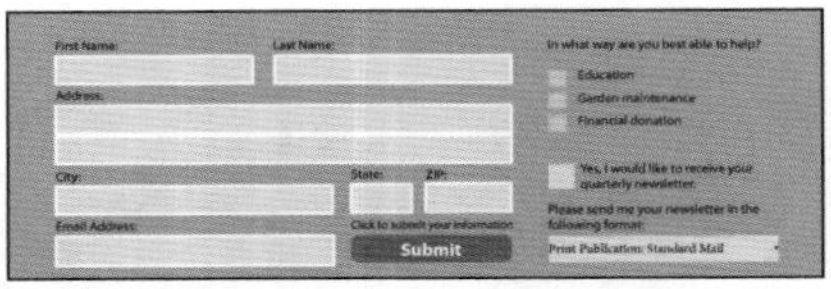

在Acrobat中打开的PDF表单

图14.1

5. 查看完毕后关闭文件 14_End.indd，也可让它保持打开状态，以供后面参考。
6. 切换到文件 14_Start.indd，选择菜单“文件”>“存储为”，将文档重命名为 14_PDF_Form.indd，并存储到文件夹 Lesson14 中。

14.2 定制表单创建工作区

使用 InDesign 创建可填写的表单时，您将从已设计好的页面着手，使用专用工具将设计好的表单转换为可填写的 PDF 表单。“交互式 PDF”工作区提供了很多您需要的工具，只要稍微定制一下这个工作区，就可提高工作效率。

1. 将创建表单时不需要的面板拖离停放区，包括“页面过渡效果”面板和“书签”面板。单击这些面板，并向左拖曳到粘贴板中。对其他类型的交互式 PDF 来说，这些面板很有用，但创建表单时不需要。另外，将“链接”面板、“颜色”面板和“渐变”面板也拖曳到粘贴板中，因为创建表单时不会用到它们。拖曳时，如果有些面板停放在一起，也没有关系。

2. 将刚才拖曳到粘贴板中的每个面板都关闭。
3. 将“样本按钮和表单”面板拖曳到“按钮和表单”面板下面。这个 InDesign 库包含预制的复选框、单选按钮、用于提交或打印表单的按钮，以及一些其他表单域。
4. 选择菜单“窗口”>“属性”，打开“属性”面板，将它拖曳到面板停放区底部，如图 14.2 所示，以便能够根据需要打开或关闭它，同时节省屏幕空间。

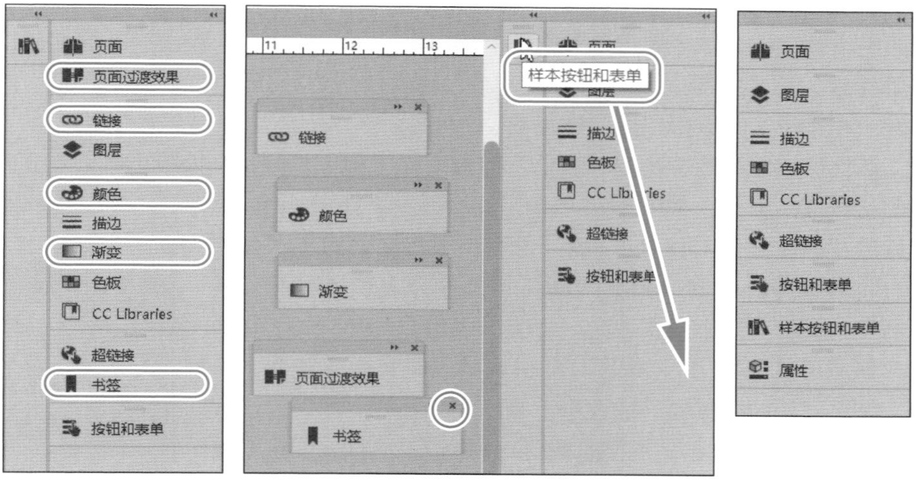

图14.2

5. 保存这个工作区以便能够重新使用它。为此，选择菜单“窗口”>“工作区”>“新建工作区”，将工作区命名为 PDF Forms-Basic 或您认为合适的名称，单击“确定”按钮。制作更复杂的表单时，您可能希望面板停放区有其他工具，包括“段落样式”面板、“字符样式”面板、“对象样式”面板和“文章”面板等，您可根据需要定制工作区。

14.3 添加表单域

为创建表单域设置工作区后，下面您将在表单中添加一些表单域，并修改一些既有表单域。

14.3.1 添加文本域

在 PDF 表单中，文本域是一个容器，填写表单的人可在其中输入文本。除两个框架外，其他框架都已转换为文本域。下面再添加两个框架，并将它们转换为文本域。

1. 单击面板停放区中的“图层”面板图标（），打开这个面板。可以看到在这个文件中，将属于表单的对象放在了一个独立的图层（Form Elements）中。请锁定另一个图层（Layer 1），以防处理表单对象时不小心移动其他元素。

> Id **注意** 为了让页面更整洁，可在“图层”面板中隐藏图层 Layer 1。隐藏该图层后，将只显示位于表单区域内的对象。

2. 使用缩放显示工具（ ）放大页面上半部分包含表单对象的区域，本课的所有工作都将在这个区域中进行。
3. 选择选择工具（ ），将鼠标指针指向 First Name 下方的文本域。注意，该对象周围出现了红色虚线，同时右下角显示了一个小图标，如图 14.3 所示。虚线表明这个对象是一个 PDF 表单元素，而文本框架图标表明这是一个文本域。在这个文本域中单击以选择它。

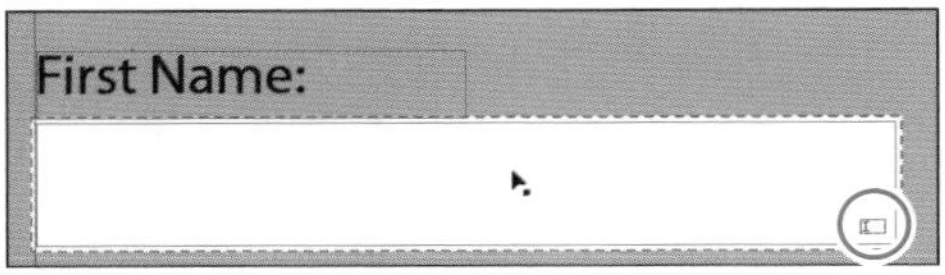

在不同类型的表单域中，右下角显示不同的图标

图14.3

4. 单击面板停放区中的“按钮和表单”面板图标（ ）打开这个面板，可以看到其中包含选择的文本域的设置，如图 14.4 所示。在“类型”下拉列表中，选择“文本域”，而这个文本域的“名称”为 First Name。“说明”文本框中的文本会在用户将鼠标指针指向表单元素时显示，这为表单填写人提供了额外的提示。这个文本域的“说明”也是 First Name。勾选复选框“可打印”，这意味着打印出来的表单将包含这个文本域。保留默认的字体和字体大小设置。

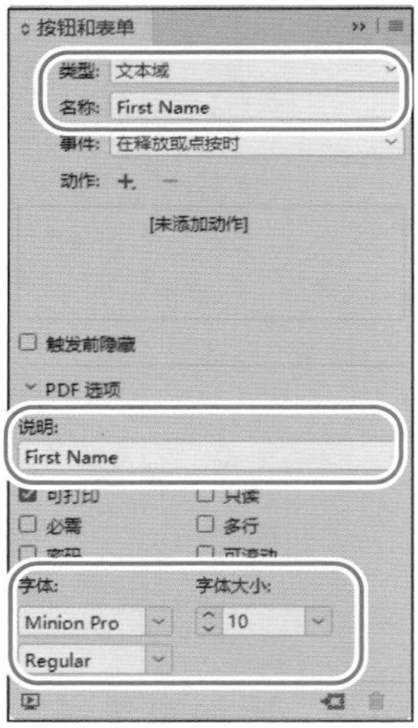

图14.4

5. 选择文本域 First Name 所在的框架，按住 Alt（Windows）或 Option（macOS）键并拖曳，将其复制到 Last Name 的下方。向右拖曳右边缘中央的手柄，将这个副本加宽，使其与下方的表单域对齐。与下方表单域的右边缘对齐时，会出现智能参考线。
6. 在“按钮和表单”面板中，注意这个表单域名为 First Name 1。这是 InDesign 在您创建表单域时有意为之的，因为任何两个表单域都不能同名。为遵循这条规则，InDesign 在您复制表单域时会在名称中添加序号。为了使用正确的信息让这个表单域独一无二，这里将名称和说明都改为 Last Name。
7. 为了从空白开始创建表单域，在工具面板中选择矩形工具（ ），并在文本框架 Email Address 下面绘制一个框架，使其右边缘与文本域 City 的右边缘对齐，而上边缘与文本框架 Email Address 的下边缘对齐。使用智能参考线让这个框架与框架 City 等高，如图 14.5 所示。可将任何类型的框架（文本框架、图形框架、未指定框架）转换为 PDF 表单域，并非必须从文本框架创建文本域。

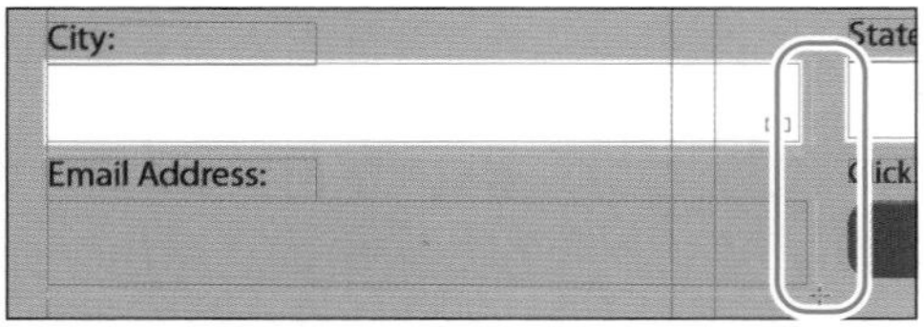

智能参考线可帮助调整对象大小和对齐对象

图14.5

8. 下面给它指定与其他文本域相同的填色和描边。本课已创建好用于文本域的对象样式，为了应用这个样式，选择菜单“窗口”>“样式”>“对象样式”打开“对象样式”面板，使用选择工具单击刚才创建的框架（如果没有选择它的话），单击对象样式 Text Field Box，关闭“对象样式”面板。框架的大小发生了细微的变化，因为这种样式给它添加了描边。这就给这个框架应用了与其它文本域相同的填色和描边。接下来，让这个文本域与文本域 City 等高、等宽。为此，稍微拖曳矩形手柄，等出现智能参考线后松开鼠标。要确认这两个文本域的宽度和高度是否相等，可查看控制面板或“属性”面板中的宽度和高度。

> Id **注意** 给框架添加描边时，可让描边与框架边缘的内侧、中心或外侧对齐。与中心或外侧对齐时，将改变框架的高度和宽度。

9. 在“按钮和表单”面板中，从“类型”下拉列表中选择“文本域”，将名称和说明都设置为 Email Address。将字体大小设置为“自动”。对于用于输入 Email 地址的文本域来说，这是不错的选择，因为 Email 地址可能很长，而设置为“自动”在必要时会缩小字体大小，以便能够容纳全部内容。这种设置可避免页面打印时有文本被裁剪掉。
10. 选择菜单“文件”>“存储”保存文件。

14.3.2 添加单选按钮

单选按钮可向表单填写人提供多个选项，但通常只能选择其中一个。一组单选按钮被视为一个表单域，其中每个单选按钮都有独特的值。复选框类似于单选按钮，但一组复选框中的每个都可独立地设置，且表单填写人可勾选多个复选框。

单选按钮通常用简单的圆圈表示，但您可自己设计更优雅的单选按钮，也可选择 InDesign 提供的几种样式之一。在这里，您将使用 InDesign 提供一种单选按钮。样本库中预制的按钮都是矢量形状，包含用于设置填色、描边和效果的属性。

> Id **注意** 在只能选择一个选项时，使用单选按钮。例如，选择是组织的成员还是不是组织的成员时。

1. 选择菜单“窗口”>“使页面适合窗口”，使用缩放显示工具（🔍）放大表单的 In what way are you best able to help? 部分。
2. 单击“样本按钮和表单”面板图标（▥）打开这个面板（您在本课前面将它拖曳到了“按钮和表单”面板下方）。
3. 使用选择工具（▶）拖曳“样本按钮和表单”面板中名为 016 的单选按钮，将其放在包含文本 In what way are you best able to help? 的文本框架下方。让最上面的单选按钮的上边缘与右边的第一行文本的上边缘对齐，如图 14.6 所示。单击“样本按钮和表单”面板右上角的双箭头将这个面板关闭。
4. 在控制面板或“属性”面板中，确保在参考点定位器中选择了左上角的参考点（▦），在

“X 缩放百分比”文本框中输入“40%”，确保按下了“约束缩放比例”按钮（ ），再按 Enter 键。如果有必要，拖曳单选按钮，使其位置与图 14.6 所示的一致。

5. 在依然选择了这 3 个单选按钮的情况下，在“按钮和表单”面板中，在“名称”文本框中输入“Form of Assistance”，在“说明”文本框中输入“In what way are you best able to help?”并按 Enter 键。注意“类型”已设置为“单选按钮”。
6. 选择菜单“编辑”>“全部取消选择”，也可单击页面或粘贴板的空白区域。
7. 使用选择工具选择第一个单选按钮（文本 Education 左边的那个）。
8. 在“按钮和表单”面板底部，在“按钮值”文本框中输入“Education”并按 Enter 键。在“外观”部分，滚动到列表开头并选择“[正常关闭]”。确保没有勾选复选框“默认选定”，如图 14.7 所示。

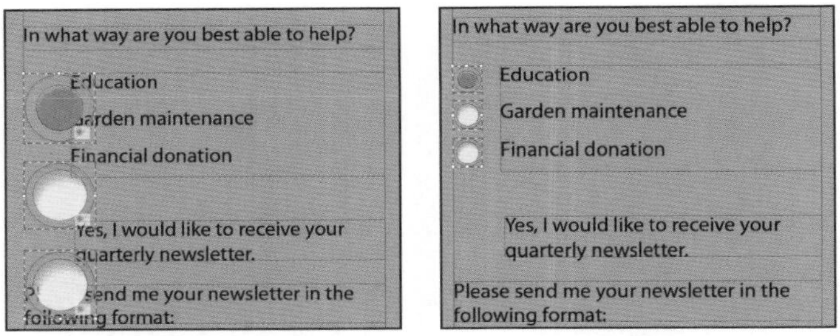

缩放前的单选按钮　　缩放到40%后

图14.6

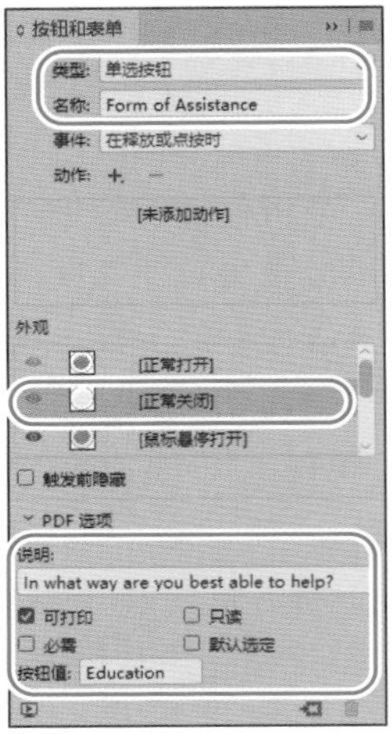

图14.7

> Id
> **注意**　在“按钮和表单”面板中，“外观”部分列出的状态决定了用户将鼠标指针指向单选按钮时，单选按钮会是什么样的。

9. 重复第 7-8 步，将中间和最下面的单选按钮的“按钮值”分别设置为 Garden maintenance 和 Financial donation。请注意，这 3 个按钮的名称相同，只是按钮值不同。在“外观”部分，应该已经将第 2 个和第 3 个单选按钮的状态设置成了“[正常关闭]”。
10. 选择菜单“文件”>“存储”保存文件。

14.3.3　添加复选框

复选框提供是或否选择的功能。在导出的 PDF 中，复选框默认未被勾选，表单填写人可通过单击勾选它，也可取消勾选它。下面来添加一个复选框。

> **注意** 回答问题时，如果可勾选全部选项，请使用复选框。例如，培训学校的调查表中可能会这样问：您对哪些培训课程感兴趣？再列出多个课程，如 InDesign、Photoshop、Illustrator 和 Acrobat，填表人可能对多个培训课程感兴趣。

1. 打开“样本按钮和表单”面板，使用选择工具（▶）拖曳名为 002 的复选框，将其放在包含文本 Yes, I would like to receive your quarterly newsletter. 的文本框架左边（这个文本框架位于刚创建的单选按钮的下方），并让勾号的上边缘与这个文本框架的上边缘对齐。
2. 按住 Shift + Ctrl（Windows）或 Shift + Command（macOS）组合键，缩小这个复选框，使其与右边的文本框架等高，如图 14.8 所示。
3. 单击面板停放区中的“按钮和表单”面板图标（ ），打开这个面板，同时关闭“样本按钮和表单”面板。在“名称”文本框中输入“Receive Newsletter”并按 Enter 键。注意，“类型”已设置为“复选框”。在“外观”部分选择“[正常关闭]”；在“说明”文本框中输入“Check here if you’ d like to receive our newsletter”。取消勾选复选框“默认选定”，如图 14.9 所示。

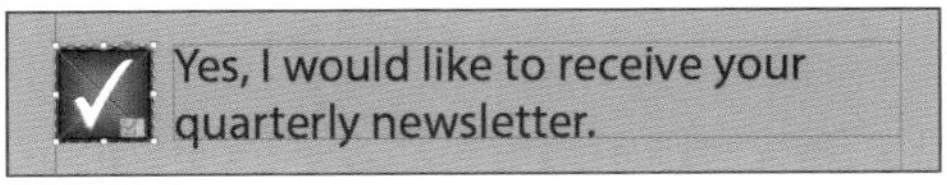

缩小后的复选框

图14.8

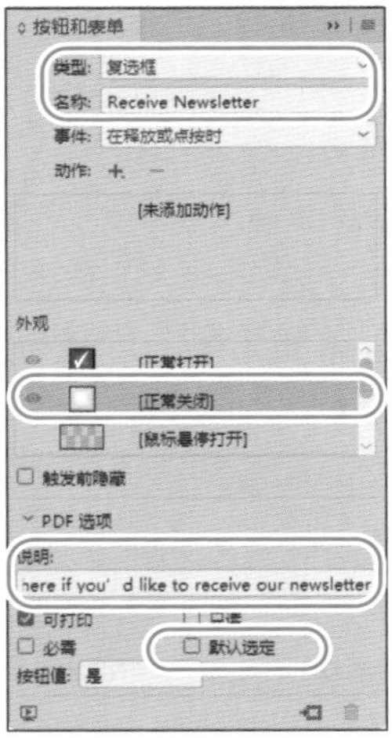

图14.9

> **注意** 对于位于面板停放区中的面板，通过单击面板图标打开其中一个面板时，InDesign 将自动关闭之前打开的面板。因此您必不先关闭一个面板，再打开另一个面板。

4. 对于您从“样本按钮和表单”面板中拖曳而来的复选框和单选按钮，被选择时边框应为红色，因为它们位于图层 Form Elements 中。从库中拖曳而来的对象将被添加到活动图层中。处理表单时，最好检查一下元素是否在正确的图层中。这样可确保作品组织有序，在处理复杂的表单时这非常重要。使用选择工具选择您从库中拖曳而来的所有元素，并打开“图层”面板。如果这些元素不在图层 Form Elements 中，就在“图层”面板中将方块拖曳到图层 Form Elements，以修复这种问题。

Id

注意 图层 Layer 1 应该锁定了，因此新增的对象应该位于正确的图层中。

5. 选择菜单“文件”>“存储”保存文件。

14.3.4 添加组合框

组合框是一个下拉列表，包含多个预定义的选项，表单填写人只能选择其中的一个。下面创建一个包含 3 个选项的组合框。

1. 使用选择工具（▶）选择标题 Please send me your newsletter in the following format: 下方的文本框架。

Id

注意 列表框类似于组合框，但组合框只允许选择一个选项。对于列表框，如果勾选了复选框“多重选择”，表单填写人将能够从中选择多个选项。

2. 在“按钮和表单”面板中，从“类型”下拉列表中选择“组合框”，再在“名称”文本框中输入“Newsletter Format”，在“说明”文本框中输入“Choose which way you’d like to receive our newsletter”，并将“字体大小”设置为 10。为了向 PDF 表单填写人提供不同的选择，下面添加 3 个列表项。
3. 在“按钮和表单”面板的下半部分，在“列表项目”文本框中输入“Print Publication: Standard Mail”，再单击该文本框右边的加号按钮（+）。可以看到您输入的文本出现在了下方的列表中，如图 14.10 所示。
4. 重复第 3 步，添加列表项 Adobe PDF: Email Attachment 和 Link to online newsletter: Email。勾选复选框“排序项目”，按字母顺序排列列表项。

图14.10

Id

提示 要将列表项按字母顺序排序，可在“按钮和表单”面板中勾选复选框“排序项目”。还可将列表项向上或向下拖曳，以修改列表项的排列顺序。

5. 单击列表项 Print Publication: Standard Mail，将其指定为默认设置。这样，表单填写人打开导出的 PDF 文件时，便已选择了列表项 Print Publication: Standard Mail。

Id

提示 若要在用户打开组合框时没有选择任何列表项，应确保在“按钮和表单”面板中没有选择任何列表项。若在该面板中选择了任何一个列表项，则它将在 PDF 表单打开时默认被选中。

6. 选择菜单“文件”>“存储”保存文件。

14.4 设置表单域的跳位顺序

给 PDF 表单指定的跳位顺序，决定了在表单填写人不断地按 Tab 键时，将以什么样的顺序选择各个表单域。为了让表单对用户是友好的，跳位顺序必须合乎逻辑。您可能不希望表单填写人在文本域 First Name 中按 Tab 键时，跳过中间的表单域，直接跳到文本域 ZIP。下面设置该页面中表单域的跳位顺序。

1. 选择菜单“对象”>“交互”>“设置跳位顺序”。
2. 在“跳位顺序”对话框中，单击 Last Name（您创建的用于输入表单填写人姓氏的文本域的名称），然后不断单击“上移”按钮，将其移到列表开头附近的 First Name 的下面。使用“上移”和“下移”按钮或上下拖曳表单域名称，将它们重新排列，使其顺序与页面中的顺序相同，如图 14.11 所示。单击“确定”按钮关闭这个对话框。

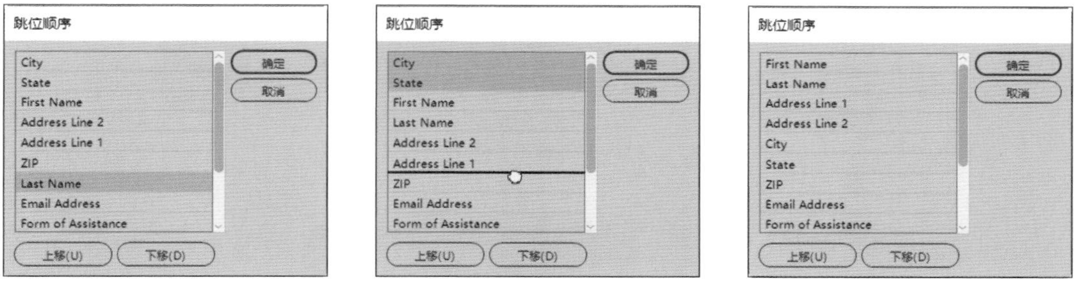

重新排列前的跳位顺序　　可同时拖曳多个表单字段　　重新排列后

图14.11

3. 选择菜单“文件”>“存储”保存文件。

14.5 添加提交表单的按钮

如果打算分发 PDF 表单，就需要提供一种方式，让表单填写人能够以电子方式提交表单。下面创建一个按钮，用于将填写好的表单通过电子邮件发送给您。

1. 使用选择工具（▶）选择用红色填充且包含文本 Submit 的圆角文本框架。
2. 在“按钮和表单”面板中，从“类型”下拉列表中选择“按钮”，在“名称”文本框中输入“Submit Form”并按 Enter 键，在“说明”文本框中输入“Send the completed form via email”。

> **提示** 任何对象或对象组都可转换为按钮，这里是将带填色且包含文本 Submit 的文本框架转换为按钮。要将选择的对象或对象组转换为按钮，可在“按钮和表单”面板中从“类型”下拉列表中选择“按钮”。

3. 单击“动作”右边的“为所选事件添加新动作”按钮（+），并从下拉列表中选择“提交表单”。
4. 在“URL”文本框中输入“mailto:”，确保在 mailto 后面输入了冒号，且冒号前后都没有空格或句点。

5. 在 mailto: 后面输入您的电子邮箱，这将把填写好的表单返回给您。

6. 为了在用户将鼠标指针指向 Submit 按钮时改变其外观，下面添加一个“悬停鼠标”外观。

> **提示** 按钮的外观可包含 3 种不同的状态。显示什么样的状态取决于用户与按钮的交互方式。在没有交互的情况下，默认显示“[正常]”状态；用户将鼠标指针指向按钮时，将显示“[悬停鼠标]”状态；用户单击按钮时，将显示“[单击]”状态。

在“按钮和表单”面板的“外观”部分，选择“[悬停鼠标]”。打开“色板”面板、控制面板或“属性”面板，选择“填色”框（ ），在“色调”文本框中输入“50”并按 Enter 键，然后关闭这个面板。

7. 返回到“按钮和表单”面板，可以看到“[悬停鼠标]”外观的颜色比“[正常]”外观的颜色浅，这是因为您修改了色调，如图 14.12 所示。选择“[正常]”以显示默认外观。

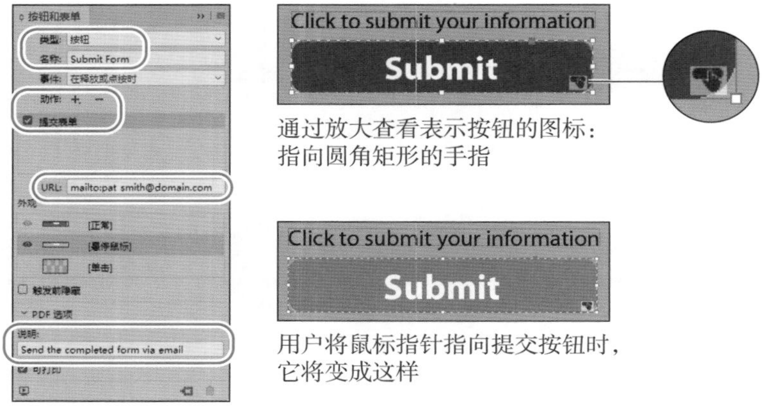

图14.12

> **提示** 如果不希望打印出来的表单中包含 Submit 按钮，可在“按钮和表单”面板中取消勾选复选框“可打印”。

8. 单击面板停放区的“图层”面板图标（ ）或选择菜单“窗口”>“图层”，打开“图层”面板。确认所有图层都是可见的（以防前面隐藏了图层 Layer 1）。

9. 选择菜单“文件”>“存储”保存文件。

表单域类型

- 按钮：最常用的交互式元素，可触发很多动作。
- 复选框：复选框供用户做出是或否的选择，要么被勾选，要么未被勾选。可使用复选框让用户选择多选题的答案。

- 组合框：用户只能从列表中选择一个答案。
- 列表框：类似于组合框，但用户可选择多个答案。
- 单选按钮：让用户从多个答案中选择一个。
- 签名域：让用户能够使用数字签名签署表单。
- 文本域：让用户能够输入文本信息。

14.6 导出为交互式 PDF 文件

制作好表单域后，就可将其导出为交互式 PDF 文件，再对导出的文件进行测试了。

1. 选择菜单“文件”>“导出”，在“导出”对话框中，从“保存类型”（Windows）或“格式”（macOS）下拉列表中选择“Adobe PDF(交互)”，将文件命名为 14_PDF_Form.pdf，并切换到硬盘文件夹 InDesignCIB\Lessons\Lesson14。

> **注意** 您可能需要输入文件名，因为导出的文件默认与 InDesign 文档同名，这意味着 PDF 文件将自动被命名为 14_PDF_Form。

2. 单击“保存”按钮。
3. 在“导出至交互式 PDF”对话框的“常规”选项卡中，确保在“选项”部分选择了单选按钮“包含全部”。这是确保表单域在 PDF 文件中能够发挥作用的最重要设置。
4. 从“查看”下拉列表中选择“适合页面”，以便在打开导出的 PDF 文件时显示整个页面。确保勾选了复选框“导出后查看”，保留其他设置不变，如图 14.13 所示。单击“导出”按钮，导出完成后将在 Acrobat 或 Acrobat Reader 中打开生成的 PDF 文件。

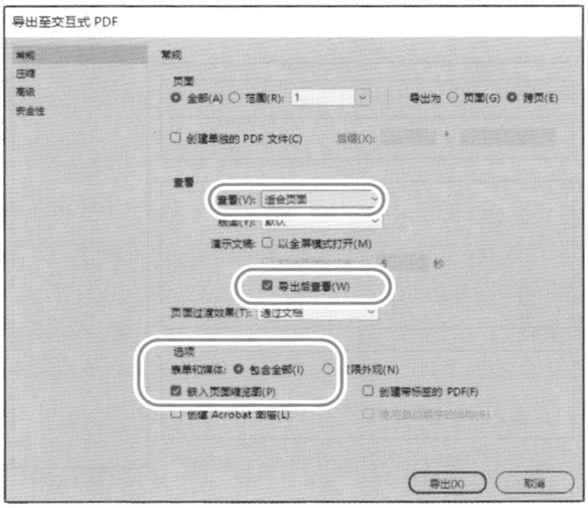

图14.13

> **注意** 创建表单时，很多时候都需要指定标题、作者、主题和关键字。可在将文件导出后在 Acrobat 中完成这项任务，在 Acrobat 中选择菜单“文件”>“属性”，单击标签“说明”并填写这些字段。

14.7 在 Acrobat Reader 中测试表单

务必在 Acrobat Reader 中测试表单，因为最终用户很可能使用它来填写表单。如果您没有安装 Acrobat Reader，可从 Adobe 官网免费下载。

> **注意** 您的 Creative Cloud 订阅中可能有 Acrobat Pro DC——Acrobat 专业版，但填写这个表单的用户可能没有安装 Acrobat Pro DC。

1. 启动 Acrobat Reader，再打开您刚导出的 PDF 文件。在文本域 First Name 中单击，并按 Tab 键。不断按 Tab 键遍历所有的表单域，确认跳位顺序正确无误。在表单域中填写内容。
2. 单击 In what way are you best able to help? 下方的单选按钮，每次只能选择其中的一个。
3. 单击 Yes, I would like to receive your quarterly newsletter. 前的复选框，看看它是否被选中，再从该复选框下方的下拉列表中选择一种新闻稿格式。
4. 将鼠标指针指向每个表单域并悬停一会儿，可以看到弹出了工具提示，它们就是您在“按钮和表单”面板中给每个表单域指定的说明，如图 14.14 所示。

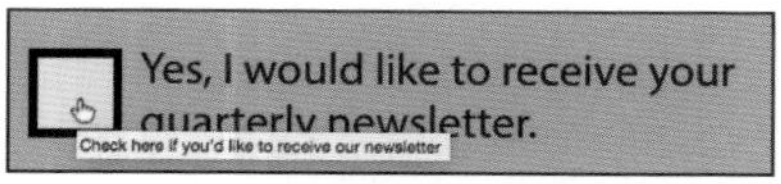

图14.14

如果发现错误，可回到 InDesign 进行修复，再导出为 PDF 文件并进行测试。

5. 测试完毕后，单击 Submit 按钮，以电子邮件方式将填写好的表单发送给您。将出现一个对话框，询问您要使用哪个电子邮件程序。选择要使用的电子邮件程序，单击“继续”按钮，系统将打开您选择的电子邮件程序，其中新建了一封邮件，并将填写好的表单作为附件，请发送该邮件并返回 InDesign。

> **注意** 在 Acrobat 中创建邮件并将填写好的表单作为附件时，可能会显示一个安全警告对话框，请在这个对话框中单击“允许”按钮。

6. 查看您收到的电子邮件，主题为“返回的表单：14_PDF_Form.pdf”。这是 Submit 按钮的“提交表单”操作的默认功能。因此，创建要通过电子邮件发送的 PDF 文件时，给它指定合适的名称很重要。

祝贺您创建并测试了一个 PDF 表单！

14.8 练习

1. 新建一个文档，在其中创建一个文本框架，并使用“按钮和表单”面板将其转换为签名域。PDF 表单中的签名域让用户能够对 PDF 文件进行数字签名。请给这个签名域指定名称，然后导出为 PDF 交互文件。在 Acrobat Pro DC 或 Acrobat Reader DC 中打开导出的 PDF 文件，在签名域中单击，再按屏幕说明创建数字签名。如果出现有关信任证书的对话框，单击“取消”按钮。这个对话框是签名安全识别系统的一部分，没有它也能创建简单的签名。

2. 使用椭圆工具（）创建一个小型的圆形框架。在“渐变”面板中，使用径向渐变填充这个圆形框架。使用“色板”面板修改渐变的颜色。使用“按钮和表单”面板将这个框架转换为按钮。给按钮指定“转到 URL”动作，并在“URL”文本框中输入完整的 URL。为测试这个按钮，将其导出为 PDF 交互文件，并在导出的 PDF 文件中单击这个按钮。
3. 尝试使用“样本按钮和表单”面板中的其他预制表单域：将其拖曳到页面上，并在“按钮和表单”面板中查看其属性；尝试修改其外观和属性，然后将其导出为 PDF 文件并进行测试。

14.9 复习题

1. 哪个面板让您能够将对象转换为 PDF 表单域并指定其设置？
2. 单选按钮和复选框有何不同？
3. 可给按钮指定哪种操作，让 PDF 表单填写人能够将填写好的表单发送到指定电子邮箱？
4. 可使用哪些程序来打开并填写 PDF 表单？
5. 导出 InDesign 文档以创建可填写的 PDF 表单时，需要做哪两件重要的事情？
6. 如何控制表单填写人按 Tab 键时在表单域之间跳转的顺序？

14.10 复习题答案

1. "按钮和表单"面板（选择菜单"窗口">"交互">"按钮和表单"）让您能够将对象转换为 PDF 表单域，以及指定表单域的设置。
2. 单选按钮用于让表单填写人回答多选一的问题，表单填写人只能选择其中的一个答案。每个复选框都可被勾选或不被勾选。因此，对于表单填写人可选择多个答案的问题，应使用复选框而不是单选按钮。
3. 要让表单填写人能够返回填写好的表单，可使用"按钮和表单"面板给按钮指定"提交表单"操作，再在"URL"文本框中输入"mailto:"和电子邮件地址。
4. 要打开并填写 PDF 表单，可使用 Acrobat Pro DC 或 Acrobat Reader DC。
5. 首先，在"导出"对话框中，从"保存类型"（Windows）或"格式"（macOS）下拉列表中选择"Adobe PDF(交互)"。其次，在"导出至交互式 PDF"对话框中，在"常规"选项卡的"选项"部分选择单选按钮"包含全部"。
6. 选择菜单"对象">"交互">"设置跳位顺序"，上下移动表单域，使其排列顺序与表单填写人看到的顺序相同。

第15课 创建版面固定的EPUB

在本课中，您将学习以下内容：

- 新建可在移动设备上查看的文档；
- 使用移动预设和移动路径创建动画；
- 配置多个动画的计时；
- 创建触发各种动作的按钮；
- 在 InDesign 中预览动画和交互性；
- 添加电影、声音、幻灯片、按钮和超链接；
- 导出为版面固定的 EPUB，并在查看应用中进行预览。

学习本课大约需要 60 分钟。

InDesign 支持固定版面 EPUB，让您能够创建含有多媒体效果的出版物，包括动画、电影、幻灯片、声音和超链接等。您还可在出版物中添加按钮，从而控制各种动作——从翻阅幻灯片到播放声音文件。

15.1 概述

在本课中，您将首先新建一个适合导出为固定版面 EPUB 的 InDesign 文档，然后打开一个已部分完成的出版物，在其中添加多个多媒体和交互性元素，再将其导出为可在各种 EPUB 阅读器上查看的固定版面 EPUB 并对其进行预览。

1. 为确保您的 InDesign 首选项和默认设置与本课使用的一样，请将文件 InDesign Defaults 移到其他文件夹，详情请参阅“前言”中的“保存和恢复文件 InDesign Defaults”。
2. 启动 InDesign。为查看最终文档，打开硬盘文件夹 Lesson15 中的文件 15_End.indd。如果出现警告对话框，指出文档链接的文件发生了变化，则单击“更新修改的链接”按钮。
3. 为确保您的面板和菜单命令与本课使用的相同，请先选择菜单“窗口”>“工作区”>“[数字出版]”，再选择菜单“窗口”>“工作区”>“重置‘数字出版’”，根据本课要完成的任务优化面板排列，让您能够快速访问所需的控件。
4. 在最终文档中导航，查看封面及其后面的页面。

在前面所有的课程中，示例文档都是打印文档，即将最终的 InDesign 版面打印出来时，看起来与屏幕上显示的一样。然而，在本课中，导出的出版物是要在 EPUB 阅读器上查看的，因此当您在 InDesign 中打开示例文档时，在屏幕上看到的外观与导出的 EPUB 文件的外观不完全相同。在 EPUB 阅读器上查看时，文件 15_End.indd 如图 15.1 所示。

第1页

第2页

图15.1

5. 查看完毕后关闭文件 15_End.indd，也可让它保持打开状态，以供后面参考。

15.2 新建以固定版面导出的文档

由于导出的 EPUB 是在屏幕（如平板电脑等移动设备或台式计算机）上查看的，可包含按钮、动画和视频等打印文档时无法包含的元素，因此创建要导出为 EPUB 格式的文档时，其方法与创建打印文档有些不同。但在创建数字出版物时，本书介绍的排版和页面布局功能依然可用，且工作原理没什么不同。下面来新建一个移动文档。

1. 选择菜单“文件”>“新建”>“文档”。
2. 在“新建文档”对话框中单击“移动设备”标签，选择 iPad Pro (10.5 in)。在“页面”文本框中输入“2”，取消勾选复选框“主文本框架”，如图 15.2 所示。保留其他设置不变，单击“边距和分栏”按钮，再单击“确定”按钮新建文档。

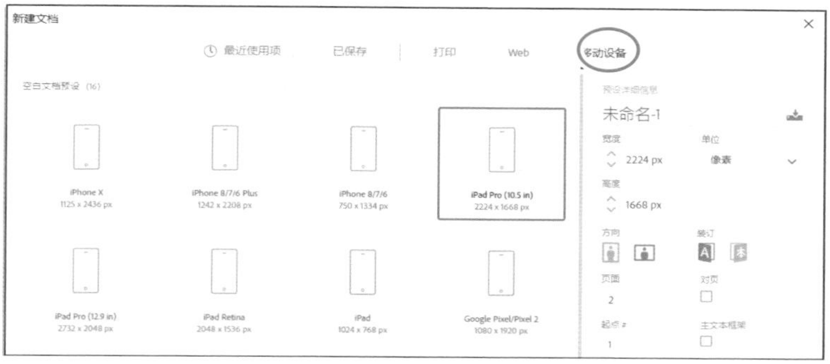

图15.2

注意 创建新文档时，如果选择的是移动设备或 Web 型文档预设，将取消勾选复选框“对页”并将“单位”设置为“像素”。另外，还会在新文档中将“透明混合空间”（选择菜单“编辑”>“透明混合空间”）设置为“文档 RGB”，将“色板”面板中的默认颜色色板设置为印刷 RGB。

3. 选择菜单“文件”>“存储”，将文件命名为 15_Setup.indd，切换到文件夹 Lesson15，单击“保存”按钮。

本课不从空白创建文档，而是打开一个已部分完成的文档，其中包含大部分必不可少的对象。请关闭文档 15_Setup.indd。

15.3 可重排 EPUB 和固定版面 EPUB

EPUB 文档通常用于在平板电脑等设备上查看，而不需要打印到纸上。因此，您可在其中添加众多多媒体元素和交互式功能，还可根据查看设备重排文本。

固定版面 EPUB 和可重排 EPUB 之间最大的差别在于，前者像 PDF 一样，不管在什么设备上查看，都保持 InDesign 文档的设计；而后者连续地显示内容，并根据阅读器的屏幕尺寸和缩放比例重排内容。在可重排的 EPUB 中，阅读者可根据喜好修改字体和字号。

固定版面格式让您能够在出版物中添加按钮、动画、视频和音频，而阅读者可原样查看页面，并与按钮和多媒体元素交互。这种格式适合用于版面复杂的出版物，如儿童读物、教科书和漫画等视觉元素对改善阅读体验至关重要的出版物。对于文字密集型出版物，如视觉元素无关紧要的小说和非小说，可重排格式更合适，虽然它们也可在文本中内嵌视频和音频。

15.4 添加动画

动画效果让您能够给 InDesign 对象和对象组添加移动和其他视觉效果。例如，您可让框架从页面外飞入指定的位置，还可让框架淡入——从不可见变得完全可见。InDesign 提供了多种移动预设，您可将这些预设动画快速地应用于对象。还可将对象指定为其他对象或对象组的移动路径。

下面来查看一个对象组。您将给这个对象组指定了动画设置，使其在用户打开导出的 EPUB 文件时“飞”到页面上。您还将在 InDesign 中预览这种动画，并创建一些在页面显示时自动播放的动画。然后，您将调整动画的计时，让它们按所需的顺序播放。

15.4.1 使用移动预设创建动画

要让对象或对象组动起来，最快速、最容易的方式是应用内置的移动预设，这样的预设有 40 多种。应用预设后，您可通过多个选项控制动画将如何播放，包括触发动画的事件和动画的持续时间。

1. 选择菜单“文件”>“打开”，打开文件夹 Lesson15 中的文件 15_FixedLayoutPartial.indd。
2. 选择菜单“文件”>“存储为”，将文件重命名为 15_FixedLayout.indd，并保存到文件夹 Lesson15 中。

创建动画前，先来看一个应用了动画效果的对象组。

3. 按住 Z 键暂时切换到缩放显示工具（ ），放大第 1 页的右半部分以 children, adults and families 打头的文本框架，使用选择工具（ ）选择它。虚线边界表明选择的是一个对象组，包括前述文本框架和感叹号图形。

请注意这个对象组右下角的小图标（ ），它表明对这个对象组应用了动画。另外，可以看到有一条水平绿线从粘贴板延伸到该对象组的中心。这条线被用作动画的移动路径，其中的圆圈表示移动路径的起点，箭头表示终点，如图 15.3 所示。

图15.3

4. 选择菜单“窗口”>“交互”>“动画”或单击面板停放区中的“动画”面板图标（ ），打开“动画”面板。注意，这个对象组名称为 Animated Group，且从“预设”下拉列表中选择了“自定 (从右侧飞入)”。该预设名开头的“自定”表明修改了预设“从右侧飞入”的默认设置，在本课后面，您将修改为其他预设。在“事件”下拉列表中选择“载入页面”，这意味着动画将在页面显示时自动开始播放。

> Id **注意** 当使用的工作区为“[数字出版]”时，面板停放区位于屏幕右边。

在“动画”面板中，如果您单击字样“属性”旁边的三角形按钮，将展开这个面板，让您能够访问其他几个动画控件，如图 15.4 所示。

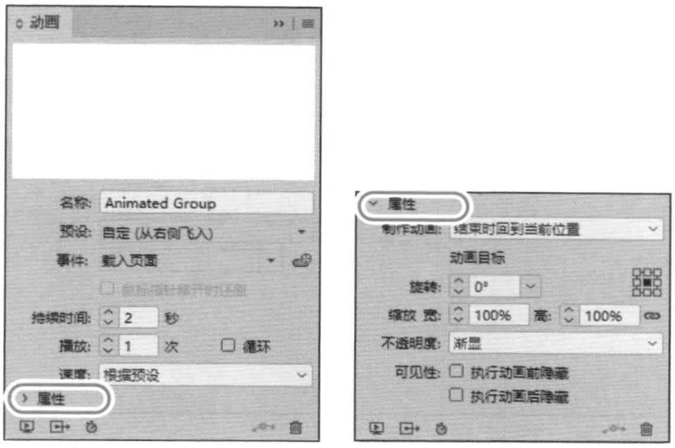

图15.4

5. 为预览动画，单击“动画”面板底部的“预览跨页：EPUB”按钮（ ），如图 15.5 所示，打开“EPUB 交互性预览”面板。拖曳这个面板的右下角或左下角，使其大到能够预览出版物。单击面板左下角的“播放预览”按钮，选择的对象组将从页面右侧飞入。有关“EPUB 交互性预览”面板，后面会详细介绍。

> Id **提示** 若要重播动画，可按住 Alt（Windows）或 Option（macOS）键并单击“播放预览”按钮。

6. 将“EPUB 交互性预览”面板拖曳到面板停放区底部，本课全程都将使用它。在面板停放区中，将显示这个面板的图标（ ），如图 15.6 所示。

图15.5

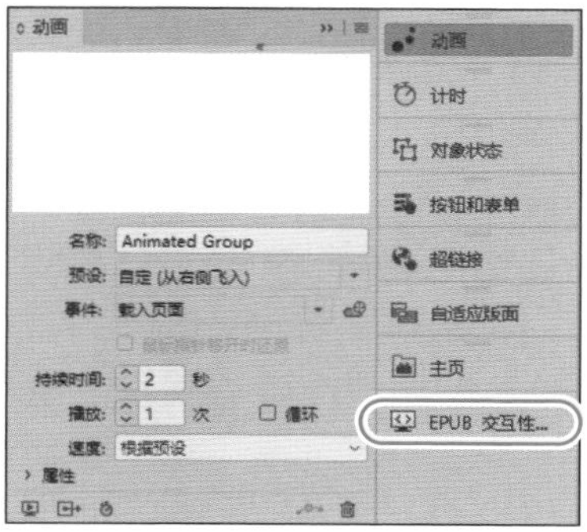

图15.6

“EPUB交互性预览”面板

“EPUB交互性预览”面板让您无须切换到其他程序就能预览包含多媒体、动画和交互性效果的InDesign文档。要显示这个面板，可选择菜单“窗口”>“交互”>“EPUB交互性预览”，也可在“动画”面板、“计时”面板、“媒体”面板、“对象状态”面板或“按钮和表单”面板中单击左下角的“预览跨页”按钮。

“EPUB交互性预览”面板包含众多按钮，如图15.7所示。

图15.7

- 播放预览（▶）：单击可以播放选择的对象、跨页或文档的预览；按住Alt（Windows）或Option（macOS）键并单击可以重播预览。
- 清除预览（■）：单击可以清除预览。
- 转至上一页（◀）和转至下一页（▶）：单击可以导航到上一页或下一页。要导航到上一页或下一页，必须先启用预览文档模式，再单击“播放预览”按钮以启用这两个按钮。
- 设置预览跨页模式（🗋）：单击可以将模式设置为预览跨页模式，这是默认模式，适合用于测试当前页面的交互性元素。
- 设置预览文档模式（⧉）：单击可以将模式设置为预览文档模式，这种模式让您能够在文档中翻页并测试交互性元素。
- 折叠/展开面板（⇕）：单击可以折叠或展开“EPUB交互性预览”面板，这个图标位于面板名左边。

下面对另一个对象组和一个文本框应用动画预设并定制动画设置。

1. 选择菜单“视图”>“使页面适合窗口”。
2. 使用选择工具（▶）单击页面底部的任何一个花朵图形（最左边的那个除外，您将在本课后面单独处理它），将选择一个对象组，其中包括4个图形。
3. 打开“动画”面板，并从“预设”下拉列表中选择“从底部飞入”，注意代理预览使用粉色蝴蝶图像指出了这个预设动画的效果，如图15.8所示。尝试一些其他预设，重新选择“从底部飞入”，并确保从“事件”下拉列表中选择了“载入页面”。

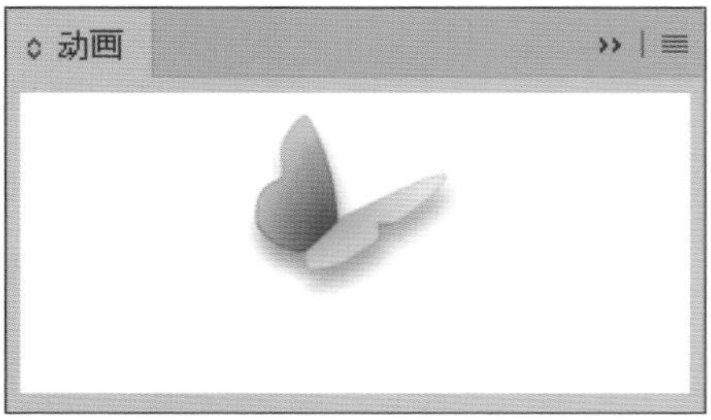

图15.8

4. 选择包含白色文本的蓝色文本框架。在“动画”面板中选择预设“渐显”，并将“持续时间”设置为 2 秒。修改持续时间后，“渐显”前面将出现字样“自定”，如图 15.9 所示。

> **注意** 定制完预设的设置后，粉色蝴蝶动画预览将消失。

5. 打开“EPUB 交互性预览”面板，单击左下角的“播放预览”按钮，以查看这些动画。注意最先出现的是标题，然后页面底部的图形组出现，最后出现的是蓝色文本框架。这种播放顺序是由创建动画的顺序决定的。下面来修改这些动画的播放顺序，但在这样做之前请先关闭“EPUB 交互性预览”面板。

图15.9

15.4.2 调整动画的计时

“计时”面板列出了当前页面或跨页中的动画，让您能够修改动画的播放顺序、同时播放动画或延迟动画播放。下面使用“计时”面板来修改第 1 页中 3 个动画的播放顺序，并让其中两个动画同时播放。

1. 选择菜单“窗口”>“交互”>“计时”或单击面板停放区中的“计时”面板图标（ ），打开“计时”面板。确保在“事件”下拉列表中选择了“载入页面”。这个面板列出了前一小节处理的 3 个动画，如图 15.10 所示。
2. 选择动画列表中的 Animated Group。由于它是最先创建的，因此位于列表开头，且将最先播放。

图15.10

3. 将 Animated Group 拖曳到列表末尾，使其最后播放。当您拖曳时，鼠标指针下面会出现一条又粗又黑的线条；在该线条位于以 Our mission 开头的文本（预设被设置为“渐显”的文本框架的名称）下方时松开鼠标，如图 15.11 所示。
4. 选择 Flower Group，按住 Shift 键并单击动画 Our mission…以同时选择这两个动画。
5. 单击“计时”面板底部的“一起播放”按钮（ ），如图 15.12 所示。

图15.11

图15.12

6. 选择 Flower Group，并将“延迟”设置为 1.5 秒，在页面打开时延迟这个动画的播放。延迟 1.5 秒后，Flower Group 将飞入，蓝色文本框架也将同时渐显。
7. 单击“计时”面板底部的“预览跨页：EPUB”按钮（ ）打开“EPUB 交互性预览”面板，单击“播放预览”按钮预览这个页面，以检查计时设置修改的效果。
8. 关闭“EPUB 交互性预览”面板，选择菜单“文件”>“存储”保存文件。

15.5 按钮

在出版物中添加交互性功能方面，按钮是通用的工具之一，它可触发很多动作。下面来配置动画播放按钮，并添加两个使用不同操作的按钮。用来创建按钮的图形位于一个名为 Buttons 的图层中，这个图层应放在包含其他内容的图层上面，这样可保持文件组织有序并确保按钮易于访问。

15.5.1 使用按钮播放动画

前一节处理的动画被配置成在页面显示时自动播放，这是通过将“事件”设置成“载入页面”实现的。创建动画时，也可让它在用户执行其他操作时播放，如将鼠标指针指向相应的对象或单击作为按钮的对象或对象组时。

下面首先查看一个对象，对其应用了动画并将其转换成了按钮，用户单击它时将播放应用的动画。然后，您将创建一个按钮，让用户单击它时播放应用于另一个对象的动画。

1. 向下滚动到能够看到页面下方的粘贴板，您将看到两幅图像。根据需要放大视图，以便能够看清页面左下角。使用选择工具（ ）将蝴蝶图像拖曳到图 15.13 所示的位置，选择菜单“视图”>“使页面适合窗口。

图15.13

这幅图像的定界框的右下角有两个图标：右边的图标表明对这幅图像应用了动画；左边的图标表明这幅图像也是一个按钮。

> **注意** 如果您在蝴蝶图像上没有看到这两个图标，请进一步放大视图并确保将屏幕模式设置成了“正常”（选择菜单“视图”>“屏幕模式”>“正常”）。

2. 选择蝴蝶图像，打开“动画”面板，可以看到动画名为 Monarch Butterfly。

该对象应用了动画预设“舞动”，并从“事件”下拉列表中选择了“释放鼠标”，这意味着这个动画将由一个按钮触发。“持续时间”和“播放”的设置表明，这个动画一秒钟播放两次。

3. 单击面板停放区中的“按钮和表单”面板图标（ ），打开这个面板，同时关闭“动画”面板。您也可选择菜单“窗口”>“交互”>“按钮和表单”来打开这个面板。这幅图像被配置为播放动画 Monarch Butterfly 的按钮，如图 15.14 所示。

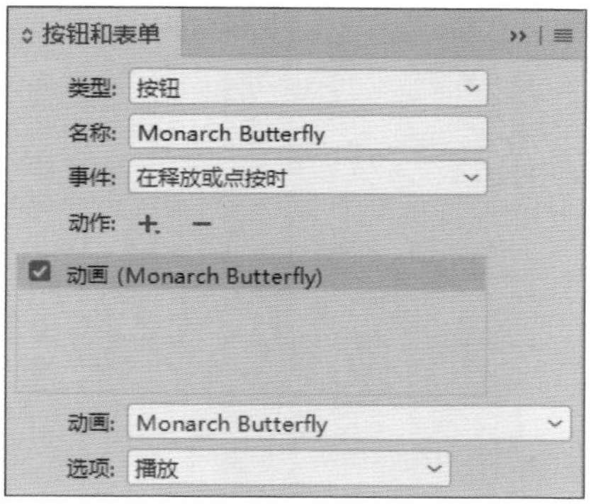

图15.14

4. 在“按钮和表单”面板中，单击底部的“预览跨页：EPUB”按钮（ ）打开“EPUB 交互性预览”面板（也可单击面板停放区的“EPUB 交互性预览”面板图标（ ）来打开这个面板），再单击“播放预览”按钮。等页面载入动画播放完毕后，单击蝴蝶图像播放动画，然后关闭“EPUB 交互性预览”面板。

注意 在本课中，每当您在“EPUB 交互性预览”面板中无法使用交互功能时，都可先单击“清除预览”按钮，再单击“播放预览”按钮。

下面来配置一个按钮，使其播放应用于另一个对象的动画。

1. 选择页面右下角的蓝色蝴蝶图像。这幅图像右下角的图标表明对它应用了动画，但您可能注意到了，预览页面时看不到这幅图像。这是因为它虽然被配置成从页面顶部飞入，但没法播放这个动画。为了解决这个问题，可以把与之配套的花朵图形转换为按钮。

图15.15

2. 在工具面板中选择矩形框架工具（ ），并绘制一个覆盖页面右下角花朵照片的框架，如图 15.15 所示。当前应该依然处于图层 Buttons，如果不是，则打开“图层”面板，将这个框架移到图层 Buttons 中。确保这个框架的“填色”和“描边”都设置为“[无]”。

提示 通过在图层 Buttons 中创建一个描边和填色都为“[无]”的框架，可让按钮虽然看起来像图稿，但实际上是位于独立图层中的独立对象。这样可避免按钮影响图稿外观，同时确保按钮组织有序且易于访问。

在 EPUB 中，框架区域是可单击的，因此可使用“填色”和“描边”都为“[无]”的框架来创建很大的可点按区域，而使用较小的图形无法做到这一点。这让创建的 EPUB 使用起来更容易。

3. 在“按钮和表单”面板中，单击“动作”旁边的加号，并从下拉列表中选择“动画”。再从包含当前文件中动画的“动画”下拉列表中选择 Blue Butterfly。
4. 将这个按钮命名为 Lavender and Butterfly。确保从“事件”下拉列表中选择了“在释放或点按时”，如图 15.16 所示。

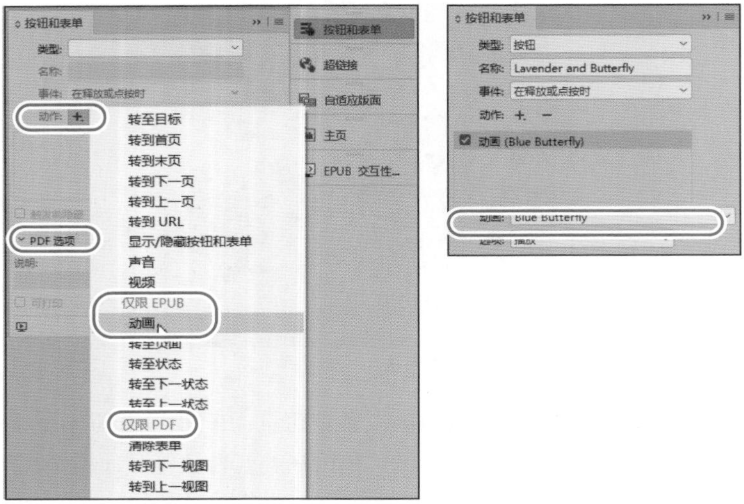

图15.16

务必给按钮命名，否则 InDesign 将自动给按钮指定名称“按钮 1”“按钮 2”等。请给按钮指定有意义的名称，这样您在创建 EPUB（如控制动画交互）时将很容易识别它们。如果使用 InDesign 自动指定的名称，将很难查找特定的按钮。

在“按钮和表单”面板中无须先选择类型，因为当您添加动作时，选择的对象将自动转换为按钮。请查看可能的动作列表，但最后一组只能用于 PDF。在“按钮和表单”面板中，单击“PDF 选项”旁边的三角形按钮以折叠这个部分，因为处理 EPUB 时不需要它。

5. 在“按钮和表单”面板中，单击底部的“预览跨页：EPUB”按钮（ ）打开“EPUB 交互性预览”面板，再单击“播放预览”按钮。等页面置入动画播放完毕后，将鼠标指针指向右下角的淡紫色花朵照片并单击以播放刚指定的动画，然后关闭这个面板。可以看到，当您将鼠标指针指向可通过单击来激活的对象（如刚创建的按钮）时，鼠标指针将变成手形。
6. 选择菜单“文件”>“存储”保存所做的工作。

15.5.2 使用按钮触发自定义的动画移动路径

在 InDesign 中，很多移动预设都导致对象沿特定的路径移动。除使用这种预设对对象应用动画外，还可将任意 InDesign 对象作为另一个对象的移动路径，为此可将其转换为移动路径。下面将一条路径转换为移动路径，并配置一个按钮以使用这条自定义路径来播放动画。然后创建一条自定义路径，并将其用作移动路径。

1. 滚动到页面右上角的粘贴板区域，您将看到一幅飞翔的小鸟图像，还有一条描边为黑色的弯曲路径，使用选择工具（ ）通过拖曳来选择它们。
2. 将小鸟图像和路径拖曳到页面上，并让小鸟位于红色的空图形框架内，如图 15.17 所示。这个框架位于图层 Buttons 中，而小鸟图像和路径位于图层 Graphics 中。
3. 打开“动画”面板，并单击该面板底部的“转换为移动路径”按钮（ ），如图 15.18 所示。

这条路径将变成绿色的移动路径，同时在“事件”下拉列表中选择了“载入页面”。为了取消选择“载入页面”，再次选择它，将显示字样“选择”。

图15.17

图15.18

4. 单击“事件”下拉列表右边的“创建按钮触发器”按钮（ ），鼠标指针将变成内含十字线的菱形。

> **注意** 如果有必要，调整页面在屏幕上的位置，以免“动画”面板遮挡小鸟图像。

单击红色图形框架，如图 15.19 所示，把这个框架转换为按钮，同时打开“按钮和表单”面板并自动选择动画 Swift.psd。

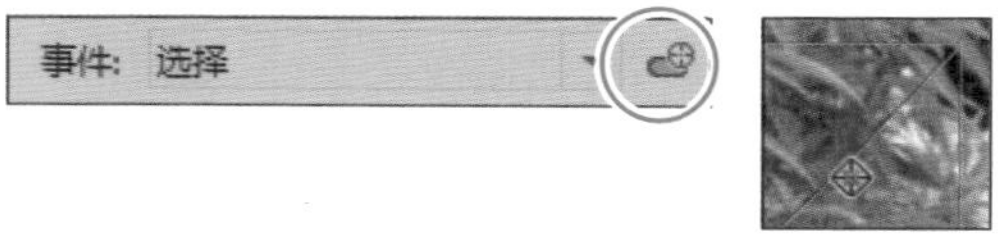

图15.19

5. 将这个按钮命名为 Flying Swift，并确保在“事件”下拉列表中选择了“在释放或点按时”。
6. 单击在“按钮和表单”面板底部的“预览跨页：EPUB”按钮（ ）打开“EPUB 交互性预览”面板，再单击“播放预览”按钮。等页面置入动画播放完毕后，将鼠标指针指向飞翔的小鸟照片。可以看到鼠标指针变成了手形，因为它检测到了您刚创建的按钮。单击以播放新创建的动画，小鸟将飞到页面外面，消失得无影无踪。关闭这个面板。

知道自定义移动路径的工作原理后，下面来创建自定义移动路径，并配置一个播放动画的按钮。

1. 滚动到页面下面的粘贴板区域，您将在红色百合花照片下方看到一幅蜜蜂图像。请将蜜蜂图像拖曳到页面中，放在红色百合花的花瓣上，如图 15.20 所示。
2. 使用铅笔工具（ ）绘制一条路径，它始于蜜蜂图像中央，向上再向下到达下一朵花，然后向上再向下到达向日葵花，如图 15.21 所示。

图15.20

图15.21

3. 使用选择工具（ ）选择蜜蜂图像和刚才创建的路径，打开“动画”面板并单击其底部的“转换为移动路径”按钮（ ）。在“事件”下拉列表中，选择了“载入页面”，请取消选择它——方法是再次选择它，并将“持续时间”设置为 2 秒。将移动路径关联到蜜蜂图像，以便创建动画。可以看到蜜蜂图像上的路径起点处有一个点，而向日葵花上的路径终点处有一个箭头，它们指出了动画的方向，如图 15.22 所示。

屏幕的背景变暗以突出移动路径

图15.22

4. 选择矩形框架工具（ ）并绘制一个覆盖蜜蜂图像的框架，确保这个框架比蜜蜂图像大、位于图层 Buttons 中，且“填色”和“描边”都设置为“[无]”。

5. 在“按钮和表单”面板中，单击“动作”旁边的加号，并从下拉列表中选择“动画”，从“动画”下拉列表中选择 Bee-Spread-Wings.psd。将这个按钮命名为 Flying Honeybee，如图 15.23 所示。

图15.23

6. 单击在“按钮和表单”面板底部的“预览跨页：EPUB”按钮（ ）打开“EPUB 交互性预览”面板，单击“播放预览”按钮。等页面置入动画播放完毕后，单击蜜蜂图像（您刚才配置的、用于播放新动画的按钮）核实是否能正确地播放动画，然后关闭这个面板。

7. 现在来尝试修改移动路径。选择刚创建的按钮框架，选择菜单“对象”>“锁定”，以便能够通过单击蜜蜂图像来选择移动路径。切换到直接选择工具（ ），以便修改路径的点或段，进而改变蜜蜂的飞行路线。您可添加点、删除点、移动点或使用方向手柄改变路径的形状。在文档 15_End.indd 中，修改了这条路径，使其更不规则，如图 15.24 所示。修改后在“EPUB 交互性预览”面板中进行预览，然后关闭这个面板。

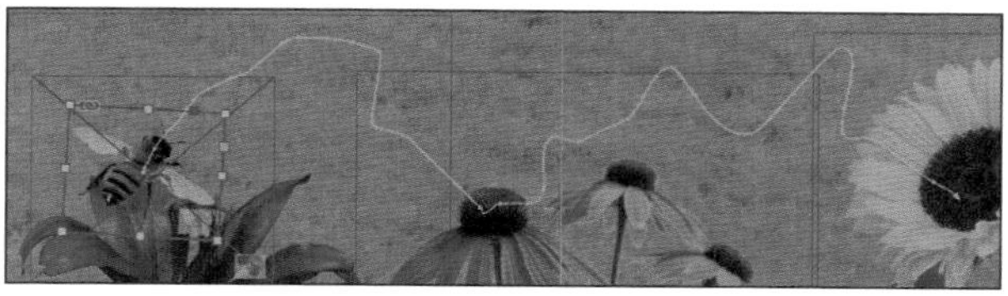

图15.24

> **注意** 如果难以选择移动路径的点或段，请放大视图，以便能够准确地在绿色线条上单击。

8. 选择菜单“文件”>“存储”保存所做的工作。

15.5.3 创建导航按钮

下面创建一个导航按钮用于翻页，这是按钮的常见用途之一。

> **提示** 很多用来查看 EPUB 文件的应用都包含导航按钮，但每个应用的导航方式都不同。因此添加您自己的按钮时，请务必确保读者一眼就能看到导航按钮。

1. 选择矩形框架工具（ ⊠ ），并绘制一个框架，覆盖页面右下角用色板 Red-Bright 填充的三角形。确保框架位于图层 Buttons 中，且描边和填色都设置为“[无]”。让框架比三角形大，如图 15.25 所示，这样读者单击的位置就无须在这个三角形内。
2. 打开“按钮和表单”面板，单击“动作”旁边的加号并选择“转到下一页”，再将这个按钮命名为 Next Page。
3. 打开“EPUB 交互性预览”面板，单击最右边的“设置预览文档模式”按钮（ ⧉ ），以便能够预览文档中的所有页面。单击“清除预览”按钮，然后单击“播放预览”按钮。

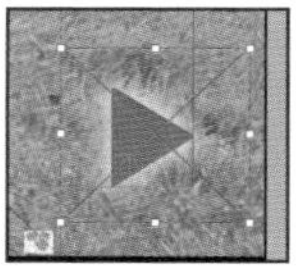

图15.25

> **提示** 在长文档中，应在主页中创建导航按钮。如果有多个主页，可在父主页中创建导航按钮，这样就只需创建导航按钮一次，且所有页面中的导航按钮都相同。

4. 等页面置入动画播放完毕后，单击刚才创建的红色导航按钮，这将显示下一页。您将在第 2 页中看到一些动画，本课后面将对它们进行处理。
5. 单击左下角的红色三角形按钮返回第 1 页，关闭“EPUB 交互性预览”面板。

15.5.4 创建弹幕

在 EPUB 中经常使用弹幕。创建弹幕的方式有很多，其中最简单的方式是使用 InDesign 的对象隐藏和显示功能，下面就来学习如何创建弹幕。

1. 使用选择工具（ ）选择莲叶照片上的青蛙图像。首先，您将添加一些动画，提示读者单击青蛙。
2. 打开“动画”面板。选择预设“增大”，将“持续时间”设置为 1.5 秒，将“播放”次数设置为 4 次。在“属性”部分，将“缩放”设置为 150% 并按 Enter 键。

> **注意** 默认情况下，宽度缩放值和高度缩放值保持一致。如果不是这样，请单击“限制缩放值”图标（ ），确保缩放是均匀的。

3. 打开“按钮和表单”面板，单击“动作”旁边的加号并选择“显示 / 隐藏按钮和表单”，将这个按钮命名为 Caption Trigger。
4. 选择包含文本 Meet me at the Lily Pad Garden! 的花朵形状，这是一个应用了效果的 InDesign 文本和路径对象组，将被用作弹幕。在“按钮和表单”面板中，单击“动作”旁边的加号并选择“显示 / 隐藏按钮和表单”，将这个按钮命名为 Caption。

> **提示** 选择了动作“显示 / 隐藏按钮和表单”时，将出现可视性列表，其中包含当前页面或跨页中的所有按钮。在这种动作中，不能设置位于文档其他地方的按钮的可视性。

5. 在“可视性”部分，对除 Caption 和 Caption Trigger 外的其他按钮都保留默认设置“忽略”（ ）。对于 Caption 按钮，单击它旁边的“忽略”图标（ ），再单击一次将其设置为“隐藏”（ ）。对于 Caption Trigger 按钮，采取同样的做法将其设置为“显示”（ ）。另外，勾选“外观”部分下方的复选框“触发前隐藏”，如图 15.26 所示，该设置可确保读者打开页面时，Caption 按钮不可见。
6. 选择第 3 步被转换成了按钮的青蛙图像。在“按钮和表单”面板中，将 Caption 按钮的可视性设置为“显示”（ ），将 Caption Trigger 按钮的可视性设置为“隐藏”（ ），如图 15.27 所示。

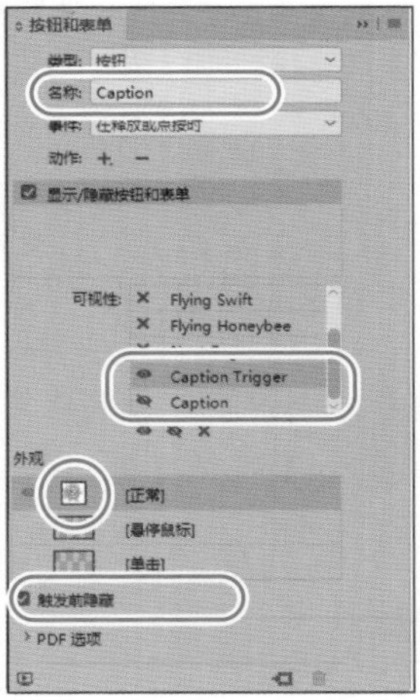

Caption按钮的设置

Caption按钮

图15.26

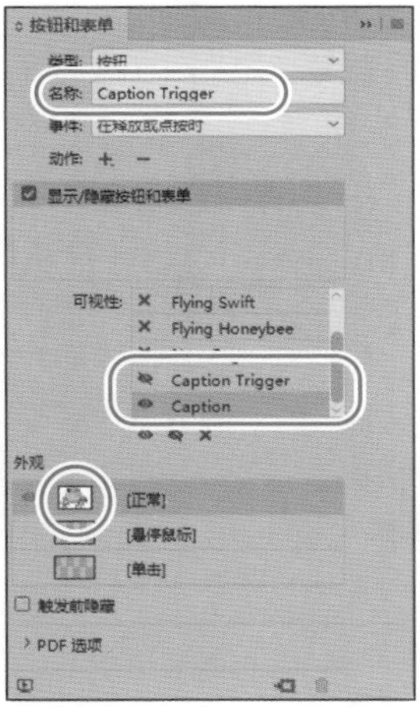

Caption Trigger按钮的设置

Caption Trigger按钮

图15.27

用户打开页面时，Caption Trigger 按钮是可见的，而 Caption 按钮被隐藏。用户单击或点按 Caption Trigger 按钮时，这个按钮将消失，而 Caption 按钮将显示出来。用户单击或点按 Caption 按钮时，这个按钮将消失，而 Caption Trigger 按钮将显示出来。

7. 如果有必要，打开“EPUB 交互性预览”面板。依次单击“清除预览”按钮（ ■ ）和“播放预览”按钮，对弹幕进行测试：先单击青蛙图像再单击弹幕。
8. 关闭“EPUB 交互性预览”面板，选择菜单“文件”>“存储”保存文件。

15.6 添加多媒体和交互式元素

对于将导出为固定版面 EPUB 的 InDesign 文档，可在其中添加电影和声音，这意味着您可创建富含多媒体的交互式出版物，这在以打印方式出版时无法做到。

从很多方面来说，置入的电影和声音都类似于其他 InDesign 对象。例如，可像其他对象一样，复制、粘贴、移动、删除电影和声音，但电影和声音也有其独特的属性，您可在 InDesign 中调整它们。

15.6.1 添加电影

在要导出为固定版面 EPUB 的 InDesign 文档中添加电影的方式，与在打印文档中添加照片或插图的方式类似。下面将一部电影置入这个文档中、对其进行缩放并使用“媒体”面板设置电影未播放时显示的海报图像。

> Id **注意** 可置入使用 H.264 编码的 MP4 格式的视频文件及 MP3 格式的音频文件。要将其他格式的视频或音频转换为 MP4 或 MP3 格式，可使用 Creative Cloud 应用程序 Adobe Media Encoder。

1. 切换到第 2 页。选择菜单“文件”>“置入”，在文件夹 Lesson15\Links 中，选择文件 Bee-Pollination-Video.mp4，单击“打开”按钮，鼠标指针将变成载入视频图标（ ）。
2. 将鼠标指针指向蓝色标尺参考线的交点并单击，视频将像静态图像一样以实际尺寸置入，如图 15.28 所示。置入视频前，做一些准备工作很重要，例如，规划其尺寸。

图15.28

> Id **提示** 在 EPUB 中使用视频时，视频将嵌入最终的文件中。需要注意的是，视频文件可能很大，从而导致最终的 EPUB 文件非常大，因此需要在视频质量和文件大小之间进行取舍。

3. 在 EPUB 阅读器中，播放视频前显示的是静态海报图像。电影未播放时，默认显示的是电影的第一帧，但您也可选择其他图像作为海报图像。海报图像可以是电影中的帧，也可以是独立的文件。为了设置海报图像，选择菜单“窗口”>“交互”>“媒体”打开“媒体”面板；由于本课后面将多次用到这个面板，因此将它拖曳到面板停放区底部，其图标（■）将出现在面板停放区中。在“媒体”面板中，可使用电影图像下方的各个选项来预览电影，并选择要用作海报的帧。这里将把独立的文件用作海报。
4. 在“媒体”面板菜单中，从“海报”下拉列表中选择“选择图像”，如图 15.29 所示。切换到文件夹 Lesson15\Links，双击文件 Bee-Pollination-Poster.jpg。单击内容抓取工具，选择菜单“对象”>“适合”>“按比例填充框架”。

图15.29

5. 单击“媒体”面板底部的“预览跨页：EPUB”按钮（▣）。在“EPUB 交互性预览”面板中，单击“设置预览跨页模式”按钮（▯），再单击“播放预览”按钮（▶）。在预览中，单击“播放 / 暂停”按钮（▣）（它位于视频海报图像下方的视频播放控制器左端）以播放 / 暂停电影；还有一个调整音量的控件，如图 15.29 所示，但这个视频没有声音。

> Id
>
> **注意** 每个阅读器包含的视频播放控件都不同，导出为 EPUB 文件后，务必在不同的阅读器中测试视频播放器。另一种办法是，在 InDesign 中创建“播放 / 暂停”按钮，并使用填充的框架覆盖默认按钮。

6. 关闭“EPUB 交互性预览”面板，选择菜单“文件”>“存储”保存文件。

15.6.2 创建幻灯片

幻灯片是一系列堆叠的图像，每当用户点按 Previous 或 Next 按钮时，都将显示上一张或下一张图像。本课的示例文档已包含创建交互式幻灯片所需的图形，您将重新排列这些图形，将它们转换为一个多状态对象，再配置让读者能够在幻灯片之间导航的按钮。使用多状态对象可创建包含多个版本的对象。

1. 在第 2 页的右边，有一幅地下种子图像，而它左边有多个图形框架。使用选择工具（ ）拖曳出方框选择所有框架，拖曳时穿越这些框架的中间区域，以防同时选择左边的箭头图形及下方的蚱蜢图像。
2. 选择菜单“窗口”>“对象和版面”>“对齐”，打开“对齐”面板。单击最左边的框架，将其指定为关键对象，从“对齐”（ ）下拉列表中选择“对齐关键对象”（如果还没有选择它的话）。单击“左对齐”按钮（ ），单击“底对齐”按钮（ ），然后关闭“对齐”面板，结果如图 15.30 所示。您也可以在控制面板或“属性”面板中完成这些操作。

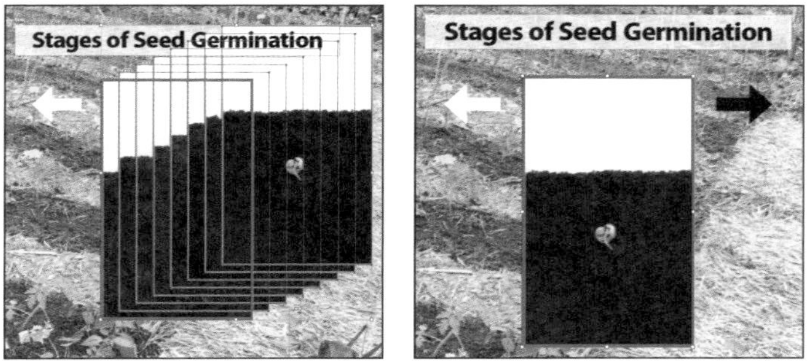

图15.30

3. 在依然选择了这些图形框架的情况下，选择菜单“窗口”>“交互”>“对象状态”，打开“对象状态”面板，也可单击面板停放区的“对象状态”面板图标（ ）来打开这个面板。在“对象状态”面板中，单击底部的“将选定范围转换为多状态对象”按钮（ ）。如果有必要，增大这个面板的高度，以便显示所有对象的名称（执行转换前，这个面板是空的）。
4. 在“对象状态”面板中，在“对象名称”文本框中输入“Germination”并按 Enter 键，如图 15.31 所示。

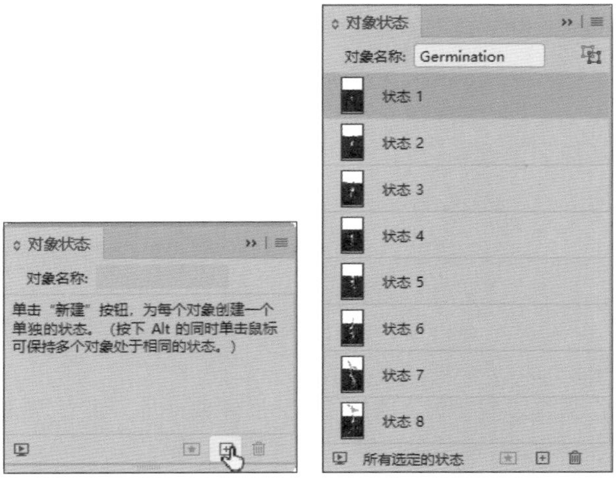

选择的图形框架被合并为一个多状态对象。在“对象状态”面板中，每个对象就像是一个独立的状态

图15.31

> **提示** 对于多状态对象，可给每个状态命名。这里的状态栈就像图层栈，要调整状态的排列顺序，可上下拖曳它们。

创建多状态对象后，下面提供一种途径，让读者能够在作为幻灯片的图像之间导航。

1. 使用选择工具（ ）选择多状态对象左边的白色箭头，然后打开“按钮和表单”面板。这个按钮将用于在幻灯片中向后导航。
2. 在“按钮和表单”面板中，单击底部的“转换为按钮”按钮（ ），在“名称”文本框中输入“Previous”。
3. 单击“动作”旁边的加号并从下拉列表中选择“转至上一状态”（多状态对象 Germination 将被自动添加到动作列表中）。

> **提示** 在页面包含多个多状态对象时，您可能需要在“按钮和表单”面板中从“对象”下拉列表中选择正确的多状态对象。在这里，InDesign 自动选择了多状态对象 Germination，因为当前页面中只有这一个多状态对象。

4. 不要勾选复选框“在最初状态停止”，如图 15.32 所示。这样用户在选择了第一个状态的情况下单击这个按钮时，将选择最后一个状态。换言之，用户可通过不断单击这个按钮以循环的方式遍历幻灯片。如果勾选了这个复选框，则用户在选择了第一个状态的情况下单击这个按钮时，什么都不会发生。
5. 选择指向右边的黑色箭头，并重复第 2-4 步，配置一个名为 Next 的按钮。为了让这个按钮在幻灯片中向前导航，单击“动作”旁边的加号，从下拉列表中选择“转至下一状态”，勾选复选框“在最终状态停止”（也可不勾选这个复选框）。
6. 打开“EPUB 交互性预览”面板，单击“播放预览”按钮，单击刚创建的 Previous 和 Next 按钮来查看幻灯片。
7. 关闭“EPUB 交互性预览”面板，选择菜单“文件”>“存储”保存文件。

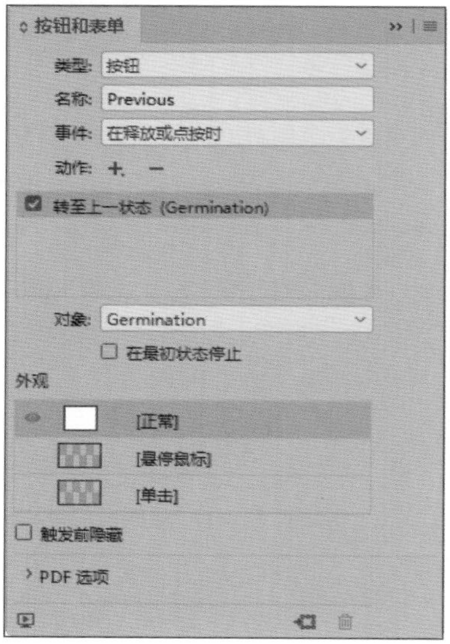

图15.32

15.6.3 创建超链接

超链接让您能够跳转到文档的其他位置及其他文档和网站。超链接包含一个源元素（文本、文本框架或图形框架）和一个目标（超链接跳转到的 URL、电子邮件地址、页面或文本锚点）。下面创建一个到网站的超链接。

Urban Oasis Garden 是虚构的，下面创建一个超链接，让它指向一家真实存在的组织（Arbor Day

Foundation）的 URL。Arbor Day Foundation 是一家非营利组织，致力于在社区和森林中植树。

1. 使用选择工具（ ）选择第 2 页右下角的照片——枝头上的苹果。
2. 选择菜单“窗口”>“交互”>“超链接”，打开“超链接”面板，也可单击面板停放区的“超链接”面板图标（ ）来打开它。
3. 将 URL 文本框中的默认文本替换为 https://www.arborday.org。InDesign 识别出这是一个 Web 地址，注意状态栏中的圆变成了绿色，这表明这个 Web 地址是可达的。InDesign 会将超链接设置成与对象（这里是选定图像）同名，如图 15.33 所示。

图15.33

> Id **注意** 在“超链接”面板的状态栏中，使用交通信号灯来指出超链接指向的是 Web 地址，并指出该 Web 地址是否可达（绿色表示可达，红色表示不可达）。如果您连接的网络禁止访问某些网站，这些地址可能会被标识为不可达（红灯）。

4. 从面板菜单中选择“重命名超链接”，将名称改为 Arbor-Day-Foundation 并单击“确定”按钮。如果文档中有很多超链接，则应该以清晰的方式给它们命名，而不要使用默认名称。
5. 从面板菜单中选择“转到目标”对链接进行测试，将启动默认浏览器并加载指定的页面，如图 15.34 所示。

图15.34

> Id **提示** 要访问超链接指向的 URL，也可单击状态栏中的绿色图标。

6. 返回到 InDesign，打开“EPUB 交互性预览”面板，再单击“播放预览”按钮。将鼠标指针指向苹果图像，鼠标指针将变成手形，指出这是一个可单击的对象。单击这个超链接，将在浏览器中打开 Arbor Day Foundation 的主页。
7. 返回到 InDesign，关闭“EPUB 交互性预览”面板，选择菜单“文件”>“存储”保存文件。

15.6.4 添加声音

在页面中添加声音与添加电影没有什么不同，但控制声音显示和播放方式的选项与用于修改电影的选项稍有不同，这是因为电影和声音是不同类型的媒体。

下面先在封面中添加声音，再将该页面中的一个对象转换为按钮，以便用户单击它时播放声音。您还将隐藏声音对象，使其在页面上不可见。

1. 切换到第 1 页，放大页面顶部中央靠近标题的区域。选择菜单“文件”>“置入”，选择文件夹 Lesson15\Links 中的声音文件 BirdSounds.mp3，单击“打开”按钮。

2. 单击蓝色小鸟上方的粘贴板。无须关心其置入位置，因为后面会隐藏这个对象。

3. 打开“图层”面板，将这个对象向上拖曳到图层 Buttons 中，调整声音对象的位置，使其位于小鸟图像上面，如图 15.35 所示。关闭图层面板。

图15.35

4. 单击面板停放区中的“媒体”面板图标（ ），打开这个面板，并注意其中与声音文件相关的选项，如图 15.36 所示。如果您愿意，可使用“播放 / 暂停”按钮来预览声音，这里保留默认设置不变。

> **注意** 对于置入的声音文件，默认情况下会显示一个控制器。在“媒体”面板中，没有能够隐藏声音文件控制器的选项。

这就是添加声音需要做的全部工作，但这里将不在阅读器中显示声音控件。为此，您将隐藏声音对象，并配置一个用于播放声音的按钮。

5. 选择菜单“对象”>“排列”>“置为底层”，结果如图 15.37 所示。

图15.36

图15.37

6. 使用选择工具（ ）选择蓝色小鸟图像，它现在位于声音框架前面。

7. 打开“按钮和表单”面板，单击“动作”旁边的加号并从下拉列表中选择“声音”，由于这个页面只有一个声音，因此在“声音”下拉列表中自动选择了您刚置入的声音对象

BirdSounds.mp3。

8. 在“名称”文本框中输入“Play Bird Sounds”，确保从“事件”下拉列表中选择了“在释放或点按时”，并从“选项”下拉列表中选择了“播放”，如图 15.38 所示。
9. 单击“预览跨页：EPUB”按钮（ ）。在“EPUB 交互性预览”面板中，依次单击“清除预览”按钮（ ■ ）和“播放预览”按钮，再单击小鸟图像以播放置入的声音。这个音频剪辑将播放一次后停止（时长大约为 24 秒）。
10. 关闭“EPUB 交互性预览”面板，选择菜单“文件”>“存储”保存文件。

图15.38

15.7 导出为 EPUB 文件

就像“打印”对话框中的设置决定了打印出来的页面外观一样，将 InDesign 文档导出为 EPUB 文件时，所做的设置也决定了 EPUB 文件的外观。

这里将使用一些简单的设置，需要指出的是，创建要通过在线服务发布的 EPUB 文件时，必须满足一些特定的要求，否则 EPUB 文件将不符合出版商的标准，您必须修复存在的问题并重新提交，直到通过出版商的有效性验证。在着手制作项目前，您应向出版商咨询需要满足的要求。

1. 选择菜单“文件”>“导出”。
2. 在“导出”对话框中，从“保存类型”（Windows）或“格式”（macOS）下拉列表中选择“EPUB(固定版面)”。
3. 在“文件名”（Windows）或“存储为”（macOS）文本框中，将文件命名为 15_FixedLayout.epub，将存储位置指定为硬盘文件夹 InDesignCIB\Lessons\Lesson15，单击“保存”按钮。
4. 在“EPUB- 固定版面导出选项”对话框的“常规”部分自动显示了版本 EPUB 3.0，这是唯一一个支持固定版面 EPUB 的版本。保留所有的默认设置。

> **注意** 将“封面”设置为“栅格化首页”可创建一幅图像，以供在电子图书阅读器和电子图书店面中用作出版物图标。

5. 在“EPUB- 固定版面导出选项”对话框中，选择左边列表中的“元数据”。在“标题”文本框中输入“Garden Education Center Multimedia”，在“创建程序”文本框中输入您的姓名，如图 15.39 所示。

> **提示** 如果您的 EPUB 将正式出版，在“元数据”部分指定的信息将非常重要，因为电子图书网站要求必须提供这些信息。请从出版商网站下载元数据规范。

6. 在“EPUB- 固定版面导出选项”对话框中，选择左边列表中的“转换设置”。从“格式”

下拉列表中选择 PNG，如图 15.40 所示，确保在导出的 EPUB 文件中能够正确地显示编组对象和应用了不透明度效果的对象中的图形。

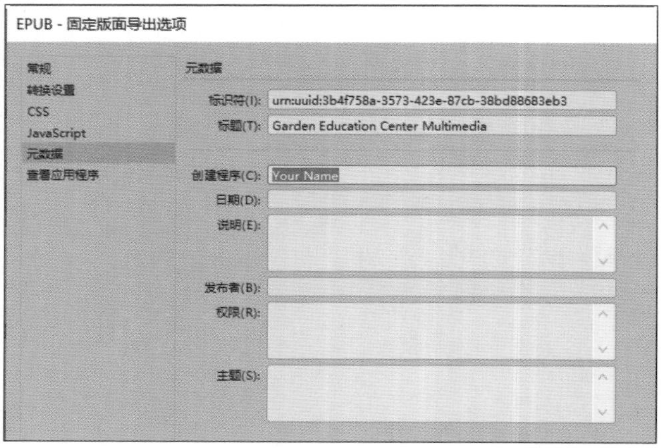

图15.39

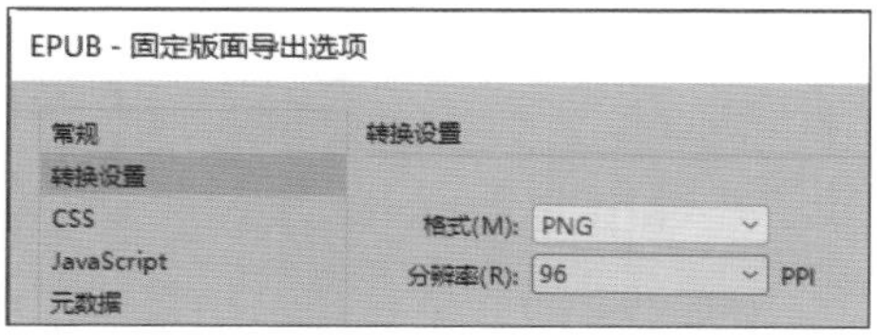

图15.40

提示 给 EPUB 选择格式时，需要在图像质量和文件大小之间进行取舍。将“格式”设置为“自动”时，将把有些图像转换为 JPEG 格式；而将“格式”设置为 PNG 时，将把所有图像都转换为 PNG 格式，因此生成的文件通常更大。最佳的格式设置取决于 EPUB 文件包含的图像类型。

7. 在“EPUB- 固定版面导出选项”对话框中，选择左边列表中的“查看应用程序”。

系统默认的查看应用程序随操作系统而异。EPUB 文件导出后，将自动在选择的程序中打开。若要使用其他的 EPUB 阅读器，可单击“添加应用程序”按钮。

8. 单击“确定”按钮导出为固定版面的 EPUB。如果出现警告对话框，指出有些对象导出后外观可能与预期的不一致，单击“确定”按钮可以继续导出，并查看导出的 EPUB 文件。

导出完成后将在指定的查看应用程序中打开导出的 EPUB 文件，如图 15.41 所示。您可通过导航查看其内容，并使用您创建的多媒体和交互式元素。您也可在任何支持 EPUB 格式的设备上打开这个 EPUB 文件。

请注意，不同 EPUB 阅读器的界面（框架、控件的样式和位置、适合窗口等）也不同。

在创建诸如固定版面 EPUB 等数字出版物时，必须在目标读者可能使用的各种设备上对其进行测试。

在Books中打开

图15.41

9. 尝试再次导出，但这次在“转换设置”选项卡中从“格式”下拉列表中选择“自动”。指定与前面稍微不同的文件名，如 15_FixedLayout_Auto.epub。在“JPEG 选项”部分，确认从“格式方法”下拉列表中选择了“连续”，从“图像品质”下拉列表中选择了“高品质”，保留其他设置不变，如图 15.42 所示。

10. 单击“确定”按钮。将出现“EPUB 导出警告”对话框，指出将重叠编组对象导出为 JPEG 时，可能发生外观不匹配的问题。单击“确定”按钮完成导出，将在指定查看应用程序中打开导出的文件，请将其与使用 PNG 设置导出的结果进行比较。在资源管理器（Windows）或 Finder（macOS）中，对这两次导出的文件大小进行比较。

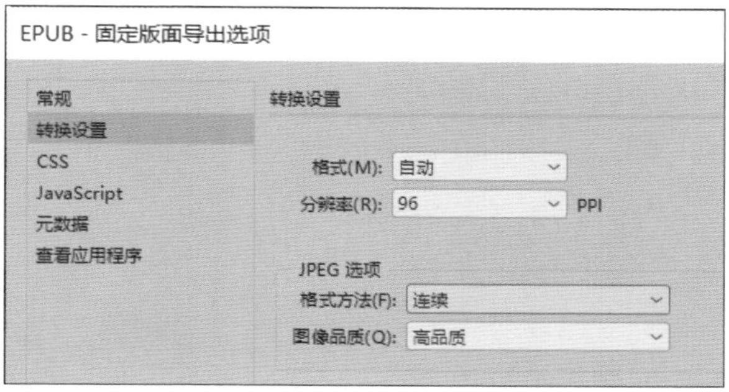

图15.42

11. 返回 InDesign，选择菜单“文件”>“存储”保存文件。

15.8 InDesign 联机发布

InDesign 提供了联机发布功能，让您能够将 InDesign 文档的数字版本发布到互联网上。对于您联机发布的文档，可在任何台式计算机和移动设备上查看，还可轻松分享到社交媒体上。您可在电子邮件中轻松地提供到这些文档的超链接，还可将这些超链接嵌入网页中。

从外观上看，联机发布的 InDesign 文档与原始版面完全相同，同时包含所有的交互功能。

1. 要联机发布当前显示的文档，可单击应用程序栏中的 Publish Online 按钮，如图 15.43 所示。也可选择菜单“文件”>“Publish Online”。

2. 在“联机发布您的文档”对话框的“常规”选项卡中，在“标题”文本框中输入“Garden Education Center”，在“说明”文本框中输入“Interactive multimedia brochure about Urban Oasis Garden classes”。在这个对话框的“高级”选项卡中，可选择封面和指定图像导出设置，如图 15.44 所示。这里保留所有的默认设置，并单击“发布”按钮。

图15.43

> **提示** 如果您不想联机发布文档，可隐藏所有与联机发布相关的命令和控件，为此可在“首选项”对话框的 Publish Online 部分勾选复选框“停用 Publish Online”。

> **提示** 您在“标题”文本框中输入的文本将出现在搜索结果中，还将出现在浏览器窗口的标题栏中。当您在社交媒体上分享在线出版物时，也将使用这些信息；当您通过电子邮件分享时，这些信息将用于设置主题。

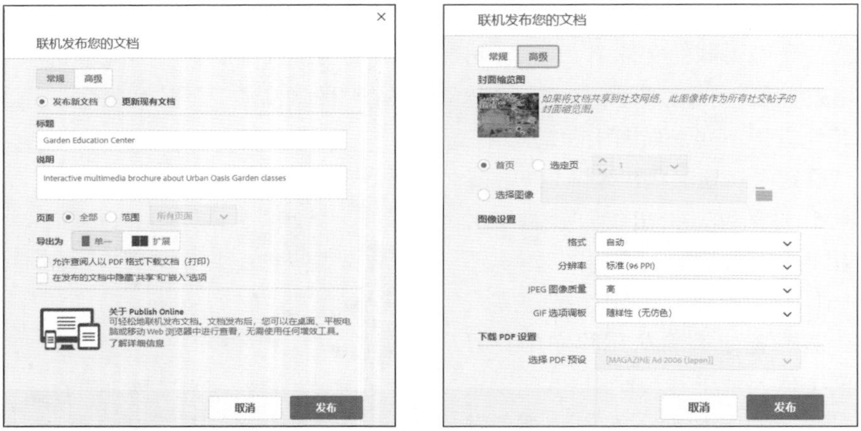

图15.44

在文档上传过程中，将出现一个窗口，其中显示了第 1 页的预览、标题和说明（如果提供了的话），同时还有一个显示上传进度的状态条。另外，您还可取消上传，如图 15.45 所示。

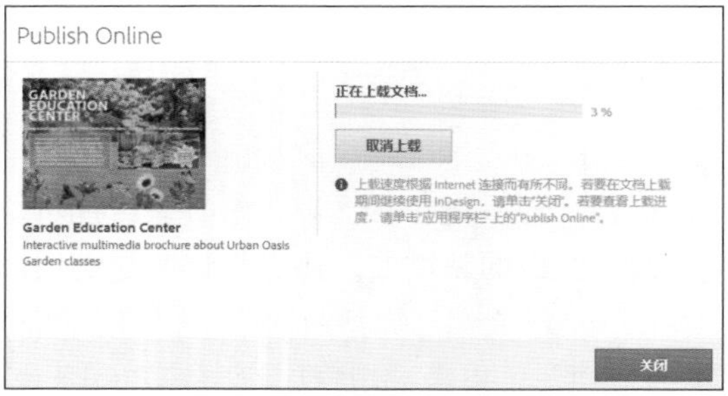

图15.45

3. 上传完毕后，可单击“查看文档”按钮，在 Web 浏览器中显示文档，将打开默认浏览器并显示上传的文档，如图 15.46 所示。

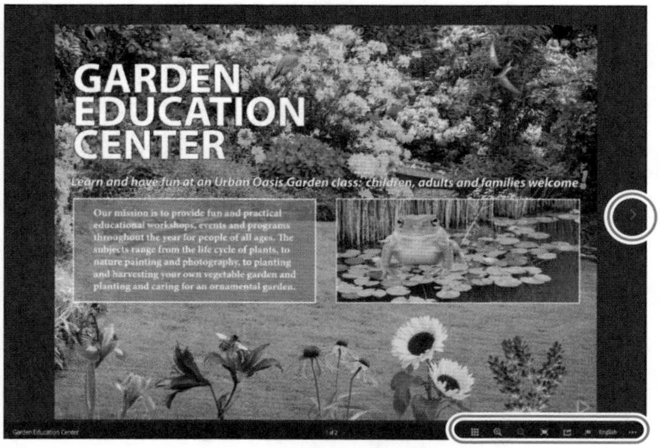

图15.46

可以看到页面中包含各种不同的控件。在这里使用的浏览器中，控件位于窗口底部，它们的位置可能随浏览器而异。

4. 返回 InDesign，在依然显示的 Publish Online 对话框中还有其他选项，让您能够将 URL 复制到剪贴板、在社交媒体上分享链接，以及打开默认电子邮件程序以编写新邮件。
5. 单击“关闭”按钮关闭 Publish Online 对话框，选择菜单“文件”>“存储”保存文件。

可在 InDesign 中轻松地访问最近发布的 5 个文档，要访问文档，可选择菜单“文件”>“最近发布”（仅当至少发布了一个文档时，才会出现菜单项“最近发布”），如图 15.47 所示。

图15.47

“Publish Online 功能板”让您能够查看、分享和删除发布的文档。要删除联机发布的文档，可选择菜单“文件”>“Publish Online 功能板”，这将在默认浏览器中打开一个网页，其中的列表按时间顺序列出了您上传的文档——最近上传的排在前面。若要删除发布的文档，可将鼠标指针指向它，然后单击其右边出现的垃圾桶图标。

祝贺您制作了一个固定版面的 EPUB 文件，它包含多媒体和交互式元素，在所有查看设备上的版面都相同。

15.9 练习

为了进行更多的实践，请尝试完成下面的练习。您可继续处理本课的示例文档，并保存所做的修改，也可选择菜单“文件”>“存储为”将该文档另存到文件夹 Lesson15 中。

15.9.1 动画计时

在本课前面，您使用了“计时”面板来配置第 1 页中 3 个在载入页面时自动播放的动画的计时。通过使用“计时”面板中的控件，还可按任意顺序播放动画，甚至结合使用同时播放和顺序播放功能。

1. 切换到这个文档的第 2 页，确保没有选择任何对象，打开“计时”面板。
2. 从“事件”下拉列表中选择“载入页面”，将按创建顺序列出动画，其中前 5 个与页面底部的图像相关。单击选择第 1 个动画（Peas.jpg），再按住 Shift 键并单击第 5 个动画（Apples-Growing.jpg），以选择前 5 个动画。单击面板底部的“一起播放”按钮（ ），如图 15.48 所示。
3. 单击这个面板底部的“预览跨页：EPUB”按钮以预览页面，看看结果如何。
4. 再次选择前 5 个动画，单击“计时”面板底部的“单独播放”按钮（ ）。
5. 调整“计时”面板中的设置。设置“延迟”让您能够在动画之间暂停。为尝试使用它，选择各个动画并指定延迟值，每

图15.48

次修改后都预览页面。

6. 尝试创建不同的同时播放和顺序播放组合。例如，让两个动画先一起播放，延迟一段时间后，让其他所有动画一起播放。在此过程中，要同时修改动画 Monarch-Flying.psd 和 Grasshopper.psd 的计时设置。

15.9.2 添加动画属性

您可能已经注意到了，播放第 2 页的动画时，蚱蜢图像在页面中移动的同时逐渐变小，这是通过设置“动画”面板中“属性”部分的选项实现的。

1. 使用选择工具（▶）选择蚱蜢图像。
2. 单击面板停放区中的“动画”面板图标（ ）打开这个面板，并查看底部的“属性”部分。如果有必要，单击“属性”旁边的三角形按钮展开相关的设置。
3. 可以看到宽度和高度的缩放比例都被设置为 50%，如图 15.49 所示。这意味着这个对象在执行动画的过程中，将从当前尺寸开始缩小 50%。
4. 对这个对象或文档中的其他对象尝试设置“动画”面板中的其他属性，如“旋转”。

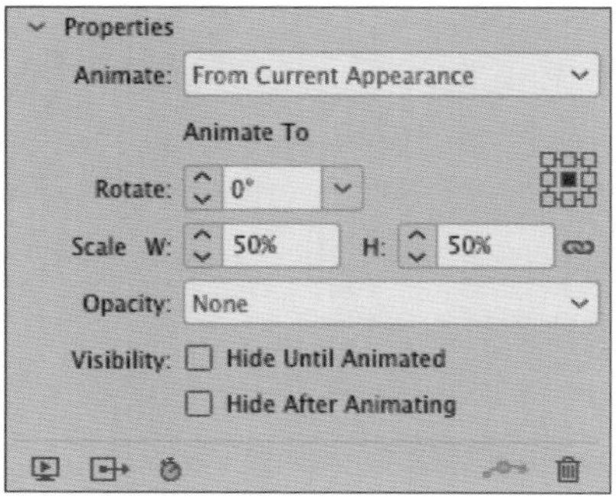

图15.49

15.9.3 创建滑入字幕

在本节中，您将学习如何使用本书（尤其是本课）介绍的方法创建滑入字幕。您将先修改宗旨文本框架中使用的图形，再通过设置它们来创建滑入效果。您将使用“图层”面板来选择对象组及其中的对象，还将创建多状态对象和按钮并应用动画效果。

虽然创建这种效果需要很多步骤，看起来很复杂，但请花点时间按下面的步骤做。这里需要用到的技巧您在本书中都学过。

1. 要查看最终的效果，请打开文件夹 Lesson15 中的文件 15_FixedLayout_Alternate.indd。在这个文件中，将原来包含宗旨的蓝色框改成了滑入字幕。
2. 打开“EPUB 交互性预览”面板（选择菜单“窗口”>“交互”>“EPUB 交互性预览”），单击郁金香花园照片左边的文本 Our Mission 上方的红色菱形，一个包含宗旨的文本框架将从左向右滑入郁金香花园照片上面。
3. 再次单击这个红色菱形，包含宗旨的文本框架将向左滑动并恢复到最初的状态，如图 15.50 所示。关闭“EPUB 交互性预览”面板。

图15.50

如果您愿意，让文件 15_FixedLayout_Alternate.indd 保持打开状态，以供接下来创建滑入字幕时参考。

设置图形

首先需要修改宗旨文本框架中既有的对象，并创建生成滑入字幕效果所需的对象。

1. 切换到本课一直在处理的文件 15_FixedLayout.indd。
2. 选择菜单“文件”>“存储为”，将文件重命名为 15_FixedLayout_Slide-in.indd，并存储到文件夹 Lesson15 中。
3. 使用选择工具（ ）选择包含宗旨的蓝色文本框架。打开“动画”面板并单击底部的“删除动画”按钮（ ），将与选定对象相关的动画删除。选择菜单“文件”>“存储”。
4. 打开“图层”面板，按住 Alt（Windows）或 Option（macOS）键，将“图层”面板中的蓝色方框向上拖曳到图层 Buttons 中，在这个图层中复制宗旨文本框架。单击图层 Buttons 的眼睛图标（ ），将这个图层隐藏。
5. 在“图层”面板中，选择图层“Text”，然后重新选择蓝色文本框架。使用文字工具（ T. ）选择其中所有的文本，并删除它们。
6. 按 Esc 键切换到选择工具。在控制面板、“属性”面板或“色板”面板中，将“填色”和“描边”都设置为“[无]”。
7. 选择菜单“对象”>“内容”>“图形”，将这个文本框架转换为图形框架。选择菜单“文件”>“置入”，选择文件 Tulip-Path.jpg 并单击“打开”按钮。
8. 选择这个图形框架（不是图像），并拖曳左边缘上的手柄，使框架的左边缘与页面左边缘对齐，选择菜单“对象”>“适合”>“内容识别调整”。
9. 打开“图层”面板，将这个框架移到图层 Graphics 中，锁定图层 Graphics 以免无意间修改它。

下面来修改宗旨及包含它的文本框架的格式。

1. 在“图层”面板中单击显示图层 Buttons 的眼睛图标，以重新显示这个图层。
2. 使用选择工具（ ）选择包含宗旨的蓝色文本框架。打开“色板”面板，单击“格式针对文本”按钮（ T ），将文本填色设置为“Dark Gray”；单击“格式针对容器”按钮（ ），将“填色”设置为“[纸色]”，将“描边”设置为“[无]”。关闭“色板”面板。
3. 在依然选择了这个文本框架的情况下，选择文字工具（ T. ）。在控制面板中，将“字体”改为 Myriad Pro Bold，将“字体大小”改为 38 点。
4. 选择菜单“对象”>“文本框架选项”。在“常规”选项卡的“内边距”部分，单击“将所有设置设为相同”图标（ ），所有设置都将与第一个设置（30px）相同（如果不是这样，就输入 30px），单击“确定”按钮。
5. 按 Esc 键切换到选择工具。为了让这个文本框架比它下面的照片小一些，请按下面的设置缩放它：在控制面板或“属性”面板中，将参考点设置为中心；在“高度”文本框中，在既有值后面输入“-10%”并按 Enter 键，如图 15.51 所示；将参考点设置为左边缘的中心，在“宽度”文本框中输入“950 px”并按 Enter 键，结果如图 15.52 所示。

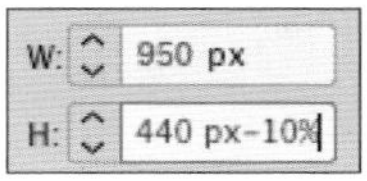

图15.51

下面来添加垂直文本 Our mission，它将成为触发字幕移动的按钮。为减少几个步骤，在左边的粘贴板中放置了一个垂直文本框架，供您直接使用。

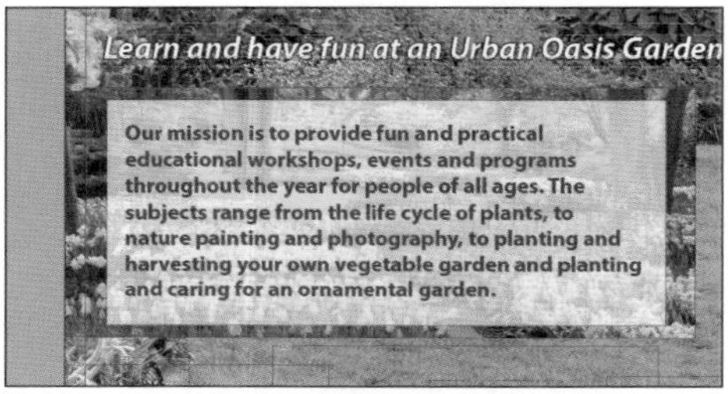

图15.52

6. 按住 Space 键，单击并向右拖曳以显示页面左边的粘贴板。使用选择工具选择包含 Our mission 的文本框架，按住 Shift 键将这个文本框架水平 Space 拖曳到宗旨文本框架的右边，如图 15.53 所示。这个文本框架还包含一个矢量对象（红色菱形），用于引导读者单击或点按这里。

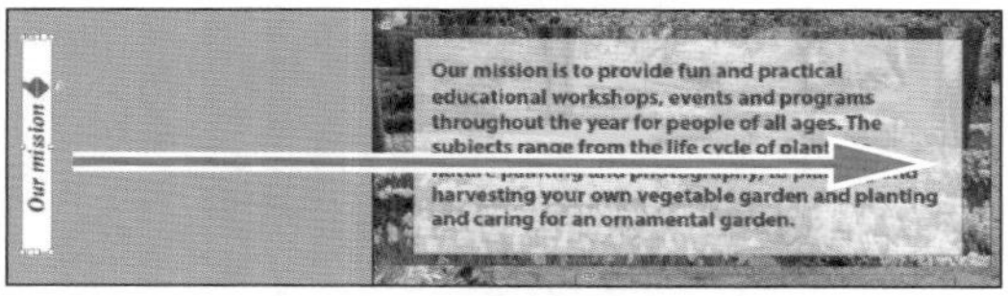

图15.53

7. 选择菜单“文件” > “存储”保存文件。

复制对象组

滑入字幕效果是通过将多个相同的对象组移到不同的地方实现的。下面来创建这些对象组。

1. 使用矩形框架工具（ ⊠ ）创建一个空（“描边”和“填色”都为“[无]”）的图形框架，它覆盖包含红色菱形的垂直文本框架，并比后者大一些，这样容易看清边缘，易于将文本框架与图形框架区分开来，如图 15.54 所示。下面把这个图形框架转换为触发动画的按钮，使其成为读者可单击或点按的区域。

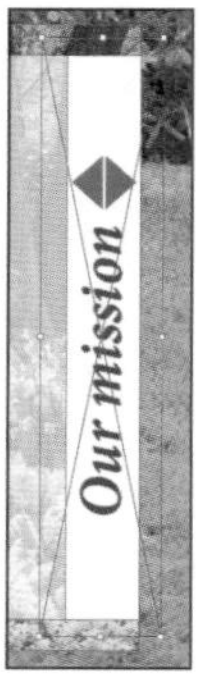

图15.54

2. 切换到选择工具，拖曳出一个与宗旨文本框架、垂直文本框架和空图形框架重叠的选框，以选择这些框架（这些框架后面的对象位于锁定的图层中，因此只会选择这些框架），选择菜单“对象” > “编组”。
3. 选择菜单“编辑” > “复制”，再选择菜单“编辑” > “原位粘贴”两次，以复制总共 3 个完全重叠的对象组。
4. 打开“图层”面板，并将其拖离停放区，使其保持打开状态。在这个练习中，将频繁地使用“图层”面板来选择对象组及其中的对象，因此让它保持打开状态可提高效率。
5. 现在，图层 Buttons 中有很多对象。为确保处理的是正确的对象组，再创建一个图层并将其命名为 Mission。

> **提示** 另一种组织对象组的方式是将其重命名。为此，可在图层面板中快速单击对象组的名称 3 次，再输入新的名称。

6. 单击图层 Buttons 左边的三角形以显示其对象列表，开头的 3 个对象组就是您刚创建的。为确认这一点，可在显示和隐藏它们之间进行切换。单击其中的一个对象组，再按住 Shift 键并单击其他两个对象组，以同时选择全部 3 个对象组，将它们拖曳到图层 Mission 中，如图 15.55 所示。单击图层 Buttons 左边的三角形按钮将其折叠起来，因为后面只使用图层 Mission。

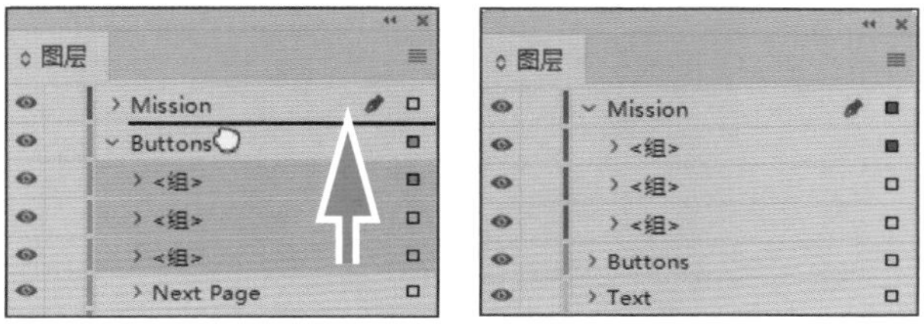

图15.55

7. 单击图层 Mission 左边的三角形按钮以显示其中的对象组。选择这 3 个对象组中的前两个，方法是单击第一个对象组右边的方框，再按住 Shift 键并单击第二个对象组右边的方框。
8. 在文档页面中，将选定的对象组向左拖曳，以指定滑入效果的起始位置。选择的对象组应在页面外面，但 Our mission 框架例外，因为它将作为按钮，供用户单击以显示字幕。这两个对象组应与右边的对象组相连，如图 15.56 所示。

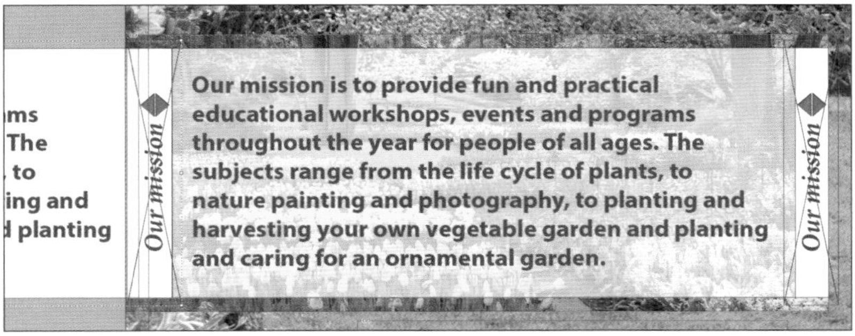

图15.56

创建多状态对象

下一步是将这些对象组转换为对象状态。

1. 在“图层”面板中，选择图层 Mission 中的全部 3 个对象组，方法是单击其中一个对象组右边的方框，再按住 Shift 键并单击其他两个对象组右边的方框。
2. 打开“对象状态”面板（ ），并从面板菜单中选择“新建状态”。将“对象名称”修改为 Mission Caption，如图 15.57 所示。新建的多状态对象由 3 个状态组成，它们除位置外其他方面都相同。

3. 单击每个状态，并注意其位置。状态 1 和状态 2 的位置相同，大部分在页面外面，而状态 3 在页面内。
4. 下面给状态命名，以便接下来创建效果时能够区分它们。要修改状态的名称，可通过单击选择状态，再单击状态名。将状态 1 命名为 Begin，将状态 2 命名为 End，将状态 3 命名为 Middle，如图 15.58 所示。请注意，当前状态 Begin 和 End 完全相同，因为要实现的效果要求这些状态完全相同，但后面将给它们添加不同的动画。

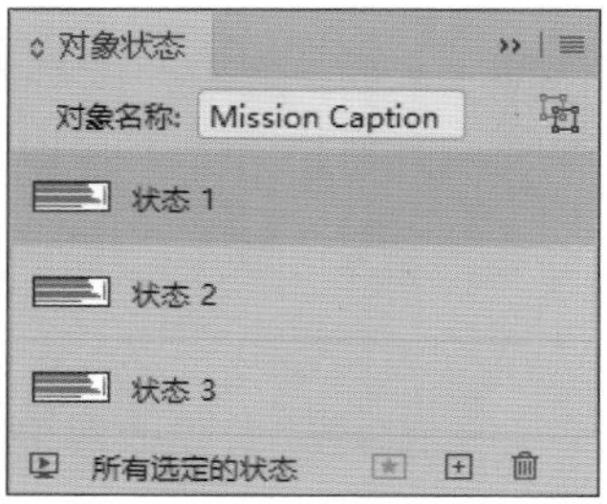

图15.57

图15.58

5. 让“对象状态”面板始终保持打开状态将更方便，因此将其拖离面板停放区。

在多状态对象中创建按钮

下面来创建供读者打开和关闭字幕的按钮。

1. 在“对象状态”面板中选择状态 Begin，将自动选择这个状态中的对象。使用选择工具（ ）双击覆盖文本框架 Our mission 的空框架。
2. 打开“按钮和表单”面板。单击“动作”右边的加号并选择“转至状态”，将这个按钮命名为 Begin Button。从“状态”下拉列表中选择 Middle，指定读者单击这个按钮时将切换到状态 Middle，如图 15.59 所示。
3. 按 Esc 键 3 次以选择父对象，也可先选择菜单“编辑”>“全部取消选择”，再单击多状态对象以选择它。

图15.59

4. 在“对象状态”面板中，选择状态 End。使用选择工具双击该状态中覆盖文本框架 Our mission 的空图形框架。
5. 在“按钮和表单”面板中，将“动作”设置为“转至状态”，并从“状态”下拉列表中选择 Middle。将这个按钮命名为 End Button。
6. 按 Esc 键 3 次以选择父对象，也可先选择菜单“编辑”>“全部取消选择”，再单击多状态对象以选择它。
7. 在“对象状态”面板中选择状态 Middle。使用选择工具双击这个状态中覆盖文本框架 Our

mission 的空图形框架。

8. 在“按钮和表单”面板中，将“动作”设置为“转至状态”，并从“状态”下拉列表中选择 End。将这个按钮命名为 Middle Button。
9. 按 Esc 键 3 次以选择父对象，也可先选择菜单“编辑”>“全部取消选择”，再单击多状态对象以选择它。

总而言之，单击 Begin 按钮转至状态 Middle，单击 End 按钮转至状态 Middle，而单击 Middle 按钮转至状态 End，如图 15.60 所示。请单击每个状态，并在“按钮和表单”面板中检查其设置。

图15.60

10. 打开“EPUB 交互性预览”面板，单击“播放预览”按钮，再单击 Our mission 按钮，将显示宗旨。再次单击 Our mission 按钮，宗旨将消失。下面将使用动画更平滑地显示宗旨。关闭“EPUB 交互性预览”面板。

给多状态对象中的对象添加动画

下面使用 InDesign 动画预设来平滑地显示和隐藏宗旨。

1. 确认在“对象状态”面板中依然选择了状态 Middle，如果没有，现在就选择它。
2. 在“图层”面板中，依次单击 Mission Caption 和 Middle 左边的三角形按钮将它们展开。单击对象 Middle Button 右边的方框选择这个对象，如图 15.61 所示。请选择对象而不是状态本身，这很重要。如果选择的是状态，生成的效果将不同。

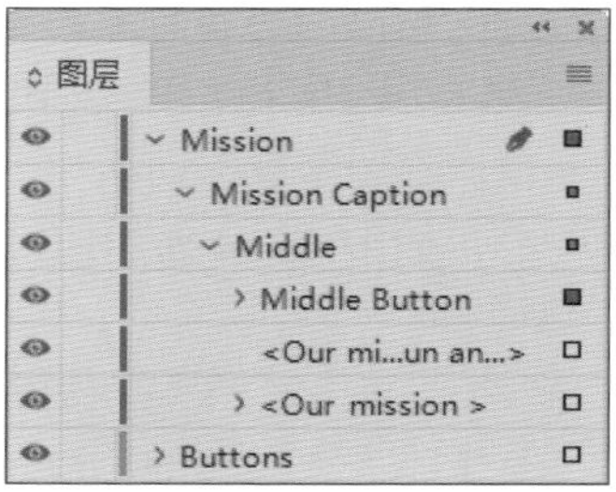

图15.61

3. 打开“动画”面板并选择预设“从左侧飞入”。确保选择了“事件”下拉列表中的“载入状态”（默认应该选择了它）。单击“属性”旁边的三角形按钮以显示更多控件。从“制作动画”下拉列表中选择“结束时回到当前位置”，从“不透明度”下拉列表中选择“无”，如图 15.62 所示。

注意 将“不透明度”设置为“无”后，“预设”设置将变成“自定（从左侧飞入）”，因为您修改了预设“从左侧飞入”的一项设置。

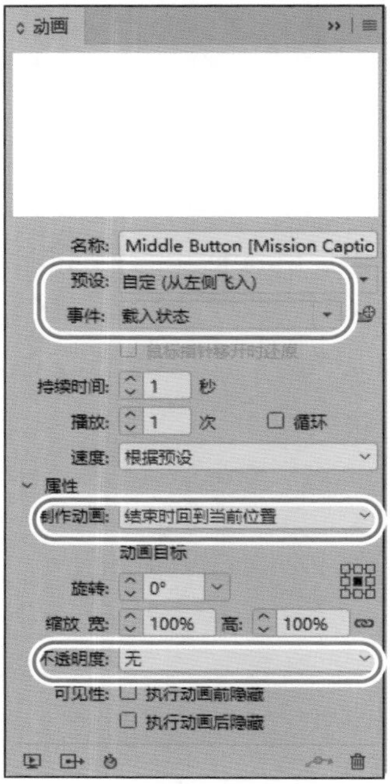

图15.62

4. 在“图层”面板中，选择状态 Middle 中的下一个对象，在“动画”面板中指定与前面一样的设置。对第三个对象做同样的处理。
5. 打开“计时”面板。确保从“事件”下拉列表中选择了“载入状态”。按住 Shift 键并单击列出的所有对象，单击面板右下角的“一起播放”按钮（ ），如图 15.63 所示。
6. 不断按 Esc 键直到选择了父对象。在“对象状态”面板中，选择状态 End。
7. 在“图层”面板中，单击对象组 End 左边的三角形按钮将其展开，选择对象 End Button，如图 15.64 所示。

图15.63

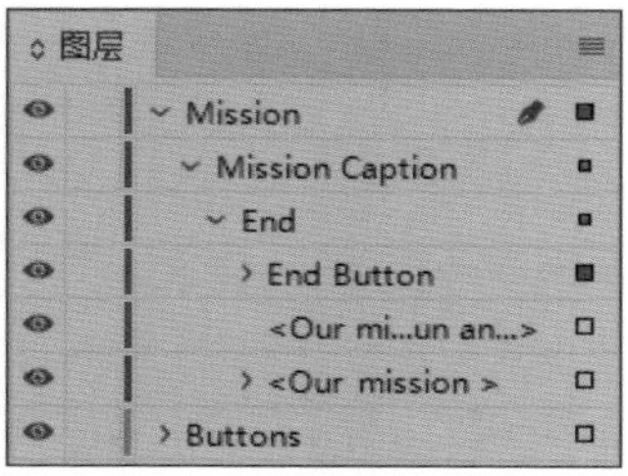

图15.64

8. 在“动画”面板中选择预设“从右侧飞入”。确保选择了“事件”下拉列表中的“载入状态”。从“制作动画”下拉列表中选择“结束时回到当前位置”，从“不透明度”下拉列表表中选择“无”。

9. 在“图层”面板中，选择状态 End 中的下一个对象，在“动画”面板中指定与前面一样的设置。对第 3 个对象做同样的处理。

10. 打开“计时”面板。确保从“事件”下拉列表中选择了“载入状态”。按住 Shift 键并单击列出的所有对象，然后单击面板右下角的“一起播放”按钮，如图 15.65 所示。

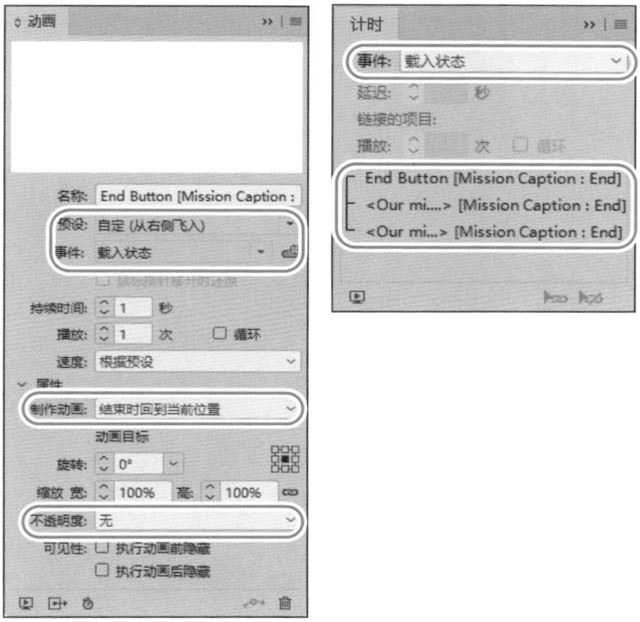

图15.65

11. 打开“EPUB 交互性预览”面板，单击“播放预览”按钮，然后单击 Our mission 按钮，现在字幕平滑地出现并移动。再次单击 Our mission 按钮，字幕也平滑地移动并消失。

注意 如果首次播放时动画不符合预期，请先单击“清除预览”按钮，再单击“播放预览”按钮。

12. 关闭“EPUB 交互性预览”面板，选择菜单“文件”>“存储”保存文件。

祝贺您创建了很有用也引人注目的滑入字幕！您可轻松地修改这个效果，让对象沿其他方向滑入和滑出。

15.10 复习题

1. 可重排 EPUB 和固定版面 EPUB 的主要区别是什么？
2. InDesign 提供了两种将动画应用于对象（或对象组）的方式，请问是哪两种？它们有何不同？
3. 默认情况下，动画按创建顺序播放。如何修改动画的播放顺序？如何同时播放多个动画？
4. 在 InDesign 中，如何预览多媒体和交互式元素？
5. 如何创建幻灯片？

15.11 复习题答案

1. 可重排 EPUB 允许 EPUB 阅读器根据显示设备优化内容的排列方式。例如，查看可重排 EPUB 时，您可调整文本的显示字号，这将影响给定页面能够包含的文本量及文本排列方式。而在固定版面 EPUB 中，将保持原始 InDesign 页面的尺寸和分辨率不变。
2. 要将动画应用于对象（或对象组），可在“动画”面板中选择移动预设，也可创建自定义移动路径。移动路径由两部分组成：要应用动画的对象（或对象组）和移动的路径。
3. 使用“计时”面板中的控件能够控制动画如何播放。所有动画都有与之相关联的事件，如载入页面。您可在列表中拖曳动画名称来调整动画的播放顺序。要同时播放多个动画，可先选择它们，再单击“一起播放”按钮。
4. “EPUB 交互性预览”面板让您能够预览和测试多媒体和交互式元素。在“动画”面板、“计时”面板、“媒体”面板、“对象状态”面板、“按钮和表单”面板中，都包含“预览跨页：EPUB”按钮，单击它可打开“EPUB 交互性预览”面板。您还可选择菜单“窗口”>“交互”>“EPUB 交互性面板”来打开这个面板。
5. 要创建幻灯片，首先需要创建一系列堆叠在一起的对象，再使用“对象状态”面板将它们转换为一个多状态对象。然后创建并配置两个按钮：一个显示多状态对象的上一状态，另一个显示下一状态。